Lehrbuch der Technischen Mechanik

für Ingenieure und Studierende

Zum Gebrauche bei Vorlesungen an
Technischen Hochschulen und
zum Selbststudium

von

Dr.-Ing. Theodor Pöschl

o. ö. Professor an der Deutschen
Technischen Hochschule in Prag

Mit 206 Abbildungen

Springer-Verlag Berlin Heidelberg GmbH
1923

ISBN 978-3-662-40633-5   ISBN 978-3-662-41113-1 (eBook)
DOI 10.1007/978-3-662-41113-1

Vorwort.

Die Mechanik nimmt im technischen Unterrichte eine Mittelstellung ein zwischen den vorbereitenden Gegenständen — Mathematik, darstellende Geometrie und Physik — und den eigentlich technischen, den verschiedenen Ausgangsfächern. Ihr Studium bereitet erfahrungsgemäß dem Anfänger gewisse Schwierigkeiten, die sich insbesondere dann einstellen, wenn der Studierende in die Lage kommt, selbständig mechanische Aufgaben von der Art, wie sie die technische Praxis stellt, lösen zu müssen. Und gerade hierbei kann sich erst erweisen, ob die Lehren der Mechanik in ihrer ganzen Bedeutung erfaßt worden sind oder nicht. Mit der Aneignung und Wiedergabe der allgemeinen Sätze ist es nicht getan; so einfach diese Sätze auch scheinen mögen, so schwierig ist es für den Anfänger, ihre Tragweite zu erfassen und sie auf die mannigfachen Fragen, die die Natur und die technische Praxis stellt, richtig anwenden zu lernen; wenn irgendwo, so gilt hier das alte Leibnizsche Wort, daß die Natur zwar einfach in ihren Prinzipien, aber unermeßlich reich in deren Anwendung ist.

Zur Überwindung der hierbei auftauchenden Schwierigkeiten soll das vorliegende Buch einen Weg weisen. Es will in knapper Form unter Vermeidung alles irgend Entbehrlichen und unter fortgesetzter Bezugnahme auf die Anwendungen die einfachsten und wichtigsten Lehren der Mechanik in einem Umfange darbieten, wie sie (ungefähr) von den Studierenden unserer technischen Hochschulen verlangt werden. Auf die axiomatische Begründung des Gegenstandes ist dabei bewußt vollständig verzichtet worden. Zur weiteren Pflege der Anwendungen und zur Einübung des Lehrstoffes möchte ich hier auch auf die im gleichen Verlage erschienenen „Aufgaben aus der technischen Mechanik" (drei Bände) von F. Wittenbauer hinweisen. Eine Übersicht über die Literatur, die eine ausführlichere Behandlung der in diesem Buche oft nur in knappen Worten gestreiften Einzelfragen enthält, ist am Schlusse zusammengestellt.

Große Sorgfalt wurde auf die genaue Formulierung der Lehrsätze und Angabe ihrer Geltungsbereiche angewendet. Um die Brücken zu den Anwendungen zu schlagen, sind vielfach, meist unter Anführung der verschiedenen auftretenden Möglichkeiten, Hinweise für den Ansatz von einfachen Aufgaben eingeschaltet worden. Ich habe mich nicht gescheut, bei solchen Angaben auch scheinbar selbstverständliche Dinge auszusprechen, wenn dadurch eine Förderung des Verständnisses für die Anwendbarkeit der entwickelten Lehren erwartet werden konnte. Was der Ingenieur von einer „Mechanik", die ihm von Nutzen sein soll, verlangt, sind Regeln und Anweisungen, die ihm zeigen, wie er im einzelnen Falle vorzugehen hat; mit solchen ist in diesem Buche nicht gespart worden.

In dem ganzen Buche sind ferner die rechnerischen u n d zeichnerischen Methoden — alle sind praktischen Bedürfnissen entsprungen — unter Angabe ihrer Anwendungsbereiche nebeneinander behandelt worden. Das Verständnis der sachlichen Gleichwertigkeit der Aussagen in beiden Darstellungsarten zu erreichen, ist eine für den Unterricht in der Mechanik wichtige Frage.

Die Bezeichnung für die heute in dieser Wissenschaft verwendeten Begriffe ist keineswegs einheitlich — die hier verwendeten sind im Einklang mit den auch sonst meist in Gebrauch stehenden und wenigstens bis zu einem gewissen Grade eingebürgerten gewählt worden.

Die Lehren der Mechanik können am einfachsten und natürlichsten in die Gesamtheit unseres Wissens eingeordnet werden, wenn man sich auf den Boden einer vernünftigen realistischen Weltansicht stellt, die im Grunde, ob ausgesprochen oder nicht, die ganze Naturwissenschaft beherrscht und besonders für die Technik als unentbehrlich bezeichnet werden darf. Trotz aller begründeten erkenntnistheoretischen Bedenken und Einwände halte ich es für ausgeschlossen, die e i n f ü h r e n d e Vorlesung aus der technischen Mechanik auf Grund eines anderen Standpunktes praktisch erfolgreich zu entwickeln.

Was die Gliederung des Stoffes anlangt, so wurde insbesondere im Hinblick auf die Bedürfnisse unserer technischen Hochschulen die althergebrachte Einteilung in S t a t i k , K i n e m a t i k und D y n a m i k beibehalten. Für die Auswahl und die Art der Darstellung war — unter Ausschaltung aller persönlichen Ansprüche — vorwiegend der e i n e Gesichtspunkt maßgebend, unserer studierenden Jugend nützlich zu sein, für die dieses Buch als Ergänzung der an der Hochschule gehörten Vorlesungen und Übungen in erster Linie bestimmt ist. Wegen des überwiegend praktischen Inhaltes wendet es sich jedoch auch an die fertigen Ingenieure, denen es für eine Reihe von Fragen, die sich mit den einfachen Mitteln der „starren" Mechanik lösen lassen, die hierzu notwendigen Lehrsätze und Methoden in gedrängter Kürze darbieten will.

Für die Zeichnung der Figuren nach meinen Skizzen sage ich meinem Assistenten, Herrn J. S c h ü l l e r , auch an dieser Stelle meinen besten Dank. Mein Freund und Kollege Herr Prof. K. K ö r n e r in Prag hatte die Freundlichkeit, eine Korrektur zu lesen und mich mehrfach auf Verbesserungen hinzuweisen — auch ihm danke ich herzlichst für seine Mühe. Vor allem danke ich jedoch der Verlagsbuchhandlung Julius Springer für die Drucklegung und vorbildliche Ausstattung des Buches — unbeirrt durch alle Schwierigkeiten der Nachkriegszeit.

Ein weiteres Werk, das die H y d r a u l i k nach den gleichen Gesichtspunkten behandelt, soll in möglichst kurzer Zeit folgen.

Prag, am 16. November 1922.

T. Pöschl.

Inhaltsverzeichnis.

Einleitung.

I. Allgemeines und Grundbegriffe.

1. Bewegungen und Kräfte. Bei dem Bestreben, die Veränderungen, die die Körper unserer Außenwelt erleiden, in logischen Zusammenhang zu bringen, hat sich der Begriff der Ursache herausgebildet; wir schreiben jeder Veränderung, jedem Geschehen in der Welt, Ursachen zu, die sie hervorrufen. Die einfachsten Veränderungen sind jene, bei denen die Körper ihrer geometrischen und physikalischen Beschaffenheit nach gleich bleiben und nur ihren Bewegungszustand im Raume verändern. Die Ursache für diese (in entsprechender Weise zu definierende) Veränderung hat man Kraft genannt, ein Begriff, der in der Folge in mannigfacher Weise ausgestaltet und auf alle Erscheinungen erweitert wurde, in denen es auf die Untersuchung der Bewegungen von Körpern oder ihrer Teile u. dgl. ankommt; auf diesem Begriff und einer Reihe daraus abgeleiteter Begriffe hat sich die Wissenschaft der Mechanik als besonderer Zweig der Physik entwickelt.

Die Mechanik ist also die Lehre von den Bewegungen der Körper und von den Kräften.

Für die Untersuchung der Bewegungen der Körper ist es erforderlich, daß wir Mittel besitzen, um uns im Raume zurechtzufinden, d. h. die Lage der Körper in irgendeiner Weise zu kennzeichnen. Diese Kennzeichnung ist stets nur in bezug auf einen oder mehrere andere Körper — die Bezugskörper — möglich und geschieht durch Angabe einer geeigneten Anzahl von Bestimmungsstücken; um sie praktisch auszuführen, denken wir uns mit diesen Bezugskörpern — dem sog. Bezugssystem — etwa ein System von rechtwinkeligen Koordinatenachsen fest verbunden und haben dann die Aufgabe, die Lage des Körpers gegen dieses Koordinatensystem und zwar durch Angabe von passend gewählten Bestimmungsstücken, Strecken, Winkel u. dgl. festzulegen; diese Bestimmungsstücke heißen dann die Koordinaten des betroffenen Körpers. Für die Messung der Längen dienen Maßstäbe, und von diesen setzen wir voraus, daß sie in allen Koordinatensystemen — gleichgültig, wie diese zueinander auch bewegt sein mögen — und nach allen Richtungen eine feste Länge beibehalten sollen.

Die Koordinaten sind für eine Bewegung veränderliche Größen. Von einer Beschreibung einer Bewegung im Sinne der Mechanik spricht man jedoch erst dann, wenn die Koordinaten für alle Werte der Zeit für ein gewisses Zeitintervall durch irgendeine Vorschrift festgelegt sind, wenn also eine Verknüpfung der Koordinaten mit der Zeit geleistet ist, oder anders ausgedrückt, wenn sich die Koordinaten als Funktionen der Zeit angeben lassen.

Die Zeit wird dabei — für die Zwecke dieses Buches — als eine unabhängig und stetig veränderliche Größe eingeführt, von der die Änderungen anderer Größen, insbesondere der oben erwähnten Koordinaten abhängig gemacht werden können.

Die beiden Grundbegriffe jeder exakten Wissenschaft, Raum und Zeit, erscheinen somit naturgemäß auch als die obersten Grundbegriffe der Mechanik: die Erscheinungen, mit denen sich diese beschäftigt, vollziehen sich im Raum und in der Zeit. Wie wenig die obigen Festsetzungen Naturnotwendigkeiten, geschweige denn Denknotwendigkeiten sind, zeigt die neueste Entwicklung des allgemeinsten Zweiges der theoretischen Physik, der Relativitätstheorie, auf Grund welcher sie als weitgehende Einschränkungen erscheinen, die im Wesen der Dinge in keiner Weise begründet sind. Diese Theorie hat auch für die gewöhnliche (Galilei-Newtonsche) Mechanik, wie wir sie hier treiben, wichtige prinzipielle Einsichten geliefert.

2. Aufgabe der Mechanik. Die Aufgabe der Mechanik ist jedoch mit einer solchen „Beschreibung", die auch auf mannigfache andere Art (z. B. etwa kinematographisch) erfolgen könnte, keineswegs erschöpft, diese Aufgabe besteht vielmehr darin, die Gesamtheit der Bewegungen gesetzmäßig zu erfassen, zu ordnen; das Streben nach logischer Ordnung ihres Tatsachenmaterials hat die Mechanik mit anderen Wissenschaften durchaus gemeinsam. In der Mechanik geschieht diese Ordnung durch Angabe des Kraftgesetzes, das der betreffenden Bewegung (bzw. wie wir sehen werden, einer Klasse von Bewegungen) zugehört. Der Kraftbegriff selbst gründet sich auf die Annahme, daß die Körper der Außenwelt Wirkungen aufeinander ausüben, die von verschiedenen Umständen, von Bedingungen physikalischer oder chemischer Natur u. dgl. abhängen. Diese Wirkungen können gemessen und zahlenmäßig als Funktionen der Koordinaten, der Zeit und anderer aus diesen abgeleiteten Größen (z. B. der Geschwindigkeit) dargestellt werden.

Die Vorstellung einer Kraft wird erleichtert durch Anknüpfung an gewisse mit eigenen Empfindungen verbundene Erfahrungen des täglichen Lebens (Tragen eines Gewichtes, Überwindung eines Widerstandes oder dgl.), für die man passend das Wort „Kraftsinn" geprägt hat. Mit dem Begriffe Kraft verbinden wir stets die Vorstellung einer Ursache, die einen Körper in Bewegung zu setzen oder seine Bewegung abzuändern strebt. Dieser Kraftsinn wird — in richtiger Weise ausgebildet — dem Ingenieur in vielen Fällen das „Einfühlen" in das betreffende Problem erleichtern; doch empfiehlt es sich, die einzelnen Probleme stets im Zusammenhange mit den allgemeinen Regeln und Gesetzen zu betrachten, die in der Mechanik aufgestellt werden.

Die Aufgabe der Mechanik besteht also darin, einerseits die Hilfsmittel anzugeben, die man für die Beschreibung der Bewegungen im oben angedeuteten Sinne verwendet und andererseits Regeln und Schemata zu schaffen, um die Bewegungen im Zusammenhange mit dem jeweils zugehörigen Kraftgesetz zu studieren. Dabei ergeben sich von selbst zwei verschiedene Arten von Problemen: entweder es ist die Bewegung (durch Beobachtungen oder dgl.) gegeben und das Kraftgesetz zu ermitteln, oder es ist umgekehrt das Kraftgesetz bekannt und die Bewegung zu bestimmen, die diesem zugehört.

Die Lehre von den Kräften wird uns zunächst mit deren zweckmäßiger zeichnerischer und rechnerischer Darstellung bekannt machen und auf die Frage der Zusammensetzung von Kräften führen, wobei sich als für die Anwendung wichtigster Sonderfall der des Gleichgewichtes ergeben wird. Diese Fragen machen den Inhalt der Statik aus. Wir wollen sie den weiteren Entwicklungen voranstellen.

Durch die Einführung des Kraftbegriffes finden gleichzeitig auch die Forderungen der Einfachheit und der Zweckmäßigkeit, die bei der Ordnung eines Tatsachenmaterials für alle Begriffsbestimmungen und Methoden an die Spitze zu stellen sind, ihre Erfüllung.

3. Einteilung der Mechanik. Die Einteilung der Mechanik ist nach verschiedenen Gesichtspunkten möglich, und zwar:

a) **Nach der Beschaffenheit der Körper.** In der „allgemeinen Mechanik" werden die Körper (mit gewissen Ausnahmen) als **starr** vorausgesetzt, d. h. die Entfernungen ihrer Teile voneinander werden als unveränderlich angenommen. Der starre Körper erweist sich deshalb als verhältnismäßig einfach, weil zur Kennzeichnung seiner Lage eine endliche und zwar kleine Zahl von Koordinaten erforderlich ist. Die Mechanik, die sich mit diesen beschäftigt, nennt man die **Mechanik der starren Körper** (Stereomechanik).

Für andere Arten von Aufgaben ist es notwendig, von diesem Bilde des starren Körpers abzugehen, es zu erweitern; dies führt dann zur **Elastizitäts- und Festigkeitslehre** (d. i. die Mechanik der im gewöhnlichen Sinne festen Körper) einerseits und zur **Mechanik der flüssigen und gasförmigen Körper** (Hydro- bzw. Aeromechanik) andererseits.

Die Gültigkeit der mechanischen Grundgesetze, die wir im folgenden aufstellen werden, wird natürlich durch die Art des Mediums, auf das wir sie anwenden, nicht beeinflußt, lediglich die Form ihrer Anwendung ist für verschieden beschaffene Medien verschieden.

b) **Nach der Beschaffenheit der Probleme** unterscheiden wir in der Mechanik der starren Körper:

I. **Die Statik,** d. i. die Lehre von der Zusammensetzung der Kräfte und vom Gleichgewichte (2). Bei den meisten Problemen treten die Kräfte als konstante Größen auf; unter Umständen werden sie auch als veränderlich betrachtet, in der Statik sind sie dann aber nur Funktionen der Koordinaten allein. Eine Abhängigkeit von der Zeit tritt dabei nicht auf.

II. **Die Bewegungslehre oder Kinematik** befaßt sich mit den geometrischen Hilfsmitteln (Wahl geeigneter Koordinaten u. dgl.), die für die Beschreibung der Bewegungen nötig sind. Dabei be-

gegnen wir den beiden wichtigen Begriffen Geschwindigkeit und
Beschleunigung. Genauer gesagt, handelt es sich dabei um die
Beschreibung der Bewegung ohne Rücksicht auf die einwirkenden
Kräfte, und zwar entweder für den Augenblick oder für ein be-
stimmtes Zeitintervall.

III. Die Dynamik behandelt das allgemeine Problem der
Mechanik, die Bewegung der Körper unter der Wirkung der Kräfte
zu untersuchen, d. h. die Aufstellung der Koordinaten als Funktion
der Zeit,, wie sie durch die auf die Körper einwirkenden Kräfte
bedingt wird.

Ähnliche Unterscheidungen gelten natürlich auch für die Mechanik der
elastischen, flüssigen und gasförmigen Körper.

4. Grundeinheiten, Dimensionen, Maßsysteme. Der Forderung,
für alle Erscheinungen, die gesetzmäßig zu erfassen Aufgabe der Mechanik
ist, zahlenmäßige Beziehungen anzugeben, können wir nur genügen,
indem wir für alle eingeführten Begriffe gewisse Einheiten festlegen,
in denen wir sie messen wollen; denn jedes Messen ist nur ein Vergleichen mit gewissen als Einheiten gewählten Dingen gleicher Art.
Diese Einheiten sind im Grunde vollkommen willkürlich; sie müssen
nur so beschaffen sein, daß wir sie stets mit entsprechender Genauigkeit
herstellen können und daß sie — soweit menschliches Ermessen nur
irgend beurteilen kann und physikalische Messungen irgendwelcher
Art dies bestätigen — ihre Größe beibehalten. Die verschiedenen
Begriffe, die wir in der Mechanik anwenden, machen die Einführung
verschiedener Einheiten notwendig, da sie Dinge verschiedener
Art sind; man sagt, sie haben verschiedene Dimensionen. In
der Physik wird jedoch gezeigt, daß sich alle vorkommenden Größen
durch drei von ihnen ausdrücken lassen, für welche die Einheiten,
die sog. Grundeinheiten, willkürlich gewählt werden können. Für
welche Größen man die Einheiten als Grundeinheiten einführen will,
wird wieder nur durch die Forderungen der Einfachheit und Zweckmäßigkeit entschieden. Die Einheiten für alle anderen Größen
werden dann als (aus diesen Grundeinheiten) abgeleitete Einheiten bezeichnet.

Da wir Raum und Zeit als grundlegende Begriffe eingeführt
haben, werden wir die für sie geltenden Einheiten auf jeden Fall als
zwei der Grundeinheiten festsetzen. Als Längeneinheit dient das
Meter [m], während die Flächen- und Raumeinheit daraus abgeleitet
sind: das Quadratmeter [m²] und Kubikmeter [m³] und ihre Vielfachen
nach unten und oben, die jedem aus dem täglichen Leben wohl
vertraut sind. Als Zeiteinheit dient die Sekunde [sek] und ihre
Vielfachen nach oben, die Minute [min], Stunde [Std.], Tag und Jahr.

Die Dimension einer Größe wird manchmal nur durch Ein-
schließung eines sie kennzeichnenden Buchstabens in eckige Klammern
angedeutet, also etwa für die Länge [L], für die Zeit [T]; es ist emp-
fehlenswert, die Dimension bei allen physikalischen und mechanischen
Rechnungen und zwar gleich in den verwendeten Einheiten hinzu-
zuschreiben. Die Umrechnung in die Vielfachen oder Teile der

Einheiten derselben Größen (z. B. von m in km bei Längen, von sek in Std. bei Zeiten) geschieht dann durch Division bzw. Multiplikation mit dem betreffenden Zahlenfaktor.

Es ist klar, daß in jeder Gleichung zu beiden Seiten nur Größen gleicher Art stehen können; daher gibt die Beachtung der Dimension sofort ein erstes Kennzeichen, eine erste Kontrolle, für die Richtigkeit eines Ansatzes: die in einer Gleichung additiv nebeneinander stehenden Größen müssen gleiche Dimension haben. Der Wert dieser Auffassung reicht jedoch noch viel weiter; in vielen Fällen gelingt es, die Form physikalischer Gesetze ohne Rechnung durch bloße „Dimensionsbetrachtungen" anzugeben.

Nicht so unmittelbar klar wie bei Raum und Zeit ist es, für welche mechanische Größe man die Einheit als dritte Grundeinheit einführen soll.

5. Maß der Kraft. Kilogramm. Der Begriff der Kraft ist, wie schon erwähnt, aus dem Gefühle der Anstrengung hervorgegangen, die wir beim Heben einer Last oder der Überwindung irgendeines Widerstandes fühlen; die Stärke dieser Empfindung kann als das erste, allerdings noch wenig exakte Maß der Kraft dienen. Aus diesem unbestimmten Maße, das uns unser Muskelgefühl gibt, konnte erst dadurch die Grundlage für ein exaktes, wissenschaftlich brauchbares Maß geschaffen werden, daß man für die zu hebende Last das Gewicht des betreffenden Körpers setzte und erkannte, daß sich andere Dinge gleicher Art (wie der Zug einer Feder, der Druck des Dampfes auf eine Fläche oder die bei der Berührung zweier Körper auftretenden Kräfte u. dgl.) mit Hilfe der Wage mit solchen Gewichten vergleichen ließen.

In der Technik wird (wie im täglichen Leben) als dritte Grundeinheit die Einheit für die Kraft gewählt, und zwar das Kilogramm [kg], d. i. das Gewicht eines Metallstückes von bestimmter Größe an einem bestimmten Orte (z. B. in Paris), das in Paris aufbewahrt wird und von dem alle Staaten getreue Kopien besitzen; 1 kg ist das Gewicht von 1 dm³ reinen Wassers bei 4⁰ C. Das Dimensionszeichen für die Kraft sei [K]. Die Größe des Gewichtes jedes Körpers ändert sich mit dem Orte auf der Erde — da diese Änderung aber nur gering ist, so wird in der Tecknik darauf keine Rücksicht genommen.

Außer dem kg haben noch Teile und Vielfache davon besondere Namen und Bezeichnungen erhalten, so z. B.

$$
\begin{aligned}
0{,}001 \text{ kg} &= 1 \text{ Gramm} = 1 \text{ g,}\\
0{,}01 \text{ kg} &= 1 \text{ Dekagramm} = 1 \text{ dkg,}\\
100 \text{ kg} &= 1 \text{ Meterzentner} = 1 \text{ q,}\\
1000 \text{ kg} &= 1 \text{ Tonne} = 1 \text{ t,}\\
10000 \text{ kg} &= 1 \text{ Waggon} = 1 \text{ W} = 10 \text{ t.}
\end{aligned}
$$

Die Einheit für die Kraft ist die dritte Einheit des technischen Maßsystems, dessen zwei erste Glieder die Einheiten für die Länge und Zeit sind. Aus diesen Grundeinheiten können, wie oben gesagt, die Einheiten für alle anderen Größen abgeleitet werden (abgeleitete Einheiten).

6. Das dynamische Grundgesetz. Masse. Der heutigen technischen Mechanik liegt das Galilei-Newtonsche System zugrunde; dieses ist auf einer Anzahl von Grundsätzen axiomatischen Charakters aufgebaut, die zum ersten Male von Newton (1642—1727) formuliert wurden, ihre heutige Bedeutung aber erst viel später erhalten haben. Die Newtonsche Auffassungsweise wurde indessen schon durch Galilei (1564—1642) vorbereitet, von dem wir umfangreiche Erörterungen über die Grundbegriffe der Mechanik besitzen.

Die im Abschnitt 5 besprochene Bestimmung der Größe einer Kraft mittels der Wage gibt nämlich noch keinerlei Aufschluß darüber, welche Wirkung eine solche Kraft (Anziehung, Feder, Gasdruck) an einem Körper, der sich bewegen kann, hervorbringt. Die Erfahrung zeigt zunächst nur, daß jede derartige Einwirkung von dem Körper selbst abhängt und von einer Änderung des Bewegungszustandes des Körpers begleitet ist; wir haben vorerst zu erklären, was darunter zu verstehen ist.

Die einfachste Bewegungsform, die man sich vorstellen kann, ist die, bei der sich alle Punkte des Körpers in gleichen, parallelen Bahnen bewegen und in gleichen Zeiten gleiche Wege zurücklegen; eine solche Bewegung nennt man eine gleichförmige und den Weg in 1 sek nennt man die Geschwindigkeit (Bezeichnung c, v). Unter Bewegungszustand (Geschwindigkeitszustand) versteht man den Inbegriff der für jeden Zeitmoment definierten Geschwindigkeiten aller seiner Punkte. Von einer Änderung des Bewegungszustandes eines Körperpunktes spricht man, wenn sich dessen Geschwindigkeit nach Größe oder Richtung ändert; das Maß für die Änderung der Geschwindigkeit nennt man Beschleunigung (Bezeichnung b). Beide können, wie wir später sehen werden, in verschiedener Weise gemessen und aus beobachteten Längen und Zeiten ausgerechnet werden; ihre Einheiten sind daher aus Längen- und Zeiteinheit ableitbar, und haben folgende Dimensionen:

$$[v] = [\text{Geschwindigkeit}] = [LT^{-1}], \quad b = [\text{Beschleunigung}] = [LT^{-2}].$$

Die Größe der Bewegungsänderung, also der Beschleunigung (die z. B. eine Feder an einem Körper hervorbringt), ist nun erfahrungsgemäß durch die Größe der Federkraft (Ausreckung der Feder, Anspannung) bedingt, und zwar ist sie dieser Kraft $[K\,\mathrm{kg}]$ direkt proportional.

Dies wird durch einen Versuch bestätigt, bei dem man die Feder (unter möglichster Ausschaltung aller Widerstände) auf den Körper wirken läßt und die entsprechende Beschleunigung mißt: bringt man dann auf den gleichen Körper 2, 3 ... solcher Federn an, so beobachtet man, daß die entsprechenden Beschleunigungen die 2-, 3- ... fachen der zuerst erhaltenen sind. Nun ändern wir den Versuch in der Weise ab, daß wir ein und dieselbe Feder nehmen, aber die Stoffmenge des Körpers (z. B. die Eisenmenge) verändern. Man beobachtet dann, daß mit zunehmender Menge die entstehende Beschleunigung abnimmt, und zwar ist die Beschleunigung der Stoffmenge verkehrt proportional.

Aus beiden Versuchen folgt unmittelbar die Beziehung

$$\boxed{K = M \cdot b,} \qquad \dots \dots \dots \dots \quad (1)$$

wobei M eine Größe ist, die der Stoffmenge des Körpers, also natürlich auch dessen Gewicht proportional ist, aber doch nicht mit dem Gewicht identisch sein kann; es hätte sonst diese Gleichung gar keinen Sinn, da eine Kraft (K) nicht dem Produkt einer Kraft (Gewicht) und einer Beschleunigung gleich sein kann. Die Größe M wird die Masse des Körpers genannt; sie ist eine dem betreffenden Körper eigentümliche Größe, deren Dimension aus (1) unmittelbar folgt, da

$$M = \frac{K}{b}, \qquad \dots \dots \dots \dots \dots \quad (2)$$

also $\qquad [\text{Masse}] = \dfrac{[\text{Kraft}]}{[\text{Beschleunigung}]} = \left[\dfrac{\text{K}}{\text{LT}^{-2}}\right] = [\text{KL}^{-1}\text{T}^2].$

Die Masse ist also im technischen Maßsystem aus den anderen Größen abgeleitet (ähnlich wie z. B. Geschwindigkeit aus Weg und Zeit usw.).

Was den Zusammenhang der Masse M mit dem Gewicht G des Körpers betrifft, so erinnern wir uns daran, daß die „Schwerkraft", d. i. ja das Gewicht, allen Körpern (an einem bestimmten Punkt der Erdoberfläche) dieselbe Beschleunigung $g = 9,81$ m/sek² erteilt; wir erhalten daher die Beziehung:

$$\boxed{G = M \cdot g.} \qquad \dots \dots \dots \dots \dots \quad (3)$$

Als Einheit der Masse werden wir folgerichtig jene Stoffmenge ansprechen, die durch 1 kg die Beschleunigung 1 m/sek² erhält.

Da das Gewicht G dem Körper nicht die Beschleunigung 1 sondern $g = 9,81$ m/sek² erteilt, so hat ein 9,81 kg schwerer Körper die Masse 1 [kgm⁻¹ sek²]; denn nach Gl. (3) ist $M = 1$ für $G = 9,81$ kg und $g = 9,81$ m/sek²; ein Körper, der 1 kg schwer ist, hat die Masse $\dfrac{1}{9,81} \doteq \dfrac{1}{10}$ kgm⁻¹ sek².

Die Gl. (2) ist das sog. dynamische Grundgesetz (II. Newtonsches Gesetz, 1686), es bildet die Grundlage der ganzen Entwicklung der Dynamik und besagt: Durch die Größe der einwirkenden Kraft und die Masse des Körpers, auf den sie wirkt, ist dessen Beschleunigung völlig bestimmt; die Beschleunigung ist proportional der Kraft und verkehrt proportional der Masse und erfolgt in der Richtung der einwirkenden Kraft.

Dieses Gesetz gilt zunächst nur für Körper, deren Ausdehnungen klein sind, also für Körperelemente, oder, anders ausgedrückt, wenn Drehbewegungen keine Rolle spielen. Über seine Erweiterung für endliche Körper siehe III. Teil: Dynamik.

Von der Tatsache, daß die Masse einen vom Gewichte völlig verschiedenen physikalischen Begriff darstellt, kann man sich durch folgende einfache Versuche unmittelbar überzeugen:

Zum Heben zweier gleicher Lasten G, G muß ihr Gewicht überwunden werden, was wir durch die Muskelanstrengung wahrnehmen können. Knüpft man beide Gewichte an die Enden einer Schnur und führt diese um eine Rolle (Abb. 1), so widerstehen sie jeder Bewegungsänderung (Beschleunigung) nur durch ihre Masse. Wollen wir beide Massen z. B. im Sinne des Pfeiles in Bewegung setzen, so empfinden wir deutlich die Kraft, die wir dazu aufwenden müssen, und die Anstrengung wird um so größer sein, je rascher wir die Körper in Bewegung setzen wollen. — Oder: ein großes Gewicht, an einem Faden als Pendel (Abb. 2) aufgehängt, kann mit geringer Mühe in einer kleinen Fadenablenkung neben der Gleichgewichtslage erhalten werden; die Kraft, die (bei kleiner Ablenkung) das Pendel in die Gleichgewichtslage zurückzieht, ist sehr gering; trotzdem empfinden wir einen bedeutenden Widerstand, wenn wir das Gewicht rasch bewegen oder anhalten wollen.

Abb. 1.

Abb. 2.

Die Masse ist also, obwohl dem Gewichte proportional, doch ein vom Gewichte verschiedenes bewegungsbestimmendes Merkmal; sie hängt von der stofflichen Beschaffenheit des Körpers ab und ist eine jedem Körper eigentümliche feste Größe. —

Der Übergang von dem statischen Kraftbegriff, der sich (etwa) auf den Vergleich von Kräften mit Hilfe der Wage gründet, zum dynamischen oder kinetischen, für den das dynamische Grundgesetz den Ausgangspunkt bildet, ist für die gesamte Entwicklung der Mechanik, insbesondere für den Ausbau der Mechanik endlich ausgedehnter Körper von größter Bedeutung geworden.

Die Klarstellung des begrifflichen Unterschiedes zwischen Kraft und Masse hat in der Geschichte der Physik und Mechanik zu zahllosen Untersuchungen Anlaß gegeben und bietet zweifellos nicht zu unterschätzende Schwierigkeiten dar.

7. Trägheitsgesetz. Inertialsysteme. Das Grundgesetz (2) zeigt nun (da sicher $M \neq 0$), daß die Aussage $K = 0$ notwendig mit $b = 0$ verknüpft ist; d. h. bei fehlenden Kräften bewegt sich der Körper gleichförmig in gerader Bahn. Diese Aussage ist das Trägheitsgesetz der Newtonschen Mechanik (I. Newtonsches Gesetz), die Bahn eines solchen, von äußeren Kräften freien Körpers nennt man eine Trägheitsbahn.

Dabei tritt nun folgende grundsätzliche Schwierigkeit auf. Die Aussage, daß sich ein Körper gleichförmig in einer Geraden bewegt, hat naturgemäß — wie jede derartige Aussage — nur dann einen Sinn, wenn man sie auf ein bestimmtes Koordinatensystem bezieht. Jede solche Trägheitsbahn wird, von einem anderen Koordinatensytsem aus betrachtet, irgendwie gekrümmt oder mit veränderlicher

Geschwindigkeit durchlaufen erscheinen; wenn das Trägheitsgesetz im ersten System erfüllt war, braucht dies im zweiten nicht mehr der Fall zu sein. Nur in Koordinatensystemen, die sich gegeneinander geradlinig und gleichförmig bewegen, werden Trägheitsbahnen immer wieder als solche (allerdings jedesmal mit veränderter Geschwindigkeit durchlaufen) erscheinen.

Dieser Sachverhalt scheint darauf hinzudeuten, daß in der Natur bestimmte Koordinatensysteme ausgezeichnet sind, in denen das Trägheitsgesetz gilt, gegenüber anderen, denen diese Eigenschaft nicht zukommt. Die Frage ist nun, wie haben wir ein Koordinatensystem anzunehmen, und welche Gewähr haben wir dafür, daß es ein solches ausgezeichnetes System, ein Inertialsystem (inertia = Trägheit) ist? Newton hat diese Frage damit beantwortet, daß er das Vorhandensein eines absoluten Raumes angenommen hat, in dem das Trägheitsgesetz gelten soll. Heute müssen wir sagen, daß es kein physikalisches Hilfsmittel, keine Beobachtung und keinen Versuch gibt, der dazu dienen könnte, die Entscheidung zugunsten irgendeines besonderen Systems zu treffen. Wenn wir trotzdem für die Zwecke der rechnerischen Beherrschung der Bewegung der Himmelskörper ein mit dem Fixsternhimmel verbundenes Koordinatensystem als Inertialsystem einführen, so geschieht dies nur aus Gründen der Einfachheit und Zweckmäßigkeit, eine darüber hinausgehende Behauptung hat man in dieser Annahme nicht zu erblicken. Der günstige Erfolg dieser Einführung liegt in dem Umstande, daß die Masse des Fixsternsystems ungeheuer groß gegen die Massen der Himmelskörper (Planeten, Monde, Kometen) ist, deren Bewegungen unserer Beobachtung und Rechnung zugänglich sind.

Aus den gleichen Gründen wird für die Bewegung der Körper auf der Oberfläche der Erde, soweit sie sich nur über kleine Räume und Zeiten erstrecken und kleine Werte der Geschwindigkeiten enthalten, mit hinreichender Genauigkeit die Erde selbst als solches Trägheitssystem (Inertialsystem) eingeführt.

8. Arten der Kräfte. Wechselwirkung. Die Kräfte treten uns in der Mechanik in zwei wesentlich verschiedenen Formen entgegen, je nach der Art und Weise, wie die Wirkungen der Körper aufeinander, die wir unter dem Bilde von Kräften auffassen, verteilt sind. Wir unterscheiden a) Massenkräfte oder Raumkräfte, die über die ganze Ausdehnung der Körper, also räumlich verteilt, anzunehmen sind (Anziehungskräfte, Gravitation, Fliehkraft) und Oberflächenkräfte, die nur bei unmittelbarer Berührung der Körper zustande kommen und ihren Sitz an den Grenzflächen des Körpers haben (Drücke der Körper aufeinander bei Berührung, Auflager- und Stützkräfte, Reibung, Dampfdruck usw.). Die Erkenntnis der gemeinsamen Natur dieser, aus ganz verschiedenen Erscheinungen bekannten Einflüsse hat erst die Ausdehnung der Mechanik auf die „gestützten“ und „geführten“ Systeme ermöglicht, die den Gegenstand der „technischen“ Anwendungen bilden.

Zur Vereinfachung gewisser Betrachtungen werden gelegentlich auch Einzelkräfte, die in einzelnen Punkten der Oberfläche auf den Körper einwirken, als Oberflächenkräfte eingeführt.

b) Eine weitere wichtige Unterscheidung ist die zwischen eingeprägten und Auflagerkräften (Reaktionskräften). Zu den ersteren rechnen wir die unmittelbar vorgegebenen, in all ihren Bestimmungsstücken bekannten Kräfte, wie die Lasten unserer Bauwerke, Treibkräfte der Maschinen (Dampfdruck usw.), Gewichte, Federkräfte u. dgl. Nun kommen aber in der Technik niemals einzelne Körper für sich mit eingeprägten Kräften allein vor, sondern stets nur in Verbindung oder Berührung mit anderen, auf die sie sich stützen; es ist ein wichtiger, für die Behandlung der geführten und gestützten Systeme grundlegender Gedanke, jeden derartigen Einfluß stets wieder als Kraft einzuführen und zwar so, wie es durch die besondere Art der Stützung bedingt ist (worüber später genauere Angaben folgen).

Eine besondere Stellung nimmt bei dieser Unterscheidung die Reibung ein, die als eine in die Richtung der gemeinsamen Berührungsebene fallende Kraft eingeführt wird. Bei relativer Ruhe der sich stützenden Körper spricht man von Haftreibung, sonst von Bewegungsreibung. Die Haftreibung, die i. a. nach Größe, Richtung und Sinn als Unbekannte eingeführt werden muß, ist eine Auflagerkraft, während die Bewegungsreibung bis zu einem gewissen Grade bestimmt ist und den eingeprägten Kräften zugezählt wird.

Ein wichtiger Grundsatz, der in den Anwendungen immer wieder zur Verwendung kommt, ist das sogenannte Wechselwirkungsprinzip oder der Satz der Gleichheit von Wirkung und Gegenwirkung (III. Newtonsches Gesetz). Er besagt, daß die Kräfte in der Natur nur paarweise auftreten, daß also mit jeder Kraft, die auf einen Körper einwirkt, notwendig eine gleich große und entgegengesetzt gerichtete Kraft auf einen andern verknüpft ist (z. B. die Anziehung der Sonne auf die Erde ist gleich und entgegengesetzt der der Erde auf die Sonne, ebenso der Druck eines Körpers auf den Tisch dem des Tisches auf den Körper usw.).

Dieser Satz von der Gleichheit der Wirkung und Gegenwirkung gilt nicht nur für Kräfte, sondern auch für Kraftpaare oder Momente: Jedem auf einen Körper einwirkenden Moment entspricht ein gleich großes und entgegengesetztes auf einen zweiten Körper: z. B. ist in einem Flugzeug das auf die Luftschraube ausgeübte Drehmoment gleich groß und entgegengesetzt dem auf den Flugdrachen wirkenden; die Verbindung beider wird durch die gespannten Gase im Zylinder bewirkt.

9. Bemerkungen über die Beschaffenheit der Probleme der Mechanik und ihrer Behandlung. Um irgendeine Erscheinung der Natur — wozu wir auch die der Technik rechnen — im Hinblick auf die dabei auftretenden mechanischen (oder physikalischen) Vorgänge theoretisch zu untersuchen, ist stets eine geeignete Idealisierung erforderlich; man versteht darunter die Erfassung der charakteristischen Merkmale und Eigenschaften und die Abstreifung alles Unwesentlichen und Zufälligen. Diese Unterscheidung ist dabei keineswegs immer eindeutig möglich und hat auch, wie die Geschichte der Wissenschaft lehrt, im Laufe der Zeit vielfache Änderungen erfahren. Der Zweck der Idealisierung ist der, ein Bild der Wirklichkeit herzustellen, das einerseits einfach genug ist, um die Anwendung der Methoden der Mathematik zur Festlegung quantitativer Beziehungen zu ermöglichen und andererseits doch so weitreichend ist, daß die charakteristischen Züge der Erscheinung getreu wiedergegeben werden. Der Ausbau hinsichtlich der behandelten Probleme, sowie auch die Erweiterung hinsichtlich des Ausmaßes der in Betracht gezogenen Umstände macht den Fortschritt der Wissenschaft aus.

Die Notwendigkeit der Idealisierung bringt es mit sich, daß über das Verhalten der betrachteten Körper und über die zu erfassenden Umstände in jedem einzelnen Falle (bzw. für jede Klasse von Erscheinungen) gewisse Annahmen gemacht werden müssen. Es liegt nicht nur im Sinne der Wissenschaftlichkeit, sondern ist auch für die Übersicht und für die Beurteilung des gesamten Tatsachenmaterials wichtig, daß diese Annahmen als solche hervorgehoben und womöglich an die Spitze gestellt werden; dabei ist es günstig, sich klarzumachen, wie weit sie im einzelnen der Wirklichkeit entsprechen. Ob die Annahmen für die Darstellung einer Erscheinung ausreichen, wird nachträglich durch Vergleich des Ergebnisses mit den dieselbe Erscheinung betreffenden Beobachtungstatsachen entschieden.

Bei der Behandlung irgendeines mechanischen Problems können wir demgemäß folgende drei Schritte unterscheiden:

Der Ansatz, d. i. die Aufstellung der für ein Problem geltenden Gleichungen, ist der erste Schritt. Diese Gleichungen (auch Ungleichungen in gewissen Fällen) sind in der Statik der starren Körper gewöhnliche lineare Gleichungen in den Kräftekomponenten, in der Statik deformierbarer Körper (z. B. Fäden, Seile, Stäbe, Platten usw.) und in der Dynamik Differentialgleichungen; ihre Auflösung, die — je nach der Aufgabe —, in verschiedener Weise, analytisch, graphisch oder numerisch erfolgen kann, bildet den zweiten Schritt. Jedes Resultat ist endlich noch zu diskutieren — dritter Schritt; für das volle Verständnis einer Lösung ist es günstig, sich klarzumachen, wie sie sich für besondere (z. B. extreme) Werte der gegebenen Größen (Längen, Kräfte, Reibungsziffern usw.) verhält. Diese Diskussion wird natürlich bei den Aufgaben, mit denen wir uns beschäftigen werden, stets ganz einfach ausfallen, wird aber doch als Vorbereitung für die Behandlung verwickelterer Fälle von Nutzen sein.

Was nun die Quellen betrifft, aus denen die Mechanik ihre Ansätze und Ergebnisse gewinnt, so zeigt ihre Entwicklung, daß dabei sowohl aprioristische als auch empirische Elemente in Frage kommen. Schon der Ansatz eines dynamischen Problems läßt dies deutlich erkennen, wie sich z. B. aus dem Inhalt des dynamischen Grundgesetzes $M \cdot b = K$ ergibt. Der Begriff der Beschleunigung ist aus einer Verknüpfung der Begriffe Raum und Zeit hervorgegangen und gehört gewiß der reinen Mathematik an. Auf der rechten Seite steht die gesamte einwirkende Kraft und diese wird sich als bestimmte Funktion anderer physikalischer Größen, wie z. B. von der Zeit, von Längen, Geschwindigkeiten, Dichten usw. darstellen; die Ausdrücke für diese Kräfte sind teilweise unmittelbar durch physikalische Messungen gewonnen (Fallgesetze, Reibungs-, Widerstandsgesetze usw.), teilweise mittelbar aus Beobachtungen erschlossen worden (Gravitationsgesetz usw.); die Form dieser Funktionen ist also — wenigstens zum Teil — empirischer Natur. Gerade in dieser, im dynamischen Grundgesetz enthaltenen eigentümlichen Verknüpfung kommt der zweifache Charakter der Begriffsbildungen der Mechanik deutlich zum Ausdruck. Die (durch Auflösung bzw. Integration) gewonnenen Ergebnisse, die mit Hilfe solcher „Ansätze" abgeleitet werden, müssen natürlich der nachträglichen Prüfung durch die Erfahrung Stich halten. Sobald also Merkmale physikalisch gegebener Körper in Betracht kommen — und mit solchen hat sich die Technik zu beschäftigen —, sind die betreffenden Ansätze und Aussagen sicher unter Mitwirkung der Erfahrung gewonnen. — Für das Verständnis der Mechanik, die sich (schon in ihren Grundlagen) weder als reine Geistes- noch als Naturwissenschaft, sondern als eine eigentümliche Verbindung beider darstellt, ist die Auffassung des Unterschiedes der Herkunft ihrer Ansätze und Ergebnisse äußerst förderlich.

II. Vektorrechnung.

10. Skalare, Vektoren, Beiwerte. Nur jene Dinge können zum Gegenstande einer exakten Wissenschaft gemacht werden, die gemessen und zahlenmäßig ausgedrückt werden können, also im Sinne der Mathematik Größen sind. In der Mechanik (und Physik) haben wir es mit drei Arten von solchen Größen zu tun, die voneinander wohl zu unterscheiden sind:

a) **Skalare** sind solche, die durch einen in bestimmten Maßeinheiten (Dimensionen) ausgedrückten Zahlenwert vollständig gekennzeichnet sind. Hierzu gehören z. B. Masse, Arbeit, Leistung, ihre Einheiten werden später angegeben (auch die Temperatur gehört hierher). Für Skalare gelten dieselben Rechengesetze wie für alle übrigen „benannten" Zahlen.

b) **Vektoren,** d. s. solche, denen außer der (in einem bestimmten Maßstabe ausgedrückten) Größe noch eine **Richtung** im **Raume** (Orientierung) zukommt. Für sie sind auch die Bezeichnungen **gerichtete Größen, Strecken, Segmente** in Gebrauch. Beispiele sind: Kraft, Kraftpaar, Geschwindigkeit, Beschleunigung, Bewegungsgröße (Impuls), Winkelgeschwindigkeit, Moment der Bewegungsgröße (Schwung), Winkelbeschleunigung, Gradient, Wirbel u. dgl.

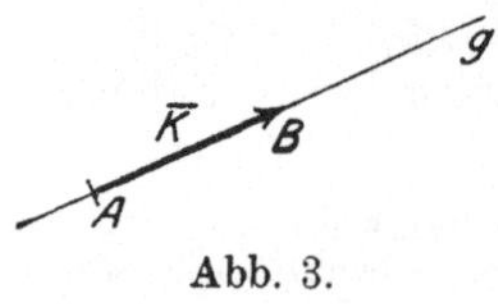

Abb. 3.

Allen Vektoren sind folgende Merkmale gemeinsam: 1. eine Gerade (g) als **Träger** des Vektors (z. B. die sog. **Wirkungslinie** der Kraft), 2. ein bestimmter **Sinn** in dieser Geraden und 3. eine bestimmte Größe, die der **Betrag** des Vektors heißt. Ein Vektor kann auch als das von einem Anfangspunkte A bis zu einem Endpunkte B reichende Stück einer Geraden dargestellt werden.

Als Bezeichnungen für einen Vektor (Abb. 3) verwenden wir entweder: $\overrightarrow{AB}$ oder einfach $\overline{K}$ (große lateinische Buchstaben, überstrichen) und sagen K-Vektor! Sein Betrag wird durch $|K|$ oder K bezeichnet.

Die Ausdrucksweise „die Kraft ist ein Vektor“ will demnach nur besagen, daß die Kraft die genannten Kennzeichen eines Vektors besitzt und ihr daher das Bild eines Vektors zugeordnet werden kann. Der Wert dieser Zuordnung, die durchaus nicht die einzig mögliche ist, erweist sich mit all ihren Folgerungen einerseits durch die Übereinstimmung dieser Folgerungen mit den Erfahrungen, andererseits wieder durch ihre besondere Zweckmäßigkeit und Einfachheit.

Die Rechengesetze für Vektoren sind in 12 bis 15 gegeben.

c) Als Beiwerte (Koeffizienten, Ziffern, Zahlen) bezeichnet man unbenannte (dimensionslose skalare) Größen, die aus verschiedenen Anlässen eingeführt und passend benannt werden (z. B. Reibungszahl, Stoßzahl, Ausflußzahl, Einschnürungszahl, Beiwert des Auftriebs und des Luftwiderstandes u. dgl.).

Nicht alle in der Mechanik betrachteten Eigenschaften der Körper können durch diese Größen allein dargestellt werden, gewisse Begriffsbildungen verlangen die Einführung von Vektorgrößen höherer Art, der sog. Tensoren (Tensoren 2. Stufe, Dyaden), z. B. führt das Studium der Trägheits- und Elastizitätseigenschaften der Körper auf solche Größen. Für die Zwecke des vorliegenden Buches kann jedoch auf ihre explizite Einführung verzichtet werden.

11. Arten der Vektoren. Von den Vektoren selbst haben wir wieder drei verschiedene Arten zu unterscheiden, deren besondere Kennzeichen jedesmal wieder zur bildlichen Darstellung von Größen bestimmter Art dienen können:

a) **Freie Vektoren** sind solche, die nicht nur längs ihres Trägers, sondern auch mit diesem parallel zu sich selbst verschoben werden können, ohne daß sich die Bedeutung der durch sie dargestellten Größen ändert; sie sind also nicht an eine bestimmte Gerade (in der durch ihre Richtung bestimmten Parallelenschar) als Träger gebunden. Freie Vektoren dürfen also in beliebiger Weise parallel zu sich selbst verschoben werden, ohne daß sich ihre Bedeutung ändern würde. Hierher gehören: Kraftpaar (Moment), Translation (Drehungspaar).

b) **Gebundene Vektoren** sind solche, die längs ihres Trägers beliebig verschoben werden können, ohne ihre mechanische (oder physikalische) Bedeutung zu verändern. Zwei solche Vektoren sind also gleichwertig (äquivalent), wenn sie auf demselben Träger liegen, gleichen Sinn und gleiche Größe haben. Beispiele für diese Art der Vektoren sind: Kraft, Geschwindigkeit, Bewegungsgröße (Impuls), Beschleunigung, Winkelgeschwindigkeit, Schwung (Moment der Bewegungsgröße).

c) Für gewisse Arten von Vektoren ist es nötig, die Vektoren an bestimmten Punkten ihres Trägers angesetzt zu denken, man spricht dann von **angehefteten** oder **Feldvektoren**. (Beispiele: Massenkräfte, insbesondere Gewichte, magnetische und elektrische Kraft. Hierher gehört auch der einen Raumpunkt A gegen einen anderen O kennzeichnende Vektor $\bar{r} = \overrightarrow{OA}$.)

12. Addition und Subtraktion von Vektoren. Zerlegung. Für die Addition von Vektoren gilt das Parallelogrammgesetz:

Je zwei freie Vektoren $\overline{K}_1$ und $\overline{K}_2$ (und auch je zwei gebundene, deren Träger sich schneiden) bestimmen eindeutig einen Vektor $\overline{K}$, ihre Summe (auch resultierender, Summenvektor oder Mittelvektor genannt), die durch die Diagonale des über $\overline{K}_1$ und $\overline{K}_2$ errichteten Parellelogramms gegeben ist. In Zeichen:

$$\boxed{\overline{K}_1 + \overline{K}_2 = \overline{K}} \qquad \ldots \ldots \ldots \quad (4)$$

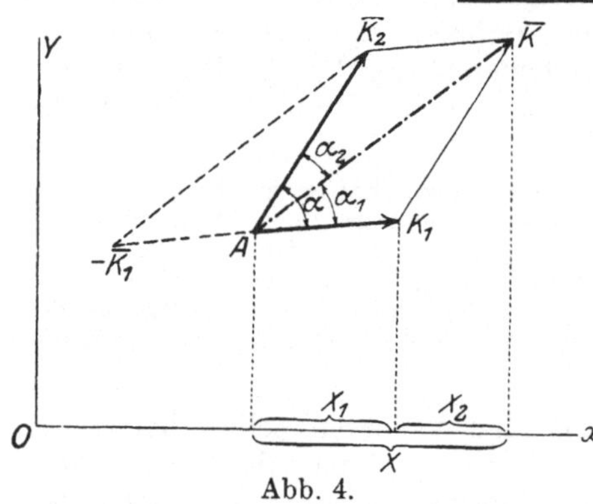

Abb. 4.

Dieser „geometrischen Addition" (Abb. 4) kommen folgende Eigenschaften zu:

1. Die Summe $\overline{K}$ ist unabhängig von der Reihenfolge, in der man die Einzelvektoren $\overline{K}_1$ und $\overline{K}_2$ aneinanderfügt

$$\overline{K} = \overline{K}_1 + \overline{K}_2 = \overline{K}_2 + \overline{K}_1.$$

(Vertauschbarkeitssatz, kommutatives Gesetz der Addition.)

2. Die Addition der Summe von $\overline{K}_1$ und $\overline{K}_2$ zu $\overline{K}_3$ gibt dasselbe Ergebnis wie die Addition von $\overline{K}_1$ zur Summe von $\overline{K}_2$ und $\overline{K}_3$, also $(\overline{K}_1 + \overline{K}_2) + \overline{K}_3 = \overline{K}_1 + (\overline{K}_2 + \overline{K}_3)$ (assoziatives Gesetz der Addition).

Die Summe von drei Vektoren, die nicht in einer Ebene liegen, ist die Diagonale des über ihnen errichteten Parallelepipeds (Abb. 5). Allgemein schreiben wir für die Summe von n beliebigen Vektoren

$$\boxed{\overline{K}_1 + \overline{K}_2 + \ldots + \overline{K}_n = \sum_{i=1}^{n} \overline{K}_i = \overline{K}} \quad \ldots \ldots \quad (5)$$

Diese Summe $\overline{K}$ ergibt sich, da zur Ermittlung der Summe von zwei Vektoren offenbar die Zeichnung eines Dreieckes genügt, als Schlußlinie des Streckenzuges, den man durch Aneinanderreihung dieser Vektoren in beliebiger Folge erhält; sie ist vom Anfang des ersten zum Endpunkt des letzten hin gerichtet. Fällt das Ende des letzten mit dem Anfang des ersten Vektors zusammen, dann ist die Summe 0.

Subtraktion. Sind umgekehrt $\overline{K}$ und $\overline{K}_1$ gegeben, so gibt es einen Vektor $\overline{x}$, für den $\overline{K}_1 + \overline{x} = \overline{K}$, also $\overline{x} = \overline{K} - \overline{K}_1 = \overline{K} + (-\overline{K}_1)$ $\overline{K}_2$, und dieser heißt die (geometrische) Differenz von $\overline{K}$ und $\overline{K}_1$.

Für beliebig viele freie und durch einen Punkt gehende gebundene Vektoren sind in dem Parallelogrammgesetz nach seinen Folgerungen alle Aussagen enthalten, welche die Zusammensetzung und Zerlegung betreffen. Für Vektoren jedoch, die nicht diese Beschaffenheit haben, z. B. für Kräfte, die zueinander parallel oder beliebig im Raume verteilt sind, sind für die Ausführung einer derartigen „Addition" noch weitere Festsetzungen notwendig, insbesondere muß der Begriff des starren Körpers eingeführt werden, auf dem sich dann die „starre" Mechanik aufbaut.

Zerlegung. Umgekehrt ergibt sich nach Abb. 4 und 5 unmittelbar, daß jeder Vektor $\overline{K}$ eindeutig in folgender Weise zerlegt werden kann: a) in zwei Teilvektoren $\overline{K}_1$ und $\overline{K}_2$ nach beliebigen, mit $\overline{K}$ in einer Ebene liegenden Richtungen (Abb. 4), b) in drei Teilvektoren $\overline{K}_1, \overline{K}_2, \overline{K}_3$ nach drei gegebenen, voneinander und von K unabhängigen Richtungen im Raume (Abb. 5). Diese Teilvektoren heißen auch Komponenten des gegebenen Vektors. Die Zerlegung ergibt sich durch Zeichnung des Parallelogramms bzw. Parallelepipeds nach den gegebenen Richtungen.

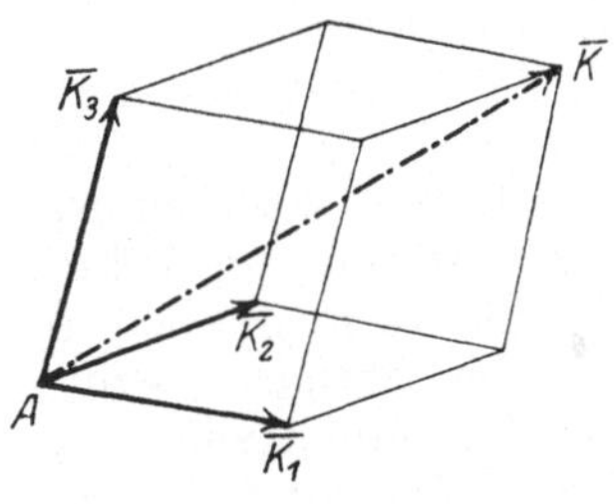

Abb. 5.

Damit sind die Fälle eindeutiger Zerlegung eines Vektors in Vektoren, die alle durch denselben Punkt gehen, erschöpft. Wird Zerlegung nach mehr als zwei bzw. drei Richtungen durch einen Punkt verlangt, so kommen Unbestimmtheiten ins Spiel, die durch besondere Festsetzungen behoben werden müssen.

13. Projektionssatz. Unter der Projektion eines Vektors $\overline{K}$ auf eine Achse x versteht man das auf x gemessene Stück X zwischen den Fußpunkten der Senkrechten, die vom Anfangs- und Endpunkt von $\overline{K}$ auf x gefällt werden, also wenn $\sphericalangle(K, x) = \alpha$, so ist (Abb. 6)

$$X = K \cos \alpha \quad \ldots \ldots \quad (6)$$

Für $\alpha = 0$ ist $X = K$, für $\alpha = \dfrac{\pi}{2}$, $X = 0$.

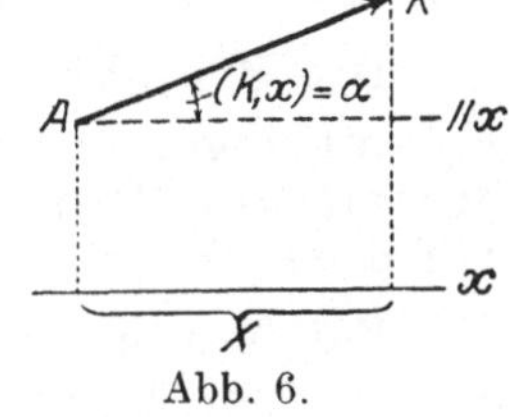

Abb. 6.

Werden also die Winkel von K gegen die zueinander rechtwinkligen (xyz)-Achsen bzw. mit (α, β, γ) bezeichnet, so sind die Projektionen von $\overline{K}$ gegeben durch

$$X = K \cos \alpha, \quad Y = K \cos \beta, \quad Z = K \cos \gamma \ldots \ldots (7)$$

und da $\cos^2 \alpha + \cos^2 \beta + \cos^2 \gamma = 1$, so ist

$$K = \sqrt{X^2 + Y^2 + Z^2} \quad \ldots \ldots \ldots \quad (8)$$

Man beachte, daß nur im Falle rechtwinkliger Achsen die Projektionen auf diese Achsen mit den Komponenten nach ihnen zusammenfallen.

Für die Projektion von $\overline{K}$ auf eine Gerade g, die durch ihre Richtungskosinusse (λ, μ, ν) gegen die Achsen (x, y, z) gegeben ist

(Abb. 7), also für $K\cos\vartheta$, erhalten wir folgenden Ausdruck: Der Winkel ϑ der beiden Geraden $g\,(\lambda,\mu,\nu)$ und $\overline{K}\,(\alpha,\beta,\gamma)$ ist nach einer bekannten Formel der analytischen Geometrie gegeben durch

$$\cos\vartheta = \cos\alpha\,\cos\lambda + \cos\beta\,\cos\mu$$
$$+ \cos\gamma\,\cos\nu \quad\ldots\ldots (9)$$

woraus durch Multiplikation mit K und Benützung der Gl. (10) der folgende Ausdruck für die Projektion von $\overline{K}$ auf g fließt:

$$K\cos\vartheta = X\cos\lambda + Y\cos\mu$$
$$+ Z\cos\nu \ldots\ldots (10)$$

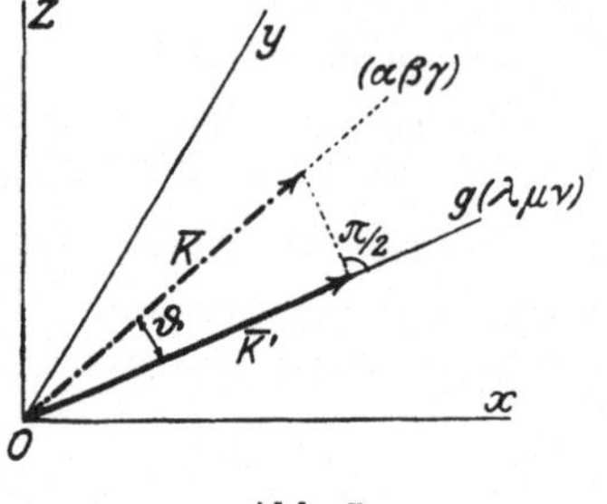

Abb. 7.

Durch Verwendung des Projektionsbegriffes kann das Gesetz der Addition von Vektoren in eine Form gebracht werden, die sich für die rechnerischen Anwendungen oftmals nützlicher erweist als die (im übrigen damit gleichwertige) vektorielle. Aus Abb. 4 ist nämlich unmittelbar zu sehen, daß für jede beliebige Richtung x die Gl. (4) der folgenden Aussage gleichwertig ist:

$$X_1 + X_2 = X:$$

oder allgemein für n Vektoren $\overline{K}_1, \overline{K}_2, \ldots, \overline{K}_n$, deren Projektionen auf x mit $X_1, X_2, \ldots, X_n$ bezeichnet werden:

$$X_1 + X_2 + \ldots + X_n = \sum_{i=1}^{n} X_i = X \quad\ldots\ldots (11)$$

welche Gleichung den Inhalt des Projektionssatzes (für die willkürliche Achse x) ausmacht:

Die Projektion der Summe $\overline{K}$ von n Vektoren $\overline{K}_1, \overline{K}_2, \ldots \overline{K}_n$ auf irgendeine Richtung x im Raume ist gleich der Summe der Projektionen $X_1, X_2, \ldots, X_n$ der Einzelvektoren auf diese Richtung.

Ein Vektor wird in der Ebene durch zwei, im Raume durch drei Bestimmungsstücke festgelegt, als welche man seine Projektionen nach ebensoviel Achsen eines beliebigen Koordinatensystems ansehen kann. In Übereinstimmung damit ist die Vektorgleichung (7) in der Ebene zwei, im Raume drei Gleichungen vom Typus (11) für ebensoviele Achsenrichtungen gleichwertig, die dann lauten:

$$\boxed{\sum_{i=1}^{n} X_i = X, \quad \sum_{i=1}^{n} Y_i = Y, \quad \sum_{i=1}^{n} Z_i = Z} \quad\ldots\ldots (12)$$

wenn in leichtverständlicher Ausdrucksweise die Projektionen von $\overline{K}_i$ auf die Achsen (x, y, z) mit (X_i, Y_i, Z_i) bezeichnet werden.

Der Betrag der Summe K von nur zwei Vektoren K_1 und K_2 und ihre Lage gegen K_1 und K_2 ergibt sich auch direkt durch die aus der Trigonometrie als Kosinus- und Sinussatz bekannten und im folgenden oft benutzten Beziehungen (Abb. 4):

$$K^2 = K_1{}^2 + K_2{}^2 + 2\,K_1\,K_2 \cos \alpha \quad \ldots \ldots \ldots (13)$$

$$K_1 : K_2 : K = \sin \alpha_2 : \sin \alpha_1 : \sin \alpha \quad \ldots \ldots \ldots (14)$$

ferner gibt der Projektionssatz unmittelbar

$$K = K_1 \cos \alpha_1 + K_2 \cos \alpha_2 \quad \ldots \ldots \ldots (15)$$

14. Multiplikation von Vektoren. Arbeits- und Momentenprodukt. Während die geometrische Addition zweier Vektoren nur auf eine Weise ausführbar ist, kennen wir zwei Arten von Produkten, die beide für die Mechanik von Wichtigkeit sind: a) das skalare, innere oder Arbeitsprodukt und b) das vektorielle, äußere oder Momentenprodukt. Wir geben die Erklärungen wieder sogleich in der Form, wie wir sie später fortgesetzt brauchen werden.

a) Das Arbeitsprodukt A zweier Vektoren $\overline{K}_1 (X_1 Y_1 Z_1)$ und $\overline{K}_2 (X_2 Y_2 Z_2)$ ist gegeben durch das Produkt der Beträge der beiden Vektoren in den Kosinus des von ihnen eingeschlossenen Winkels ϑ, also durch $K_1 K_2 \cos \vartheta$. Durch Heranziehung der oben benützen Gl. (12), in der wir

$$\cos \alpha = \frac{X_1}{K_1}, \quad \cos \beta = \frac{Y_1}{K_1}, \quad \cos \gamma = \frac{Z_1}{K_1},$$

$$\cos \lambda = \frac{X_2}{K_2}, \quad \cos \mu = \frac{Y_2}{K_2}, \quad \cos \nu = \frac{Z_2}{K_2}$$

zu setzen haben, ergibt sich für A:

$$\boxed{A = K_1 K_2 \cos \vartheta = X_1 X_2 + Y_1 Y_2 + Z_1 Z_2} \quad \ldots \ldots (16)$$

Für das innere Produkt von $\overline{K}_1$ und $\overline{K}_2$ ist Bezeichnung $\overline{K}_1 \cdot \overline{K}_2$ in Gebrauch. Dieses Produkt ist eine von den Vektoren allein abhängige skalare Größe, es kann auch als Produkt jedes Vektors mit der Projektion des andern auf ihn erklärt werden. Für $\vartheta = 0$ ist $A = 0$, d. h. die beiden Vektoren $\overline{K}_1, \overline{K}_2$ stehen aufeinander senkrecht, wenn

$$(K_1 \perp K_2) \quad X_1 X_2 + Y_1 Y_2 + Z_1 Z_2 = 0 \quad \ldots \ldots \ldots (17)$$

b) Bisher haben wir stets angenommen, daß die Vektoren sämtlich durch denselben Punkt hindurchgehen. Wenn dies jedoch nicht der Fall ist, so brauchen wir ein Mittel, das uns gestattet, einen beliebig gegebenen Vektor in bezug auf ein Achsensystem festzulegen. Das einfachste derartige Hilfsmittel wird durch das **Momentenprodukt** oder kurz **Moment** gegeben, das z. B. für eine **Kraft** das **Maß der Drehwirkung** um einen Punkt darstellt.

Hierzu wollen wir zunächst erklären, was unter dem **Moment eines Vektors** $\overline{K}$ in bezug auf eine Achse z zu verstehen ist,

(Abb. 8). Wir projizieren $\overline{K}$ auf eine Ebene $(O\,x\,y)$, die zur z-Achse senkrecht steht, erhalten $\overline{K}'$ und fällen auf $\overline{K}'$ von O das Lot, dessen Länge p sei; dann verstehen wir unter dem Momente von $\overline{K}$ um die z-Achse den Ausdruck

$$\mathfrak{M}_z = K' \cdot p = 2\,f', \quad\ldots\ldots\ldots\ldots \quad (18)$$

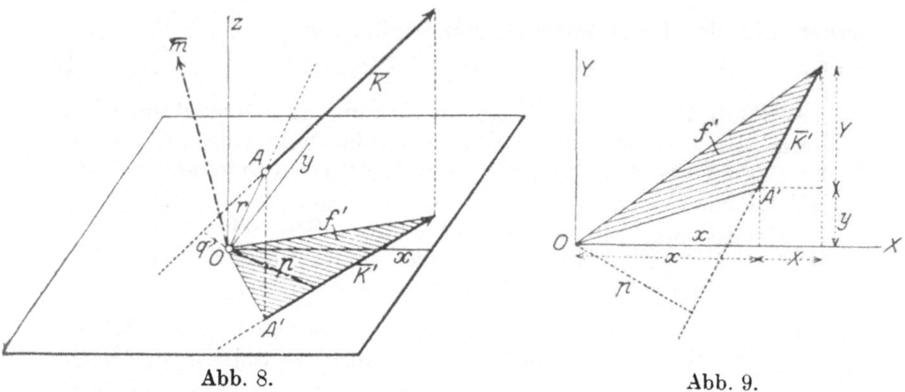

Abb. 8.   Abb. 9.

wenn f' die Fläche des schraffierten Dreiecks bedeutet. Sind wieder $(X\,Y\,Z)$ die Komponenten von $\overline{K}$ nach den Achsen $\overrightarrow{OA} = \bar{r}\,(x\,y\,z)$ der Vektor mit den Koordinaten $(x\,y\,z)$ des beliebigen Punktes A auf $\overline{K}$, so folgt durch Betrachtung der Umlegung der $x\,y$-Ebene (Abb. 9):

$$\tfrac{1}{2}\,\mathfrak{M}_z = f' = \tfrac{1}{2}\,(x + X)\,(y + Y) - \tfrac{1}{2}\,xy - \tfrac{1}{2}\,XY - y\,X = \tfrac{1}{2}\,(x\,Y - y\,X).$$

Fügen wir noch die Momente von $\overline{K}$ um die x- und y-Achsen hinzu, so erhalten wir die drei symmetrisch gebauten Ausdrücke:

$$\boxed{\mathfrak{M}_x = yZ - zX, \quad \mathfrak{M}_y = zX - xZ, \quad \mathfrak{M}_z = x\,Y - y\,X} \quad . \quad (19)$$

Es liegt nun auf der Hand, $\mathfrak{M}_x$, $\mathfrak{M}_y$, $\mathfrak{M}_z$ als die Komponenten eines Vektors $\mathfrak{M}$ anzusehen, der nur von O, $\bar{r}$ und K abhängt, im übrigen jedoch vom Koordinatensystem unabhängig ist. Seine Lage und Größe ist leicht anzugeben. Multipliziert man die Gl. (19) nacheinander mit x, y, z und addiert, so kommt:

$$x\,\mathfrak{M}_x + y\,\mathfrak{M}_y + z\,\mathfrak{M}_z = 0, \qquad \text{d. h. } \overline{\mathfrak{M}} \perp \bar{r} \quad \ldots\ldots \quad (20)$$

und nach Multiplikation mit X, Y, Z bzw. und Addition finden wir

$$X\,\mathfrak{M}_x + Y\,\mathfrak{M}_y + Z\,\mathfrak{M}_z = 0, \qquad \text{d. h. } \overline{\mathfrak{M}} \perp \overline{K} \quad \ldots \quad (21)$$

$\overline{\mathfrak{M}}$ steht also auf der Ebene senkrecht, die durch O und $\overline{K}$ gelegt werden kann. Man bezeichnet $\overline{\mathfrak{M}}$ als das „Moment von $\overline{K}$ um den Punkt O" oder als Momentenprodukt von $\bar{r}$ und $\overline{K}$.

In der vektoriellen Bezeichnungsweise schreiben wir

$$\overline{\mathfrak{M}} = r\,\overline{K}, \quad \ldots\ldots\ldots\ldots \quad (22)$$

welche Gleichung als Zusammenfassung der drei Gl. (19) zu betrachten und mit diesen gleichwertig ist.

Der Betrag von $\mathfrak{M}$ ergibt sich durch Einsetzen der Ausdrücke (19) zu

$$\mathfrak{M} = \sqrt{\mathfrak{M}_x{}^2 + \mathfrak{M}_y{}^2 + \mathfrak{M}_z{}^2}$$
$$= \sqrt{(x^2 + y^2 + z^2)\,(X^2 + Y^2 + Z^2) - (xX + yY + zZ)^2}$$

und wenn ϑ den Winkel von $\bar{r}$ und $\bar{K}$ bezeichnet, dann ist nach Gl. (16) $xX + yY + zZ = rK\cos\vartheta$, also

$$\mathfrak{M} = \sqrt{r^2 K^2 - r^2 K^2 \cos^2\vartheta} = Kr\sin\vartheta = Kq, \quad . \ . \ (23)$$

da $r\sin\vartheta = q$ der Abstand des Punktes O von $\bar{K}$ ist.

Es ergibt sich also folgende Bedeutung des Momentproduktes $\mathfrak{M}$ von $\bar{r}$ und $\bar{K}$ oder des Momentes von $\bar{K}$ um O: $\mathfrak{M}$ steht auf der durch $\bar{r}$ und $\bar{K}$ bestimmten Ebene senkrecht, sein Betrag ist gleich dem Produkte aus K und dem von O auf $\bar{K}$ gefällten Lote q. Die Projektion von $\overline{\mathfrak{M}}$ auf irgendeine Achse durch O ist gleich dem Momente von $\bar{K}$ um diese Achse.

Eine besondere Festsetzung ist nur noch bezüglich der Richtung notwendig, in der auf der Normalen zur Ebene $(O, \bar{K})$ das Auftragen von $\overline{\mathfrak{M}}$ zu geschehen hat. Wir treffen hierzu die Verabredung, $\mathfrak{M}$ nach jener Seite dieser Normalen aufzutragen, von der aus gesehen $\bar{K}$ im positiven Sinne dreht, d. h. in dem Sinne, der Ox auf dem kürzesten Wege in Oy überführt, wenn diese Drehung von Oz aus betrachtet wird.

$\overline{\mathfrak{M}}$ liegt also so zu $\bar{r}$ und $\bar{K}$ wie Oz zu Ox und Oy. Für den hier gewählten Drehsinn, bei dem — von Oz aus gesehen — y zur Linken von x liegt, bezeichnen wir ein Moment dann als positiv, wenn es im Gegensinn des Uhrzeigers, und als negativ, wenn es in dessen Sinn dreht.

15. Momentensatz. Der Umstand, daß die Ausdrücke (19) für die Komponenten des Momentes in den Kräftekomponenten (X, Y, Z) linear sind, und daß sich nach dem Projektionssatze die Komponenten der Summe $\bar{K}$ einer beliebigen Anzahl von Vektoren $\bar{K}_1, \bar{K}_2, \ldots, \bar{K}_n$ gleichfalls linear zusammensetzen, führt auf einen einfachen Zusammenhang des Momentes von $\bar{K}$ um irgendeine Achse des Raumes mit den Momenten der Einzelvektoren um dieselbe Achse, wenn diese Einzelvektoren durch dieselben Punkte hindurchgehen. Mit der bisher verwendeten Bezeichnung der Komponenten von $\bar{K}_1\,(X_1\,Y_1\,Z_1)$ usw. und von $(\mathfrak{M}_{1x}, \mathfrak{M}_{1y}, \mathfrak{M}_{1z})$ für die Komponenten von $\mathfrak{M}_1$ usw. folgt z. B. für das Moment von $\bar{K}_1$ um die x-Achse

$$\mathfrak{M}_{1x} = xY_1 - yX_1$$

ebenso für das Moment von $\overline{K}_2$

$$\mathfrak{M}_{2x} = x\,Y_2 - y\,X_2$$

usw. für alle vorhandenen Vektoren. Da nach dem Projektionssatze (12)
$\sum X_i = X$, $\sum Y_i = Y$, $\sum Z_i = Z$ die Komponenten der Summe
$\overline{K} = \sum \overline{K}_i$ nach den Achsen sind, so folgt durch Addition

$$\mathfrak{M}_{1x} + \mathfrak{M}_{2x} + \ldots = \sum \mathfrak{M}_{ix} = x\,(Y_1 + Y_2 + \ldots) - y\,(X_1 + X_2 + \ldots)$$
$$= x\,Y - y\,X = \mathfrak{M}_x. \qquad \ldots \ldots \ldots (24)$$

dem Momente der Summe $\overline{K}$ um die x-Achse.

Da die Lage der x-Achse in keiner Weise bevorzugt ist, so
folgt der folgende Ausdruck für den

Momentensatz: Das Moment der Summe $\overline{K}$ einer beliebigen Anzahl von Vektoren $\overline{K}_1$, $\overline{K}_2, \ldots, \overline{K}_n$, die durch denselben Punkt A gehen, um jede beliebige Achse des Raumes, ist gleich der Summe der Momente der Einzelvektoren um dieselbe Achse.

Werden also für einen beliebigen Punkt O des Raumes für die durch einen Punkt P hindurchgehenden n Vektoren $\overline{K}_1$, $\overline{K}_2, \ldots, \overline{K}_n$ die Momentenvektoren $\overline{\mathfrak{M}}_1$, $\overline{\mathfrak{M}}_2, \ldots, \overline{\mathfrak{M}}_n$ gezeichnet, so stellt deren Summe

$$\boxed{\overline{\mathfrak{M}} = \overline{\mathfrak{M}}_1 + \overline{\mathfrak{M}}_2 + \ldots + \mathfrak{M}_n = \sum_{i=1}^{n} \overline{\mathfrak{M}}_i} \qquad \ldots \ldots (25)$$

d. h. die Schlußlinie des Polygons der Momentenvektoren $\mathfrak{M}_1 \ldots \mathfrak{M}_n$
das Moment des Vektors $\overline{K}\,(= \sum_{i=1}^{n} \overline{K}_i)$ um O dar.

Ein Sonderfall des Momentensatzes ist folgende Aussage: Wenn insbesondere die gegebene Achse a den Summenvektor $\overline{K}$ schneidet (das Moment von $\overline{K}$ um a also Null ist), so ist auch die Summe der Momente der Teilvektoren um a gleich Null.

Der Momentensatz gilt auch noch, wie sich unmittelbar ergibt, wenn der gemeinsame Punkt A im Unendlichen liegt, die Kräfte also alle zueinander parallel sind. Die Summe der gegebenen Vektoren ist dann $(i.\,a)$ wieder ein ihnen paralleler Vektor, und das Moment dieses Vektors um jede Achse a des Raumes ist gleich der Summe der Momente der Einzelvektoren um a.

Weitere Entwicklungen über Vektoren folgen in jenen Abschnitten, wo sie besondere Verwendung finden.

Erster Teil.

Statik der starren Körper.

Dieser Teil behandelt die rechnerischen und zeichnerischen Methoden für die Zusammensetzung und Zerlegung von Kräften und das Gleichgewicht an starren Körpern, ferner die Theorie der Stützung und der Reibung fester Körper, sowie einiges aus der Theorie der Seil- und Stützlinien.

I. Kraftgruppe durch einen Punkt.

16. Mittelkraft und Gleichgewicht. Auflagerdruck. In der technischen Mechanik und allen ihren Anwendungen hat es sich als vorteilhaft erwiesen, die Kräfte als wirklich existierende Dinge anzusehen und den Umstand zu verwerten, daß sie gerade jene Kennzeichen besitzen, die wir oben als den Vektoren eigentümlich erkannt haben: Größe, Richtung, Sinn. Nachdem die Zulässigkeit dieser Zuordnung Kraft → Vektor und die Richtigkeit aller daraus ableitbaren und für die Beurteilung des „Kräftespiels" in unseren Bauwerken und Maschinen wichtigen Folgerungen festgestellt ist, laufen alle hierher gehörigen Entwicklungen auf die Anwendung der in 12 bis 15 gegebenen Gesetze hinaus. Die Summe einer beliebigen Anzahl von Kräften einer Kräftegruppe durch einen Punkt A oder die Mittelkraft, ist durch die Schlußlinie des Streckenzuges gegeben, der durch Aneinanderreihung der gegebenen Kräfte in beliebiger Folge entsteht, welchen Streckenzug man als Krafteck bezeichnet. Hat diese Schlußlinie die Länge 0, fällt also der Endpunkt der letzten mit dem Anfangspunkt der ersten Kraft zusammen, dann sprechen wir von Gleichgewicht.

Für das Gleichgewicht zweier Kräfte (wie wir in der Folge kurz statt Gleichgewicht eines Körpers unter dem Einflusse zweier Kräfte sagen wollen) ist sonach notwendig und hinreichend, daß diese gleich groß und entgegengesetzt sind. Drei Kräfte im Gleichgewicht müssen, aneinandergefügt, ein geschlossenes Dreieck bilden usw. Die notwendigen und hinreichenden Bedingungen für das Gleichgewicht einer solchen räumlichen Kraftgruppe $\overline{K}_i\,(X_i,\,Y_i,\,Z_i)$, $(i = 1, 2, \ldots, n)$ durch einen Punkt lauten daher:

$$\boxed{X = \sum_{i=1}^{n} X_i = 0, \quad Y = \sum_{i=1}^{n} Y_i = 0, \quad Z = \sum_{i=1}^{n} Z_i = 0} \quad . \quad . \quad (26)$$

und im besonderen für die ebene Kraftgruppe durch einen Punkt A:

$$X = \sum_{i=1}^{n} X_i = 0, \qquad Y = \sum_{i=1}^{i=n} Y_i = 0 \qquad \ldots \ldots \text{(27)}$$

Bei den Anwendungen liegt die Fragestellung nun immer so. daß gewisse Kräfte als „eingeprägt“ gegeben sind (z. B. Gewichte, die Lasten unserer Bauwerke, Winddruck, Federkräfte usw.), daß jedoch die Lage des gemeinsamen Punktes A aller Kräfte nicht völlig frei, sondern vielmehr in gewisser Weise unterstützt oder geführt ist, da sich die Körper stets auf andere stützen, wodurch die Gesamtheit der möglichen Lagen für das Gleichgewicht gewisse Einschränkungen erleidet. Um den Einfluß dieser Unterstützungen, bzw. Führungen auf die möglichen Gleichgewichtslagen, bzw. auf die für eine bestimmte Gleichgewichtslage erforderlichen eingeprägten Kräfte zu berücksichtigen, dient die auch für alles Folgende wichtige Bemerkung, daß alle derartigen Einflüsse stets wieder unter dem Bilde von Kräften in Rechnung angesetzt werden. Für glatte Berührungsflächen, die wir zunächst betrachten wollen, wird der Einfluß zweier Körper aufeinander lediglich als eine in der Richtung der Normalen zur gemeinsamen Berührungsebene der Körper liegende Kraft anzusehen sein, da doch in diese Ebene selbst, wegen der vorausgesetzten Glätte, kein Teil dieser Kraft fallen kann. Diese in der Richtung der Normalen liegende Kraft nennt man den Auflagerdruck N, seine Größe ist zunächst unbekannt und wird durch die Heranziehung der Gl. (26) oder (27) für die unter Hinzunahme von N zu den eingeprägten entstandene Kraftgruppe erhalten.

Für die Ebene können dann nur die folgenden zwei Fälle eintreten. a) Eine Bedingung, d. h. für die Lage von A ist eine Kurve C vorgeschrieben. Da zur Angabe von A auf der Kurve eine Koordinate etwa der Abstand von einem festen Punkt der Kurve oder dgl. ausreicht, und in (27) zwei Gleichungen zur Verfügung stehen, erkennt man unmittelbar, daß durch diese Gleichungen sowohl die Lage von A als auch die Größe des unbekannten Auflagerdrucks bestimmt sind. Ist dagegen die Gleichgewichtsstelle vorgeschrieben, so liefert die Gl. (27) N und die zur Herstellung des Gleichgewichts zu der gegebenen hinzuzufügende Kraft.

Diese „Abzählung“ der Unbekannten und der verfügbaren Gleichungen gibt unmittelbar Aufschluß über die eindeutige Lösbarkeit jeder Aufgabe, und hat in jedem Falle, wo diese Lösbarkeit zweifelhaft ist, der eigentlichen Lösung vorauszugehen. In der Statik spricht man von statischer Bestimmtheit, wenn die Anzahl der Unbekannten gleich der verfügbaren Gleichgewichtsbedingungen ist, sonst von statischer Unbestimmtheit.

Beispiel 1. Schiefe Ebene mit dem Neigungswinkel α, auf ihr ein kleiner Körper vom Gewichte G, das wir als eine vertikal nach unten gerichtete

Kraft ansehen können. Die Gln. (27) geben für die Kraft K zur Herstellung des Gleichgewichts uud für den Normaldruck N die Ausdrücke

$$K = G\sin\alpha, \qquad N = G\cos\alpha, \quad \ldots \ldots \ldots \quad (28)$$

die man auch unmittelbar aus dem zugehörigen Kräftedreieck abliest (Abb. 10).

b) **Zwei Bedingungen.** Da durch zwei Bedingungen, also durch zwei Kurven die Lage eines Punktes in der Ebene schon vollständig gegeben ist (und zwar durch ihren Schnittpunkt bzw. ihre Schnittpunkte), so bleiben nur die beiden Auflagerdrücke als Unbekannte übrig, zu deren Bestimmung die zwei Gl. (27) tatsächlich ausreichen. Derartige Probleme treten auch dann auf, wenn an den

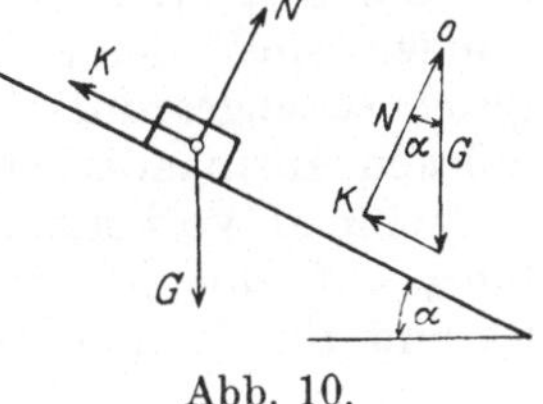

Abb. 10.

Körper zwei gewichtslose Fäden oder Stäbe angeheftet bzw. angelenkt sind, deren andere Enden festliegen. Die Auflagerdrücke werden in diesem Falle durch Kräfte gegeben sein, die in der Richtung der betreffenden Fäden (oder Stäbe) anzunehmen sind; wir nennen sie die **Seilkräfte** oder **Stabkräfte** und sprechen von einer **Zugkraft**, wenn die eingeprägte Kraft das betreffende Seilstück zu verlängern, von einer **Druckkraft**, wenn sie es zu verkürzen strebt.

Das zeichnerische Kennzeichen für den einen oder andern Fall bekommen wir, wenn wir die unbekannten Seilkräfte durch Pfeile darstellen, die wir immer vom Angriffspunkte weggerichtet eintragen, und das zugehörige Kräftedreieck mit jenem Umlaufsinn versehen, wie ihn die eingeprägte Kraft vorschreibt: stimmen dann für eine Seilkraft die beiden so zusammengehörigen Pfeile überein, dann haben wir Zug, im anderen Falle **Druck**. Die drei möglichen

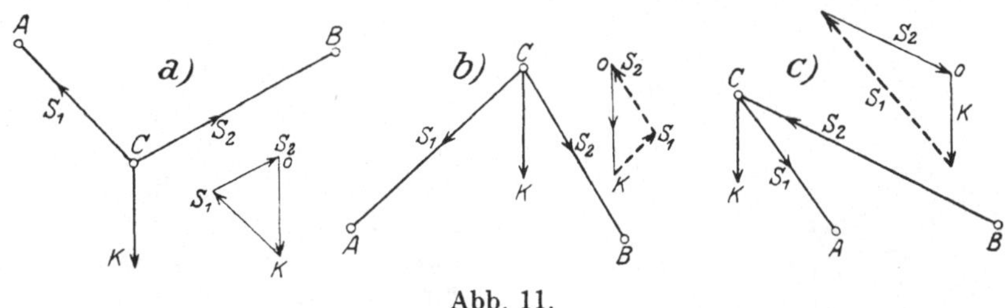

Abb. 11.

Fälle, die dabei auftreten können, sind in Abb. 11 a), b), c) dargestellt. S_1 in a), S_2 in a) und c) sind **Zugkräfte**, S_1 in b), S_2 in b) und c) **Druckkräfte** (Druckkräfte sind im Kraftdreieck gestrichelt angegeben). Selbstverständlich kann im ersten Falle der betreffende Konstruktionsteil ein Seil oder ein Stab sein, während im zweiten ein steifer Stab erforderlich ist.

Kräfte von der Art, wie die hier in Seilen oder Stäben durch äußere, eingeprägte Kräfte hervorgerufenen „inneren Kräfte" oder „Spannungen" sind maßgebend für den inneren molekularen Zusammenhang der Körper. Daß für vollkommen biegsame Seile oder in den Gelenken reibungslos aneinandergefügte

Stäbe die inneren Kräfte in die Richtung der Stabachsen fallen, erkennt man, wenn man die Kraft ermittelt, die an einem abgeschnittenen Stück zur Herstellung des Gleichgewichtes anzubringen ist und von den Voraussetzungen der vollständigen Biegsamkeit usw. Gebrauch macht.

Werden diese Überlegungen für mehrere Punkte durchgeführt, die durch (gewichtslos) gedachte Seile oder Stäbe miteinander verbunden sind, dann werden die zugehörigen Kraftecke vorteilhaft gleich so angeordnet, daß sie längs der Kräfte in diesen Verbindungsstücken aneinanderliegen, so daß jede solche Kraft im „Kraftplan" nur einmal vorkommt. Die weitere Anwendung dieses Vorganges führt auf eine Figur, die unter der Bezeichnung Seileck bekannt ist und für die weiteren Anwendungen besondere Wichtigkeit besitzt.

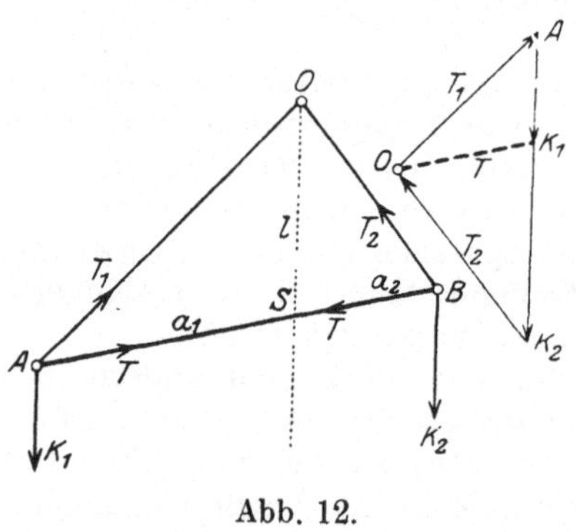

Abb. 12.

Beispiel 2. Zwei Gewichte K_1 und K_2 sind durch zwei Fäden an einem Punkt O aufgehängt und durch eine leichte Stange AB miteinander verbunden, man findet die Gleichgewichtslage des Stabes und die Spannungen T_1 und T_2 in den Fäden und T im Stab (Abb. 12).

Sei S der Punkt, der in der Gleichgewichtslage unter O liegt, dann folgt aus der Ähnlichkeit der Kraftdreiecke (rechts) mit den im „Lageplan" (links) auftretenden Dreiecken

$$\frac{K_1}{T} = \frac{l}{a_1}, \qquad \frac{K_2}{T} = \frac{l}{a_2},$$

also $\qquad K_1 a_1 = K_2 a_2,$

welche Gleichung die Gleichgewichtslage des Stabes bestimmt. Aus den ersten zwei Gln. folgt auch

$$T = K_1 \frac{a_1}{l} = K_2 \frac{a_2}{l} = \frac{K_1 K_2}{K_1 + K_2} \cdot \frac{a_1 + a_2}{l}$$

und ähnlich T_1 und T_2.

17. Seileck. Durch die im vorigen Abschnitte erhaltenen Ergebnisse können die Spannungen, die in jedem Stücke eines unter gewissen eingeprägten Kräften im Gleichgewichte befindlichen Seiles auftreten, wenn dessen Gestalt bekannt ist, durch Zeichnung von Kraftdreiecken ermittelt werden. Das Seil wird nach Anbringung der Kräfte so behandelt, als ob es starr wäre (**Erstarrungsprinzip**).

Für jeden Kraftangriffspunkt P_i $(i = 1, 2, \ldots)$ muß sich das aus den drei an ihn angreifenden Kräften gebildete Dreieck

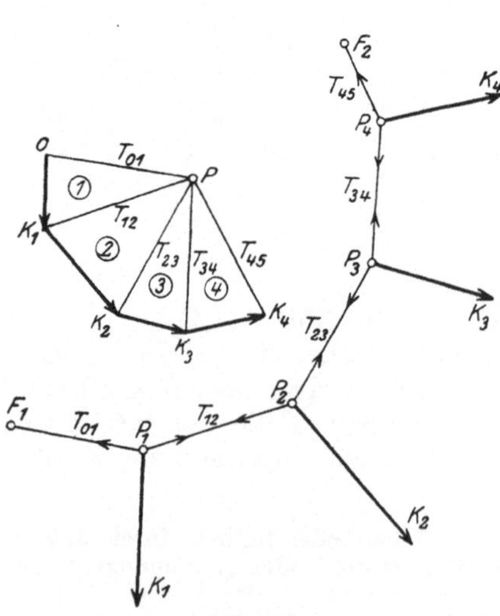

Abb. 13.

schließen (Abb. 13); diese Kräfte sind die eingeprägte K_i und die Seilkräfte in den Stücken, die P_i mit den Nachbarpunkten verbinden. Da die Seilkräfte, die durch ein Seilstück auf die beiden Punkte übertragen werden, die es verbindet, gleich groß und entgegengesetzt sein müssen, wird man die Kraftdreiecke für alle Punkte P_i so zusammenlegen (wie auch schon in 16 geschehen), daß im Kraftplan jede Seilkraft nur einmal vorkommt. Bezeichnen wir T_{12} die Kraft auf P_i in Richtung $\overline{P_1 P_2}$ usw., dann ist der Größe nach $T_{12} = T_{21}$, $T_{23} = T_{32}$ usw.

Das in 16 angegebene Kennzeichen liefert in Abb. 13 Zug für alle Teile des Seiles. Würde in der gezeichneten Lage z. B. K_3 in umgekehrter Richtung wirken, dann müßten die Seilkräfte T_{32}, T_{34} Druck ergeben, während T_{23} ein Zug bleiben müßte, das Gleichgewicht in der gezeichneten Form der Seillinie wäre daher unmöglich. Werden jedoch alle Kräfte $\overline{K_1} \ldots \overline{K_4}$ in ihrer Richtung umgekehrt, dann haben wir in allen Stücken Druck und Gleichgewicht kann wieder stattfinden; man spricht in diesem letzteren Falle von einer Drucklinie oder Stützlinie.

Sind die Endstücke frei, so müssen in ihnen die Kräfte T_{01} bzw. T_{54} wirken, damit das ganze betrachtete Seil im Gleichgewicht sein kann; sind sie an zwei Punkten $F_1 F_2$ befestigt, dann sind die Auflagerdrücke in diesen Punkten durch dieselben Kräfte gegeben.

Für ein geschlossenes Seileck führt die Anwendung dieser Sätze auf gewisse (notwendige und hinreichende) Bedingungen, die die eingeprägten Kräfte und die Gestalt des Seiles im Falle des Gleichgewichtes zu erfüllen haben, und die aus der Betrachtung der Abb. 14, die ein geschlossenes Seilviereck darstellt, unmittelbar abzulesen sind:

a) Das Krafteck der eingeprägten Kräfte muß sich schließen.

b) Es muß ein Punkt P existieren, so daß jede Seite des Seilecks $P_i P_{i+1}$ zur Verbindungslinie von P mit dem Punkte Q_i parallel ist, in dem K_i und K_{i+1} aneinanderstoßen.

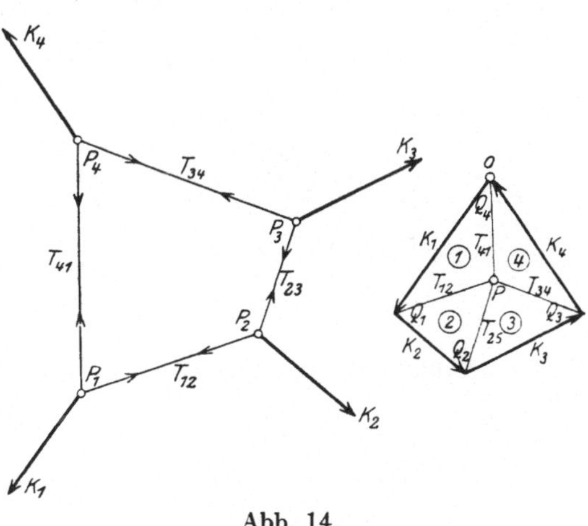

Abb. 14.

Dadurch haben wir ein Verfahren gewonnen, dessen Wirksamkeit weit über das Gebiet der Gleichgewichtsfiguren von Seilen hinausreicht, und das das wesentliche Hilfsmittel für die graphische (geometrische) Theorie der ebenen Kräftegruppen darstellt (s. 21 bis 26).

Eine ähnliche Darstellung von Vektoren (durch Ansetzen an einen Punkt P) werden wir später bei den Geschwindigkeits- und Beschleunigungsplänen wiederfinden.

Bei den Anwendungen sind die Kräfte K_i in den meisten Fällen Gewichte, also parallel zueinander und im Kraftplan daher ·in einer Geraden zusammenfallend. Mittels des Projektionssatzes für die Senkrechte zu dieser Geraden folgt sofort:

Wenn die auf ein (unausdehnbares und vollkommen biegsames) Seil wirkenden Kräfte parallel sind, so sind die Projektionen der Seilkräfte auf die zu diesen Kräften senkrechte Richtung konstant. Überdies ist in diesem Falle die Gleichgewichtslinie des Seiles eine ebene Kurve.

Die beiden für die Praxis wichtigsten Fälle, die hierbei auftreten können, sind durch die beiden folgenden Beispiele gekennzeichnet.

19. Parabolische Kettenlinie.. Das Seil einer gleichförmigen Hängebrücke sei in gleichen wagerechten Zwischenräumen a (m) mit gleichen Gewichten G (kg) belastet; man ermittle die Gleichgewichtsform. Das Mittelstück $P_0 P_1$ sei wagerecht angenommen, die x-Achse damit zusammenfallend, dann sind nach

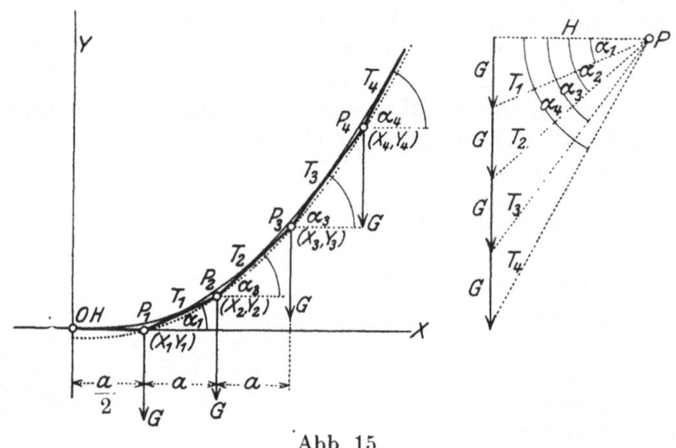

Abb. 15.

den Bezeichnungen der Abb. 15 die Koordinaten der einzelnen Lastpunkte

$$P_1 \begin{cases} x_1 = a/2, \\ y_1 = 0, \end{cases} \qquad P_2 \begin{cases} x_2 = a/2 + a = 3a/2, \\ y_2 = a\,\mathrm{tg}\,\alpha_1. \end{cases}$$

$$P_3 \begin{cases} x_3 = 5a/2 \\ y_3 = a\,(\mathrm{tg}\,\alpha_1 + \mathrm{tg}\,\alpha_2) \end{cases} \text{usw.}$$

und demgemäß für den n-ten Punkt

$$P_n \begin{cases} x_n = (2n-1)a/2, \\ y_n = a\,(\mathrm{tg}\,\alpha_1 + \mathrm{tg}\,\alpha_2 + \ldots \mathrm{tg}\,\alpha_{n-1}). \end{cases}$$

Aus dem zugehörigen Kräfteplan folgt, wenn $H, T_1 \ldots T_n$ die Spannungen in den einzelnen Seilstücken sind:

$$\operatorname{tg} \alpha_1 = \frac{G}{H}, \qquad \operatorname{tg} \alpha_2 = \frac{2\,G}{H}, \qquad \ldots \qquad \operatorname{tg} \alpha_{n-1} = \frac{(n-1)\,G}{H},$$

daher die Koordinaten des n-ten Punktes $\left[\text{da } 1 + 2 + \ldots + n - 1 \right.$

$\left. = \dfrac{n\,(n-1)}{2} \right]$:

$$P_n \begin{cases} x_n = (2\,n - 1)\,a/2 \\ y_n = a \cdot \dfrac{G}{H}(1 + 2 + \ldots + n - 1) = a \cdot \dfrac{G}{H} \cdot \dfrac{n\,(n-1)}{2} \end{cases} \quad . \ (29)$$

durch Elimination von n folgt daraus:

$$y_n = a \cdot \frac{G}{2\,H} \cdot \frac{x_n + a/2}{a} \cdot \frac{x_n - a/2}{a} = \frac{G}{H} \cdot \frac{x_n{}^2 - (a/2)^2}{2\,a} \ \ldots \ . \ (30)$$

Die Punkte P_n liegen sonach auf einer Parabel (in Abb. 15 punktiert).

Die Konstante H wird dadurch bestimmt, daß die Lage irgendeines Punktes P des Parabelastes vorschrieben wird, z. B. für P_n selbst: $x_n = b, y_n = h$, dann ist

$$H = G \cdot \frac{b^2 - (a/2)^2}{2\,a\,h} \ . \ . \ . \ . \ . \ . \ . \ . \ . \ (31)$$

Die Seilkraft im n-ten Stück folgt unmittelbar aus dem Kraftplan

$$T_n = \sqrt{H^2 + n^2\,G^2} \ . \ . \ . \ . \ . \ . \ . \ . \ (32)$$

Läßt man die Lastpunkte P_n immer näher auseinanderrücken, also a fortgesetzt abnehmen, und verkleinert hierbei auch den Wert von G, so daß jedoch $G/a = p\,$kg/m, d. i. die Belastung auf 1 m Horizontalprojektion, endlich bleibt, so folgt für $\lim a \to 0$ aus (30), wenn wir die Zeiger weglassen, für die Seilkurve die Parabelgleichung in der gewöhnlichen Form

$$y = \frac{p}{2\,H}\,x^2, \quad \text{wobei} \quad H = \frac{p\,b^2}{2\,h} \ . \ . \ . \ . \ . \ . \ (33)$$

Diese Parabel ist in Abb. 15 voll ausgezogen.

Aus (29) folgt auch

$$y_{n+1} - 2\,y_n + y_{n-1} = \frac{G\,a}{H}, \ . \ . \ . \ . \ . \ . \ . \ (34)$$

wo links nach Division mit a^2 der „zweite Differenzenquotient" steht; für $\lim a \to 0$ und $G/a = p$ folgt daraus die Differentialgleichung der Parabel (33)

$$\frac{d^2 y}{d x^2} = y'' = \frac{p}{H} \ . \ . \ . \ . \ . \ . \ . \ . \ (35)$$

und die Seilkraft an irgendeiner Stelle x der parabolischen Kettenlinie [entweder aus dem Kraftplan oder durch den Grenzübergang $\lim a \to 0$ aus Gl. (32)]:

$$T = \sqrt{H^2 + p^2 x^2} = \sqrt{\frac{p^2 b^2}{4 h^2} + p^2 x^2} = \frac{p}{2 h} \sqrt{b^4 + 4 h^2 x^2}\,.$$

20. Bei der **gemeinen Kettenlinie** wird das Seil in gleichen Abständen c längs seiner eigenen Länge mit gleichen Gewichten G belastet. Ganz ebenso wie im vorigen Beispiel erhält man die Gleichgewichtsform des Seiles durch Zeichnung der aufeinanderfolgenden Kraftedreicke im Kraftplan, wobei aber jetzt längs der einzelnen Seilstücke die Länge c aufzutragen ist, um jeweils zum nächsten Lastpunkt zu kommen. Dabei ist die Spannung im tiefsten Seilstücke H zunächst wieder unbekannt, zu ihrer Festlegung ist eine weitere Bedingung (Festlegung des Endpunktes oder dgl.) erforderlich.

Wollte man zur Aufsuchung der Gleichung der Seilkurve wie zuvor vorgehen, so käme man zu unbequemen Summationen, die man vermeidet, wenn man sogleich eine längs der ganzen Seillänge gleichförmig verteilte Last voraussetzt, wie sie dem homogenen schweren Seil zukommt. q kg/m sei der auf den laufenden Meter des Seils entfallende Betrag. Die Gesamtbelastung auf dem Stücke $s = P_0 P$ bis zum Punkte P, in dem die Spannung T

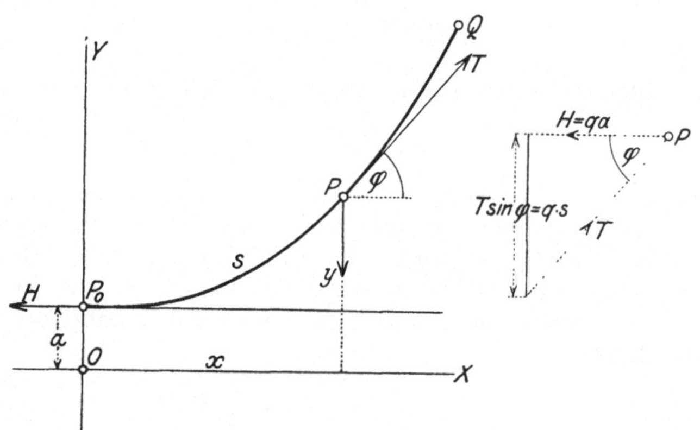

Abb. 16,

heißen möge, ist daher $q\,s$ und aus dem in Abb. 16 gezeichneten Kräftedreieck lesen wir unmittelbar ab

$$T \cos \varphi = H, \qquad T \sin \varphi = q\,s. \tag{36}$$

Da die Seilspannung T die Richtung der Tangente zur Seilkurve hat, so erhalten wir durch Division unmittelbar die Differentialgleichung der Seilkurve

$$\operatorname{tg} \varphi = \frac{q\,s}{H} = \frac{dy}{dx} = y' = \frac{s}{a}, \quad \ldots \ldots \tag{37}$$

wenn $H/q = a$ gesetzt wird. Durch diese Eigenschaft: die Ableitung an jeder Stelle ist proportional der Bogenlänge, ist die **gemeine Kettenlinie** gekennzeichnet. Die Integration liefert

$$y = a \operatorname{\mathfrak{Cof}} \frac{x}{a} \quad\ldots\ldots\ldots\ldots \quad (38)$$

Es ist nämlich:

$$\frac{dy}{dx} = y' = \operatorname{\mathfrak{Sin}} \frac{x}{a}, \qquad 1 + y'^2 = \operatorname{\mathfrak{Cof}}^2 \frac{x}{a},$$

$$s = \int \sqrt{1 + y'^2}\, dx = \int \operatorname{\mathfrak{Cof}} \frac{x}{a}\, dx = a \operatorname{\mathfrak{Sin}} \frac{x}{a},$$

wenn für $x = 0$ auch $s = 0$ verlangt wird, womit (33) identisch befriedigt ist. Die x-Achse liegt um die Strecke a unter $P_0 (x = 0,\ y = a)$. Aus diesen Gleichungen fließt auch die Beziehung $s^2 + a^2 = y^2$, und da nach dem Kraftplan

$$q^2 s^2 + H^2 = T^2, \quad \text{also} \quad s^2 + a^2 = (T/q)^2 = y^2$$

ist, so folgt

$$T = qy, \quad \ldots\ldots\ldots\ldots \quad (39)$$

d. h. die Spannung in jedem Punkte P ist durch das Gewicht eines bis zur x-Achse reichenden, frei herabhängenden Seilstückes gegeben.

Die Spannung H im tiefsten Punkte ist, wie gesagt, wieder durch die Angabe der Koordinaten eines Punktes $Q\,(x = b,\ y = h)$ festgelegt, durch den die Kettenlinie hindurchgehen soll und folgt durch Auflösung der Gl. (37) für ihn: $h = a \operatorname{\mathfrak{Cof}} \dfrac{b}{a}$ nach a.

Aus Gl. (37) folgt auch:

$$y'' = \frac{q}{H} \frac{ds}{dx} = \frac{q}{H \cos \varphi} \quad \ldots\ldots\ldots \quad (40)$$

Die hier dargelegte Methode des Seilecks findet in der Statik der ebenen Systeme besonders fruchtbare Verwendung (S. II.).

Beispiel 3. Kreisbogen als Seillinie. Um das Gesetz zu bestimmen, nach dem das Eigengewicht (bzw. die Masse) eines Seiles verteilt sein muß, damit dessen Gleichgewichtsform ein Kreis ist, hat man in den Gln. (36) das Gewicht q für 1 m Seillänge längs des Seiles veränderlich anzunehmen; wenn man mit H wieder die Spannung im tiefsten Punkte des Seiles (für $\varphi = 0$) bezeichnet, so hat man für den Kreis $ds = r\,d\varphi$ zu setzen, q mit φ veränderlich zu betrachten und erhält:

$$T \cos \varphi = H, \qquad T \sin \varphi = \int_0^s q\, ds = r \int_0^\varphi q\,(\varphi)\, d\varphi.$$

Daraus folgt durch Division:

$$\operatorname{tg} \varphi = \frac{r}{H} \int_0^\varphi q\,(\varphi)\, d\varphi$$

und durch Differentiation nach φ:

$$\frac{1}{\cos^2\varphi} = \frac{r}{H}\, q(\varphi), \quad \text{d. h.} \quad q(\varphi) = \frac{H}{r}\,\frac{1}{\cos^2\varphi}$$

Die Seilkraft an der Stelle φ ergibt sich zu $T = H/\cos\varphi$ und die Konstante H ist wieder durch die Länge des Kreisbogens und durch die Lage der Aufhängungspunkte bestimmt.

II. Ebene Kraftgruppen.

21. Summe einer ebenen Kraftgruppe. Für die Mechanik ausgedehnter Körper, wie sie in der Technik zur Behandlung kommen, erweist es sich als notwendig, über die bisherige Annahme „punktförmiger" Kraftgruppen hinauszugehen und allgemeinere Verteilungen der Kräfte zu betrachten. Um zunächst für eine „ebene Kraftgruppe", d. i. eine solche, bei der die Kräfte irgendwie in einer Ebene verteilt sind, zu dem Begriff ihrer „Summe" zu gelangen, ist eine Festsetzung über die Beschaffenheit des Körpers notwendig, der als ihr Träger dient. Die einfachste Annahme ist die des starren Körpers; d. h. alle Teile sollen unveränderliche Entfernung haben und diese auch bei Einwirkung beliebig großer Kräfte unverändert behalten. Annähernd sind solche Körper durch die im gewöhnlichen Sinne festen Körper verwirklicht.

Diese Annahme führt sogleich zu zwei wichtigen Folgerungen: 1. Die Unwesentlichkeit des sog. Angriffspunktes einer Kraft, d. h. zwei gleich große und gleich gerichtete Kräfte auf derselben Wirkungslinie sind gleichwertig, und 2. je zwei Kräfte können nach dem Parallelogrammsatz summiert werden (**12**), mögen sie sich nun im Endlichen oder Unendlichen schneiden (d. h. parallel sein). Schneiden sie sich im Endlichen, so werden beide Kräfte an den gemeinsamen

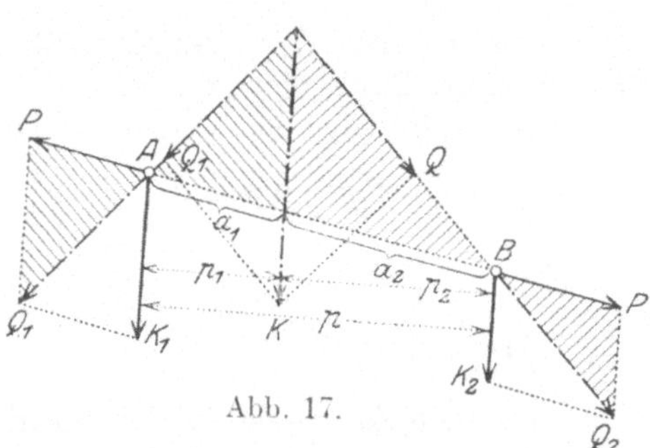

Abb. 17.

Schnittpunkt (gleichgültig ob dieser dem Körper angehört oder nicht) verschoben und wie zuvor summiert. Sind sie parallel, wie $\overline{K}_1$ und $\overline{K}_2$ in Abb. 17, so füge man zwei beliebige gleich große und entgegengesetzt gerichtete Kräfte P, P in einer beliebigen Transversalen g hinzu und bilde die Summen $\overline{Q}_1 = \overline{K}_1 + \overline{P}$, $\overline{Q}_2 = \overline{K}_2 + \overline{P}$, dann ist

$$\overline{Q}_1 + \overline{Q}_2 = \overline{K}_1 + \overline{K}_2 = \overline{K}, \quad \text{und} \quad K_1 + K_2 = K, \quad . \; . \; (41)$$

wodurch die Größe von K als algebraische Summe von K_1 und K_2 gegeben ist. Die Ähnlichkeit der beiden in Abb. 17 gleichmäßig schraffierten Dreieckspaare liefert sogleich die Beziehung

$$\frac{K_1}{K_2} = \frac{a_2}{a_1} = \frac{p_2}{p_1}, \quad \text{oder} \quad K_1 p_1 = K_2 p_2. \quad . \; . \; . \; . \; (42)$$

was nichts anderes ist als der Momentansatz für irgendeinen Punkt von K. Durch (41) und (42) sind Größe und Ort der Summe K der beiden parallelen Kräfte K_1 und K_2 gegeben.

Während also auch der Satz des Kraftdreiecks für parallele Kräfte versagt, bleiben der Projektions- und der Momentensatz unter allen Umständen unverändert in Geltung, worauf ihr großer Wert für die Statik ebener Kräftegruppen beruht.

21. Methode des Seilecks. Das eben beschriebene Verfahren würde bei einer größeren Anzahl von Kräften unübersichtlich werden, und wird daher praktisch durch das folgende ersetzt, wobei die schon in **17** gegebene Seileckfigur herangezogen wird. Das Verfahren ist durch Abb. 18 gegeben. Größe und Richtung der Summe K

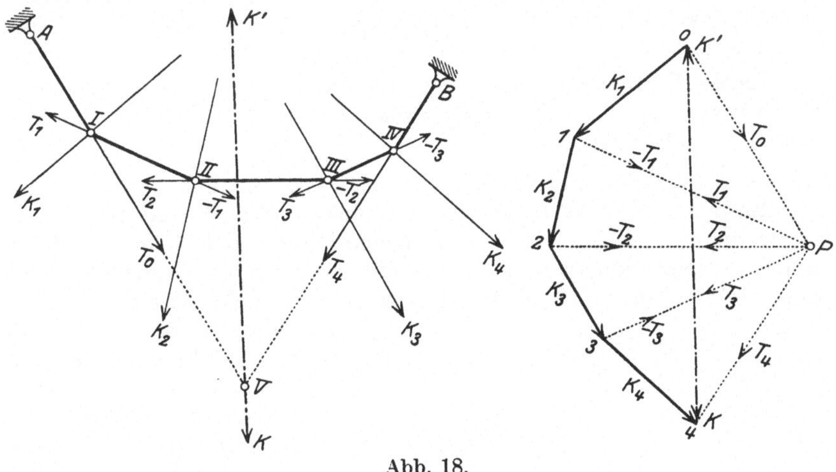

Abb. 18.

einer Anzahl von Kräften ist, wie man unmittelbar durch Zeichnung der aufeinanderfolgenden Kraftdreiecke erkennt, durch die Schlußlinie des **Kraftecks** gegeben, das seitlich als eine besondere Figur angelegt wird; es gibt also für n Kräfte jedenfalls für die Größe der Summe:

$$\bar{K} = \bar{K}_1 + \bar{K}_2 + \ldots + \bar{K}_n = \sum_{i=1}^{i=n} \bar{K}_i \quad \ldots \ldots \quad (43)$$

Zur Festlegung der Lage von K im „Lageplan" (links) ist die Kenntnis eines Punktes der Wirkungslinie von K notwendig, der sich in folgender Weise ergibt. Man wähle einen Punkt P als Pol und zerlege jede Kraft $\bar{K}_1, \bar{K}_2, \ldots$ usw. in zwei Teilkräfte, die nach den Verbindungslinien der Eckpunkte 0, 1, 2, ... mit P wirken, also z. B.

$$\bar{K}_1 = \bar{T}_0 + \bar{T}_1, \qquad \bar{K}_2 = -\bar{T}_1 + \bar{T}_2, \qquad K_3 = -\bar{T}_2 + \bar{T}_3.$$

$$\bar{K}_4 = -\bar{T}_3 + \bar{T}_4;$$

dann folgt zunächst

$$\overline{K}_1 + \overline{K}_2 + \overline{K}_3 + \overline{K}_4 = \overline{T}_0 + \overline{T}_4 \quad \ldots \quad \ldots \quad (44)$$

Soll jede Kraft $\overline{K}_i$ durch je zwei solche Teilkräfte $-\overline{T}_{i-1}\,\overline{T}_i$ tatsächlich ersetzt werden, so müssen sich diese im Lageplan auf $\overline{K}_i$ schneiden und zu den bez. Kräften des Kraftplans parallel sein. Man wähle daher auf $\overline{K}_1$ einen beliebigen Punkt I und ziehe nacheinander die Parallelen zu den Strahlen des Kraftecks, wodurch man das „Seileck" I, II, III, IV und im Schnitt von $\overline{T}_0$ und $\overline{T}_4$ einen Punkt der Summe $\overline{K}$ erhält, da sich die anderen Teilkräfte paarweise tilgen. Man erkennt unmittelbar, daß der in Abb. 18 stark gezogene Linienzug die Gleichgewichtsfigur eines Seiles darstellt, das in den Punkten I, II, III, IV durch die Kräfte $\overline{K}_1$, $\overline{K}_2$, $\overline{K}_3$, $\overline{K}_4$ belastet ist und dessen Endstrahlen in irgendwelchen Punkten A und B befestigt sind.

Dieses Verfahren bleibt auch für parallele Kräfte unverändert in Geltung, nur fällt für solche das Krafteck $0, 1. 2. \ldots$ in eine einzige Gerade zusammen.

22. Kraftpaar und Moment. Die einzige Ausnahme, bei der das Verfahren des Seilecks nicht zu einer bestimmten Summe führt, tritt ein, wenn zwei gleich große, entgegengerichtete Kräfte in parallelen Linien zusammenzusetzen sind, die ein sogenanntes ebenes Kraftpaar bilden (Abb. 19). Das Krafteck für solche Kräfte ist zwar geschlossen, die ersten und letzten Strahlen des Seilecks für irgendeinen Pol P sind aber parallel zueinander. Also wird das gegebene Kraftpaar $\overline{K}$, $-\overline{K}$ mit Hilfe der Seileck-Konstruktion durch zwei andere Kräfte $\overline{T}_0$, $-\overline{T}_0$ ersetzt, die wieder ein ebenes Kraftpaar bilden, das dem ursprünglichen gleichwertig ist. Die Ähnlichkeit der beiden schraffierten Dreiecke in Abb. 19 liefert sofort die Gleichung

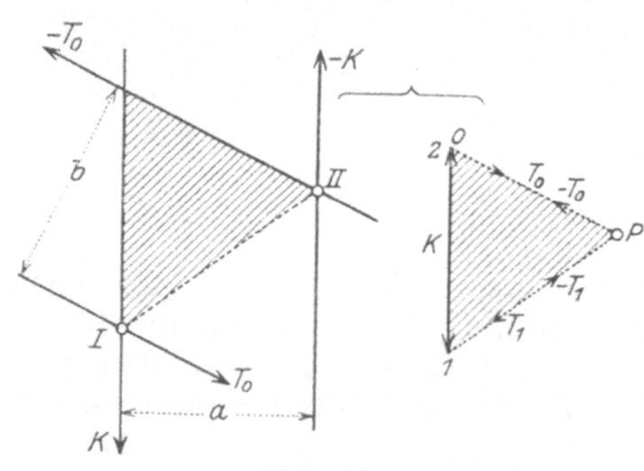

Abb. 19.

$$K\,a = T_0\,b = \mathfrak{M} \quad \ldots \quad \ldots \quad \ldots \quad \ldots \quad (45)$$

Das Produkt $K\,a$ wird als das Moment $\mathfrak{M}$ des Kraftpaares bezeichnet; bildet man die Summe der Momente der beiden Kräfte K, $-K$ dieses Paares für irgendeinen Punkt der Ebene, so erhält man immer diesen Wert. Wir zählen dieses Moment positiv, wenn sein Drehsinn der positive ist (wie in Abb. 19), sonst negativ. Aus der Gl. (45) können wir daher schließen, daß wir aus dem gegebenen Kräftepaar (je nach der Wahl von O) ∞^2 weitere Kräftepaare bekommen werden, die alle mit den gegebenen gleichwertig sind, wofür lediglich die Gleichheit der Momente (einschießlich des Vorzeichens!) maßgebend ist.

Hat man die Summe aus einer Kraft K und einem Kraftpaar vom Momente $\mathfrak{M}$ zu bilden (Abb. 20), so genügt es, $\mathfrak{M}$ durch zwei Kräfte K, $-K$ darzustellen, so daß $\mathfrak{M} = Ka$, also $a = \mathfrak{M}/K$ wird. Durch Verdrehung des Kraftpaares in die Lage nach Abb. 20 ergibt sich mittelbar, daß das Hinzutreten des Kraftpaares eine Parallelverschiebung von K um den Abstand $a = \mathfrak{M}/K$ mit sich bringt, und zwar — im Sinne von K gesehen — nach rechts, wenn $\mathfrak{M}$ positiv ist.

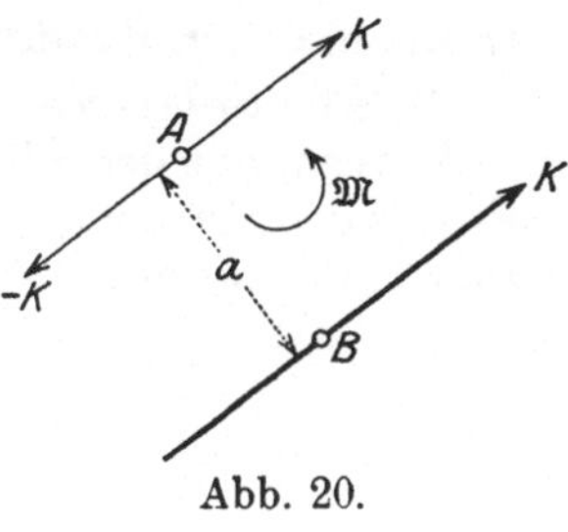

Abb. 20.

Ferner folgt daraus unmittelbar: Beliebig viele Kräftepaare in der Ebene geben wieder ein Kräftepaar, dessen Moment der algebraischen Summe der Momente der gegebenen Kräftepaare gleich ist.

23. Zeichnerische Bedingungen für Gleichgewicht. Wenn zu den vier Kräften der Abb. 18 eine Kraft $\overline{K}'$ hinzugefügt wird, die ihre Summe $\overline{K}$ aufhebt, so sind offenbar die fünf Kräfte $\overline{K}_1, \ldots, \overline{K}_4, \overline{K}'$ im Gleichgewichte. Aus dem Kraftplan ergibt sich, daß die Kräfte, mit ihren Pfeilen aneinandergefügt, ein geschlossenes Krafteck bilden, während das Seileck so beschaffen ist, daß — für alle fünf Kräfte — je zwei Seilstrahlen sich auf der zugehörigen Kraftlinie schneiden, das Seileck also selbst ebenfalls eine geschlossene Figur bildet (vgl. 17). Durch Erweiterung auf eine beliebige (endliche) Zahl von Kräften ergibt sich unmittelbar die Aussage:

Eine ebene Kräftegruppe ist im Gleichgewichte, wenn sowohl das zugehörige Krafteck als auch das zugehörige Seileck für irgendeinen und daher für jeden beliebigen Pol P geschlossene Figuren sind.

Das Schließen des Kraftecks bedeutet das Nullwerden der Summe der Kräfte, das Schließen des Seilecks das Verschwinden der Momente; für Gleichgewicht muß beides erfüllt sein.

24. Mannigfaltigkeit der Seilecke für eine bestimmte Kraftgruppe. Ist das Krafteck für eine bestimmte Kraftgruppe mit einer bestimmten Reihenfolge der Kräfte festgelegt, so gibt es noch ∞^3 Seilecke, die dazu gezeichnet werden können und die, wie leicht einzusehen, alle auf dieselbe Mittelkraft führen müssen. Denn es kann einerseits der Pol P des Seilecks jede beliebige der ∞^2 Lagen in der Ebene einnehmen, andrerseits (wenn der Pol festliegt) noch ein beliebiger Seilstrahl des Seilecks auf ∞^1 Arten gewählt werden. Erst dann sind alle anderen Seilstrahlen bestimmt.

a) **Seilecke für denselben Pol.** Die eben erwähnte, in der Wahl der ersten (oder irgendeiner anderen) Seileckseite liegende

Willkür führt zu ∞^1 verschiedenen Seilecken, deren entsprechende Seiten paarweise parallel sind. Die Schnittpunkte der ersten und letzten Seilstrahlen liegen für alle Seilecke auf der Wirkungslinie der Summe der Kraftgruppe.

b) Für Seilecke, die für verschiedene Pole gezeichnet werden können, gilt der folgende Satz: Entsprechende Seiten zweier Seilecke, die zwei beliebigen Polen P, P' des Krafteckes (Abb. 21) zugehören, schneiden sich in Punkten a, b, c usw.,

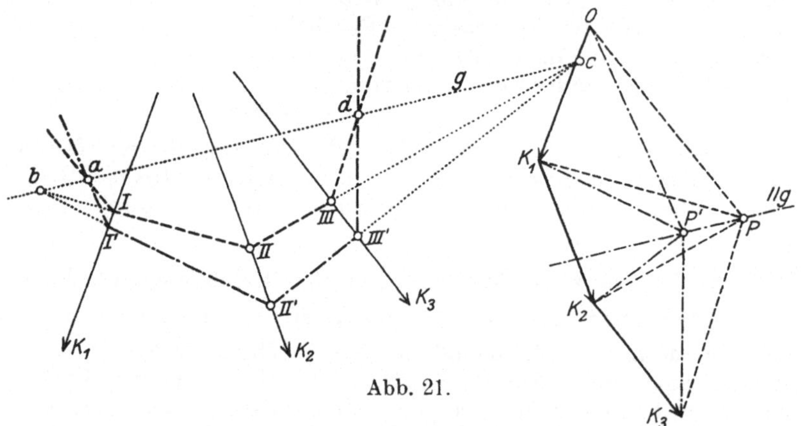

Abb. 21.

die auf einer zu PP' parallelen Geraden g liegen; diese nennt man die zu PP' gehörige Polare (oder Culmannsche Gerade).

Die Richtigkeit dieses Satzes folgt durch Betrachtung der „vollständigen“ Vierecke in Abb. 21, die paarweise zueinander ähnlich sind, wie z. B. das Viereck $OK_1P'P$ rechts zu $II'ba$ links. In beiden Vierecken sind 5 Seiten zueinander parallel, daher sind nach einem bekannten Satze auch die sechsten Seiten parallel, also $ab \parallel PP'$, in ähnlicher Weise folgt $bc \parallel PP'$, $cd \parallel PP'$ usw., d. h. die Punkte $abcd \dots$ liegen in einer zu PP' parallelen Geraden g.

25. Seileck durch drei Punkte. Die Kenntnis dieses Satzes ermöglicht es, ein Seileck durch drei gegebene, nicht in einer Geraden liegende Punkte A, B, C zu legen, eine Aufgabe, die in den Anwendungen (Dreigelenk) auftritt. Zur eindeutigen Kennzeichnung dieser Aufgabe ist dabei nötig, die Zuordnung der Seilstrahlen zu den Punkten A, B, C festzulegen, d. h. festzusetzen, es soll etwa der erste Strahl des gesuchten Seileckes durch A, der dritte durch B, der letzte durch C gehen.

Die Lösung der Aufgabe geschieht nach Zeichnung des Krafteckes durch zweimalige Anwendung des eben bewiesenen Satzes nach folgendem Schema, das für eine beliebige Anzahl von Kräften entsprechend zu ergänzen ist (Abb. 22).

1. Es wird P beliebig gewählt und das zugehörige Seileck I, II, III gezeichnet, dessen erster Strahl durch A geht.

2. Durch A wird die „Polare" g_1 beliebig angenommen, am einfachsten mit AI zusammenfallend, ferner das Seileck $I\,II'\,III'$

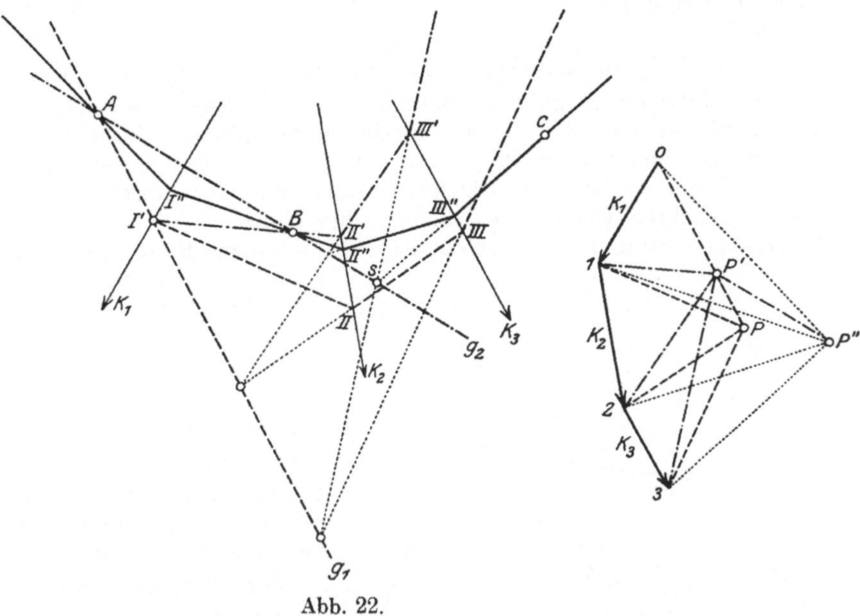

Abb. 22.

so gezeichnet, daß $I\,II'$ durch B geht. Die zugehörige Polverschiebung ist $PP' \parallel g_1$.

3. Durch A und B wird eine zweite Polare g_2 gelegt und ein drittes Seileck so gezeichnet, daß dessen letzter Seilstrahl durch C und den Schnittpunkt S des entsprechenden Strahles des zweiten Seileckes mit g_2 geht, die zugehörige Polverschiebung ist $P'P'' \parallel g_2$. Das Seileck III'', II'', I'' ist das gesuchte und P'' der zugehörige Pol.

Andere Lösung: Sind zunächst nur zwei Kräfte $\overline{K}_1, \overline{K}_2$ vorgegeben, so zeichnen wir ihre Summe $\overline{K}$ und es läuft die Aufgabe, das Seileck durch die drei

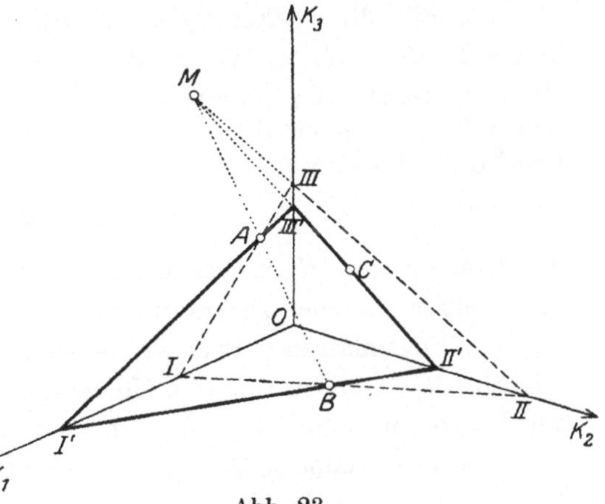

Abb. 23.

Punkte A, B, C zu legen, auf die folgende elementargeometrische Frage hinaus (Abb. 23): Gegeben drei Gerade $\overline{K}_1, \overline{K}_2, \overline{K}_3$, die sich in einem Punkte O schneiden, und drei Punkte A, B, C, es ist ein Dreieck zu zeichnen, dessen Seiten bzw. durch A, B, C hindurchgehen und sich paarweise auf den gegebenen Geraden $\overline{K}_1, \overline{K}_2, \overline{K}_3$ schneiden.

Die in Abb. 23 dargestellte Lösung ergibt sich am einfachsten durch die folgende räumliche Deutung: $\overline{K}_1 \, \overline{K}_2 \, \overline{K}_3$ seien die 3 Achsen eines Dreikants und $A B C$ drei Punkte in den Ebenen dieses Dreikants in axonometrischer Projektion. Die Spuren der durch $A B C$ gelegten Ebene bilden das gesuchte Seileck. Man lege durch A und B eine beliebige Ebene und zeichne ihre Spuren I—II, II—III, III—I. Die Spur II—III schneidet $A P$ in einem Punkt M, und

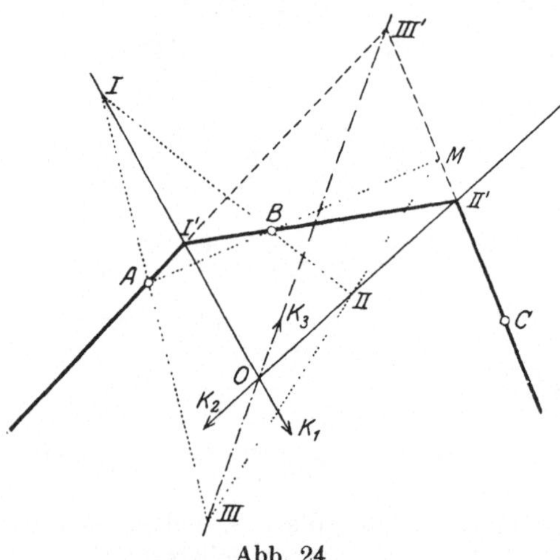

Abb. 24.

M mit C verbunden gibt den durch C gehenden Strahl II'—III' des gesuchten Seilecks.

In Abb. 24 ist diese Konstruktion für die frühere Lage der Kräfte $\overline{K}_1, \overline{K}_2$ unter Anwendung derselben Bezeichnungen wie in Abb. 23 wiederholt.

Bezüglich der Anwendungen dieser Konstruktionen, die leicht für eine beliebige Anzahl von Kräften erweitert werden können, insb. für das Dreigelenk vgl. 31, Beisp. 10.

26. Für die rechnerische Ermittlung der Summe einer Gruppe von n Kräften $\overline{K}_1 \ldots \overline{K}_n$ in der Ebene ist die Einführung eines Bezugssystems $O\,x\,y$ erforderlich. Seien X_i, Y_i die Teilkräfte von K_i ($i = 1, 2, \ldots, n$) nach diesen Achsen und x_i, y_i die Koordinaten eines beliebigen Punktes von K_i, dann ist

$$x_i Y_i - y_i X_i = \mathfrak{M}_i$$

das Moment von K_i in bezug auf O. Die Größen $X_i, Y_i, \mathfrak{M}_i$ können unmittelbar als die „Koordinaten des Kraftvektors $\overline{K}_i$" betrachtet werden. Fügt man in O zwei Kräfte $-\overline{K}_i, \overline{K}_i$ hinzu, dann erhält man n Kräfte $\overline{K}_1 \ldots \overline{K}_n$ in O und n Momente $\mathfrak{M}_1 \ldots \mathfrak{M}_n$ um O; die Addition der Kräfte in O liefert $\sum \overline{K}_i = \overline{K}$ und die der Momente $\sum \mathfrak{M}_i = \mathfrak{M}$.

Die vektorielle Addition der Kräfte K_i, die früher im Kraftplan geleistet wurde, ist gleichwertig mit der Addition der Teilkräfte nach x und y; es ist also $\sum X_i = X$, $\sum Y_i = Y$. Die Gleichung der Wirkungslinie der Summe der gegebenen Kräftegruppe lautet

$$xY - yX = \mathfrak{M},$$

sie liegt zur Kraftsumme $\overline{K}$ in O parallel, im Abstande $\mathfrak{M}/K$ von ihr entfernt.

Wenn insbesondere $K \neq 0$, $\mathfrak{M} = 0$ ist, so ist K in O bereits die Summe der gegebenen Kräfte; dies tritt für alle Koordinatensysteme ein, deren Anfangspunkte O auf K liegen. — Ist $K = 0$, $\mathfrak{M} \neq 0$, so ist die gegebene Kräftegruppe einem Kräftepaare vom Momente $\mathfrak{M}$ gleichwertig.

Wenn endlich $K = 0$ und $\mathfrak{M} = 0$, so haben wir Gleichgewicht und haben den Satz:

Eine ebene Kräftegruppe ist im Gleichgewichte, wenn die Summe der Kräfte nach zwei beliebigen Richtungen und die Summe der Momente um irgendeinen Punkt O der Ebene verschwinden:

$$\boxed{\begin{aligned} X &= \sum_{i=1}^{n} X_i = 0, \qquad Y = \sum_{i=1}^{n} Y_i = 0, \\ \mathfrak{M} &= \sum_{i=1}^{n} \mathfrak{M}_i = \sum_{i=1}^{n} (x_i Y_i - y_i X_i) = 0 \end{aligned}} \qquad \ldots \ldots (46)$$

Wenn nämlich die Bedingungen $X = 0$, $Y = 0$ für irgendein Paar von Achsen in der Ebene erfüllt sind, so besteht die gleiche Bedingung auch für jede andere Gerade der Ebene als Achse, wie man durch Projektion auf diese Gerade leicht feststellt. Und wenn $\mathfrak{M}$ die Summe der Momente für den Punkt O ist, dann ist sie für einen Punkt O' mit den Koordinaten (a, b)

$$\mathfrak{M}' = \mathfrak{M} + bX - aY \ldots \ldots \ldots (47)$$

wenn daher die Gl. (46) erfüllt sind, so ist auch $\mathfrak{M}' = 0$ für jedes O' der Ebene.

Die drei Gl. (46) gestatten drei unbekannte Größen zu bestimmen. Sind bei einer vorgegebenen Aufgabe ebenso viele Unbekannte vorhanden, so reichen die Gl. (46) aus, und wir haben ein „statisch bestimmtes“ System vor uns. Ist die Zahl der Unbekannten größer als die Zahl der zur Verfügung stehenden Gleichungen, so spricht man von „statisch unbestimmten“ Systemen. Zu deren Behandlung reicht die Statik der starren Körper nicht aus, es müssen die Hilfsmittel der Elastizitätstheorie herangezogen werden. Die Unbekannten selbst sind entweder, und zwar dann, wenn die Gleichgewichtsstellung nicht bekannt ist, Lagenkoordinaten des Körpers (Längen, Winkel u. dgl.) oder Auflagerdrücke, die der Art der Auflagerung entsprechend einzuführen sind. Bei statisch bestimmten Systemen können Auflagerdrücke nur bei Vorhandensein von eingeprägten Kräften auftreten.

27. Eindeutige Zerlegungsaufgaben. Die Zerlegung einer Kraft $\overline{K}$ in Teilkräfte ist nur in den folgenden Fällen eindeutig bestimmt.

a) **In zwei Teilkräfte, die sich auf $\overline{K}$ schneiden.** Liegt der Schnittpunkt im Endlichen, so ergeben sich die Teilkräfte durch Zeichnung des Kräftedreiecks nach Abb. 4. Wenn jedoch der Schnittpunkt ins Unendliche fällt, die zu suchenden Teilkräfte also zur gegebenen Summe parallel sind, dann versagt diese einfache Zerlegung und es müssen die Teilkräfte mit Hilfe des Seilecks durch Umkehrung der in 21 gegebenen Konstruktion gefunden werden. Hierzu nehme man in Abb. 25 $\overline{O2} = K$ und ziehe mit Hilfe eines Poles P die Parallelen zu den Strahlen P_0 und P_2 durch einen auf K willkürlich gewählten Punkt III. Diese treffen die gegebenen

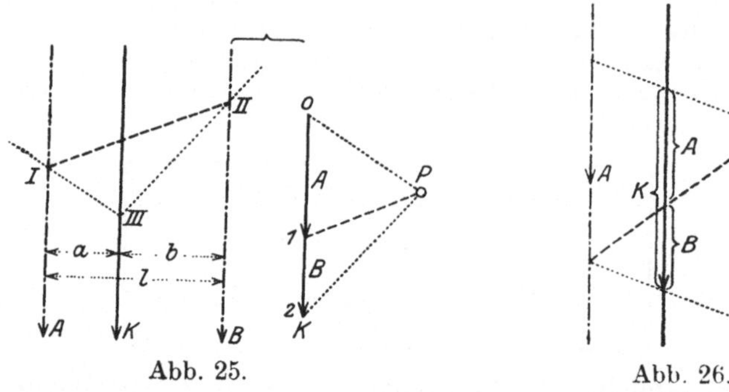

Abb. 25.   Abb. 26.

Wirkungslinien in I und II, und die Parallele zu I—II durch P schneidet auf $\overline{O2}$ die Teilkräfte A und B aus. Diese Methode ist insbesondere dann von Nutzen, wenn die Summe einer Gruppe von Parallelkräften K_i in zwei parallele Teilkräfte A und B zu zerlegen ist.

Ein anderer Weg, diese Zerlegung ohne Seileck zeichnerisch durchzuführen, ist in Abb. 26 dargestellt. Man trage K auf der eigenen Wirkungslinie (in einem passend gewählten Maßstabe) auf und ziehe durch die Endpunkte zwei beliebige Parallele. Jede Diagonale in dem so entstehenden Parallelogramm schneidet auf K die Teilkräfte A und B aus; die Verwertung der Ähnlichkeit der entstehenden Dreiecke führt nämlich unmittelbar auf den Momentensatz für einen auf A bzw. B gelegenen Momentenpunkt.

Mit Hilfe dieses Momentensatzes für einen Punkt auf B bzw. A ergeben sich nach den Bezeichnungen der Abb. 25 die Teilkräfte aus der Forderung der Gleichwertigkeit (Äquivalenz) in der Form

$$\boxed{A = K \cdot \frac{a}{l}, \qquad B = K \cdot \frac{b}{l}}, \qquad (A + B = K) \quad \ldots \quad (48)$$

b) **In drei Teilkräfte nach drei Wirkungslinien,** die nicht durch einen (im Endlichen oder Unendlichen liegenden) Punkt gehen.

Sind g_1, g_2, g_3 in Abb. 27 die gegebenen Geraden, nach denen K zu zerlegen ist, und bezeichnet man die gesuchten Kräfte in diesen Linien mit $\overline{K}_1, \overline{K}_2, \overline{K}_3$, so hat man nur zu beachten, daß die Summe $\overline{K}_{23} = \overline{K}_2 + \overline{K}_3$ durch den Schnitt S von g_2 und g_3 hindurchgehen muß. Da aber $\overline{K}_{23} + \overline{K}_1 = \overline{K}$ sein soll, hat man K nach g_1 und der Verbindungslinie g von I (Schnitt von K und g_1) und S zu zerlegen, um zunächst $\overline{K}_1$ und $\overline{K}_{23}$ und durch weitere Zerlegung längs g_2 und g_3 auch K_2 und K_3 selbst zu erhalten.

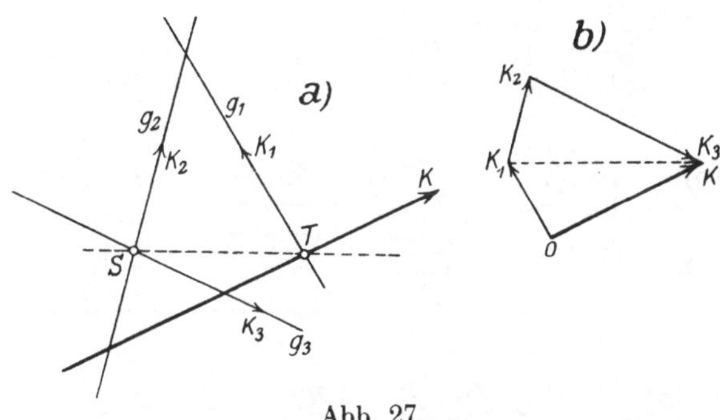

Abb. 27.

Jede Zerlegung in mehr als drei Teilkräfte ist unbestimmt und erfordert jeweils weitere Festsetzungen.

Beispiel 3. Man zeige, daß die Zerlegung b) auf dreifache Weise ausführbar ist und daß sich dabei immer dieselben Werte für K_1, K_2 und K_3 ergeben.

28. Auflagerdrücke. Formen der Auflager. Für die in der Technik vorkommenden Probleme, die stets gestützte bzw. geführte Körper betreffen, handelt es sich nicht nur um die Auffindung der Gleichgewichtslagen, sondern außerdem noch um die Ermittlung der auftretenden Auflagerdrücke, die durch gegebene eingeprägte Kräfte (Lasten) hervorgerufen werden. In vielen Fällen ist die Gleichgewichtslage von vornherein gegeben und es handelt sich dann nur um die Bestimmung von Auflagerkräften. Für jede Auflagerstelle ist zur Kennzeichnung des in ihr entstehenden Druckes im allgemeinen die Angabe von drei Größen $(X, Y, \mathfrak{M})$ erforderlich, in den für die Anwendung wichtigen Fällen erniedrigt sich diese Anzahl auf eins bzw. zwei. In Abb. 28 1) bis 22) ist eine Übersicht über die auftretenden Möglichkeiten gegeben.

I. *D* durch eine Größe gegeben. a) Bewegliche Auflagerung. Die Abb. 28 1) bis 4) gelten für die Stützungen (Berührungen) glatter Körper, die dadurch gekennzeichnet sind, daß in der Richtung der gemeinsamen Berührungsebene keinerlei Kräfte auftreten können: *D* ist also in allen diesen Fällen senkrecht zur gemeinsamen Berührungsebene anzusetzen. 5) und 6) geben solche

Formen dieser Auflagerung, wie sie technischen Ausführungen entsprechen, und zwar nennt man 5) ein Gleitlager, 6) ein Rollenlager.

b) Pendelstütze nach 7) und 8), technische Ausführung nach 9): D ist in der Richtung der Stütze anzunehmen.

c) Gleithülse (Ringlager) nach 10): D fällt in die Normale zur Verschiebungsrichtung der Hülse.

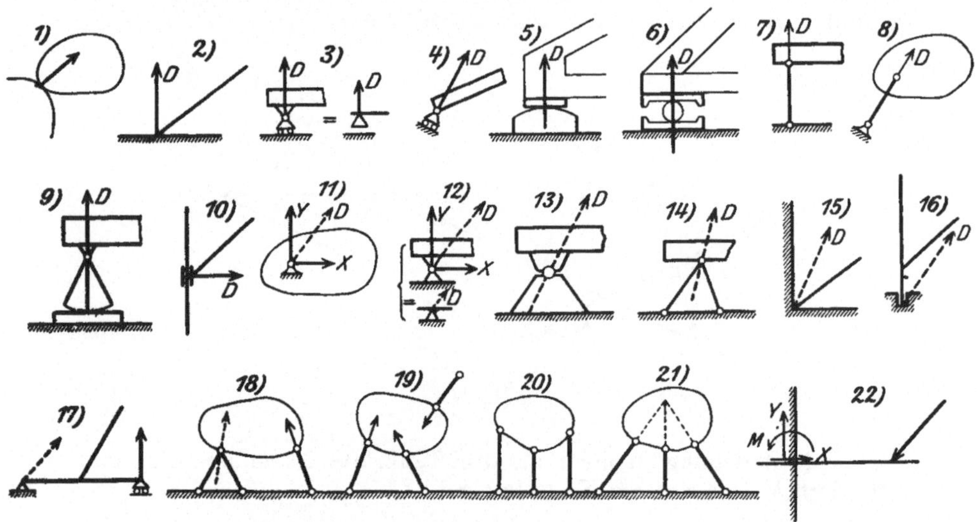

Abb. 28.

II. D durch zwei Größen gegeben. d) Gelenk nach 11) und 12), technische Ausführung nach 13). Der Gelenkdruck wird durch zwei Teilkräfte, etwa nach der Wagrechten und Lotrechten (X, Y), angegeben.

e) Die Doppelstütze nach 14), die

f) Eckenstützung nach 15) und

g) die Stützung in einem Zapfen nach 16) verhalten sich statisch wie Gelenke.

III. Feste Stützungen. Da die Zahl der Gleichgewichtsbedingungen 3 beträgt, so bedeutet das Hinzutreten einer dritten Auflagerbedingung bereits vollkommene Festlegung des Körpers.

h) Ein Gelenk und ein bewegliches Auflager nach 17).

i) Dreifache Pendelstützung nach 18) und 19) die Zerlegung einer Kraft nach diesen drei Stützen ist möglich, wenn diese drei Stützen nicht durch einen Punkt hindurchgehen. Ist diese Bedingung nicht erfüllt, so erhalten wir eine „wackelige" (labile) Stützung nach 20) und 21), die bei technischen Ausführungen zu vermeiden ist (vgl. 38).

k) Die Einspannung nach 22) kann als Grenzfall von 17) für ineinanderrückende Stützpunkte angesehen werden und wird statisch durch die drei Größen X, Y, $\mathfrak{M}$, d. h. zwei Teilkräfte und ein Moment gekennzeichnet.

Die Einführung jeder weiteren Auflagerbedingung bringt für den einzelnen Körper bereits eine „statische Unbestimmtheit" mit sich, und zwar spricht man von äußerlicher statischer Unbestimmtheit, wenn diese von überzähligen Auflagerbedingungen herrührt.

Sind die Auflagerdrücke mit einer der Art der einzelnen Auflager entsprechenden Zahl von Unbekannten eingeführt, so folgt deren Bestimmung durch die Forderung, daß diese Unbekannten zusammen mit den eingeprägten Kräften (Lasten) eine Gleichgewichtsgruppe bilden. Dabei kommen rechnerisch die Gleichgewichtsbedingungen (46), zeichnerisch die in **23** gegebenen Verfahren in Frage. Ist die Gleichgewichtsstellung unbekannt, so kommt i. a. für die Lösung nur die Rechnung, bei bekannter Gleichgewichtsstellung kommen dagegen beide Methoden in Frage.

29. Beispiele. In Beispiel 2 ergibt der Momentensatz für O unmittelbar die Bedienung $K_1 a_1 = K_2 a_2$ für das Gleichgewicht des Stabes.

Beispiel 4. Ein Stab A stütze sich auf zwei unter α, β geneigte glatte Ebenen (Abb. 29), man ermittle den Winkel φ für Gleichgewicht. Eingeprägt ist hier nur das im Schwerpunkte S angreifende Gewicht G, ferner sei gegeben $\overline{AS} = a$, $\overline{SB} = b$. Die Drücke D_1, D_2 stehen zu den Ebenen senkrecht, die Gleichgewichtsstellung ist durch die Bedingung gekennzeichnet, daß G durch ihren Schnittpunkt O hindurchgeht. Aus

$$OG = \frac{a \sin(\varphi - \alpha)}{\sin \alpha} = \frac{b \sin(\varphi + \beta)}{\sin \beta}$$

folgt unmittelbar

$$\operatorname{ctg} \varphi = \frac{a \operatorname{ctg} \alpha - b \operatorname{ctg} \beta}{a + b}$$

und aus dem Kraftdreieck

$$D_1 = G \sin \beta / \sin(\alpha + \beta),$$
$$D_2 = G \sin \alpha / \sin(\alpha + \beta).$$

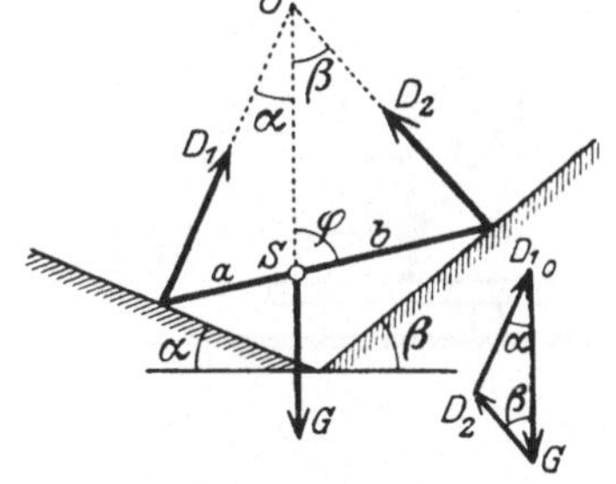
Abb. 29.

Beispiel 5. Freiaufliegender Träger mit $K_1 \ldots K_n$ belastet, wie z. B. Abb. 32a für drei Kräfte. Die Auflagerdrücke A, B, die beide lotrecht gerichtet sind, ergeben sich rechnerisch mit Hilfe des Momentensatzes für B bzw. A:

$$A = \frac{1}{l} \sum_1^n K_i k_i, \quad B = \frac{1}{l} \sum K_i (l - k_i) \quad ; \quad \ldots \ldots \quad (49)$$

zeichnerisch durch Ermittlung der Summe mit Hilfe des Seilecks und Zerlegung nach **27**. Bezüglich der Bedeutung des Seilecks als Momentenlinie s. **30**.

Beispiel 6. Als Zweigelenk bezeichnet man einen in zwei Gelenken A, B gestützten Körper (Abb. 30); es ist ein Beispiel eines einfach (äußerlich) statisch unbestimmten Körpers. Die drei Gleichgewichtsbedingungen

$$\sum X_i = X_1 + X_2 + K \cos \alpha = 0, \qquad \sum Y_i = Y_1 + Y_2 + K \sin \alpha = 0$$
$$\sum \mathfrak{M}_i = K \cdot a + Y_2 \cdot l = 0$$

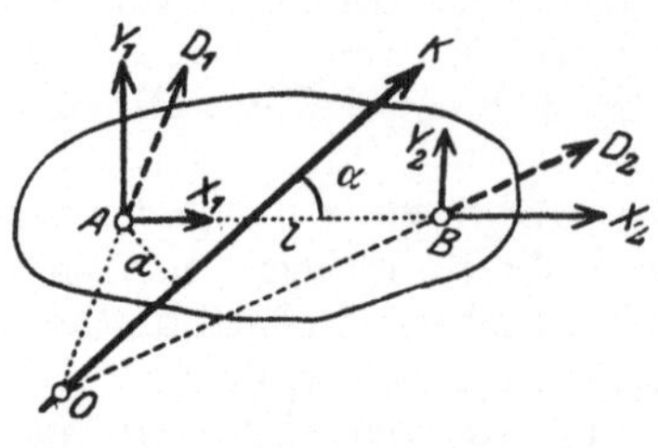

Abb. 30.

geben

$$Y_2 = - K \cdot a / l, \qquad Y_1 = - K \sin \alpha + K a / l$$

aber nur

$$X_1 + X_2 = - K \cos \alpha ;$$

sie reichen daher nicht aus, um alle vier Teile der Gelenkdrücke zu bestimmen. Für die in der Verbindungslinie AB liegenden Teile erhalten wir nur den Wert ihrer Summe, aber nicht die einzelnen Summanden. Geometrisch kommt dies darauf hinaus, daß die Zerlegung von K in zwei Teilkräfte, die durch A und B laufen, unbestimmt ist, daß aber alle die möglichen Zerlegungen (je nach Wahl von O auf $\overline{K}$ auf dieselben Werte von $X_1 + X_2$, Y_1, Y_2 führen; solche Größen nennt man **Invarianten** in Bezug auf alle diese möglichen Zerlegungen.

Beispiel 7. Das Gerüst des in Abb. 31 gezeichneten **Velozipedkrans** ist um eine Säule drehbar, an welche es sich in dem Zapfen B und dem ver-

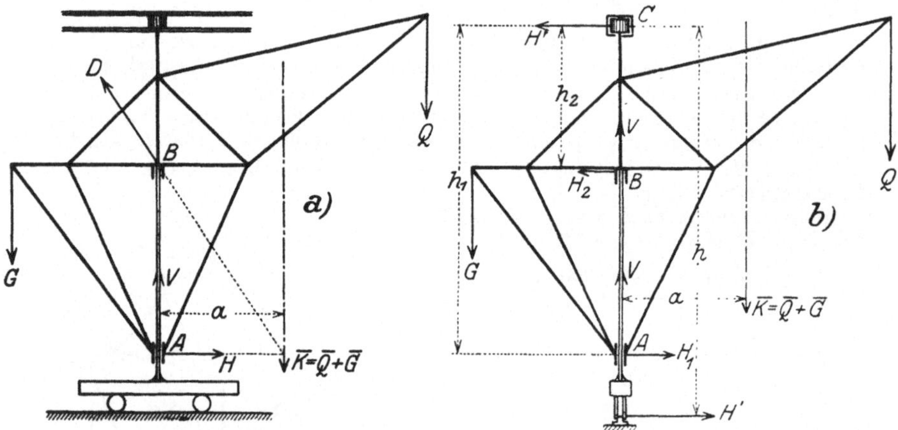

Abb. 31.

tikalen Ringlager A stützt; der Kran ist mit der Nutzlast Q und dem Gegengewicht G belastet. Die Säule ist auf einen Wagen aufgesetzt, der auf einer Schiene läuft, während das Gerüst oben mittels einer Rolle zwischen zwei $\llcorner$-Trägern geführt wird.

Steht der Kran parallel den Schienen, Abb. 31a, dann sind die auf das Gerüst wirkenden Kräfte so zu bestimmen, daß $\overline{K} = \overline{Q} + \overline{G}$, $\overline{H}$ in A und $\overline{D}$ in B ein Dreieck bilden. Wird der Kran um 90° herausgeschwenkt (nach Abb. 31b), dann hat man zunächst die Kräfte in den Schienen unten H', V und oben H' zu ermitteln, wobei

$$V = K = Q + G, \qquad H' \cdot h = K \cdot a, \qquad \text{also} \qquad H' = K a / h$$

und sodann die Kraft H' in C in zwei parallele Teile nach A und B zu zerlegen, so daß

$$H' h_1 = H_2 (h_1 - h_2), \qquad H_1 = H' + H_2 ;$$

die Auflagerdrücke auf das Krangerüst sind dann $\overline{H}_1$ in A und $\overline{H}_2 + \overline{V}$ in B. In der geschwenkten Lage ist sonach das Krangerüst durch die Kräfte Q, G und H' in C belastet.

30. Biegemoment und Querkraft. Die Bestimmung der Auflagerdrücke führt zunächst zur Kenntnis jener Kräfte, mit welchen die belastete Tragkonstruktion auf die sie unterstützenden Körper wirkt; sie ist aber auch notwendig, um die Inanspruchnahme des „Trägers" selbst in allen seinen Teilen zu untersuchen. Jede Tragkonstruktion, die in der Technik Verwendung findet, sei es ein Dachstuhl, eine Brücke, ein Kran, Fahrzeug, u. dgl. m. muß so durchgebildet werden, daß der innere Zusammenhang der einzelnen Teile bei allen auftretenden Belastungen gesichert ist, oder mit anderen Worten, daß an keiner Stelle der Tragkonstruktion die Festigkeit des Materials überschritten wird. Zur Entscheidung dieser Frage ist vor allem notwendig, die Kräfte zu kennen, mit denen ein beliebiger Querschnitt „belastet" wird. In welcher Art diese Belastung durch die „inneren Kräfte" (Spannungen) des Materials aufgenommen wird. können wir hier nicht erörtern; wir müssen uns vielmehr auf die Aufgabe der Statik beschränken, die äußeren Kräfte für irgendeinen Querschnitt anzugeben, und zwar behandeln wir hier auch diese Frage nur für gerade stabförmige Körper oder einfache Träger.

Der Gedanke, der zur Beantwortung dieser Frage führt, ist ganz ähnlich dem zur Bestimmung der Auflagerdrücke verwendeten. Wir erhalten die auf einen Querschnitt s_1 (Abb. 32) wirkenden Kräfte, wenn wir uns etwa den rechten Teil abgetrennt denken und die Summe der auf den Querschnitt wirkenden inneren Kräfte durch die Festsetzung bestimmen, daß diese zusammen mit den eingeprägten Kräften eine Gleichgewichtsgruppe bilden.

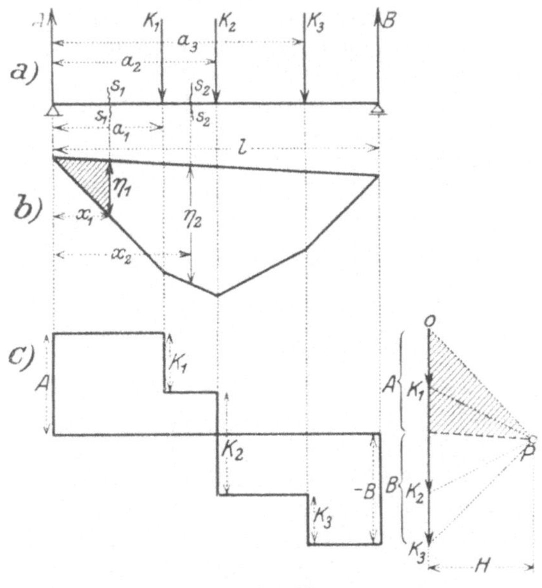

Abb. 32.

Für den lotrecht belasteten und wagrecht gelagerten Träger nach Abb. 32a ist die in der Stabachse liegende „Normalkraft" Null, auf den Querschnitt wirkt nur eine Querkraft Q, die gleich ist der Summe der links vom Querschnitt liegenden Kräfte, und ein Biegemoment $\mathfrak{M}$, das gleich dem Momente der links von s_1 wirkenden Kräfte um die Querschnittsmitte ist. Somit ergibt sich für den durch die Einzelkräfte K_1, K_2, K_3 belasteten Träger für den Schnitt

s_1 die Querkraft $Q = A$, und das Biegemoment $\mathfrak{M}_1 = A x_1$,

s_2 „   „ $Q = A - K_1$ und das Biegemoment

$$\mathfrak{M}_2 = A x_2 - K_1 (x_2 - a_1)$$

und für den Schnitt s_n durch das „n-te Feld"

$$Q_n = A - \sum_{i=1}^{n-1} K_i \quad \ldots \ldots \ldots \ldots \ldots \ldots \quad (50)$$

$$\mathfrak{M}_n = A x_n - \sum_{i=1}^{n-1} K_i (x_n - a_i) = Q_n \cdot x_n + \sum_{i=1}^{n-1} K_i a_i \quad \ldots \quad (51)$$

In der Baumechanik, wo diese Begriffe eine Rolle spielen, wird dabei das Biegungsmoment dann als positiv bezeichnet, wenn es im Sinne des Uhrzeigers wirkt, welcher Festsetzung wir auch in diesem Abschnitt gefolgt sind.

Die Aufzeichnung von Q_n als Funktion von x_n liefert die Querkraftlinie, „Q-Linie", nach Abb. 32 c, die für den Fall von Einzellasten eine unstetige, treppenartige Kurve ist, die an jeder Laststelle um den Betrag der betreffenden Kraft springt; man kann daher für diesen Fall eigentlich nur von einer Querkraft „knapp links" oder „knapp rechts" von der Last sprechen.

Die Verteilung des Momentes, die „Momentenlinie", „$\mathfrak{M}$-Linie", ergibt sich in einfacher Weise aus dem Seileck, das zur Ermittlung von A, B gedient hat. Die Ähnlichkeit der schraffierten Dreiecke in Abb. 32 b liefert in der Tat unmittelbar, wenn die „Poldistanz" mit H bezeichnet wird (H hat die Dimensionen einer Kraft)

$$A : H = \eta_1 : x, \quad \text{daher} \quad A x = \mathfrak{M}_1 = H \cdot \eta_1.$$

Die Strecke η_1 ist daher für alle Punkte des Trägers ein Maß für das Biegungsmoment. Für den Schnitt s_2 folgt ganz ähnlich

$$\mathfrak{M}_2 = A x_2 - K_1 (x_2 - a_1) = H \cdot \eta_2,$$

wobei η_2 als Differenz zweier Strecken erscheint, die einzeln das Moment von A und K_1 angeben, usw.

Die Fläche zwischen den einzelnen Seilstrahlen und dem Schlußstrahle, die Momentenfläche (in Abb. 32 b stark umrändert), gibt mithin sofort die ganze Verteilung der Biegungsmomente an. Der größte Wert von η entspricht dem größten auftretenden Biegungsmomente, das also bei Einzellasten in der Regel unter einer Last auftritt (es kann auch vorkommen, daß ein Strahl des Seilecks zur Schlußlinie parallel läuft, dann ist in dem betreffenden Felde das Biegemoment konstant). Die Kenntnis dieses größten Wertes ist wichtig für die Bestimmung der Abmessungen des Trägers, die Stelle, an der er auftritt, nennt man den Bruchquerschnitt und das größte Moment das Bruchmoment.

Diese Begriffe übertragen sich unmittelbar auf den Fall beliebiger (stetiger oder unstetiger) Belastung $q = q(\xi)$ längs des Trägers, etwa nach Abb. 33. Durch Zerteilung der ganzen Belastung und

Vereinigung in den Mittelpunkten der einzelnen Teile kann man sogleich den eben besprochenen Fall angenähert wieder herstellen und erhält dadurch angenähert Querkraft- und Momentenlinie.

Die Querkraft an der Stelle x ist nach den obigen Erklärungen, wenn wir die Integrationsvariable mit ξ bezeichnen,

$$Q_x = A - \int_0^x q(\xi)\,d\xi \quad . \quad . \quad (52)$$

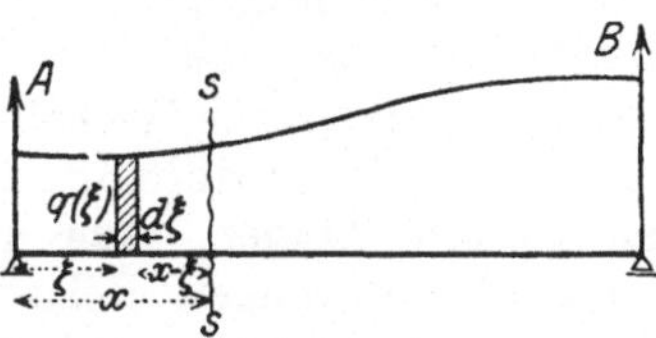

Abb. 33.

und das Biegemoment an dieser Stelle

$$\mathfrak{M}_x = A\,x - \int_0^x q(\xi)\cdot(x-\xi)\,d\xi = Q_x\cdot x + \int_0^x q(\xi)\cdot\xi\,d\xi \quad . \quad . \quad (53)$$

Zwischen beiden besteht nun ein wichtiger Zusammenhang, der sich durch Ableitung der Gl. (53) nach x ergibt. Es folgt nämlich nach der bekannten Regel für die Differentiation eines Integrals nach der oberen Grenze und mit Rücksicht auf (52)

$$\frac{d\mathfrak{M}_x}{dx} = Q_x + \frac{dQ_x}{dx}\cdot x + q(x)\cdot x = Q_x - q(x)\cdot x + q(x)\cdot x,$$

daher

$$\boxed{\frac{d\mathfrak{M}_x}{dx} = Q_x}, \quad . \quad . \quad . \quad . \quad . \quad . \quad . \quad . \quad (54)$$

d. h. die Ableitung des Momentes nach x ist gleich der Querkraft an der betreffenden Stelle.

Da die Querkraft für Einzellasten unter der Last unstetig ist, folgt daraus in Übereinstimmung mit dem früher Bemerkten, daß die Momentenlinie unter den Einzellasten zwar stetig ist, aber einen Knick (plötzliche Änderung des Differentialquotienten) erfährt, und zwar ist die Größe des Knickes ein Maß für den Sprung in der Querkraft, d. h. für die betreffende Einzellast. Der größte Wert von $\mathfrak{M}$ ergibt sich dort, wo Q_x durch Null geht, d. i. also für Einzellasten z. B. in Abb. 32 jedenfalls unter einer Last.

Aus Gl. (52) und (54) ergibt sich ferner durch nochmalige Differentiation

$$\frac{dQ_x}{dx} = -q, \quad \boxed{\frac{d^2\mathfrak{M}_x}{dx^2} = \frac{dQ_x}{dx} = -q} \quad . \quad . \quad . \quad . \quad . \quad (55)$$

und umgekehrt

$$\mathfrak{M}_x = -\int_0^x\!\!\int_0^x q(x)\,dx\,dx + A\,x + B, \quad . \quad . \quad . \quad (56)$$

wobei A und B Integrationskonstante sind, d. h. der Übergang von der gegebenen „Belastungskurve" $q(x)$ zur $\mathfrak{M}$-Linie mittels des Seil-

ecks kommt auf die Ausführung einer zweifachen Integration hinaus;
umgekehrt erhält man die q- aus der $\mathfrak{M}$-Linie durch zweimalige
Differentiation. Die in 18 und 19 gegebenen sind besondere Fälle
dieser Entwicklungen; da $\mathfrak{M} = H\eta$, so sind die Gl. (35) und (40)
Sonderfälle von (55).

Von praktischer Wichtigkeit ist insbesondere der Fall $q =$ konst.,
d. h. der Fall gleichförmiger Belastung über ein Stück oder
den ganzen Träger. Aus den Gl. (52) und (54) folgt, daß unter
dieser gleichförmigen Belastung die Querkraft geradlinig und
das Biegungsmoment in Form einer Parabel verläuft. Die
Ausführung eines besonderen Falles gibt das folgende

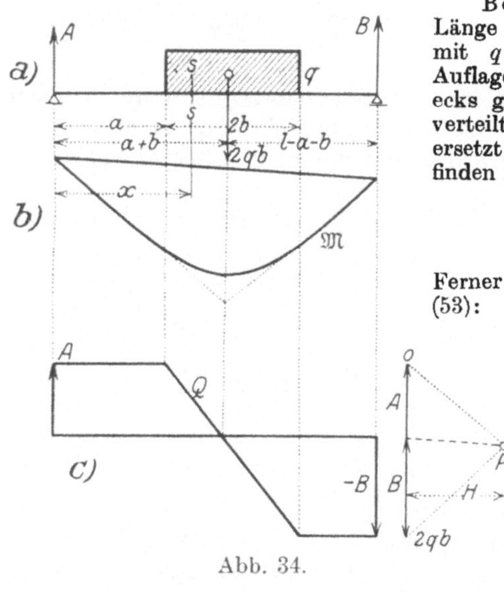

Abb. 34.

Beispiel 7. Der Träger von der
Länge l sei von $x = a$ bis $x = a + 2b$
mit q kg/m belastet (Abb. 34). Die
Auflagerdrücke werden mittels des Seilecks gefunden, wobei die gleichförmig
verteilte Last durch ihre Summe $2bq$
ersetzt werden kann. Durch Rechnung
finden wir

$$A = 2bq\,(l - a - b)/l,$$
$$B = 2bq\,(a + b)/l.$$

Ferner erhalten wir nach Gl. (52) und
(53):

von $x = 0$ bis $x = a$:
$$Q = A, \qquad \mathfrak{M} = A \cdot x,$$

von $x = a$ bis $x = 2b$:
$$Q = A - qx,$$
$$\mathfrak{M} = A\,x - q\,(x - a)^2/q,$$

von $x = b$ bis $x = l$:
$$Q = A - 2bq = -B,$$
$$\mathfrak{M} = -B\,(l - x).$$

Die Q-Linie ist hier stetig, da keine Einzellasten vorkommen, daher berührt auch hier die Linie des Biegungsmomentes, die unter der gleichförmigen
Last ein Parabelstück ist, und außerhalb davon aus Stücken von geraden Linien
besteht, die beiden Seilstrahlen, die zur Bestimmung von A und B gedient
haben.

Wenn längs des Trägers außer Einzelkräften auch Biegemomente einwirken würden, so würde auch die $\mathfrak{M}$-Linie entsprechende Unstetigkeiten aufweisen. Dieser Fall ist aber praktisch nicht von Wichtigkeit.

31. Mehrere Körper. Dieselben Sätze, die wir im vorhergehenden für den einzelnen Körper gefunden haben, finden sinngemäße
Anwendung, wenn es sich um das Gleichgewicht mehrerer, sich
gegeneinander stützender Körper handelt. Außer den eingeprägten
Kräften sind an allen Stützpunkten entsprechend der Art der Stützung
die Auflagerdrücke anzubringen, und zwar immer paarweise nach
dem Gegenwirkungssatze. Sind n Körper vorhanden, dann gibt es
$3n$ Gleichgewichtsbedingungen, mittels welchen $3n$ unbekannte
Größen (Lagenkoordinaten und Stützdrücke) bestimmt werden können.

Wenn die Lagen aller Körper von vornherein bekannt sind, kann zur Ermittlung der Drücke entweder die rechnerische oder auch — was meist vorteilhafter ist — die zeichnerische Methode angewendet werden, bei unbekannten Lagen führt in der Regel nur die Rechnung zum Ziele.

Beispiel 8. Die Achse einer Walze ist durch ein Seil mit einem festen Punkte O verbunden, auf die Walze stützt sich ein Brett OB vom Gewicht G, Abb. 35.

Die Drücke D_1 und D_2 und die Spannung T im Seile ergeben sich unmittelbar durch Zeichnung der Kräftedreiecke für die beiden im Gleichgewicht befindlichen Kräftegruppen (G, D, D_1) und $(-D_1, D_2, T)$.

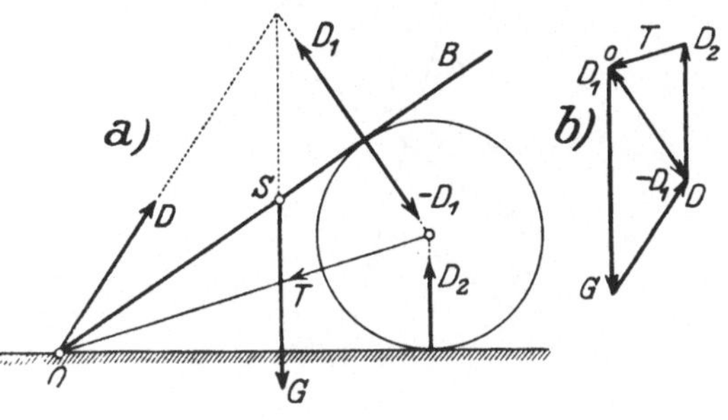

Abb. 35.

Beispiel 9. Vier gleiche Stäbe von der Länge l sind nach Abb. 35 in A und B gelenkig gelagert $(AB = 2L)$ und in C, D, E mit den Kräften K, K_1, K symmetrisch belastet. Man ermittle die Winkel α und β für Gleichgewicht.

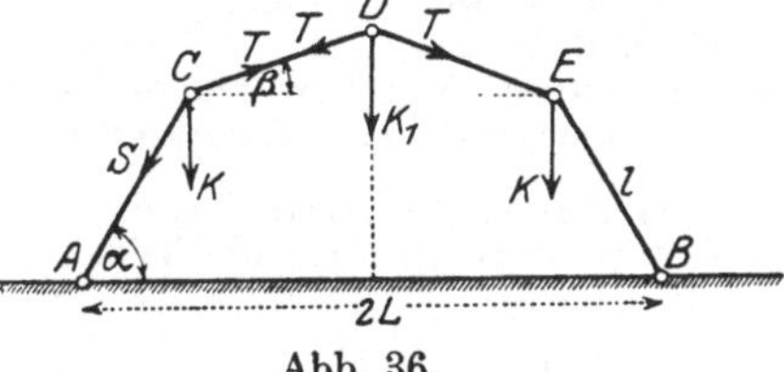

Abb. 36.

Die Kräfte in den Stäben sind als Unbekannte S, T einzuführen, dann liefern die Gleichgewichtsbedingungen für D und C.

$$D)\quad 2\,T\sin\beta = -K_1, \quad \text{also}\quad T = -K_1/2\sin\beta \qquad \text{(Druck)}$$

$$C)\quad \begin{cases} S\cos\alpha = T\cos\beta, & \text{„}\quad S = -K_1\cos\beta/2\sin\beta\cos\alpha \quad \text{(Druck)}\\ T\sin\beta - S\sin\alpha = K. \end{cases}$$

Durch Einsetzen von T und S in die letzte Gleichung folgt als Gleichgewichtsbedingung

$$\frac{\operatorname{tg}\alpha}{\operatorname{tg}\beta} = \frac{2\,K + K_1}{K_1}.$$

Zur Berechnung der Winkel α und β selbst ist diese mit der geometrischen Gleichung für die Spannweite $L = l(\cos\alpha + \cos\beta)$ zu verbinden.

Beispiel 10. Das Dreigelenk besteht aus zwei Körpern 1, 2, die miteinander durch ein Gelenk C verbunden sind, und von denen jeder außerdem durch ein weiteres Gelenk A bzw. B fest gelagert ist. Die Summen der Kräfte, die auf die beiden Kräfte wirken, K_1 bzw. K_2 sind gegeben, man ermittle die Gelenkdrücke A, B, C, Abb. 37a.

Den $2 \times 3 = 6$ unbekannten Teilen der Gelenkdrücke entsprechen ebensoviele Gleichgewichtsbedingungen, die Aufgabe ist daher (im allgemeinen) statisch bestimmt. Ihre Lösung kann auf verschiedene Arten erhalten werden.

a) Zeichnerisch durch Bestimmung der Drücke, die jede Kraft K_1 bzw. K_2 für sich allein hervorrufen würde. Wäre z. B. K_1 allein da, so würden in den Gelenken B und C nur Drücke in der Richtung BC auftreten können, wodurch mittels des Schnittpunktes O_1 auch die Richtung des Teiles A' von A und die Größe von A' und des entsprechenden Teiles C' von C bestimmt ist. Dasselbe gilt für das alleinige Vorhandensein von K_2, das die Teile B'' und C''' liefern würde. Die gesamten Gelenkdrücke A, B, C sind durch die Summen der entsprechenden Teile gegeben, $\overline{A} = \overline{A}' + \overline{C}''$, $\overline{B} = \overline{C}' + \overline{B}''$ Abb. 37 b.

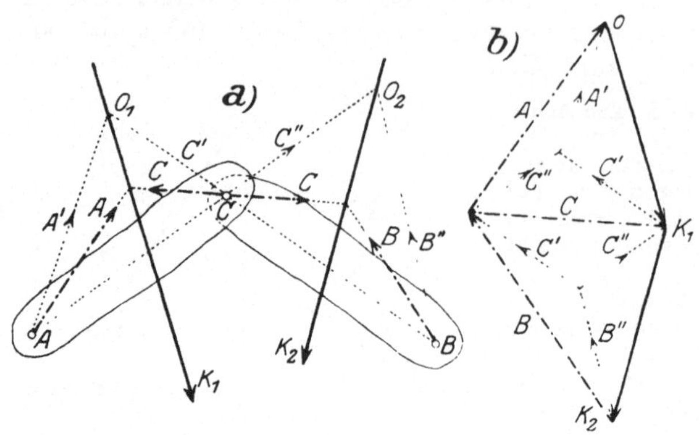

Abb. 37.

b) **Eine zweite Methode** besteht in der Anwendung der in **25** angegebenen Verfahren, das zu K_1 und K_2 gehörige Seileck zu zeichnen, welches durch die drei Punkte A, B, C bzw. hindurchgeht. Die Richtungen der Seilstrahlen und die in ihnen wirkenden Kräfte geben die gesuchten Gelenkdrücke.

c) **Rechnerisch** werden die Gelenkdrücke durch Aufstellung der Gleichgewichtsbedingungen für die beiden Körper für ein System zueinander rechtwinkeliger Achsen gefunden.

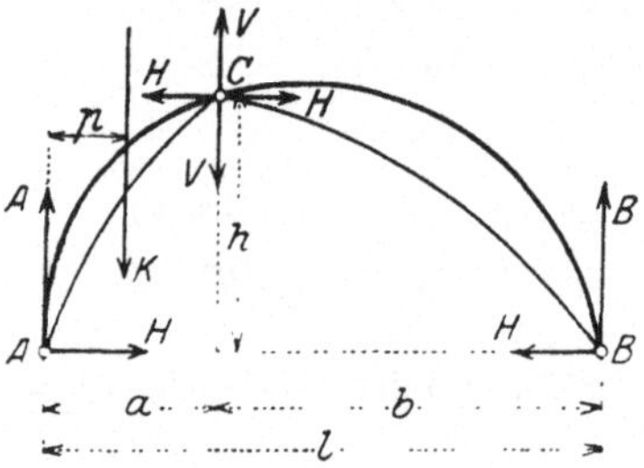

Sind beide Körper des Dreigelenks belastet, dann geht man so vor, daß man für jede Kraft einzeln die in den Gelenken auftretenden Kräfte bestimmt; die gesamten Gelenkkräfte ergeben sich dann wegen des linearen Charakters der Gleichgewichtsbedingungen durch Addition.

Wenn die Belastung nur aus Vertikalkräften besteht (wie in Abb. 38), dann folgen für die links wirkende Last K zunächst die vertikalen Teile durch direkte Zerlegung

Abb. 38.

$$A = K\,(l - p)\,/\,l, \qquad B = Kp\,/\,l = V, \qquad\qquad (57)$$

während der Momentensatz für C auf den rechten Körper angewendet unmittelbar die Beziehung liefert

$$Hh = Bb, \qquad \text{also} \qquad H = Kpb\,/\,lh \qquad\qquad (58)$$

Beispiel 11. Gerber-Träger. Ein auf drei Auflagen A, B,C ruhender „kontinuierlicher" Träger wäre äußerlich statisch unbestimmt, da die Auflagerkräfte durch die Gleichgewichtsbedingungen allein bestimmbar sind. Wenn ein solcher Träger jedoch (Abb. 39) durch ein Gelenk D in zwei Körper geteilt wird, so kommt die Bedingung hinzu, daß in C kein Biegemoment auftreten kann; der Momentensatz für den linken Träger um C gibt unmittelbar $A = K_1\,p/a$, wodurch dann auch B und C vollständig bestimmt sind.

Zeichnerisch geschieht die Bestimmung der Auflagerdrücke in der Weise, daß zunächst mit dem willkürlich gewählten Pol P ein Seileck $a\,I\,II\,c$ gezeichnet, sodann D auf diesen Linienzug nach d hinunterprojiziert und d mit a verbunden, bis b unter B und von da $b\,c$ gezogen wird. Die Parallelen durch P

zu ab und bc liefern auf K_1 und K_2 die Stützkräfte A, B, C. Die Momentenfläche ist in Abb. 39 schraffiert und mit den Vorzeichen versehen, die jeweils
den Drehsinn der Momente angeben.

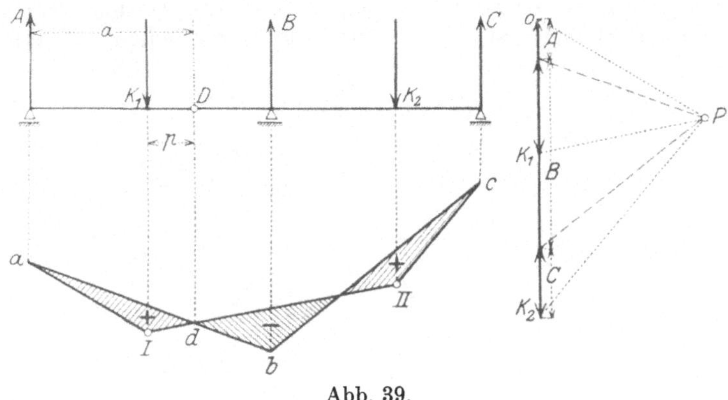

Abb. 39.

III. Ebene Fachwerke.

**32. Bedingungen für die Starrheit eines Fachwerkes. Cre-
monaplan.** Unter einem Fachwerk versteht man ein aus starren
„Stäben" oder „Gliedern" bestehendes Gebilde, bei dem die Stäbe
in den „Knoten" durch reibungslose Gelenke miteinander verbunden
sind. Wenn eine derartige Abbildung als Schema für ein technisch
verwendbares Bauwerk dienen soll, so muß es zunächst in sich die
erforderliche Stabilität besitzen und für die aufzubringenden Belastungen eine entsprechend einfache Berechnung zulassen. Für die
vereinfachte Berechnungsweise, mit der wir uns hier beschäftigen,
erweist es sich als zweckmäßig, die Lasten entweder von vornherein
in den Knotenpunkten anzunehmen oder sie jeweils nach statischen
Gesetzen auf die beiden der Laststelle zunächst liegenden Knoten
zu verteilen. Als Lasten kommen in Betracht: Nutzlast, Eigengewicht,
Schnee- und Winddruck. Jeder einzelne Knoten wird dann unter
dem Einflusse der auf ihn wirkenden „Last" und der Stabkräfte
im Gleichgewicht gehalten, die in Richtung der in ihm zusammentreffenden Stäbe übertragen werden. Die Ermittlung dieser Stabkräfte ist für die „Dimensionierung" der Glieder notwendig, und ist
das Problem, das wir hier zu behandeln haben.

Das einfachste Fackwork, das möglich ist, erhalten wir. wenn
wir etwa eine der Abb. 11 durch Hinzunahme eines dritten Stabes
$\overline{AB}$ ergänzen, und beliebige Kräfte K_1, K_2, K_3 in den drei Knotenpunkten I, II, III wirken lassen (Abb. 40); diese Kräfte sollen nur
der einen Bedingung genügen, eine Gleichgewichtsgruppe zu bilden
(eine davon möge eine „Last" sein, dann sind die beiden andern
die nach den bekannten Regeln bestimmten Auflagerdrücke). Um
die Stabkräfte zu bestimmen, zeichnen wir für jeden Knoten I, II, III

das Kraftdreieck, das die in dem betreffenden Knoten zusammentreffenden Stabkräfte (2, 3 in *I*; 3, 1 in *II*; 1, 2 in *III*) liefert. Die drei Kraftdreiecke können sodann aneinander geschoben und zu einem „Cremonaschen Kräfteplan“ vereinigt werden, wie es in Abb. 40b geschehen ist, der schon alle Kennzeichen aufweist, die

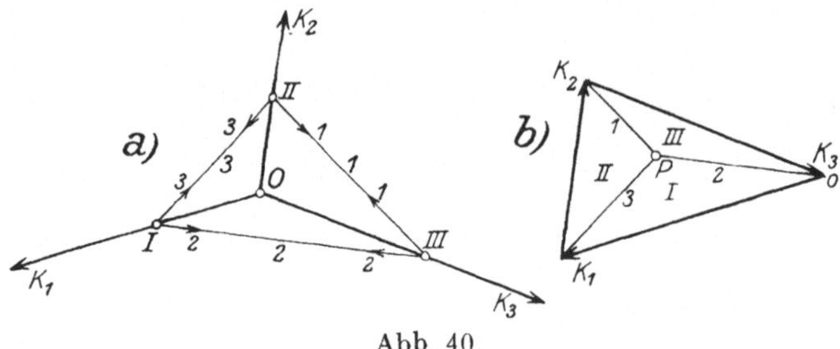

Abb. 40.

wir späterhin für solche Kräftepläne wiederfinden werden; wir heben zunächst davon hervor, daß sich die beiden Figuren a und b durch Parallelismus zusammengehöriger Linien entsprechen und zwar derart, daß je drei durch einen Punkt gehenden Linien links ein Dreieck rechts entspricht und umgekehrt, ferner daß jede Kraft im Kräfteplan nur einmal vorkommt. Die linke Figur, welche die geometrische Gestalt des Fachwerks gibt, nennt man den Lageplan.

Auf Grund dieser Beziehung wird die Spannung in einem Stabe des Lageplans durch die dazu parallele Strecke des Kraftplans gegeben. Diese Beziehung ist aber nicht vollständig umkehrbar, wie etwa aus dem unten folgenden Beisp. 13 mit Abb. 44 zu nehmen ist, da den Endpunkten der Kräfte K_1, K_2 ... in b) keine geschlossenen Polygone in a) entsprechen würden. Man kann die Figuren jedoch zu solchen mit einer für alle Punkte und Linien geltenden „Reziprozität“ ausgestalten, wenn man in dem Kraftplan einen Pol P und ein zugehöriges Seileck hinzunimmt; auf diese Weise erhält man die sog. reziproken Kraftpläne. — Es läßt sich ferner zeigen, daß eine notwendige Bedingung dafür, eine Figur von Punkten und diese verbindenden Geraden eine reziproke besitzt, ist, daß die Figur die Orthogonalprojektion eines ebenen Vielflachs ist. Auf die interessanten geometrischen Entwicklungen, die sich hier anschließen, können wir nicht eingehen.

Die einfachste Bildungsweise eines Fachwerkes besteht darin, von einem Dreieck *I*, *II*, *III* auszugehen und das Fachwerk durch Hinzunahme von je zwei weiteren Stäben für jeden weiteren Knoten „aufzubauen“. Zur gegenseitigen Festlegung der Lagen dieser drei Punkte *I*, *II*, *III* sind drei Stäbe erforderlich. Vier Knoten würden dann fünf Stäbe erfordern und allgemein wäre die kleinste notwendige Stabzahl für n Knoten

$$\boxed{s = 2\,n - 3} \qquad \ldots \ldots \ldots \ldots (59)$$

Auf diese Beziehung wird man auch durch Abzählung der Koordinaten der einzelnen Punkte geführt. Die Festlegung von n Punkten in der Ebene würde $2\,n$ „Bedingungen“ erfordern; soll das entstehende

Gebilde aber nur in sich starr sein, so muß es die Freiheiten einer starren Scheibe haben, das sind drei (zwei Verschiebungen nach zwei Richtungen in der Ebene und eine Drehung um eine dazu senkrechte Achse). Wenn daher zwischen den $2n$ Koordinaten der n Punkte $2n - 3$ geeignete Bedingungen eingeführt werden, so besitzt das Punktsystem die Beweglichkeit einer starren Scheibe. Gl. (59) gibt also auch nach dieser Abzählung die Zahl der notwendigen Stäbe.

Das Gleichgewicht dieser n Punkte würde das Bestehen von $2n$ Bedingungen verlangen, da die eingeprägten Kräfte aber für sich im Gleichgewichte sind, was, da sie eine ebene Kräftegruppe darstellen, drei Gleichungen verlangen würde, so bleiben $2n - 3$ unabhängige Gleichungen zur Bestimmung von ebensoviel Stabkräften übrig. Daraus sieht man, daß jedenfalls zunächst für Fachwerke von der angegebenen einfachen Art die statische Bestimmtheit mit der kinematischen zusammenfällt. Solche Fachwerke bezeichnen wir als einfache Fachwerke, sie sind also durch die Eigenschaft gekennzeichnet, „aus Dreiecken aufbaubar und abbaubar" zu sein. Fachwerke, die diese Eigenschaft nicht besitzen, nennt man zusammengesetzt[1]).

Wenn $s > 2n - 3$, so hat man es mit einem innerlich statisch unbestimmten System zu tun. Ein einfaches Beispiel hierfür ist in Abb. 41 dargestellt. Das Viereck mit beiden Diagonalen enthält offenbar einen überzähligen „Stab" ($s = 6$, $n = 4$). Wir würden statische Bestimmtheit erhalten, wenn wir irgendeinen Stab, etwa A, B weglassen; wenn die Länge dieses Stabes (zwischen den Mittelpunkten der Gelenke) nicht genau gleich der Entfernung dieser beiden Punkte wäre, so müßten durch ihn (auch bei fehlenden Lasten) in allen Stäben Spannungen auftreten, entsprechen dem Umstande, daß der Stab entweder verkürzt oder verlängert werden müßte, um zwischen AB Platz zu finden. Ist er zu kurz, so wird er die Punkte AB zusammenziehen und zwar mit Kräften $S, -S$, die durch seine elastischen Eigenschaften bedingt sind; die durch diese Kräfte in allen Stäben hervorgerufenen Spannungen werden S proportional sein. Daß ein solcher Stab auch die Spannungsverteilung im belasteten Zustande beeinflussen muß, liegt auf der Hand. Selbst wenn ein solches überbestimmtes Fachwerk ursprünglich von inneren Spannungen frei wäre, würden durch ungleichmäßige Erwärmung solche Spannungen entstehen. Auf die weitere Behandlung solcher Systeme, die Hilfsmittel aus der Elastizitätslehre verlangt, können wir hier nicht eingehen.

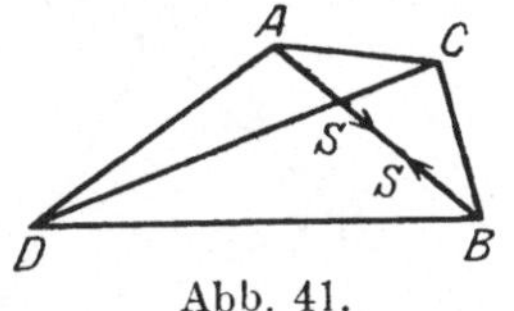

Abb. 41.

Ein Fachwerk, bei dem die Gl. (59) erfüllt ist und das in sich starr ist, wird durch drei Auflagerbedingungen mit einer festen Ebene verkettet, so daß also zur völligen Festlegung der n Knoten tatsächlich $2n - 3 + 3 = 2n$ Bedingungen erforderlich sind. Es werden jedoch manchmal auch Tragkonstruktionen verwendet, die für sich (ohne Auflager) nicht starr sind und es ist klar, daß für jeden Stab, der dem

---

[1]) Die Bezeichnung in der Literatur ist nicht einheitlich. Im folgenden werden die Dreiecksfachwerke als einfache, die Fachwerke mit Grundfigur als zusammengesetzt bezeichnet. Eine Unterscheidnng dieser beiden Arten ist nützlich und könnte auch durch die Bezeichnung erster und zweiter Art geschehen. Öfter werden alle statisch bestimmten Fachwerke als einfache, die statisch unbestimmten als zusammengesetzt bezeichnet u. dgl. mehr.

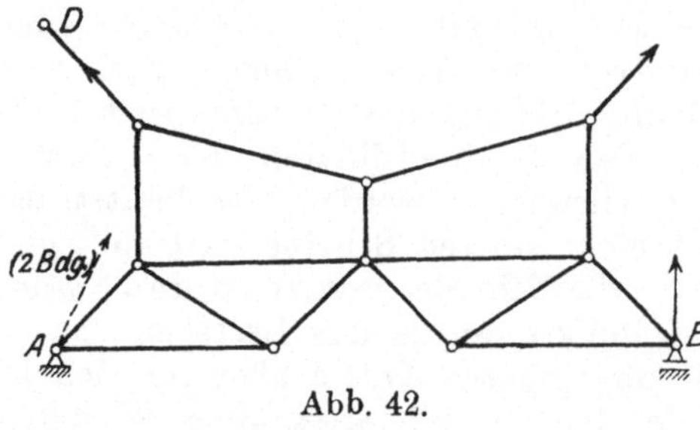

Abb. 42.

Fachwerk zur Starrheit in sich fehlt, eine weitere Auflagerbedingung hinzukommen muß. Derartige Konstruktionen sind also nicht-starre Fachwerke, die erst durch die Auflagerung starr werden.

Beispiel 12, Abb. 42, liefert ein hierher gehöriges Beispiel. Für die Tragkonstruktion allein ist $n = 10$, $s = 15$, jedoch sind 5 Auflagerbedingungen vorhanden, so daß wieder $15 + 5 = 20 = 2n$, wodurch die zur Festlegung notwendige Zahl erreicht ist.

33. Einfache Fachwerke. Im vorhergehenden Abschnitte haben wir erkannt, daß die Gl. (59) jedenfalls eine notwendige Bedingung für statisch bestimmte Fachwerke darstellt. Für einfache Dreiecks-fachwerke, bei denen alsovon jedem Knoten wenigstens zwei Stäbe ausgehen, ist diese Bedingung für die kinematische und statische Bestimmtheit auch hinreichend.

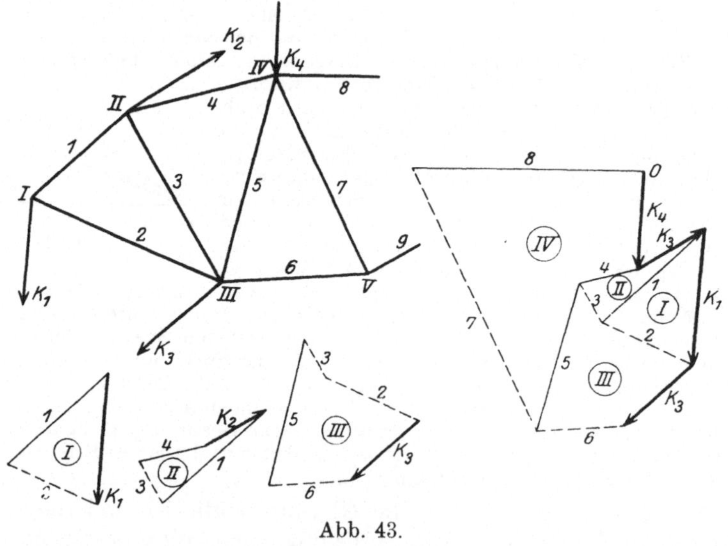

Abb. 43.

Zu jedem Knoten eines einfachen Fachwerkes denken wir uns das zugehörige Krafteck gezeichnet; wegen der Bildungsweise des Fachwerkes gibt es wenigstens einen Knoten (tatsächlich muß es wenigstens immer zwei solche geben), von dem nur zwei Stäbe ausgehen wie etwa I in Abb. 43. Durch die Aufbauordnung ist in der Regel eine bestimmte Reihenfolge der Knoten gegeben, in der man vorzugehen hat. In Abb. 43 ist diese $I, II, III, IV \ldots$ Jeder Knoten wird nun durch einen Schnitt abgetrennt, isoliert und für jeden einzelnen Knoten das Krafteck gezeichnet; dies ist, wie nochmals hervorgehoben werden möge, bei Dreiecksfachwerken immer möglich, da jeder Schnitt nur immer zwei neue unbekannte Stabkräfte hinzubringt. Die so erhaltenen Kraftecke sind in der Abb. 43 zunächst einzeln gezeichnet, wobei dieselbe Vorzeichenregel für die Spannungen zu beachten ist, die schon in 16 aufgetreten ist. Ursprünglich werden die Pfeile für alle Stabkräfte von den Knoten weggerichtet eingezeichnet; der durch die eingeprägte Kraft in dem Krafteck des betreffenden Knotens festgelegte Umlaufungssinn entscheidet sodann über den Sinn der betreffenden Stabspannung: Übereinstimmung der Pfeile bedeutet Zug, Nichtübereinstimmung Druck. Die Druckspannungen sind in der Abbildung durch gestrichelte Linien gekennzeichnet.

Nun kommt der für die Anlage des Kraftplans entscheidende Schritt. Die auf die oben beschriebene Weise erhaltenen Kraftdreiecke können so aneinandergeschoben werden, daß die paarweise auftretenden Spannungen übereinander zu liegen kommen, so daß tatsächlich jede Spannung nur einmal gezeichnet zu werden braucht. Es läßt sich unmittelbar einsehen, daß jedenfalls für jedes einfache Fachwerk ein solcher „Cremonaplan" gezeichnet werden kann. Hierzu ist die Einhaltung gewisser Regeln notwendig, die hier sogleich im Zusammenhange mit einigen die praktische Ausführung betreffenden Bemerkungen angegeben werden sollen:

1. Die eingeprägten Kräfte (Nutzlasten, Gewichte, Winddruck usw.) sind zusammen mit den Auflagerdrücken so anzubringen, daß sie eine Gleichgewichtsgruppe bilden.

(Jedes Fachwerk dient in der Technik als Tragkonstruktion, ist daher in bestimmten Punkten aufzulagern, die Auflagerung geschieht in einzelnen Knoten des Fackwerkes und für die Bestimmung der in ihnen auftretenden Drücke wird unter Beachtung der in 28 gegebenen Möglichkeiten die ganze Fachwerkfigur als starre Scheibe betrachtet. Weiterhin werden die Auflagerdrücke und Lasten vollkommen gleichförmig behandelt.)

2. Im Kraftplan sind die sämtlichen äußeren Kräfte (also Lasten und Auflagerdrücke!) in der Reihenfolge aneinanderzufügen, wie die Knoten, an denen die Kräfte angreifen, am Umfange der Fachwerksfigur aufeinanderfolgen.

Diese Regel läßt sich bei vielen der praktisch verwendeten Fachwerke einhalten, denn diese bestehen aus einem Obergurt und Diagonalen, die diese verbinden, In jenen Fällen, wo eine eingeprägte Kraft an einem Gelenk im Innern der Fachwerksfigur angreift, lassen sich die Spannungen auch zeichnerisch ermitteln, nur muß dann auf die Forderung 5. verzichtet werden[1].

3. Die Ermittlung der Stabkräfte hat an einem der (bei Dreiecksfachwerken stets vorhandenen) Knotenpunkte zu beginnen, von denen nur zwei unbekannte Stabkräfte ausgehen und ist der Abbauordnung entsprechend fortzusetzen.

---

[1] Dies folgt auch aus der allgemeinen Theorie der reziproken Figuren, die hier nicht entwickelt werden kann.

4. Die Spannung in einem Stabe, der zwei am Umfange aufeinanderfolgende Knoten verbindet, ist im Kraftplan durch jenen Punkt zu zeichnen, in dem diese beiden Kräfte aneinanderstoßen.

5. Jede äußere Kraft und jene Stabkraft darf im Kraftplan nur einmal vorkommen.

6. Die sämtlichen Kräfte, die im Lageplan durch einen Punkt gehen, bilden im Kraftplan ein geschlossenes Vieleck und

7. die Spannungen der Stäbe, die im Fachwerk ein Dreieck bilden, gehen im Kraftplan durch einen Punkt.

8. Die Reihenfolge, in der die Kräfte in den Kraftecken aufeinanderfolgen, entspricht dem Sinne beim Umlaufen um den betreffenden Knoten. Dabei ist die Wirkungslinie für jede an einem Umfangsknoten angreifende Kraft von der Fachwerksfigur nach außen gerichtet anzunehmen.

9. Einer symmetrischen Fachwerksfigur und Belastung entspricht ein symmetrischer Kraftplan, wobei die Symmetrieachsen um $\pi/2$ gegeneinander verdreht sind.

Für die Anwendung dieser Regeln mögen die beiden folgenden einfachen Beispiele dienen (in den Kraftplänen sind, wie bisher, Zugkräfte durch volle Linien, Druckkräfte gestrichelt angedeutet).

Beispiel 13. Der Brückenträger nach Abb. 44a ist in II, IV mit K_1, K_2 belastet und in I wagrecht beweglich gelagert. — Wir haben es mit einem einfachen Fachwerk zu tun ($s = 9$, $n = 6$); nach Ermittlung der Auflagerdrücke A, B entsteht durch Zeichnen der Kraftdreiecke für die Knoten in der durch I, II, ..., V gegebenen Reihenfolge der Kraftplan Abb. 44b.

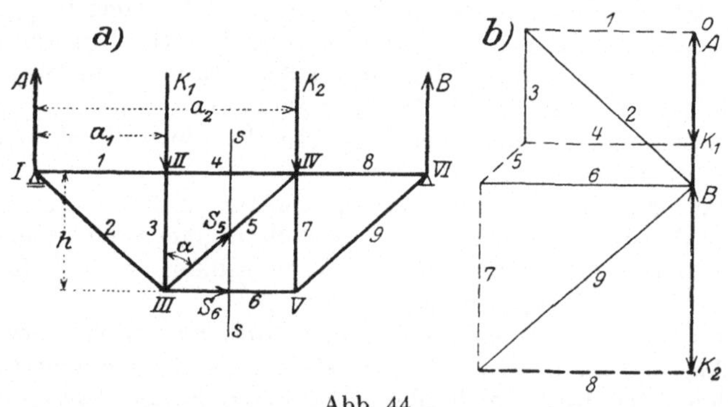

Abb. 44.

Beispiel 14. Das Krangerüst mit den Abmessungen nach Abb. 45a ist bei A in fester Einspannung gelagert, rechts an einem Ausleger mit der (größten) Nutzlast $Q = 6$ t, links mit dem Gegengewichte $G = 5{,}27$ t belastet. Die Größe des Gegengewichtes wird dabei etwa durch die Forderung bestimmt, daß das größte auftretende Biegemoment an der Einspannung der Kransäule für den belasteten und unbelasteten Kran gleich groß (und entgegengesetzt) ausfällt. Diese Forderung führt hier auf $Q \cdot 5{,}8 - G \cdot 3{,}3 = G \cdot 3.3$ und damit auf den angegebenen Wert von G.

Die Bestimmung der Auflagerkräfte des belasteten Krans liefert $V = 11{,}27$ t, $\mathfrak{M} = 173{,}91$ mt in den gezeichneten Richtungen.

Da die Kräfte Q, G und das Moment $\mathfrak{M}$ zunächst nicht an Knoten angreifen, müssen sie erst durch solche Kräfte ersetzt werden, die d es tun; dies geschieht, wie schon erwähnt, für jede von ihnen durch Aufteilung auf jene beiden Knoten, die der betreffenden Kraft auf dem belasteten Stab zunächst liegen. Dieser Vorgang liefert an Stelle von

Q die Kräfte $K_1 = 7{,}11$ t in $\quad I$, $\qquad K_2 = 1{,}11$ t in III.

G „ „ $\quad K_4 = 6{,}57$ t „ VII, $\qquad K_5 = 1{,}29$ t „ VIII,

$\mathfrak{M}$ „ „ $\quad K_3 = 3{,}96$ t „ $\quad V$, $\qquad K_6 = -K_3$ „ VIII,

in den gezeichneten Richtungen.

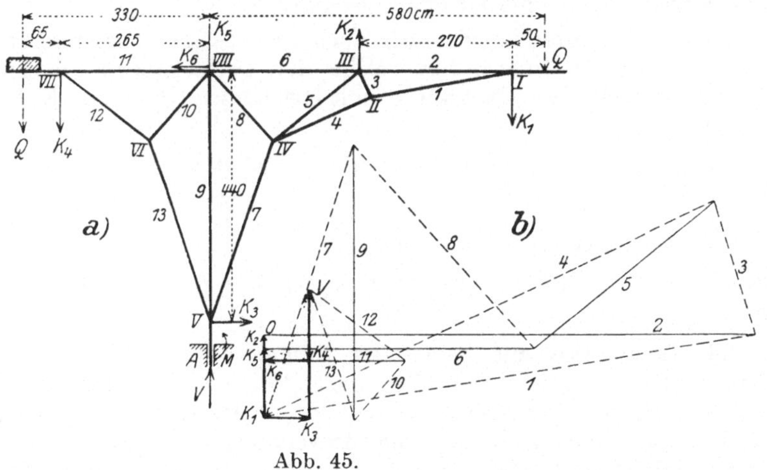

Abb. 45.

(Inwieweit die von diesen „Ersatzlasten" hervorgerufenen Stabkräfte mit den von den ursprünglichen erzeugten übereinstimmen, muß durch eine besondere Untersuchung entschieden werden; in erster Näherung darf jedenfalls angenommen werden, daß (von der Biegung abgesehen) die Zug- und Druckkräfte in den Stäben in beiden Fällen nicht merklich voneinander abweichen werden.)

Für diese so gefundenen Kräfte $K_1, K_2, \ldots, K_6$ wird das Krafteck gezeichnet und durch „Auflösung" der Knoten in der durch $I, II, III, \ldots, VIII$ gegebenen Reihenfolge die Stabkräfte ermittelt.

Über die Abänderung obiger Regeln für belastete Innenknoten s. **35**.

34. Rittersche Schnittmethode. Zur rechnerischen Ermittlung der Stabkräfte denken wir uns von einem Fachwerk irgendein zusammenhängendes Stück durch einen die Knoten vermeidenden „Schnitt" abgetrennt und an den Schnittstellen der getroffenen Stäbe die Stabspannungen als Kräfte angebracht; dann erhält man durch Anwendung der Gleichgewichtsbedingungen für die auf das abgetrennte Fachwerkstück einwirkende Kraftgruppe, welche aus den äußeren Kräften und den Stabkräften in den geschnittenen Stäben besteht, für jeden solchen Schnitt drei Gleichungen, aus denen ebenso viele unbekannte Stabkräfte ermittelt werden können. Um eine bestimmte Stabkraft zu finden, braucht man den Schnitt nur so zu führen, daß der betreffende Stab durch den Schnitt getroffen wird, und wenn außer diesem nur zwei weitere Stäbe mitgeschnitten werden, so gibt der Momentensatz für den Schnittpunkt dieser letzteren sofort eine Gleichung, aus der die gesuchte Stabkraft folgt; für die Diagonale zwischen parallelen Gurten ist an Stelle des Momentensatzes der Projektionssatz für die zu den Gurten senkrechte Richtung zu verwenden. Während also bei der zeichnerischen Methode alle vorhergehenden Knoten gelöst werden müssen, um zu einem bestimmten Stabe zu gelangen, liefert die Rechnung (in der Regel) die Spannung jedes Stabes durch eine einzige Gleichung.

Dieses Verfahren werden wir auch für zusammengesetzte Fachwerke anzuwenden haben, für welche der Dreieckabbau unmöglich ist, sowie auch für Fachwerke mit belasteten inneren Knotenpunkten.

Beispiel 15. Für das Fachwerk Abb. 44 liefert der Schnitt $s-s$

$$A - K_1 + S_5 \cos \alpha = 0, \quad S_5 = - (A - K_1)/\cos \alpha, \ldots \ldots \text{(Druck)}$$

ferner der Momentensatz für den Punkt IV:

$$A a_2 - K_1 (a_1 - a_2) - S_6 \cdot h = 0, \text{ und daraus: } S_6 = [A a_2 - K_1 (a_1 - a_2)]/h \quad \text{. (Zug)}$$
usw.

35. Fachwerke mit belasteten Innenknoten.
Die in 33 gegebenen Regeln müssen teilweise abgeändert und erweitert werden, wenn es sich um Fachwerke handelt, die belastete innere Knoten enthalten, wie dies z. B. bei den Anwendungen im Kranbau vorkommt. Dieser Fall läßt sich jedoch auf den früheren zurückführen durch Einführung idealer Stäbe und idealer Gelenke. Von dem belasteten Innenknoten wird in der Richtung der betreffenden Knotenlast K ein idealer Stab i gezogen, der von dem Knoten bis zum Umfang der Fachwerksfigur reicht, und wird dort in einem idealen Knoten an den Fachwerkstab angeschlossen, den er trifft; an diesem idealen Knoten wird die Last in der ursprünglichen Größe und Richtung als neue Kraft $\overline{K}' (= \overline{K})$ angesetzt, während die Innenkraft $\overline{K}$ entfernt wird. Diese Kraft $\overline{K}'$ wird geradeso behandelt wie die schon ursprünglich am Fachwerksumfang wirkenden, wogegen die Belastung des inneren Knotens durch die Kraft in dem hinzugefügten idealen Stab ersetzt wird. Dadurch wird neuerdings eine bestimmte Ordnung für die äußeren Kräfte geschaffen, die durch die Innenlast zunächst verloren schien. Die Spannung in dem Stabe, in dem das ideale Gelenk eingesetzt wird, kommt dann im Kraftplan zweimal (natürlich von gleicher Größe!) vor, ebenso der ideale Stab und die zusätzliche Knotenlast. Die Ausführung dieses Gedankens möge an Hand der beiden folgenden Beispiele verfolgt werden.

Beispiel 16. Fachwerk nach Abb. 46 in den Innenknoten II, III mit den Kräften K, K belastet, die Auflagerkräfte in I, IV sind $A = B = K$. Die idealen Stäbe $II\,II'$, $III\,III'$ führen zu den idealen Knoten $II'\,III'$, an denen die Lasten K', K' angebracht werden. Der Schnitt $s-s$ führt sofort zur Kenntnis der Stabkräfte in 1, 4, 3'. Die Zeichnung des Kraftplanes mittels der Kräfte K', K', B, A und der Knoten in der Reihenfolge I, II, III geschieht nun ganz so wie früher.

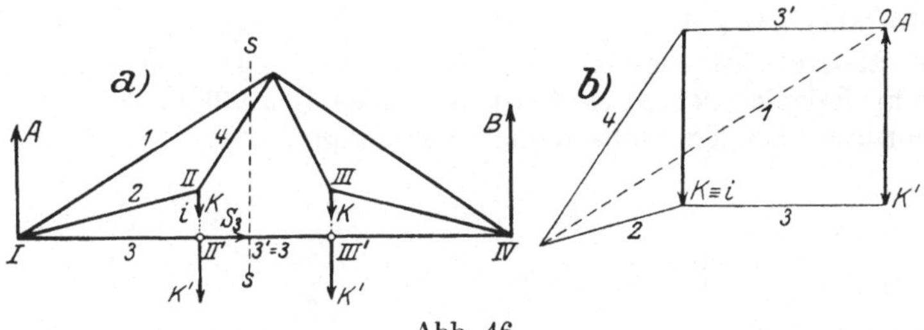

Abb. 46.

Beispiel 17. Das Krangerüst nach Abb. 47 ist im Knoten VII mit der Last Q und in I dem Gegengewicht G belastet, ferner an dem innenliegenden Zapfen $B = IV$ und an dem die Kransäule umschließenden Ringlager A gestützt. Nach Bestimmung der Auflagerdrücke A und B wird B bis zum Umriß verlängert, der ideale Stab $i - \overline{BB'}$ eingesetzt und in B' die neue Kraft $B' (= B)$ angebracht. Durch diesen idealen Stab i wird die Fachwerksfigur ergänzt und der Kraftplan für die Kräfte G, B', Q, A genau nach den früheren Regeln gezeichnet. Die Knoten sind wieder in der Folge beziffert, in der sie zerlegt werden. Die Stabkräfte 6 und $B - i$ kommen im Kraftplan je zweimal vor.

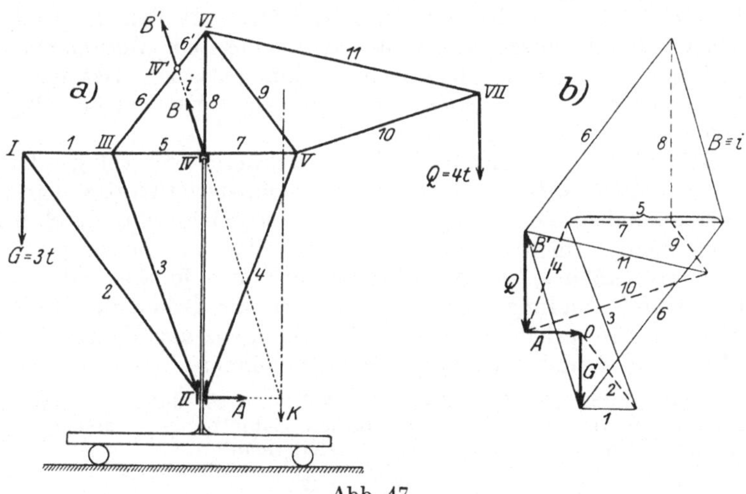

Abb. 47.

36. Zusammengesetzte Fachwerke. Während bei Dreieckfachwerken die Frage nach der Starrheit unmittelbar beantwortet werden kann, verlangt deren Erledigung bei nicht einfachen Fachwerken eine besondere Untersuchung. Daß außer den Dreieckfachwerken andere stabile Fachwerke überhaupt möglich sind, zeigt z. B. der in Abb. 48 dargestellte Brückenträger, für den $n = 12$, $s = 21$ und die Gl. (59) mithin erfüllt ist. Trotzdem ist der Dreiecksabbau nur bis zu der stark ausgezogenen Figur fortsetzbar; diese läßt eine weitere Auflösung auf dieselbe Art nicht zu, da von jedem ihrer Knoten

drei Stäbe ausgehen. Eine solche Figur, die von einem Fachwerke
übrig bleibt, wenn man alle ihre „zweistäbigen Knoten" wegnimmt,
für die also nach dem Dreiecksschema keine weitere Vereinfachung
mehr möglich ist, nennt man die Grundfigur des Fachwerks.
In dem Beispiel der Abb. 48 ist für diese Grundfigur $n = 9$, $s = 6$;
sie enthält also jedenfalls keine überzähligen Stäbe.

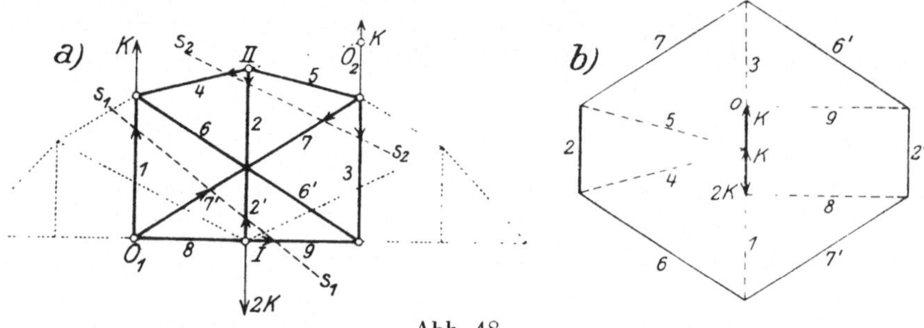

Abb. 48.

Wenn eine solche Figur als Bestandteil einer Tragkonstruktion
in Betracht kommen soll, so muß sie a) in sich starr (stabil) sein
und muß b) die Ermittlung der Stabkräfte aus den Knotenlasten
zulassen. Beide Forderungen stehen in engstem Zusammenhange
miteinander, wie durch Heranziehung kinematischer Betrachtungen
gezeigt werden kann, worauf wir indessen hier nicht eingehen
können.

Will man die Stabkräfte in der gezeichneten sechseckigen Grundfigur berechnen, an deren Knoten wir irgendwelche Kräfte angreifend
zu denken haben, so geht dies, wie man sogleich sieht, durch einen
Schnitt nicht, wohl aber durch zwei Schnitte, von denen jeder dieselben zwei Stäbe i, k und außerdem nur noch je zwei andere Stäbe
trifft. Durch Bildung der Momente um die Schnittpunkte dieser
letzteren Paare erhält man zwei Gleichungen, aus denen die zwei
Stabkräfte in i und k gerechnet werden können.

Beispiel 18. Die Grundfigur der Abb. 48a sei durch die drei Kräfte
K, K, $2K$ belastet; führt man die beiden Schnitte s_1—s_1 und s_2—s_2 und
nimmt die Momente um O_1 bzw. O_2, so erhält man

$$S_2' = 2K \quad \text{(Zug)},$$
$$S_2 \cdot l = S_7 \cdot a, \qquad S_7 = S_6 = S_2 \cdot l/a = 2K l/a \quad \text{(Zug)}.$$

(Bei der vorausgesetzten Form sind übrigens die beiden Schnitte unnötig, da
sich $S_2 = 2K$ für I unmittelbar ablesen läßt.) Damit können auch alle anderen
Spannungen gerechnet oder gezeichnet werden; sie lassen sich zu dem in
Abb. 48b gegebenen Kraftplan zusammenschließen, in dem allerdings die
Spannungen in den sich übergreifenden Stäben zweimal vorkommen, wie
$S_2 = S_2'$, $S_6 = S_6'$, $S_7 = S_7'$. Durch Zerlegung von S_2 ergibt sich S_4 und S_5 usw.,
womit der Kraftplan gegeben ist. Dem „idealen Gelenk" im Innern der
Grundfigur entspricht das Umfangssechseck des Kraftplans.

Beispiel 19. In dem Fachwerk nach Abb. 49 mit den drei parallelen
Stäben 1, 2, 3 führt ein vertikal geführter Schnitt s—s zur Kenntnis der Stabkraft S_4 im Stab 4 und damit wird die Zeichnung des Kraftplans möglich.

Beispiel 20. Bei dem Fachwerk Abb. 50 gelingt es durch einen ringförmigen Schnitt s einen Teil des Fachwerks herauszuschälen, der nur drei (nicht durch einen Punkt gehende) Stäbe trifft. Ist die Summe der auf den herausgetrennten Teil wirkenden Kräfte, etwa K, gegeben, dann ergeben sich durch Zerlegung von K nach diesen drei Stäben die darin auftretenden Stabkräfte.

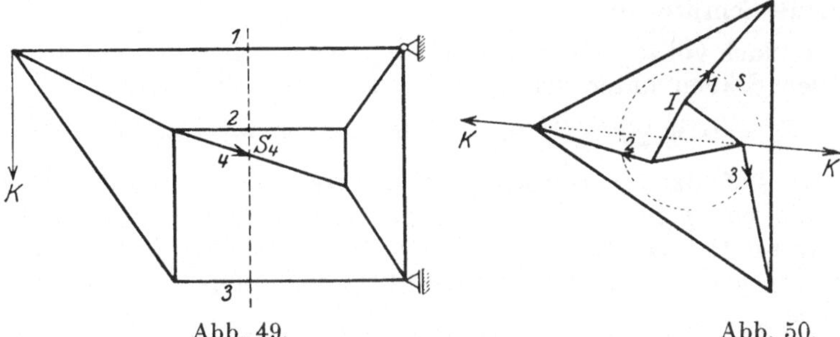

Abb. 49.   Abb. 50.

Aufgaben von dieser Art können auch nach der „Methode des unbestimmten Maßstabes" gelöst werden. Man zeichnet für irgendeinen dreistäbigen Knoten, etwa I in Abb. 50, das Krafteck in beliebiger Größe und ergänzt den Kraftplan für die übrigen Knoten, wodurch man die anderen Kräfte durch bestimmte Strecken dargestellt erhält; damit wird der Maßstab für den ganzen Kraftplan nachträglich festgelegt.

Beispiel 20a. Der zusammengesetzte Polonceau-Dachstuhl besitzt eine Grundfigur, die in Abb. 51 durch stärkere Linien hervorgehoben ist. Für den aus abnehmbaren Dreiecken bestehenden Teil, d. i. für die Knoten I, II, III.

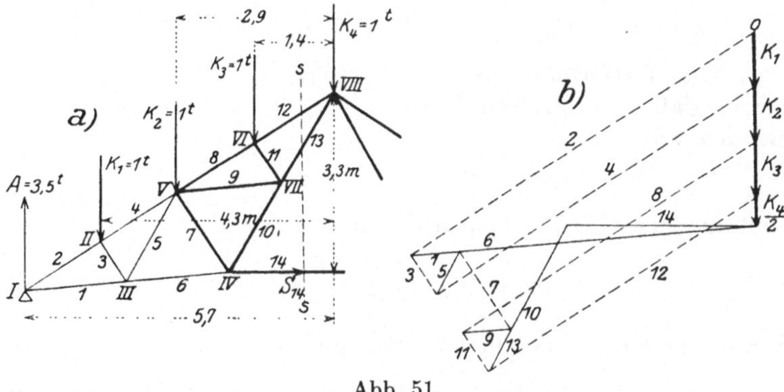

Abb. 51.

läßt sich der Kraftplan in gewöhnlicher Weise zeichnen. Für die Grundfigur wird mit Hilfe des Schnittes s–s etwa die Kraft im Stab 14 durch Rechnung bestimmt, indem man die Momente um den Knoten VIII nimmt; man findet mit den in der Abbildung gegebenen Abmessungen und Lastwerten:

$$S_{14} \cdot 3{,}3 = 3{,}5 \cdot 5{,}7 - 1 \cdot \{4{,}3 + 2{,}9 + 1{,}4\}, \qquad S_{14} = 3{,}44 \text{ t} \quad \text{(Zug)}.$$

Wird diese Stabkraft maßstäblich in den Kraftplan eingetragen, dann kann der Kraftplan in der durch die Zahlen $IV \ldots VIII$ gegebenen Folge ohne weiteres vervollständigt werden.

37. Stabvertauschung. Eine andere Methode für die Berechnung von Grundfiguren, die manchmal in einfacher Weise zum Ziele führt.

ist die Stabvertauschung. Wenn es gelingt, ein zusammengesetztes Fachwerk mit der Stabzahl $s = 2n - 3$ dadurch auf ein einfaches zurückzuführen, daß man einen Stab p herausnimmt und dafür zwischen zwei anderen Knoten einen neuen Stab q einsetzt, ohne die sonstige Gestalt des Fachwerks zu verändern, dann wende man folgende Schritte an:

a) Nach vollzogener Vertauschung ermittle man die Stabspannung in allen Stäben unter den gegebenen Lasten, sie seien:

$$S_p' = 0 \text{ in } p, \quad S_q' \text{ in } q, \quad S_i' \text{ in den übrigen Stäben } i.$$

b) Auf das „vertauschte" Fachwerk lasse man an den Endpunkten von p in der Richtung von p zwei gleich große und entgegengesetzte Zugkräfte 1 kg wirken, denke sich die früheren Lasten entfernt und berechne abermals die Spannungen; es möge sich ergeben:

$$1 \text{ in } p, \quad S_q'' \text{ in } q, \quad S_i'' \text{ in den } i,$$

oder wenn man längs p statt 1 kg die Kraft λ kg wirken läßt:

$$\lambda \text{ in } p, \quad \lambda S_q'' \text{ in } q, \quad \lambda S_i'' \text{ in den } i,$$

wobei also S_q'', S_i'' reine Zahlenfaktoren sind.

c) Läßt man nun beide Belastungen gleichzeitig wirken, so addieren sich wegen der linearen Beschaffenheit der Gleichgewichtsbedingungen die Stabkräfte in allen Stäben, und diese werden:

$$\lambda \text{ in } p, \quad S_q' + \lambda S_q'' \text{ in } q, \quad S_i' + \lambda S_i'' \text{ in den } i.$$

d) Die Entfernung des hinzugefügten Stabes q geschieht nun dadurch, daß λ so bestimmt wird, daß die Spannung in ihm verschwindet, also:

$$S_q' + \lambda S_q'' = 0, \quad \text{oder} \quad \lambda = - S_q'/S_q'',$$

so daß die gesuchten Stabkräfte sind:

$$- S_q'/S_q'' \text{ in } p, \quad 0 \text{ in } q, \quad \begin{vmatrix} S_i' & S_i'' \\ S_q' & S_q'' \end{vmatrix} : S_q'' \text{ in den übrigen Stäben } i,$$

wodurch die Kräfte in allen Stäben gefunden sind.

38. Wackelige Fachwerke. Eine Tragkonstruktion oder Stützung bezeichnet man als wackelig, wenn sie in sich oder in ihrer Verbindung mit den Auflagern unendlich kleine Bewegungen ohne Änderung der Stablängen zuläßt. Ein einfaches Beispiel für ein solches Fachwerk ist ein Dreieck, dessen Seiten in eine Gerade zusammenfallen, auch die labilen Stützungen 20 und 21 in Abb. 28 gehören hierher. Daß eine solche infinitesimale Beweglichkeit (wie natürlich auch eine endliche) zu vermeiden ist,

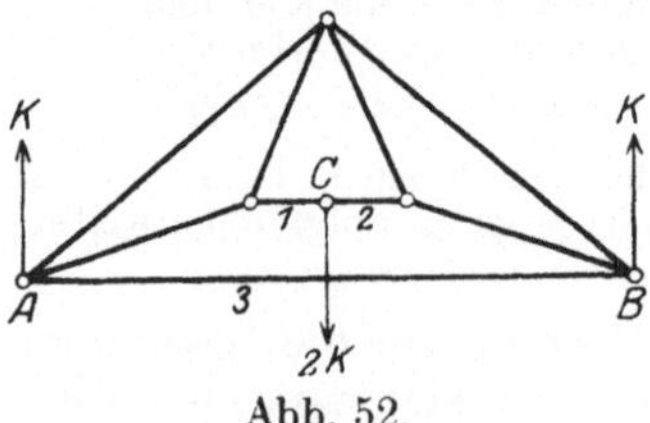

Abb. 52.

erhellt daraus, daß bei Belastung der beweglichen Knoten sehr große (theoretisch unendlich große) Spannungen in den angrenzenden Stäben auftreten müssen; siehe z. B. die Abb. 52, bei der die Belastung von C von den Stäben 1, 2 nur dadurch aufgenommen werden kann, daß in diesen sehr große Spannungen auftreten. In anderer Form kann man dieses Vorkommnis auch dadurch ausdrücken, daß man beachtet, daß infinitesimale Beweglichkeit auftritt, wenn die Länge eines Stabes einen kleinsten oder größten Wert annimmt, der unter den gegebenen Umständen möglich ist (für die gestreckte Lage von 1, 2 in Abb. 52 erhält 3 einen größten Wert).

Für das Vorhandensein infinitesimaler Beweglichkeit ist auch ein analytisches Kriterium in Form des Verschwindens einer Determinante angegeben worden, in der die Stablängen als Funktionen der Koordinaten der Knoten vorkommen, was hier nur erwähnt bleiben möge.

Wir können nunmehr die Entwicklungen dieses Kapitels in folgende Aussage zusammenfassen:

Von dem Ausnahmsfalle der Wackeligkeit abgesehen, sind Dreiecksfachwerke mit $s = 2n - 3$ Stäben stabil und statisch bestimmt. Für zusammengesetzte Fachwerke, bei denen diese Bedingung ebenfalls erfüllt ist, verlangt die Entscheidung der Frage der Starrheit und der statischen Bestimmtheit eine besondere Untersuchung.

IV. Räumliche Kraftgruppen.

39. Summe einer räumlichen Kraftgruppe. Gleichgewicht. Für die Zusammensetzung von Kräften, die im Raume beliebig verteilt sind, ist, wie auch in der Ebene, die Vorstellung des verbindenden starren Körpers wesentlich. Die einfachste Form, in der man die Summe einer räumlichen Kraftgruppe darstellen kann, erhält man auf folgende Weise: Die gegebenen Kräfte seien durch $\bar{K}_i$ an A_i (Abb. 53) gekennzeichnet. Man wähle irgendeinen Punkt O des Raumes und „verlege" oder „reduziere" alle $\bar{K}_i$ nach O hin; dies geschieht dadurch, daß in O zwei Kräfte $\bar{K}_i, - \bar{K}_i$ angesetzt werden, die für sich die Summe Null geben und daher nicht stören, die jedoch mit dem gegebenen $\bar{K}_i$ zu der Kraft K_i in O und dem Kraftpaare vom Momente $\overline{\mathfrak{M}}_i = a_i \bar{K}_i$ zusammengefaßt werden können, wenn a_i etwa den Normalabstand von O und $\bar{K}_i$ bedeutet. $\overline{\mathfrak{M}}_i$ wird nach den in **14** gegebenen Festsetzungen mit dem Pfeil nach jener

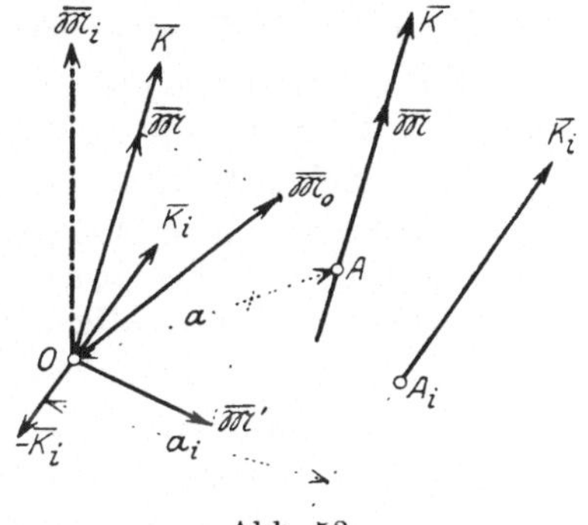

Abb. 53.

Seite hin aufgetragen, daß für eine im Pfeil stehende Person das Kraftpaar im positiven Sinn (d. i. im Gegensinn des Uhrzeigers) dreht. Es ist unmittelbar klar, daß zwei gleiche Kraftpaare $(K_i, -\overline{K}_i)$ in parallelen Ebenen auf den starren Körper wirkend, als identisch (d. h. gleichwertig) anzusehen sind; für das durch den Momentenvektor $\overline{\mathfrak{M}}_i$ gekennzeichnete Kraftpaar ist also weder die Größe von K_i, noch von a_i, noch auch eine bestimmte Ebene wesentlich, sondern nur der Wert des Produktes $\overline{a_i K_i} = \overline{\mathfrak{M}}_i$ und die „Stellung der Ebene", d. i. die Richtung ihrer Normalen. Diese Tatsache wird durch die Aussage „$\mathfrak{M}_i$ ist ein freier Vektor" ausgedrückt. Daraus folgt auch unmittelbar, daß Momente summiert werden, indem man ihre zugehörigen freien Vektoren geometrisch addiert und daß jeder Momentenvektor in beliebige Teilvektoren zerlegt werden kann, die dann ihrerseits wieder Kraftpaare mit den gleichen Freiheiten darstellen.

Nach der Reduktion aller Kräfte K_i der gegebenen Kraftgruppe nach O können demnach nicht nur alle $\overline{K}_i$ in O, sondern auch alle $\overline{\mathfrak{M}}_i$ in O summiert werden und geben die beiden Vektoren

$$\overline{K} = \sum_{i=1}^{i=n} \overline{K}_i \quad \text{und} \quad \overline{\mathfrak{M}}_0 = \sum_{i=1}^{i=n} \overline{\mathfrak{M}}_i,$$

die im allgemeinen einen von 0^0 verschiedenen Winkel miteinander bilden werden. Wird sodann $\overline{\mathfrak{M}}_0$ in zwei Teile $\overline{\mathfrak{M}}, \overline{\mathfrak{M}}'$ zerlegt, also $\overline{\mathfrak{M}}_0 = \overline{\mathfrak{M}} + \overline{\mathfrak{M}}'$, von denen $\overline{\mathfrak{M}} \parallel \overline{K}$, $\overline{\mathfrak{M}}' \perp \overline{K}$ liegt, so kann (umgekehrt wie früher bei der Reduktion) $\mathfrak{M}'$ in zwei Kräfte $K, -K$ zerlegt und zu einer Parallelverschiebung von K verbraucht werden.

Hierfür rechne man aus $\mathfrak{M}' = Ka$ die Größe a aus: $a = \mathfrak{M}'/K$ und erhält durch Zusammenfassung von $\mathfrak{M}'$ und K in O eine Verschiebung von $\overline{K}$ in einer senkrecht zu $\overline{\mathfrak{M}}'$ durch $\overline{K}$ gelegten Ebene: dies führt auf die Kraft $\overline{K}$ in A; in diese Gerade kann auch $\mathfrak{M}$ als freier zu K paralleler Vektor hineingelegt werden.

Ein solches Gebilde, das aus einer Einzelkraft $\overline{K}$ und einem parallel dazu liegenden Momente $\overline{\mathfrak{M}}$ besteht, nennt man eine Dyname und die auf die angegebene Art gefundene Wirkungslinie von K die Zentralachse der Kraftgruppe.

Die Summe einer räumlichen Kraftgruppe führt daher auf eine Dyname $(\overline{K}, \overline{\mathfrak{M}})$.

Wie zuvor werden wir eine räumliche Kraftgruppe als im Gleichgewichte befindlich bezeichnen, wenn sowohl $K = 0$ als auch $\mathfrak{M}_0 = 0$ wird; da bei der oben besprochenen Zurückführung einer räumlichen Kraftgruppe auf eine Dyname die Kraft $\overline{K}$ ersichtlich für alle Reduktionspunkte O den gleichen Wert erhält und $\mathfrak{M}$ die Projektion von $\mathfrak{M}_0$ auf $\overline{K}$ darstellt, so folgt, daß, wenn die Bedingungen $\overline{K} = 0$, $\mathfrak{M}_0 = 0$ für einen Reduktionspunkt O im Raume erfüllt sind, sie identisch auch für jeden anderen bestehen müssen. In rechtwinkeligen Koordinaten geschrieben lauten diese Gleichgewichtsbedingungen mit Benutzung der in **14** gegebenen Gl. (29):

$$K = 0 \begin{cases} X = \sum X_i = 0 \\ Y = \sum Y_i = 0, \\ Z = \sum Z_i = 0 \end{cases} \qquad \mathfrak{M}_0 = 0 \begin{cases} \mathfrak{M}_x = \sum(y_i Z_i - z_i Y_i) = 0 \\ \mathfrak{M}_y = \sum(z_i X_i - x_i Z_i) = 0 \\ \mathfrak{M}_z = \sum(x_i Y_i - y_i X_i) = 0 \end{cases} \quad (60)$$

wenn $(X_i Y_i Z_i)$ die Teilkräfte von $\overline{K}_i$ nach $x\,y\,z$ und $(x_i y_i z_i)$ die Koordinaten eines Punktes A_i auf $\overline{K}_i$ sind.

Beispiel 21. Für ein sog. Kraftkreuz, d. i. für zwei windschiefe Kräfte K_1, K_2 mit dem kürzesten Abstand $\overline{a} = \overline{A_1 A_2}$ läßt sich die gleichwertige

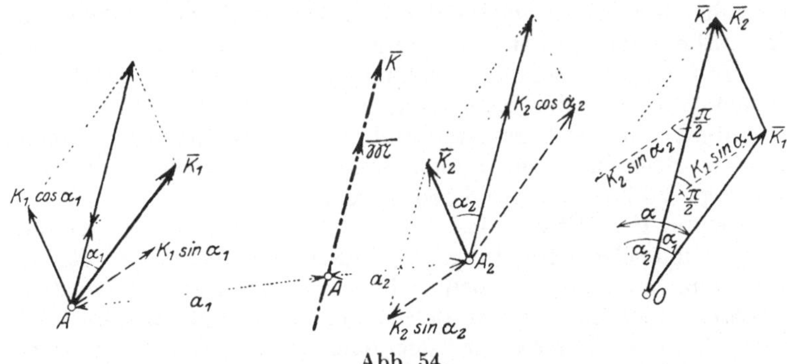

Abb. 54.

Dyname — ihre Summe — unmittelbar angeben. Man zeichne in Abb. 54 von irgendeinem Punkte O: $\overline{K}_1 + \overline{K}_2 = \overline{K}$ und zerlege K_1 in A_1 und $\overline{K}_2$ in A_2 je in zwei Teile $\parallel$ und $\perp$ zu $\overline{K}$; die zu $\overline{K}$ parallelen Teile $K_1 \cos \alpha$ fassen wir zur Summe $\overline{K}$ zusammen, welche a im Verhältnis teilt (Gl. 42)

$$\frac{a_1}{a_2} = \frac{K_2 \cos \alpha_2}{K_1 \cos \alpha_1} = \frac{\sin \alpha_1}{\sin \alpha_2} \cdot \frac{\cos \alpha_2}{\cos \alpha_1} = \frac{\operatorname{tg} \alpha_1}{\operatorname{tg} \alpha_2}, \qquad a_1 + a_2 = a,$$

wenn dabei auch der Sinussatz (Gl. 14) benutzt wird. Die anderen Teile geben ein Kraftpaar, da wieder nach dem Kraftdreieck $K_1 \sin \alpha_1 = K_2 \sin \alpha_2$ ist. Das Moment dieses Kraftpaars ist parallel zu $\overline{K}$ und seine Größe ergibt sich (wobei abermals der Sinussatz benutzt wird) zu

$$\mathfrak{M} = K_1 \sin \alpha_1 \cdot a = K_1 \cdot \frac{K_2 \sin \alpha}{K} \cdot a = \frac{K_1 K_2}{K} \cdot a \sin \alpha \quad \ldots \ldots \quad (61)$$

Durch $\overline{K}$ und $\mathfrak{M}$ ist die mit K_1, K_2 gleichwertige Dyname gegeben.

Umgekehrt lassen sich mehrfach unendlich viele solche Kraftkreuze $\overline{K}_1$, K_2 angeben, die zur selben Dyname $(\overline{K}, \overline{\mathfrak{M}})$ führen, oder, mit anderen Worten, die Dyname $(\overline{K}, \overline{\mathfrak{M}})$ läßt sich in mannigfacher Weise in die zwei Kräfte eines Kraftkreuzes zerlegen: Durch Wahl von $\overline{K}_1$ ist das zugehörige $\overline{K}_2$ bestimmt. Man braucht einfach die obige Konstruktion in umgekehrter Reihenfolge anzuführen. Rechnet man den Rauminhalt $\mathfrak{V}$ des Parallelflachs, das durch die Kanten $\overline{K}_1, \overline{a}, \overline{K}_2$ bestimmt ist, so folgt:

$$\mathfrak{V} = K_1 K_2 \sin \alpha = \mathfrak{M} \cdot K \quad \ldots \ldots \ldots \ldots \quad (62)$$

d. h. der Rauminhalt aller so erhaltenen Parallelflächen ist eine Invariante. Der Rauminhalt des durch $\overline{K}_1, \overline{a}, \overline{K}_2$ bestimmten Tetraeders (Vierflachs) beträgt $^1/_6 \mathfrak{V}$.

Die Wahl von K_1 ist ganz frei — bis auf die Einschränkung, daß K_1 die Zentralachse g nicht schneiden darf, da dann die Zerlegung unbestimmt würde. Diese für die Zerlegung ausgeschlossenen Linien ·nennt man Nullinien und ihre Gesamtheit ein Nullsystem, und versteht darunter den Inbegriff aller eine Gerade g schneidenden Geraden. Auf die interessanten geometrischen Eigenschaften dieses Gebildes und ihren weiteren Nutzen für die Theorie der räumlichen Kraftgruppen und darüber hinaus können wir hier nicht eingehen.

Wir können also sagen: für sämtliche Kraftkreuze, die einer gegebenen Dyname gleichwertig sind, ist der Rauminhalt des durch sie bestimmten Tetraeders eine feste Zahl, die nur von K und $\mathfrak{M}$ abhängt.

40. Arten der Stützungen. Beispiele.

Die Probleme der Raumstatik sind ganz ähnlich denjenigen, die in der Ebene auftraten, .nur ist zu beachten, daß alles entsprechend der höheren Dimensionzahl verwickelter wird; der Zahl 3 der Gleichgewichtsbedingungen in der Ebene entspricht im Raum die Zahl 6 usw. Für die Einsicht in die auftretenden Beziehungen ist es sehr förderlich, sich zu jedem Problem der Ebene das zugehörige im Raum zu suchen, eine Aufgabe, die sich restlos durchführen läßt und den Inhalt der folgenden Betrachtungen bilden wird, die jedoch diese Aufgabe keineswegs vollständig erledigen sollen.

Wie in der Ebene haben auch im Raume nur gestützte Körper technische Bedeutung. Bezüglich der Arten der Stützungen gelten ganz ähnliche Angaben, wie sie in 28 gemacht wurden, die nur wegen ihrer Geltung für den Raum sinngemäß erweitert werden müssen. Z. B. wird der Stützdruck einer Hülse durch zwei, eines Gelenks durch drei Größen gekennzeichnet sein u. dgl. Zur Lösung der Gleichgewichtsaufgaben werden für jede einzelne Stützung die zugehörigen Auflagerdrücke je nach der Art der Stützung angebracht und für sie im Verein mit den eingeprägten Kräften (den Lasten) die Gleichgewichtsbedingungen in der Form (60) anzusetzen sein; aus diesen können sechs unbekannte Größen (Lagenkoordinaten und Auflagerkräfte) ermittelt werden; ist die Stützung so beschaffen, daß mehr Unbekannte auftreten, dann erhält man ein räumlich-statisch-unbestimmtes System.

Beispiel 22. Eine Tür vom Gewichte G, deren Achse unter dem $\sphericalangle \alpha$ gegen die Lotrechte geneigt ist (Abb. 55), wird durch eine senkrecht zu ihrer Ebene angreifende Kraft K aus der Vertikalebene um einen Winkel φ herausgedreht. Man suche die Beziehung zwischen K und φ, und die in den beiden als Gelenke anzusehenden Türangeln A, B auftretenden Kräfte $\overline{OA} = a$, $\overline{OS} = l$.

Da die Gelenkdrücke durch A und B laufen, liefert die Momenten-

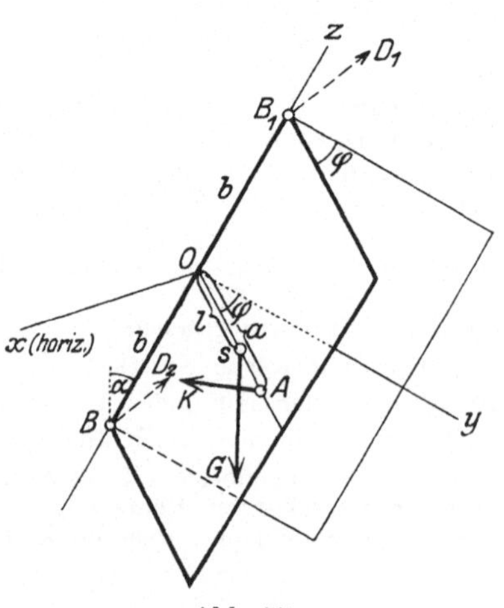

Abb. 55.

gleichung um die Z-Achse unmittelbar die gesuchte Beziehung zwischen K und φ; die Teilkräfte von $\overline{K}$ und $\overline{G}$ nach den Achsen $Oxyz$ sind

$$\overline{K}\,(K\sin\varphi,\ -K\cos\varphi,\ 0),\qquad \overline{G}\,(0,\ G\sin\alpha,\ G\cos\alpha)$$

mit den Angriffspunkten A $(a\cos\varphi,\ a\sin\varphi,\ 0)$ und S $(l\cos\varphi,\ l\sin\varphi,\ 0)$. Die letzte Gl. (60) gibt dann

$$Ka = Gl\sin\alpha\cos\varphi.$$

Werden noch die Teilkräfte der Drücke D_1 $(X_1,\ Y_1,\ Z_1)$ und D_2 $(X_2,\ Y_2,\ Z_2)$ und die Koordinaten ihrer Angriffspunkte $B_1\,(0,\ 0,\ b)$, $B_2\,(0,\ 0,\ -b)$ eingeführt, so liefern die übrigen Bedingungen (60) fünf Gleichungen zur Bestimmung der sechs Unbekannten. Z_1 und Z_2 bleiben einzeln unbestimmt, es ergibt sich nur ihre Summe $Z_1 + Z_2 = G\cos\alpha$, ähnlich wie beim ebenen Zweigelenk.

41. Eindeutige Zerlegungsaufgaben. Wie in der Ebene, gibt es auch im Raume im wesentlichen nur zwei Fälle, in denen die Zerlegung einer Kraft $\overline{K}$ in Teilkräfte in eindeutiger Weise möglich ist.

a) Die Zerlegung von $\overline{K}$ in drei Teilkräfte durch einen Punkt A auf $\overline{K}$, die nicht in einer Ebene liegen: die Teilkräfte sind durch die Kanten des Parallelflachs gegeben, das über K nach diesen Richtungen gezeichnet werden kann (wie in Abb. 5).

Die zeichnerische Ausführung erfordert die Anwendung eines Abbildungsverfahrens der gegebenen Raumfigur; das bekannteste ist die Orthogonalprojektion auf zwei Ebenen mit darauffolgender Umlegung in die Zeichenebene. Für die Anwendbarkeit dieses Verfahrens in der Statik ist das Entscheidende, daß dabei die vektorielle Addition der Kräfte im Raum ersetzt wird durch die vektorielle Addition ihrer bezüglichen Projektionen auf die zwei Projektionsebenen.

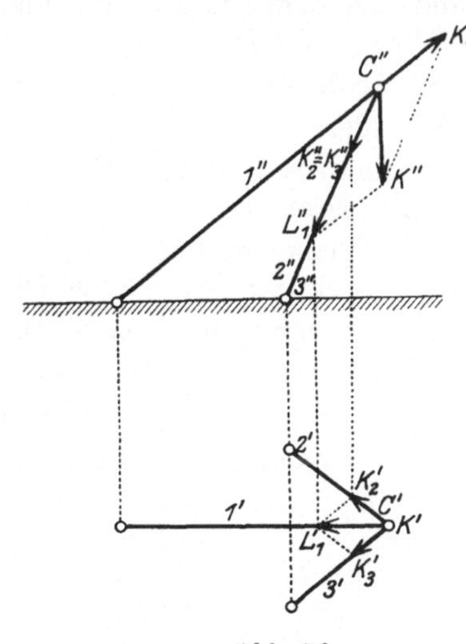

Beispiel 23. Auf diese Weise werden z. B. die Stabkräfte in einem aus drei Stäben 1, 2, 3 gebildeten Gerüste (Abb. 56) bestimmt, das durch $\overline{K}$ belastet ist. In der Vertikalprojektion ergibt sich unmittelbar: $\overline{K}'' = \overline{K}_1'' + \overline{L}_1''$, daraus durch das Herabloten auf die Mittellinie zwischen $2'$ und $3'$: L_1' und weiter $\overline{L}_1' = \overline{K}_2' + \overline{K}_3'$. Aus zwei Projektionen sind die wahren Größen der Kräfte leicht erhältlich.

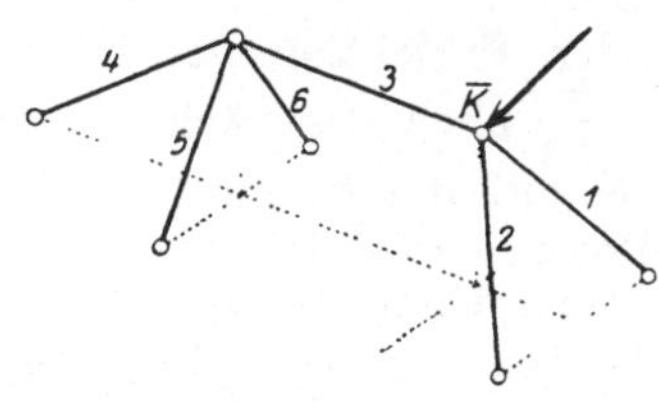

Abb. 56.

Abb. 57.

Beispiel 24. Einen ähnlichen Aufbau zeigt auch das in Abb. 57 dargestellte Stabgerüst, bei dem durch Zerlegung von K zuerst die Stabkräfte in 1, 2, 3, sodann weiter durch Zerlegung von S_3 die Stabkräfte in 4, 5, 6 folgen.

Die Ausführung dieser Zerlegung bei beliebigen Richtungen der Kräfte ist etwas umständlicher, aber ohne weiteres möglich; selbstverständlich wird man sich in allen Fällen die Vorteile besonderer Lagen zunutze machen.

Diese Eindeutigkeit bleibt auch bestehen, wenn der gemeinsame Schnittpunkt ins Unendliche rückt, K also in drei zu K parallele Teile zerlegt werden soll.

Beispiel 25. Eine dreieckige Platte vom Gewichte G hängt horizontal an drei lotrechten Schnüren, die an den Ecken A, B, C befestigt sind; wie groß sind die in diesen wirkenden Kräfte K_1, K_2, K_3? In den Bezeichnungen der Abb. 58 ergibt sich durch Zerlegung

$$K_1 = G b / (a + b),$$
$$K_2 + K_3 = G a / (a + b)$$

und durch abermalige Zerlegung

$$K_2 = G a q / (a + b)(p + q),$$
$$K_3 = G a p / (a + b)(p + q).$$

S ist der „Mittelpunkt" dreier Massen, die in den Ecken der Dreiecksplatte angebracht und bzw. K_1, K_2, K_3 proportional sind.

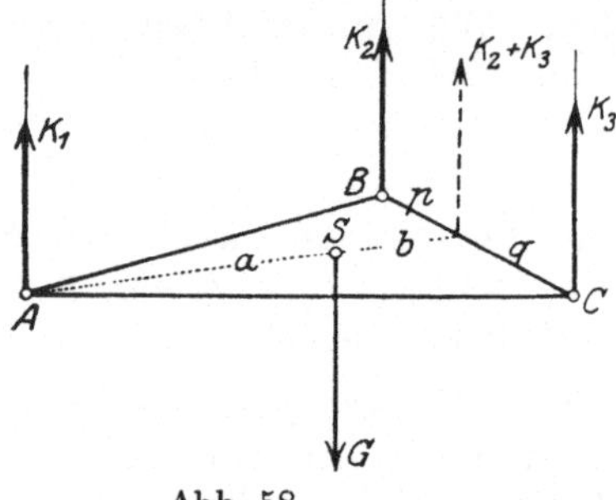

Abb. 58.

b) Die Zerlegung von $\overline{K}$ in sechs Teilkräfte $\overline{K}_1 \dots \overline{K}_6$, von denen nicht mehr als drei in einer Ebene liegen und nicht mehr als drei durch einen Punkt gehen.

Für den einfachsten Fall, wo drei von den sechs gegebenen Linien durch einen Punkt A gehen und die anderen drei in einer Ebene E liegen, ist die Lösung sehr einfach. Man suche den Schnitt S von $\overline{K}$ mit E und zerlege $\overline{K}$ in zwei Teilkräfte, von denen die eine $\overline{K}_1$ in der Richtung SA läuft, die andere $\overline{K}_2$ in E liegt. Die Zerlegung von $\overline{K}_1$ nach den drei Linien durch A und von $\overline{K}_2$ nach den drei Linien in E (nach 27) liefert die gesuchten sechs Kräfte.

Daß diese Zerlegungsaufgabe auch bei allgemeiner Lage der sechs Linien bestimmt ist, erkennt man durch folgende einfache Abzählung. Die Bedingungen, daß die Summen der sechs gesuchten Kräfte $\overline{K}_1$ bis $\overline{K}_6$ mit der gegebenen Kraft $\overline{K}$ gleichwertig sind, werden durch die Gleichheit der Projektion von $\overline{K}$ mit der Summe der Projektionen von $\overline{K}_1 \dots \overline{K}_6$ nach drei Achsen, und durch die Gleichheit der Momente von $\overline{K}$ mit der Summe der Momente von $\overline{K}_1 \dots \overline{K}_6$ um drei Achsen des Raumes ausgedrückt. Dies sind zusammen sechs Gleichungen für die sechs Unbekannten $K_1 \dots K_6$. Diese Methode macht somit die Auflösung von sechs linearen Gleichungen mit sechs Unbekannten notwendig, was im allgemeinen eine beschwerliche Aufgabe ist.

Vereinfacht wird die Ausführung der Zerlegung durch passende Wahl der Achsen, um die man die Gleichheit der Momente ansetzt. Wenn es eine Gerade gibt, die fünf der gegebenen Linien schneidet, so liefert die Gleichheit der Momente für diese Gerade als Achse die sechste Kraft K_6 durch eine Gleichung mit K_6 als einziger Unbekannten. Es ist jedoch im allgemeinen nicht möglich, eine solche Gerade zu ziehen. Indessen gibt es immer. zwei Gerade, die vier gegebene Linien im Raume schneiden. Durch drei beliebige sich nicht schneidende Gerade ist nämlich eine Regelschar zweiten Grades bestimmt: jede vierte Linie schneidet diese Fläche in zwei Punkten (die auch imaginär sein können), durch welche Punkte zwei Strahlen der konjugierten Schar hindurchgehen; diese zwei Strahlen schneiden auch die drei Linien, von denen wir ausgingen, schneiden somit vier der gegebenen Linien. Die Momentengleichungen für diese beiden geben zwei lineare nicht-homogene Gleichungen für die übrig bleibenden zwei Kräfte. Fällt eine dieser Geraden ins Unendliche, dann tritt an die Stelle der Momentengleichung eine Projektionsgleichung für eine zur Geraden senkrechte Richtung. Die zeichnerische Durchführung dieses einfachen Gedankenganges ist im allgemeinen recht umständlich. Im folgenden Beispiele lassen sich die beiden Schnittgeraden, von denen jede vier Linien trifft, unmittelbar angeben, wodurch eine wesentliche Vereinfachung der Lösung gewonnen ist.

Bezüglich der Anwendungen beschränken wir uns dabei auf den Fall, in dem die Festlegung eines Körpers durch sechs Stäbe geschieht, durch die dieser mit dem festen Bezugsystem verbunden ist. Die Stabkräfte in diesen Stäben sind dann die Unbekannten, die es zu bestimmen gilt. Ähnlich wie in der Ebene ist auch im Raum die eindeutige Lösung der Zerlegungsaufgabe mit der unverschieblichen Festlegung (und zwar unverschieblich auch im infinitesimalen Sinne) des betrachteten Körpers verknüpft.

Es möge nur noch bemerkt werden, daß ähnliche Zerlegungen wie a) und b) auch für ein gegebenes Kraftpaar $\overline{\mathfrak{M}}$ möglich sind.

Beispiel 26. Die Platte in Abb. 59 ist durch sechs Stäbe 1 ... 6 gestützt und durch die Kraft $\overline{K}$ belastet. Die beiden Geraden, die vier von den sechs Stäben, und zwar 1, 2, 3, 4 schneiden, lassen sich unmittelbar angeben: sie sind g_1 und g_2. Setzt man um sie die Gleichheit der Momente für K einerseits, für S_5 und S_6 andererseits an, so erhält man zwei Gleichungen, aus denen S_5 und S_6 berechnet werden können.

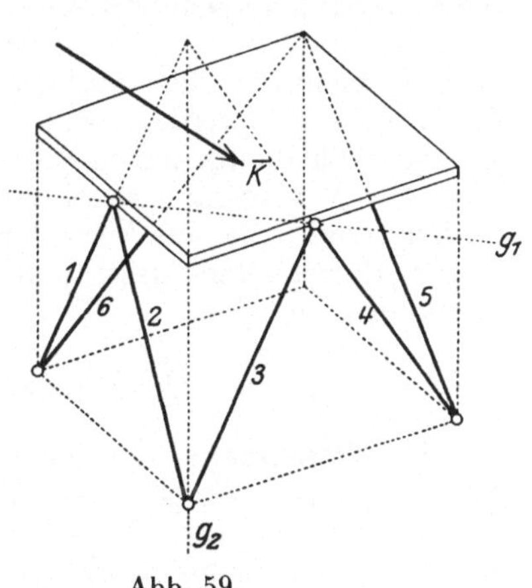

Abb. 59.

42. Bemerkungen über Raumfachwerke. Wenn schon für ebene Fachwerke — wie im III. Kapitel an mehreren Beispielen erläutert, allerdings nicht in allen Einzelheiten dargelegt wurde — verschiedene Arten („Strukturen") von Fachwerken möglich sind, so kann es nicht überraschen, daß die möglichen Gestalten für Raumfachwerke noch weit mannigfaltiger ausfallen werden. Diesen vermehrten Mannigfaltigkeiten gegenüber müssen wir uns auf ganz wenige Bemerkungen beschränken.

Die kleinste Stabzahl s, die für die starre Verbindung von n Knotenpunkten erforderlich ist, ergibt sich durch eine Abzählung. ähnlich wie in der Ebene. Zur gegenseitigen Festlegung von drei Knoten braucht man drei Stäbe und jeder folgende Knoten wird durch drei weitere Stäbe an die vorhandenen angeschlossen. Für n Knoten brauchen wir daher mindestens Stäbe in der Anzahl

$$\boxed{s = 3n - 6} \qquad \ldots \ldots \ldots \ldots \quad (63)$$

Die einfachste Bildungsweise des Raumfachwerkes besteht gerade in dem Aufbau aus lauter solchen „dreistäbigen" Knoten. Ähnlich wie in der Ebene ist für derartige Fachwerke (wenn von dem Annahmsfall der „Wackeligkeit" abgesehen wird) von vornherein mit ihrer Starrheit auch über ihre statische Bestimmtheit entschieden), da für ihre Berechnung kein anderer Vorgang in Betracht kommt als die fortgesetzte Anwendung der in 41a gegebenen Zerlegung einer Kraft nach drei Richtungen des Raumes. Solche Fachwerke müssen sinngemäß als Vierflach- (Tetraeder-) Fachwerke bezeichnet werden.

Raumfachwerke dieser Art kommen jedoch nur selten zur Anwendung. Die meisten der in Kuppeln, Türmen usw. verwendeten Fachwerke sind Flechtwerke und Netzwerke, das sind Dreiecksnetze, die über einen ringförmigen Teil einer Fläche (Kugel, Zylinder u. dgl.) ausgebreitet sind. Sofern diese als Ganzes nicht schon an sich starr sind, müssen sie erst durch entsprechende Versteifungen oder Vermehrung der Auflagerbedingungen zu stabilen Konstruktionen gemacht werden. Für die statische Berechnung stehen die Gleichgewichtsbedingungen (60) und die in 41 gegebenen Zerlegungssätze zur Verfügung, wobei man sich wieder die Vorteile zunutze machen wird, die aus besonderen Lagen entspringen. Auf irgendwelche Einzelheiten dieses umfangreichen Gebietes kann hier nicht eingegangen werden.

V. Massenmittelpunkt.

43. Mittelpunkt paralleler Kräfte. Die dritte Art von Vektoren, die wir nach 11 unterschieden, sind die angehefteten oder **Feldvektoren.** Ihre Einführung erweist sich als notwendig, wenn es sich um Kräfte handelt, die an bestimmten Punkten ihrer Wirkungslinien „angeheftet" sind; dies ist bei den Massenkräften der Fall, wozu auch die Gewichte gehören, das sind die Anziehungskräfte der Erde auf die von Materie erfüllten Raumelemente. Kennzeichnend für Kräfte dieser Art ist gerade ihre „raumhafte" Verteilung.

Die Gewichte auf die einzelnen Elemente setzen wir als zueinander parallel und alle lotrecht nach abwärts gerichtet voraus.

Die Existenz des Mittelpunktes dieser parallelen Kräfte folgt dann aus folgenden Satze:

Die Summe $\overline{K}$ von beliebig vielen parallelen Kräften $\overline{K}_i$ mit festgegebenen Angriffspunkten A_i im Raume geht ($K \neq 0$ vorausgesetzt) bei beliebigen Richtungen dieser Kräfte durch einen festen Punkt S hindurch, der durch die $\overline{K}_i$ und die Koordinaten der $A_i\,(x_i, y_i, z_i)$ bestimmt ist. S nennt man den Mittelpunkt der gegebenen Kräfte.

Einen solchen Mittelpunkt gibt es nur für solche Kraftgruppen, die eine Einzelkraft als Summe besitzen, also außer bei parallelen nur noch für solche ebene Kraftgruppen, die nicht einem Kraftpaare gleichwertig sind; doch hat er nur im ersteren Falle weiterreichende Bedeutung.

Nach dem Wortlaut des obigen Satzes wird die Addition der lotrechten Kräfte bei beliebiger Lage des Punkthaufens A_i ersetzt durch die Addition der entsprechend gedrehten Kräfte bei fester Lage des Körpers; beides kommt offenbar auf dasselbe hinaus, die letztere Auffassung vereinfacht aber nicht nur den Beweis des Satzes, sondern wird auch bei der zeichnerischen Aufsuchung von Mittelpunkten tatsächlich immer in Anwendung gebracht.

Die Größe der Summe der parallelen Kräfte ist für alle Richtungen die gleiche: $\overline{K} = \sum\limits_{i=1}^{n} \overline{K}_i$. Bezeichnet man die gemeinsamen Richtungskosinus für eine beliebige Richtung der Kräfte (Abb. 60) mit (λ, μ, ν), dann sind für diese Richtung die Komponenten von $\overline{K}_i$

$$(X_i = \lambda K_i, \quad Y_i = \mu K_i, \quad Z_i = \nu K_i)$$

und die der Summe $\overline{K}$:

$$(X = \lambda K, \quad Y = \mu K, \quad Z = \nu K).$$

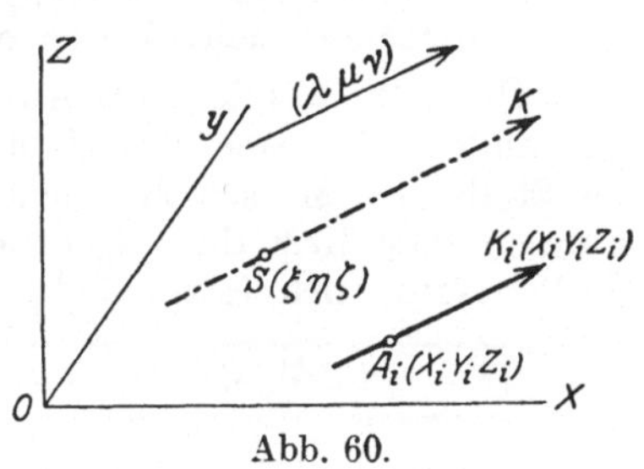

Sei also zunächst (ξ, η, ζ) ein beliebiger Punkt auf $\overline{K}$, dann folgt aus der Gleichheit der Momente von $\overline{K}$ und der Summe aller $\overline{K}_i$ um $O\,z$:

$$\mathfrak{M}_z = \sum (x_i Y_i - y_i X_i) = \xi \cdot Y - \eta X,$$

also

$$\mu \sum K_i x_i - \lambda \sum K_i y_i = \mu K \xi - \lambda K \eta$$

Abb. 60.

und daraus

$$\frac{K\xi - \sum K_i x_i}{\lambda} = \frac{K\eta - \sum K_i y_i}{\mu} = \frac{K\xi - \sum K_i z_i}{\nu}, \quad . \ . \ (64)$$

indem wir sogleich den dritten Ausdruck anfügen, der durch Bildung der Momente um $O\,x$ oder $O\,y$ noch hinzutritt: es sind dies die Gleichungen der Wirkungslinie von $\overline{K}$. Für jede andere Richtung (λ', μ', ν') würde sich eine analoge Kette von Ausdrücken (64), mit λ', μ', ν' in den Nennern ergeben. Für einen Punkt $S\,(\xi, \eta, \zeta)$, der die Zähler dieser Gleichungen zu 0 macht, bestehen die Gl. (64) offenbar für beliebige (λ, μ, ν), dieser Punkt gibt also den gemeinsamen Schnittpunkt der K für alle Richtungen (λ, μ, ν). Es ist dies der gesuchte Mittelpunkt S und seine Koordinaten sind:

$$\boxed{\xi = \sum K_i x_i / K, \qquad \eta = \sum K_i y_i / K, \qquad \zeta = \sum K_i z_i / K} \quad . \quad (65)$$

Aus dieser Betrachtung sieht man, daß der Punkt S gar nicht von der Orientierung des Körpers im Schwerfelde abhängt; für seine Bestimmung ist der Richtungscharakter der $\overline{K}_i$ ganz unwesentlich und es kann jedes $\overline{K}$ durch eine skalare Größe ersetzt werden, die $\overline{K}_i$ proportional ist. Eine solche skalare Größe ist aber gerade die Masse M_i zufolge des dynamischen Grundgesetzes Gl. (1) bzw. (3). Setzen wir daher: $\overline{K}_i = M_i \overline{g}$, $\overline{K} = M \overline{g}$, so gehen dadurch die Gln. (65) in die folgende über:

$$\boxed{\xi = \sum M_i x_i / M, \qquad \eta = \sum M_i y_i / M, \qquad \zeta = \sum M_i z_i / M} \quad . \quad (66)$$

Demgemäß bezeichnet man S auch als Massenmittelpunkt. Der Zugrundelegung des technischen Maßsystems mit der Kraft als der gegebenen und der Masse als der abgeleiteten Größe entspricht seine Einführung in der eben dargelegten Weise. Ein von der Richtung befreiter Ausdruck wie $M_i x_i$ wird auch als statisches Moment der Masse M_i bezüglich der y-Achse bezeichnet.

Der Punkt S, der auch kurz als Schwerpunkt bezeichnet wird, ist vom gewählten Koordinatensystem $(O x y z)$ unabhängig, d. h. man gelangt immer zu demselben Punkt, wie dieses auch gewählt wird. Diese Unabhängigkeit wird dazu benützt, um die Wahl der Achsen für eine gegebene „Massengruppe" so anzuordnen, daß die Ausführung der Summation nach (66) so einfach als irgend möglich wird.

Den Gln. (66) liegt die Annahme einzelner — diskreter — Massen zugrunde. Für eine kontinuierliche Massenverteilung treten an Stelle der Massen M_i die Massenelemente dM und an Stelle der Summe das über die gegebenen Massen erstreckte bestimmte Integral. Wird auch jetzt wieder $\int dM = M$ gesetzt, so folgt:

$$\boxed{\xi = \int x \, dM / M, \qquad \eta = \int y \, dM / M, \qquad \zeta = \int z \, dM / M} \quad . \quad (67)$$

Für ebene Massenbelegungen ist S schon durch zwei Koordinaten (ξ, η) allein bestimmt.

44. Hilfssätze. Für die Ermittlung des Schwerpunktes von gegebenen Linien, Flächen oder Körpern erweisen sich die folgenden einfachen Hilfssätze als nützlich:

a) **Gruppensatz:** Der Mittelpunkt eines Systems von Kräften (Massen, Linien, Flächen, Räumen) kann auch so gefunden werden, daß man beliebige der Kräfte (Massen usw.) zu Gruppen zusammenfaßt, von jeder solchen Gruppe einzeln den Mittelpunkt sucht und von allen diesen den Gesamt-Mittelpunkt bestimmt.

Auf diesem Satze beruht die Anwendbarkeit der zeichnerischen Methoden z. B. für die aus einzelnen Teilflächen zusammengesetzte Fläche, wobei die Teilflächen so gewählt werden, daß ihre Schwerpunkte von vornherein angegeben werden können.

Der Beweis für diesen Satz folgt einfach aus dem linearen Charakter der Gln. (66). Bezeichnet man die einzelnen Gruppen mit $1, 2, \ldots$, also mit $\Sigma_1, \Sigma_2, \ldots$ die über die einzelnen Gruppen erstreckten Summen, mit $\xi_1, \xi_2, \ldots$ die x-Koordinaten der Einzelmittelpunkte usw., so kann man die erste dieser Gleichungen schreiben:

$$M\,\xi = \Sigma M_i x_i = \Sigma_1 M_i x_i + \Sigma_2 M_i x_i + \cdots$$

und dies ist auch

$$= (\Sigma_1 M_i)\cdot\xi_1 + (\Sigma_2 M_i)\cdot\xi_2 + \cdots$$

und ebenso für η, ζ, womit der Beweis erbracht ist.

b) **Symmetralensatz. Besitzt eine Belegung (Linie, Fläche oder Körper) eine Symmetrieebene bzw. Symmetrielinie, so liegt der Schwerpunkt auf dieser.**

Ist z. B. die yz-Ebene eine Symmetrieebene, so bedeutet dies, daß jedem M_i in $A_i\,(x_i, y_i, z_i)$ ein gleiches M_i in dem zu dieser Ebene symmetrisch gelegenen Punkte $A_i',\,(-x_i, y_i, z_i)$ entspricht, es ist daher

$$M\,\xi = \Sigma M_i x_i = 0, \quad \text{also} \quad \xi = 0,$$

d. h. S liegt in der yz-Ebene.

Eine durch S gehende Ebene (bzw. Gerade) nennt man eine **Schwerebene (bzw. Schwerlinie)**. Werden die normal zu einer Schwerebene (bzw. Geraden) gemessenen Abstände mit p_i bezeichnet, so ist also das Kennzeichen für eine Schwerebene (Schwerlinie)

$$\Sigma M_i p_i = 0. \tag{68}$$

Für raumhafte Verteilungen mit drei Symmetrieebenen und ebene mit zwei Symmetrielinien liegt der Schwerpunkt in deren gemeinsamen Punkt; für solche Flächen und Körper ist also der Schwerpunkt als bekannt anzusehen.

c) Einen Anhaltspunkt für die Lage des Schwerpunktes liefert die folgende Betrachtung: Man denke sich den Körper (oder die Fläche), dessen Schwerpunkt man bestimmen will, so durch eine um ihn berührend herumgelegte Ebene umhüllt, daß er immer auf einer Seite der Ebene bleibt; auf diese Weise entsteht der „kleinste konvexe (besser gesagt: nirgends konkave) Körper", der den gegebenen Körper umschließt; ebenso erhält man für eine „ebene Massenverteilung" die kleinste konvexe Fläche durch Herumführung einer Geraden. (Sie ist z. B. für das Profil in Abb. 61 durch Punktierung angedeutet.) Dann gilt der Satz:

Der Schwerpunkt irgendeiner Massenbelegung liegt innerhalb des kleinsten konvexen Körpers, der um die Belegung herumgelegt werden kann.

Setzt man nämlich etwa in der ersten der Gl. (66) $M\,\xi = \sum M_i x_i$ auf der rechten Seite an Stelle aller x_i einmal das größte auftretende x_i, also x_{max}, dann wird die rechte Seite offenbar vergrößert, und das andere Mal für alle x_i das kleinste, x_{min}, so wird sie verkleinert; daher ist

$$M\,x_{min} < M\,\xi < M\,x_{max},$$

also

$$x_{min} < \xi < x_{max};$$

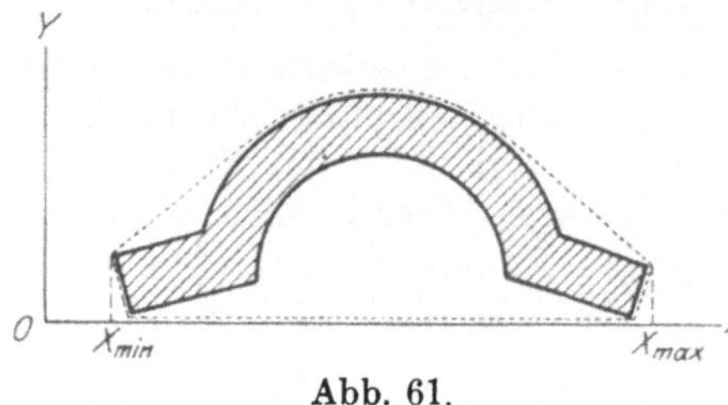

Abb. 61.

da dies für jede Richtung Ox gilt, so liegt in dieser Gleichung der Beweis für den oben ausgesprochenen Satz. —

d) Die Gl. (66) bzw. (67) bieten auch dann einen bestimmten Punkt S, wenn die Massen M_i ihre Lager zueinander im Laufe der Zeit ändern; die Bedeutung des so definierten „Massenmittelpunktes" wird erst später hervortreten. Man sieht sogleich aus der Gestalt dieser Gleichung, daß S nur für einen starren Körper ein in diesem fester Punkt ist.

e) **Homogene Verteilungen.** Wir wollen nunmehr die Gl. (66) bzw. (67) für die Ermittlung des Schwerpunktes für einzelne vorgegebene Linien, Flächen und Körper verwenden; dabei machen wir die Annahme homogener Verteilungen, d. h. die Linien- (μ_1), Flächen- (μ_2), bzw. Raumdichte (μ_3) soll jeweils eine Konstante sein. Aus den Gl. (67) fällt daher jedesmal diese Dichte heraus, da wir setzen können:

a) bei Linien: $dM = \mu_1\,dl$; $\qquad M = \mu_1 \int dl = \mu_1\,l$

b) bei Flächen: $dM = \mu_2\,dF$; $\qquad M = \mu_2 \int dF = \mu_2\,F$

c) bei Räumen: $dM = \mu_3\,dV$; $\qquad M = \mu_3 \int dV = \mu_3\,V$

in dem wir mit l die Summe der Längen der gegebenen Linien, mit F die der Flächen, mit V die der Rauminhalte bezeichnen. Dadurch wird auch noch das Merkmal der Dichte von den Gl. (67) abgestreift und der Schwerpunkt mit dem (geometrischen) Mittelpunkt der betreffenden Figuren identisch. Die Gl. (67) nehmen die Gestalt an:

für Linien: $\xi = \int x\,dl/l$, $\qquad \eta = \int y\,dl/l$, $\qquad \zeta = \int z\,dl/l$. (69)

für Flächen: $\xi = \int x\,dF/F$, $\qquad \eta = \int y\,dF/F$, $\qquad \zeta = \int z\,dF/F$. (70)

für Räume: $\xi = \int x\,dV/V$, $\qquad \eta = \int y\,dV/V$, $\qquad \zeta = \int z\,dV/V$. (71)

Bei ebenen Linienzügen und Flächen ist in (65) und (66) eine der drei Gleichungen entbehrlich. —

45. Mittelpunkt von Linien. a) Für einen homogenen Linienzug, der sich aus geraden Stücken zusammensetzt, liegen die Teilschwerpunkte für alle Stücke in deren Mitten und ihr Gesamtschwerpunkt ist identisch mit dem Schwerpunkt des Linienzuges. Auf diese Weise ist das Problem für den kontinuierlichen Linienzug zurückgeführt auf die Bestimmung des Schwerpunktes einzelner Punkte (Gruppensatz). Die zeichnerische Durchführung geschieht nach dem in **46** e) gegebenen Verfahren.

b) Für eine ebene krumme Linie, die vorgezeichnet (empirisch) gegeben ist, ist es praktisch, den Vorgang zur Ermittlung des Schwerpunktes in folgender Weise abzuändern: Die Gl. (66) lassen sich, wenn $\bar{\xi} + \bar{\eta} = \bar{\varrho}$, $\bar{x}_i + y_i = \bar{r}_i$ gesetzt wird, für Linien in die eine Vektorgleichung zusammenfassen:

$$\bar{\varrho} = \sum_{i=1}^{n} \frac{\bar{r}_i \, l_i}{l} \quad \ldots \ldots \ldots \quad (72)$$

Teilt man die ganze krumme Linie in n gleiche Stücke $l_i = l/n$ und denkt sich die Länge l_i jedes Stückes in dessen Mittelpunkt vereinigt, dann können wir schreiben:

$$\bar{\varrho} = \frac{1}{n} \sum \bar{r}_i = \frac{p}{n} \cdot \sum \frac{\bar{r}_i}{p}, \quad \ldots \ldots \ldots \quad (73)$$

wobei p eine passend gewählte Zahl (> 1) ist, die eingeführt wird, um nicht die geometrische Addition mit den Strecken $\bar{r}_i$ selbst ausführen zu müssen (was einen sehr großen Raum einnehmen würde),

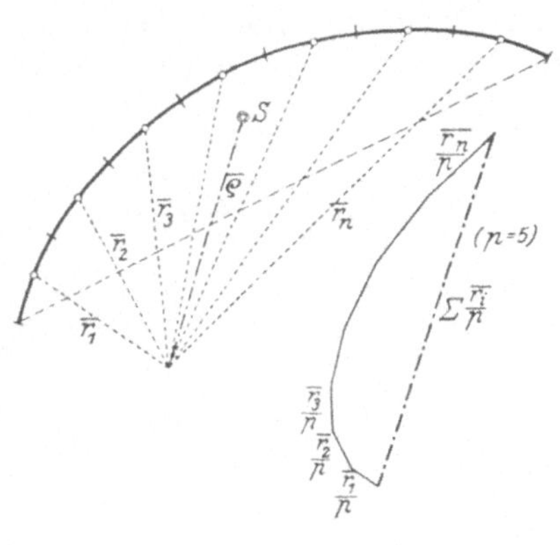

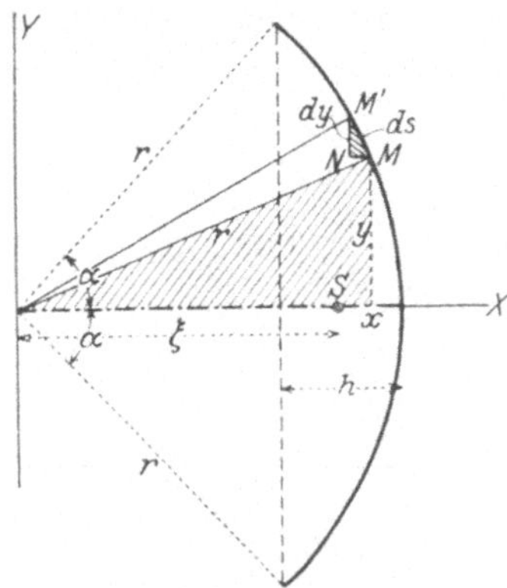

Abb. 62.   Abb. 63.

sondern nur mit gewissen Bruchteilen von $\bar{r}_i$. Setzen wir insbesondere $p = n$, machen also die Anzahl der Teile n gleich der „Verjüngungszahl" p, dann folgt wieder

$$\bar{\varrho} = \sum \frac{\bar{r}_i}{n}.$$

Die geometrische Addition der Strecken $\bar{r}_i/n$ führt also unmittelbar zu $\bar{\varrho} = \overline{O\varrho}$ (Abb. 62).

Wenn jedoch die Gestalt der krummen Linien durch eine Gleichung in einfacher Form angebbar ist, ist der rechnerische Weg vorzuziehen.

c) **Kreisbogen vom Halbmesser r, Zentriwinkel 2α** (Abb. 63). Wegen der Symmetrie reicht eine Gl. (69) zur Angabe von $S(\xi, 0)$ hin. Aus der Ähnlichkeit der in Abb. 63 schraffierten Dreiecke folgt $ds:dy = r:x$, also

$$\xi = \frac{1}{l}\int x\, dl = \frac{1}{l}\int r\, dy = \frac{r\,b}{l} = \frac{r\sin\alpha}{\alpha}, \quad \dots \quad (74)$$

wenn $b = 2\,r\sin\alpha$ die Sehne und $l = 2\,r\,\alpha$ die Länge des Kreisbogens bedeutet. Für die Halbkreislinie $(\alpha = \pi/2)$ ist insbesondere

$$\xi = \frac{2\,r}{\pi} = 0{,}6366\,r \quad \dots \dots \quad (75)$$

Für einen **flachen Kreisbogen** mit der „Pfeilhöhe" h erhält man daraus durch Entwicklung von $\sin\alpha$ nach Potenzen von α, da $r - h = r\cos\alpha$, $h = r(1 - \cos\alpha) \sim r\alpha^2/2$:

$$\xi \sim \frac{r(\alpha - \alpha^3/6)}{\alpha} = r\left(1 - \frac{\alpha^2}{6}\right), \quad \text{oder} \quad r - \xi \sim \frac{r\,\alpha^2}{6} = \frac{h}{3}, \quad (76)$$

d. h. der Schwerpunkt S liegt (etwa) um $h/3$ vom Scheitel A entfernt.

46. Mittelpunkt von Flächen. I. Ebene Flächen. a) Dreieck. Der Schwerpunkt $S(\xi, \eta)$ liegt im Schnitt der drei „Mittellinien", die Schwerlinien sind, auf jeder im ersten Höhendrittel von der Basis gemessen. Sind die Koordinaten der Eckpunkte in bezug auf irgendein Achsensystem in der Ebene $(x_1, y_1; x_2, y_2; x_3, y_3)$, so ist daher

$$\xi = (x_1 + x_2 + x_3)/3, \qquad \eta = (y_1 + y_2 + y_3)/3 \quad \dots \quad (77)$$

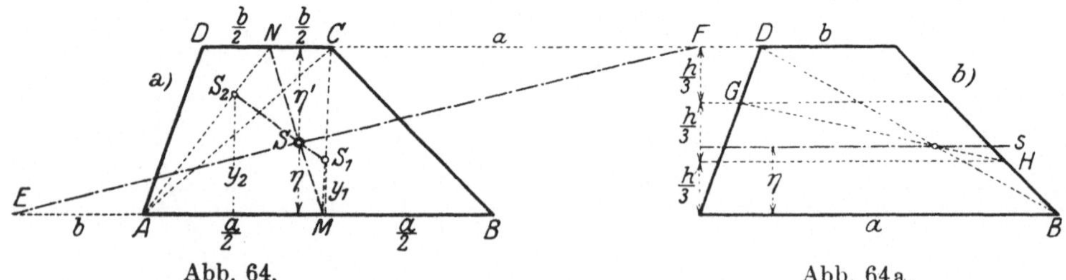

Abb. 64.   Abb. 64a.

b) **Trapez** (Abb. 64). Die Verbindungslinie der Mittelpunkte $\overline{MN}$ der parallelen Seiten ist eine Schwerlinie. Zur Bestimmung von $S(\xi, \eta)$ auf dieser Linie zieht man eine Diagonale, dann erhält man die Ordinate η aus den Ordinaten der Schwerpunkte S_1, S_2 der beiden so entstehenden Dreiecke:

$$\frac{a+b}{2}\,h\eta = \frac{a\,h}{2}\cdot\frac{h}{3} + \frac{b\,h}{2}\cdot\frac{2\,h}{3}, \qquad \eta = \frac{h}{3}\cdot\frac{a+2\,b}{a+b}, \qquad \eta' = h - \eta,$$

daher $\qquad\qquad\qquad\qquad \eta/\eta' = (a + 2\,b)/(2\,a + b) : \quad \dots \dots \quad (78)$

daraus folgt die in Abb. 64 angegebene Konstruktion durch Auftragen von b und a auf den Verlängerungen der beiden parallelen Seiten: Man macht $\overline{A E} = b$, $\overline{C F} = a$, dann schneidet $E F$ die Schwerlinie $M N$ in dem gesuchten Schwerpunkte S.

Die Konstruktion benötigt einen Raum, der über die Fläche hinausreicht. Will man **innerhalb** der Fläche bleiben, so ziehe man nach Abb. 64a die Parallelen unter $h/3$ und $2h/3$ und die Linien BD und GH, ihr Schnittpunkt liefert (wie leicht zu beweisen) die Höhenlage von S.

c) Für das **Viereck** $ABCD$ sind mehrere Konstruktionen des Schwerpunktes bekannt. Man erhält ihn entweder durch Zerlegung in zwei Paare von Dreiecken mit Hilfe der beiden Diagonalen oder nach der in Abb. 65 (ohne Beweis) gegebenen Konstruktion, die nur das Ziehen von Parallelen und **keine** Teilung verlangt. Durch die Parallelen zu den Diagonalen entsteht ein Parallelseit E, F, G, H, dessen Ecken mit dem Diagonalenschnittpunkt M verbunden werden. Die Schnittpunkte dieser Linien mit den Seiten des Vierecks I, K, L, M mit den gegenüberliegenden Ecken E, F, G, H verbunden, geben

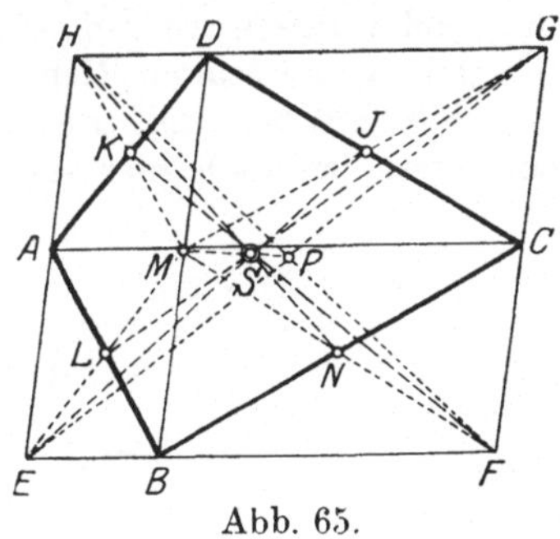

Abb. 65.

Schwerlinien; ebenso ist die Verbindungslinie $M P$ der Diagonalenschnittpunkte der beiden benützten Vierecke eine Schwerlinie.

d) Für ein beliebiges **Vieleck** liefert die Zerlegung in Dreiecke diesen Schwerpunkt S als Mittelpunkt der Schwerpunkte dieser Dreiecke.

e) **Zusammengesetzte** (Träger-) **Querschnitte** werden durch passend geführte Schnitte in Teile zerlegt, deren Schwerpunkte unmittelbar angebbar sind. Der gesuchte Schwerpunkt ergibt sich entweder rechnerisch nach den Gl. (70) oder zeichnerisch nach der Methode des Seilecks.

Beispiel 27. Die Fläche in Abb. 66 wird durch die beiden Schnitte a–b und c–d in drei Rechtecke zerlegt, die als parallele Vektoren in den bezüglichen Mittelpunkten angesetzt werden. Hierzu ist ein bestimmter Flächenmaßstab zu wählen (etwa $10\,\mathrm{cm}^2 \to 1\,\mathrm{cm}$). Für jede Richtung dieser Kräfte gibt die Wirkungslinie ihrer Summe eine Schwerlinie an. Es genügt daher, diese Summe für zwei Richtungen zu bilden, der Schnitt der Wirkungslinien der Summen ist der gesuchte Schwerpunkt.

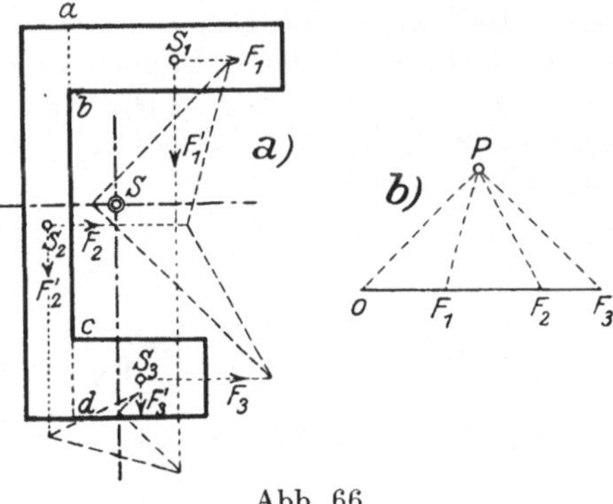

Abb. 66.

In der Regel werden behufs einfacher Zeichnung der Seilecke die beiden Richtungen unter $\pi/2$ zueinander gewählt, doch ist manchmal (etwa wenn die Teilschwerpunkte nahezu in einer Geraden liegen) ein anderer Winkel ($\pi/4$ oder $\pi/6$) aus zeichnerischen Gründen vorzuziehen.

Dasselbe Verfahren wird auch angewendet, wenn es sich um die angenäherte Bestimmung des Schwerpunktes in einer beliebigen krummlinig begrenzten Fläche handelt, deren Umriß nicht in einfacher geschlossener Form darstellbar ist. Man zerlegt dann die gegebene Fläche (Abb. 67) durch parallele, am besten gleichweit entfernte Schnitte in Teilflächen; die Teilflächen, die man angenähert als Rechtecke oder Trapeze auffassen und durch Vektoren in den Teilschwerpunkten $s_1 \ldots s_n$ ersetzen kann. Die Summe dieser Kräfte, die wieder durch ein Seileck erhalten werden kann, liefert wie früher für jede gemeinsame Richtung der Vektoren eine Schwerlinie.

Für Flächen mit Begrenzungen, die nach einfachen Gesetzen verlaufen, ist auch hier die Rechnung vorzuziehen,

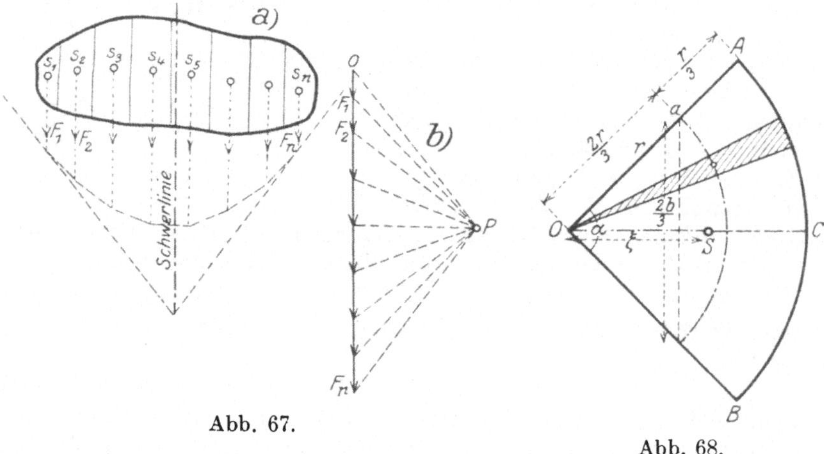

Abb. 67.

Abb. 68.

f) **Kreissektor** (Abb. 68). Durch Zerlegung in lauter kleine gleiche Dreiecke ergibt sich sein Schwerpunkt als identisch mit dem Gesamtschwerpunkt der Schwerpunkte dieser Dreiecke. Die letzten erfüllen aber gleichförmig einen Kreisbogen vom Halbmesser $2r/3$, der Sehne $2b/3$ und der Länge $2l/3$, daher können wir nach Gl. (74) unmittelbar schreiben:

$$\xi = \frac{2\,r}{3} \cdot \frac{b}{l} = \frac{2}{3}\,\frac{r\sin\alpha}{\alpha} \qquad \ldots \ldots \ldots \quad (79)$$

Für die Halbkreisfläche $\alpha = \dfrac{\pi}{2}$ ist insbesondere

$$\xi = \frac{4\,r}{3\,\pi} = 0{,}4244\,r \qquad \ldots \ldots \ldots \quad (80)$$

g) **Flächen mit Ausnehmungen** werden so behandelt, daß der Schwerpunkt $S_1(x_1, y_1)$ der vollen Fläche F_1 und der Schwerpunkt $S_2(x_2, y_2)$ des „Loches" F_2 ermittelt wird. Der Schwerpunkt der Differenzfläche $F = F_1 - F_2$ ergibt sich sodann durch die Formeln

$$\xi = \frac{F_1 x_1 - F_2 x_2}{F_1 - F_2}, \qquad \eta = \frac{F_1 y_1 - F_2 y_2}{F_1 - F_2}, \quad \ldots \quad (81)$$

die aus (66) dadurch hervorgehen, daß die nicht vorhandene Fläche negativ genommen wird. Die zeichnerische Ermittlung benutzt dieselbe Tatsache, indem sie den Vektor, der der nicht vorhandenen Fläche entspricht, mit negativem Vorzeichen einführt. In Abb. 69 ist dies für die Fläche eines Vollkreises durchgeführt, die mit einem rechteckigen Loche versehen ist. Da die Verbindungslinie von S_1 und S_2 eine Schwerlinie ist, so folgt der gesuchte Schwerpunkt S, wie in Abb. 69 angedeutet, durch ein Seileck (I II III).

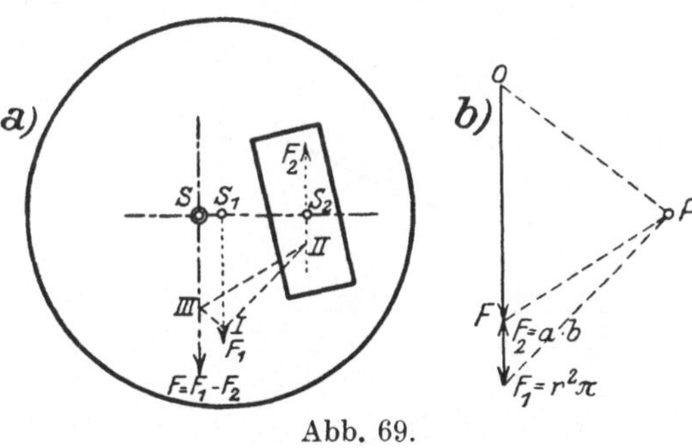
Abb. 69.

Beispiel 28. Guldinsche Regel. Die Kenntnis des Schwerpunktes einer ebenen Kurve oder Fläche kann dazu dienen, die **Oberfläche** und den **Rauminhalt** der **Drehfläche** bzw. des Drehkörpers zu ermitteln, die von der betreffenden Kurve oder Fläche als Meridian erzeugt wird. Die **Oberfläche** des Teiles der Drehfläche, die durch Drehung einer Kurve $y = y(x)$ um die Achse Ox durch den Winkel α entsteht (Abb. 70), ist gegeben durch

$$O = \alpha \int_1^2 y \, ds = \alpha \eta l, \quad . \quad (82)$$

wenn η den Abstand des Schwerpunktes der gegebenen Kurve von der Drehachse und l die Länge der Kurve bedeutet. Für den **Inhalt** des Drehkörpers erhält man analog (Abb. 71)

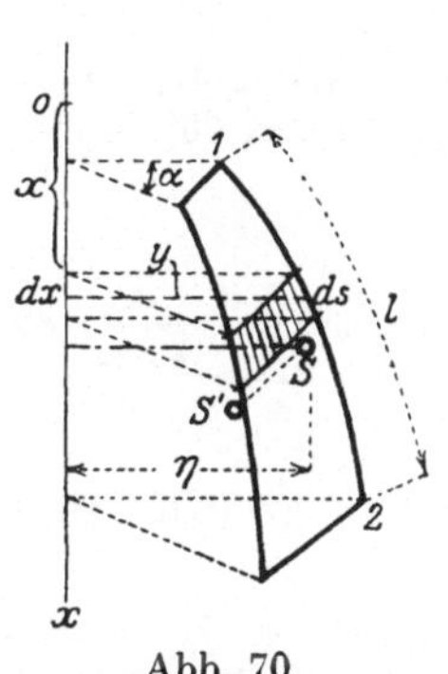
Abb. 70.

$$V = \alpha \int_1^2 y \, dF = \alpha \eta' F, \quad . \quad (83)$$

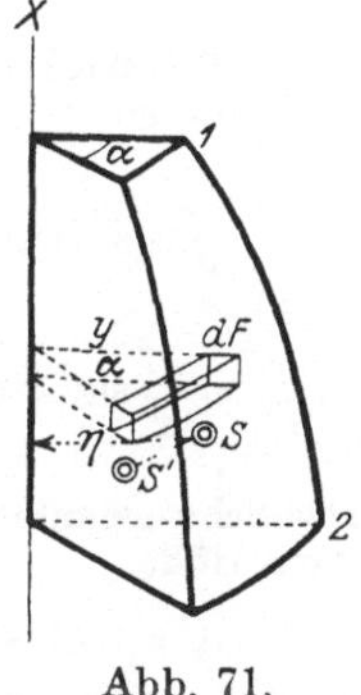
Abb. 71.

wenn η' der Abstand des Schwerpunktes der Meridianfläche F von der Drehachse ist. Für die volle Umdrehung ist $\alpha = 2\pi$ zu setzen. Im besonderen folgt nach den Gl. (75) und (82) für die Oberfläche einer Vollkugel:

$$O = 2\pi \cdot \frac{2r}{\pi} \cdot r\pi = 4r^2\pi,$$

und nach (80) und (83) für den Rauminhalt einer Vollkugel:

$$V = 2\pi \cdot \frac{4r}{3\pi} \cdot \frac{r^2\pi}{2} = \frac{4}{3} r^3 \pi.$$

II. **Drehflächen.** Von räumlichen Flächen beschränken wir uns hier auf die Schwerpunktbestimmung von **Drehflächen**; da der Schwerpunkt aus Symmetriegründen auf der Drehachse liegt, genügt zu seiner Bestimmung die Angabe der Entfernung $\overline{OS} = \xi$ von einem festen Punkte O der Achse. Sei ds das Bogenelement des Meridians (Abb. 72), so ist das Element der Oberfläche $dF = 2\pi y\,ds$ und nach Gl. (70) folgt:

$$\xi = \frac{\int x\,dF}{\int dF} = \frac{\int_1^2 x\,y\,ds}{\int_1^2 y\,ds} \quad\dots\dots\dots\quad (84)$$

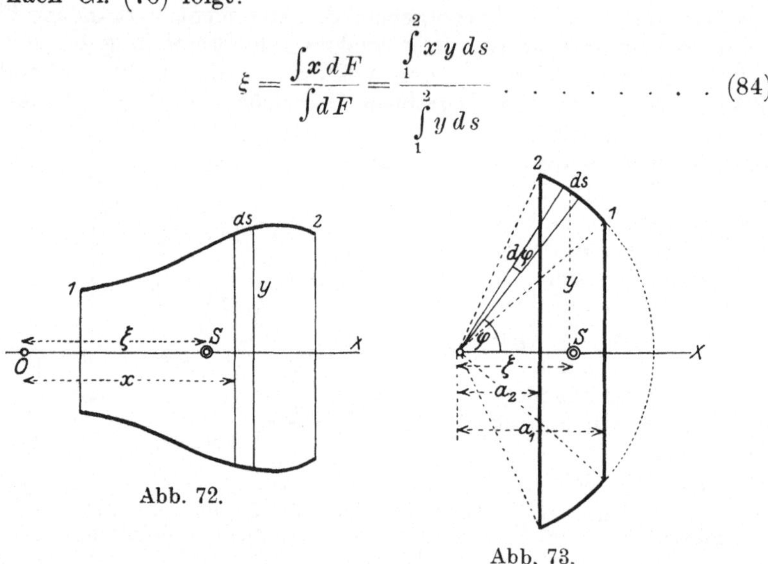

Abb. 72.

Abb. 73.

Beispiel 29. Für die **Kugelzone** verwendet man am besten Polarkoordinaten $x = r\cos\varphi$, $y = r\sin\varphi$, $ds = r\,d\varphi$ und erhält (Abb. 73):

$$\xi = r\cdot\frac{\int_1^2 \cos\varphi\sin\varphi\,d\varphi}{\int_1^2 \sin^2\varphi\,d\varphi} = \frac{r}{2}\cdot\frac{\cos^2\varphi_1 - \cos^2\varphi_2}{\cos\varphi_1 - \cos\varphi_2} = \frac{r}{2}(\cos\varphi_1 + \cos\varphi_2) = \frac{a_1 + a_2}{2} \quad (85)$$

Der Schwerpunkt der Kugelzone und Kugelhaube $(a_2 = r)$ liegt also in der Mitte ihrer Höhe.

Beispiel 30. Der Schwerpunkt eines geraden Kegel- oder Pyramidenmantels liegt auf der Achse im ersten Höhendrittel (von der Basis gerechnet); der Kegelmantel kann nämlich aus lauter kleinen Dreiecken gebildet angesehen werden, und für alle diese Dreiecke liegen die Schwerpunkte in dieser Höhe.

47. Mittelpunkt von Körpern. a) Für **Pyramide** und **Kegel** mit beliebiger Grundfläche liegt der Schwerpunkt im ersten **Viertel** der Höhe, von der Grundfläche aus gerechnet. Die Verbindungslinie der Spitze mit dem Mittelpunkte der Grundfläche (der nach **46 d** zu bestimmen ist), ist eine Schwerlinie.

b) Für Rotationskörper ist der Schwerpunkt S durch seine Entfernung $\overline{OS} = \xi$ (Abb. 74) von einem festen Punkte O der Achse gegeben. Nach Gl. (71) ist dann, da $V = y^2 \pi\, dx$,

$$\xi = \frac{\int\limits_1^2 x\, dV}{\int\limits_1^2 dV} = \frac{\int\limits_1^2 x\, y^2\, dx}{\int\limits_1^2 y^2\, dx} \quad . \quad (86)$$

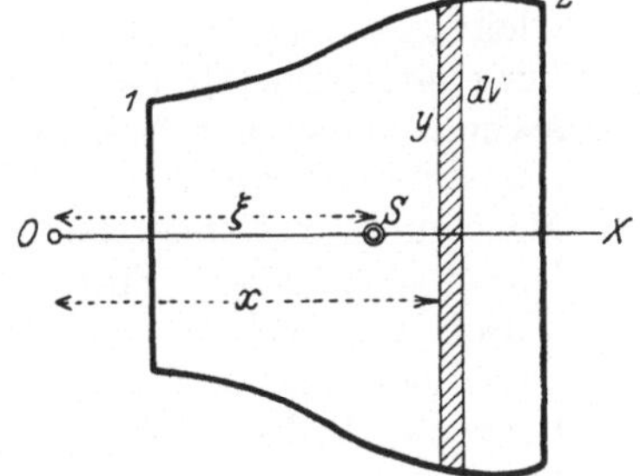

Abb. 74.

Beispiel 31. Für den Kugelabschnitt (Abb. 75) zwischen den Parallelkreisen a_1 und a_2 ist zu setzen: $x^2 + y^2 = r^2$, nach Ausführung der Integration in (86) folgt:

$$\xi = \frac{3}{4}\, \frac{(a_1 + a_2)(2r^2 - a_1{}^2 - a_2{}^2)}{3r^2 - (a_1{}^2 + a_1 a_2 + a_2{}^2)} \quad \ldots \ldots (87)$$

Für die Kugelkappe ist $a_2 = r$, daher

$$\xi = \frac{3}{4}\, \frac{(r + a_1)^2}{2r + a_1} \quad \ldots \ldots \ldots (88)$$

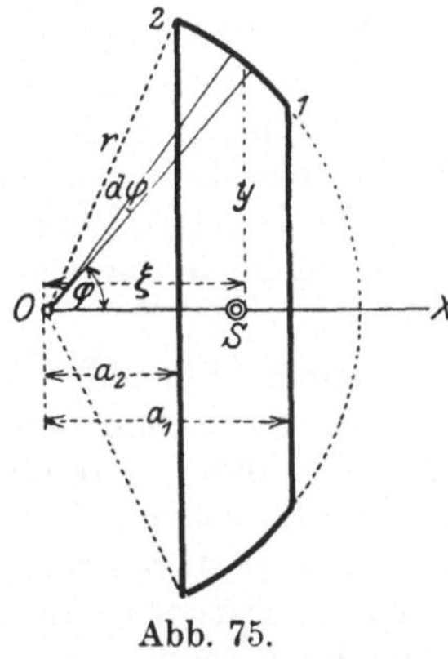

Abb. 75.

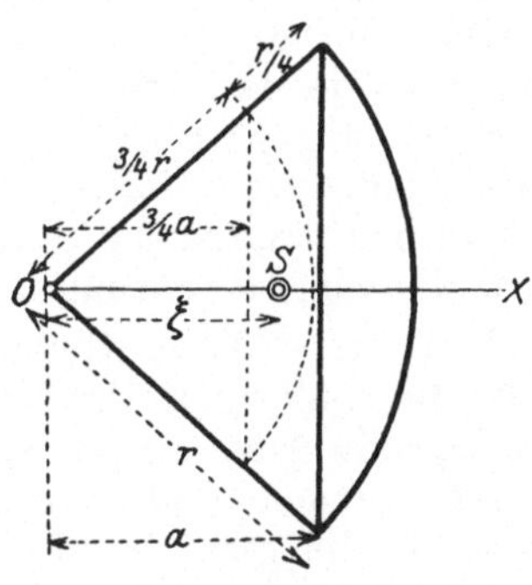

Abb. 76.

Den Kugelausschnitt (Abb. 76) vom Halbmesser r und der Entfernung a des größten Kreises von O denken wir uns in lauter kleine Kegel zerlegt, deren Schwerpunkte alle die Entfernung $3r/4$ von O haben. Der Schwerpunkt des Kugelausschnittes ist dann identisch mit dem dieser „Kugelkappe" und daher nach Gl. (85):

$$\xi = \frac{1}{2}\left(\frac{3a}{4} + \frac{3r}{4}\right) = \frac{3}{8}\,(r + a) \quad \ldots \ldots \ldots (89)$$

VI. Theorie der Reibung.

48. Einführung der Reibungskraft. A. Haftreibung. Auf Grund der bisher getroffenen Annahmen war die gegenseitige Einwirkung der Körper bei Berührung als eine in der Richtung der Normalen wirkende Kraft anzusehen. Für eine Reihe von Problemen erweist sich diese Annahme als ausreichend, während sie zahlreichen anderen Tatsachen gegenüber zu Widersprüchen führt. So bleibt z. B. ein auf einer Ebene liegender schwerer Körper auch im Gleichgewichte, wenn man diese Ebene neigt, sofern diese Neigung nur eine gewisse Grenze nicht überschreitet, und dergleichen mehr. Tatsachen dieser Art (von technischen Erscheinungen sei vor allen auf die Widerstände bei der Bewegung der Zapfen in den Lagern der Maschinen und bei der Rollbewegung der Fahrzeuge hingewiesen) lassen sich durch Einführung von Normaldrücken allein nicht erklären und führen mit Notwendigkeit dazu, außer dem normalen auch noch einen tangentialen, d. h. in der gemeinsamen Tangentialebene liegenden Teil für die gegenseitige Einwirkung der Körper aufeinander anzunehmen. Diesen tangentialen Teil der gegenseitigen Einwirkung der Körper aufeinander bezeichnet man als Reibung, und spricht von Haftreibung bei relativer Ruhe, und von Bewegungsreibung bei Vorhandensein einer relativen Bewegung der Körper gegeneinander. Reibung tritt also immer auf, wenn sich Körper unter Druck berühren. Die Haftreibung ist als Teil der unbekannten Auflager- (Reaktions-) kraft selbst eine solche, während die Bewegungsreibung wegen ihrer teilweisen Bestimmtheit als eingeprägte Kraft anzusehen ist. Nach der Art dieser Bewegung unterscheidet man eine gleitende, rollende und bohrende Reibung. Ferner spricht man je nach der Beschaffenheit der Körper von Reibung fester, flüssiger und gasförmiger Körper; zwischen „trockener Reibung" einerseits und „Flüssigkeits- und Gasreibung" andererseits bestehen wesentliche Unterschiede, die sich auch in den Gesetzen äußern, die für sie Geltung haben.

Als Ursache dieser Reibungskraft ist in allen Fällen die physikalische Beschaffenheit der berührenden Flächen anzusehen (die stets durch irgendwelche eingeprägte Kräfte gegeneinander gepreßt angenommen werden), und zwar ist naturgemäß die Rauhigkeit dieser Flächen für die gesamten Reibungserscheinungen bestimmend. Der Umstand, daß wir kein Mittel besitzen, den „Grad der Rauhigkeit" mit hinreichender Schärfe zu kennzeichnen, und zwar so zu kennzeichnen, daß die Wiederherstellung derselben Flächenbeschaffenheit auch nur mit einiger Bestimmtheit möglich ist, ist die Ursache für die große Unsicherheit, die sämtlichen Zahlenangaben, die sich auf die Reibung beziehen, heute noch anhaften.

Die oben erwähnte Beobachtung an der schiefen Ebene führt auf eine einfache Aussage über die Größe der Reibungskraft, die trotz ihrer Mängel für das ganze Gebiet der trockenen Reibung die allein maßgebende geblieben ist.

Bezeichnet man mit R die auf den Körper vom Gewicht G parallel zur schiefen Ebene nach oben wirkende, durch Reibung entstehende Kraft (die in derselben Weise wirkt wie K in Abb. 1), so liefern die Gleichgewichtsbedingungen (ähnlich wie in Beispiel 1):

$$R = G \sin \alpha, \qquad N = G \cos \alpha.$$

und daraus folgt für jedes α:

$$\operatorname{tg}\alpha = \frac{R}{N}.$$

Nun lehren die Beobachtungen, wie oben gesagt, daß Gleichgewicht immer möglich ist, sobald der Winkel α der schiefen Ebene kleiner bleibt als ein bestimmter Grenzwinkel ϱ_0, oder $\operatorname{tg}\alpha \leq \operatorname{tg}\varrho_0 = f_0$, indem wir für die Tangente dieses Grenzwinkels ϱ_0 das Zeichen f_0 einführen; daraus folgt mit Benutzung der zuvor erhaltenen Gleichung unmittelbar:

$$\boxed{|R| \leq f_0 \cdot N} \qquad \ldots \ldots \ldots \ldots \quad (90)$$

Die Zahl $f_0 = \operatorname{tg}\varrho_0$ bezeichnet man als die **Reibungszahl für die Haftreibung** und ϱ_0 als den zugehörigen **Reibungswinkel**, beide hängen von der Beschaffenheit der in Berührung befindlichen Körper ab. Die Reibung vermag mithin den Eintritt des Gleitens der Körper nach unten zu verhindern, sobald ihr Betrag nicht größer zu sein braucht als das f-fache des betreffenden Normaldruckes N. Wenn jedoch zur Herstellung des Gleichgewichtes ein größerer Betrag als $f_0 \cdot N$ erforderlich wäre, so tritt Abwärtsbewegung ein. Im vorliegenden Falle ist die Richtung der auftretenden Reibung bestimmt, doch lassen sich leicht Fälle angeben (Beispiel 32), wo die Richtung unbestimmt bleibt und erst durch die eingeprägten Kräfte festgelegt wird, d. h. die Gl. (90) bezieht sich nur auf den absoluten Betrag und gibt keine Aussage über die Richtung der Haftreibung in der gemeinsamen Berührungsebene (was durch die Doppelstriche bei R in Gl. (90) angedeutet ist). Genau der gleiche Sachverhalt gilt nun überhaupt für alle Fälle, in denen Haftreibung ins Spiel tritt, so daß wir zu den folgenden Aussagen geführt werden:

I. **Die Haftreibung tritt immer gerade in solcher Größe auf, als erforderlich ist, um ein Gleiten der Körper gegeneinander zu verhüten, kann aber nicht über einen gewissen Grenzbetrag hinaus anwachsen.** Wenn also ohne Überschreitung dieses Grenzbetrages das Gleichgewicht der Körper durch Anbringung der Reibungskräfte hergestellt werden kann, so tritt es auch tatsächlich ein.

II. **Die absolute Größe dieses Grenzbetrages hängt von der Beschaffenheit der Körper (f_0) und von der Größe des auftretenden Normaldruckes (N) ab und ist durch Gl. (90) (mit dem Gleichheitszeichen!) gegeben.**

Als Hauptunterschied gegen die bisher erhaltenen Ergebnisse tritt dabei folgende Besonderheit auf. Bei fehlender Reibung ergeben sich für Gleichgewicht immer ganz bestimmte Werte für die Kräfte, bzw. für die Lagenkoordinaten der Körper. Bei Vorhandensein von Reibung sind es dagegen immer ganze Bereiche für die möglichen Gleichgewichtslagen, bzw. für die eingeprägten Kräfte, die Gleichgewicht herzustellen vermögen. Dies kommt daher, weil die Größe der auftretenden Reibung nicht durch eine Gleichung, sondern durch eine **Ungleichung** (90) geregelt wird.

Der Reibungswinkel ϱ_0 hat übrigens eine unmittelbar anschauliche Bedeutung. Denkt man sich um die Normale zweier in Berührung befindlicher rauher Körper einen Drehkegel mit dem halben Öffnungswinkel ϱ_0 gelegt, so geben die Erzeugenden dieses Kegels die Grenzlagen für die eingeprägten Kräfte an, für die ein Gleichgewicht der Körper eintreten kann. Liegt die eingeprägte Kraft außerhalb dieses „Reibungskegels", dann ist Gleichgewicht nicht möglich. Die Verwendung für die Lösung von Reibungsaufgaben wollen wir sogleich an einfachen Beispielen erläutern, bei denen stets f_0 als bekannt vorausgesetzt wird.

Beispiel 32. Auf einer rauhen schiefen Ebene $(\alpha > \varrho_0)$ liegt der Körper vom Gewichte G, man bestimme die Kraft K parallel zu ihr für Gleichgewicht (Abb. 77). Ohne Inanspruchnahme der Reibung war die notwendige Kraft $K_0 = G \sin \alpha$. Macht man $K < K_0$, so wird der Körper nicht sofort abzurutschen beginnen, sondern es wirkt diesem Sinken nach der Aussage I. die Reibung R_1 aufwärtsgerichtet entgegen und ist imstande, von K_0 den Betrag $f_0 N = G \operatorname{tg} \varrho_0 \cos \alpha$ zu übernehmen — mehr nicht. Für die Grenze sei $K = K_1$, und es ist dann:

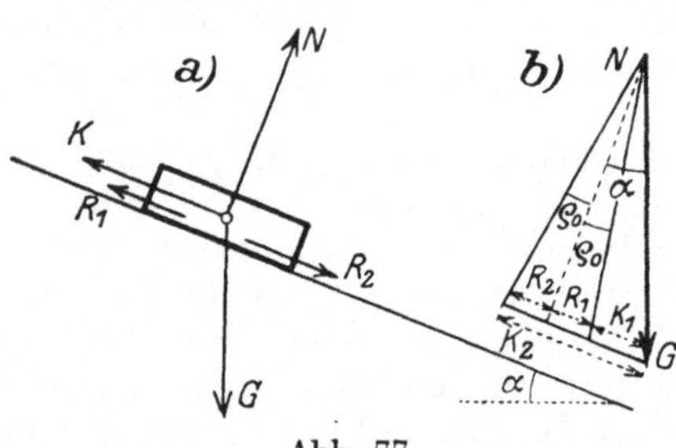

Abb. 77.

$$K_1 + R_1 = G \sin \alpha = K_1 + G \operatorname{tg} \varrho_0 \cos \alpha ,$$

daher

$$K_1 = G \frac{\sin (\alpha - \varrho_0)}{\cos \varrho_0} .$$

Umgekehrt hört das Gleichgewicht auch nicht sofort auf, wenn man K von K_0 aus zunehmen läßt, es setzt dann vielmehr die Reibung R_2 nach unten gerichtet ein, und führt in der Grenze $K = K_2$ zu der Gleichung

$$K_2 - R_2 = G \sin \alpha = K_2 - G \operatorname{tg} \varrho_0 \cos \alpha , \quad \text{also} \quad K_2 = G \cdot \frac{\sin (\alpha + \varrho_0)}{\cos \varrho_0} .$$

Bezeichnet daher K irgendeinen zwischen K_1 und K_2 liegenden Wert, so ist stets Gleichgewicht möglich, wenn

$$G \frac{\sin (\alpha - \varrho_0)}{\cos \varrho_0} \leqq K \leqq G \frac{\sin (\alpha + \varrho_0)}{\cos \varrho_0} \quad\ldots\ldots\ldots (91)$$

Für die Kraft K im Gleichgewichtsfalle ergibt sich also ein endlicher Bereich von Werten, nicht eine einzige Lösung — als Folge der **Ungleichung** (90). Der zugehörige Kraftplan ist in Abb. 77b angefügt — aus ihm ergeben sich dieselben Ausdrücke für K_1 und K_2. Die Grenzwerte der Summe der eingeprägten Kräfte $\overline{G} + \overline{K}_1$ und $\overline{G} + \overline{K}_2$ fallen in die Erzeugenden des Reibungskegels.

Beispiel 33. Der Stab AB (Abb. 78) wird durch das Seil T gehalten und stützt sich bei A an eine rauhe Wand (ϱ_0). Für die Belastung K fällt der Schnitt S von K mit T innerhalb des Reibungskegels und macht eine solche Zerlegung möglich, daß die Summe $\overline{K} + \overline{T}$ selbst innerhalb des Reibungskegels fällt. Für K tritt also Gleichgewicht tatsächlich ein —, dagegen ist für $\overline{K}'$ und $\overline{K}''$ kein Gleichgewicht möglich.

Beispiel 34. Die Leiter AB (Abb. 79) stützt sich an einen rauhen Boden und an eine rauhe Wand, man ermittle die Belastungen, für die Gleichgewicht besteht. Maßgebend ist hier der gemeinsame (schraffierte) Teil der beiden Reibungskegel für A und B. Für die Kraft $\overline{K}$ ist hier nicht nur eine, sondern es sind unendlich viele Zerlegungen möglich — entsprechend den sämtlichen Punkten der Strecke ab; welche davon tatsächlich eintritt, läßt sich rein statisch nicht entscheiden. $\overline{K}'$ ist die Grenzlage, für die die Reibungen an Boden und Wand die größtmöglichen Werte haben, also beide voll ausgenützt werden, und $\overline{K}''$ liegt sicher außerhalb des Gleichgewichtsbereiches.

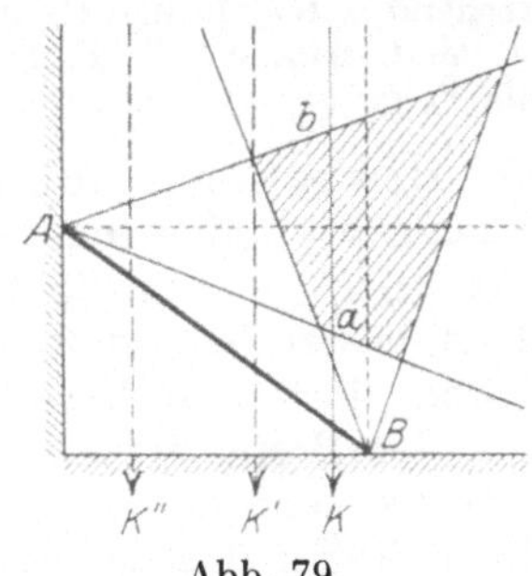

Abb. 78.   Abb. 79.

Beispiel 35. Die Führungsleiste in Abb. 80, die längs der Schiene s durch die Kraft K bewegt werden soll, wird sich jedenfalls bei Einwirkung von K an den Stellen A und B an die Schienen anlegen und dort Reibung erzeugen. Zeichnet man die Reibungskegel, so gibt der gemeinsame Teil den Bereich, für den ein „Klemmen" eintritt, mit welchem Worte hier das Gleichgewicht bezeichnet wird. Für K ist mithin Gleichgewicht möglich, K' ist die Grenzlage und K'' wird die Leiste bewegen.

Bei Aufgaben, in denen die Gleichgewichtsstellung rauher Körper gesucht wird, sind zu den Auflagerkräften an allen Berührungsstellen die Reibungen in den bezüglichen Tangentialebenen hinzuzunehmen und auf die so erweiterte Kraftgruppe die Gleichgewichtsbedingungen anzusetzen. — Die Grenzlagen angeben sich durch Verwendung des Gleichheitszeichens in Gl. (90): $R = f_0 \cdot N$.

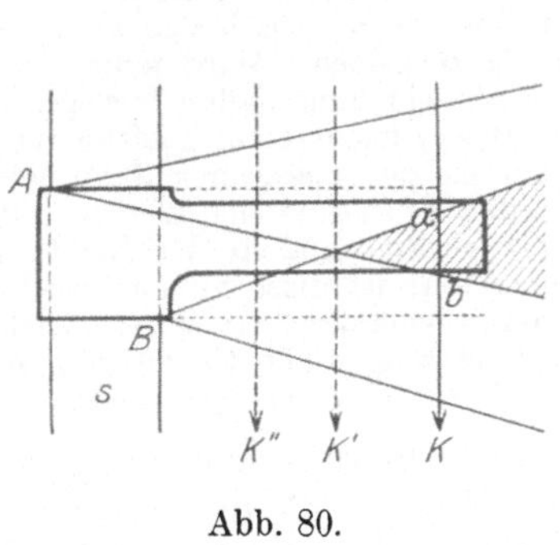

Abb. 80.

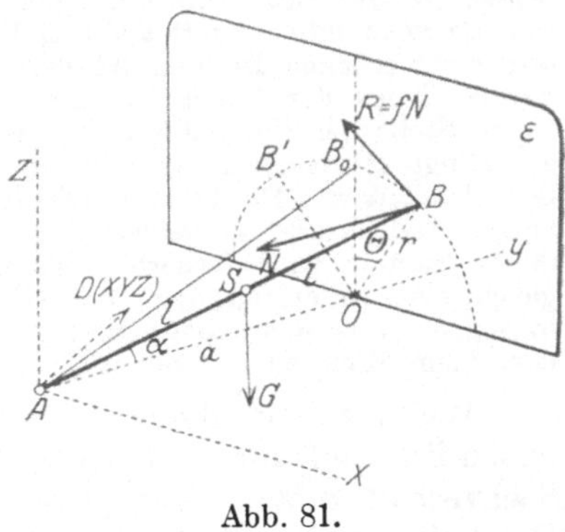

Abb. 81.

Beispiel 36. Ein gleichförmiger Stab AB von der Länge $2l$ (Abb. 81) und dem Gewichte G ist in A in einem reibungslosen Gelenk gehalten und stützt sich bei B an eine lotrechte rauhe (f_0) Wand ε. Wie groß ist der größte

6*

Winkel Θ **für Gleichgewicht?** — Die Momente um die Lotrechte z durch A geben, wenn $\overline{OB} = r$, $\overline{OA} = a$ gesetzt wird:

$$N \cdot r \sin \Theta = f_0 \cdot N \cos \Theta \cdot a$$

und daraus folgt:

$$\operatorname{tg} \Theta = f_0 \cdot a/r = f_0 \cdot \operatorname{ctg} \alpha .$$

Die anderen fünf Gleichgewichtsbedingungen geben die fünf Größen b, D, (X, Y, Z), N, R für jede Lage des Stabes innerhalb des Gleichgewichtsbereiches B, B', entsprechend $\pm \Theta$. In den Grenzlagen B, B', für die nur vier Unbekannte vorhanden sind, nämlich X, Y, Z, N, erweist sich von diesen fünf Gleichungen jede als Folge der vier anderen.

B. Bewegungsreibung. Während die Haftreibung in der Regel zunächst unbestimmt ist — nur für ihre Größe ist ein Grenzwert festgelegt —, ist die Bewegungsreibung eine Kraft, die naturgemäß stets der Bewegung entgegenwirkt; ihre Größe wird an jeder Stelle dem dort herrschenden Normaldruck proportional gesetzt, wobei sich der Proportionalitätsfaktor f, die **Reibungszahl für Bewegung**, kleiner herausstellt, als die der größten Haftreibung für dieselben Stoffe; dies ist auch sehr verständlich, weil bei Bewegung das Ineinandergreifen der Flächenrauheiten der Körper behindert wird. Wir erhalten damit die folgende Aussage:

III. Die Bewegungsreibung ist immer eine der Bewegung entgegengerichtete Kraft; ihre Größe hängt außer von dem Material der Körper vor allem von der Größe des Normaldruckes zwischen den Körpern (N) ab und steigt etwa proportional mit diesem:

$$\boxed{R = f \cdot N} \qquad \text{(wobei } f < f_0) \quad \ldots \ldots \quad (92)$$

Beispiel 37. Die Verschiedenheit der Aussagen für Haft- und Bewegungsreibung läßt sich durch folgenden Versuch deutlich machen, der von E. Meyer angegeben wurde. An einem Körper, der auf einer rauhen Ebene ruht, denken wir uns einen zur Ebene parallelen schwachen Gummifaden befestigt, der für sich nicht stark genug sein soll, die zur Überwindung der Haftreibung notwendige Kraft auf den Körper zu übertragen, durch den allein es also nicht möglich ist, den Körper in Bewegung zu setzen. Wird jedoch der Körper längs der Ebene in einer Richtung senkrecht zum Faden bewegt, so ist an Stelle der Haftreibung die viel kleinere Bewegungsreibung getreten und es gelingt mittels des Gummifadens leicht, den Körper aus seiner Bahn seitlich abzulenken. Die Summe aus der bewegenden Kraft und der kleinen seitlichen Fadenkraft ist gegen die erstere etwas geneigt und in der Richtung dieser Summe wird fernerhin das Gleiten eintreten; ist diese Summe wieder gleich fN, so erfolgt auch das Gleiten in der abgelenkten Richtung gleichförmig. — Aus demselben Grunde kann ein Kraftwagen bei Beschleunigung oder beim Bremsen leichter seitlich ausgleiten als bei gleichmäßiger Fahrt.

Will man mit diesem Ansatze (92) rechnen, so kommt es wieder wesentlich auf die Kenntnis von f an. Dabei tritt nun folgender Sachverhalt zutage. Für „trockene Reibung" führt dieser Ansatz zu Ergebnissen, die die Beobachtungen recht gut wiedergeben; es ist jedoch wegen der Einwirkung der Körper aufeinander infolge der Zerstörung der Berührungsflächen praktisch unmöglich, für irgendeine kontinuierliche Bewegung trockene Reibung zuzulassen. Man ist vielmehr genötigt, zur Verminderung der Reibung und zur Vermeidung der abschleifenden Wirkungen auf die Oberflächen Schmiermittel zu verwenden; dann tritt aber an die Stelle der trockenen Reibung die „Schmierreibung", und diese ist nicht ein Problem der „starren" Mechanik, sondern der Hydromechanik. Dort wird gezeigt (was hier nur ohne Beweis angegeben werden kann), daß bei großer Geschwindigkeit und kleinen Drucken die Reibung, die bei der Bewegung zweier Körper mit der relativen Geschwindigkeit U gegeneinander auftritt, dieser Geschwindigkeit und der Größe der benetzten Fläche F direkt und der Dicke h der Flüssigkeitsschicht verkehrt proportional gesetzt werden kann, also:

$$R = \varkappa\, F U / h \; . \; . \; . \; . \; . \; . \; . \; . \; . \; . \; (93)$$

$\varkappa$ bedeutet das „Zähigkeitsmaß" oder die „Reibungszahl" der Flüssigkeit. Der Ansatz, den man für den „Widerstand" gefunden hat, der sich der Bewegung eines Körpers in einer Flüssigkeit oder einem Gas entgegensetzt, ist von derselben Art, nur kommt bei größerer Geschwindigkeit U nicht in der ersten, sondern einer höheren Potenz (~ 2) vor.

Wir können uns hier nur darauf beschränken, auf die Unterschiede hinzuweisen, die in den Ansätzen für die trockene Reibung einerseits und der Flüssigkeitsreibung andererseits bestehen, und zwar soll diese Gegenüberstellung im Zusammenhange mit einer kurzen Übersicht über die Ergebnisse geschehen, die in der Reibungsfrage, insbesondere bezüglich der Gleitreibung über die Ansätze (90) und (92) hinaus vorliegen, die wegen ihrer Einfachheit heute nahezu allein verwendet werden, die aber genaueren Versuchen gegenüber nur als erste Annäherungen an die wirklich beobachteten Verhältnisse gelten können.

49. Hauptergebnisse der Versuche über die Reibung. Nach den Gl. (90) und (92) werden die Reibungszahlen (f_0 und f) nur abhängig gemacht vom Material (mit eingeschlossen von der Beschaffenheit der Oberflächen), und die Reibung selbst außerdem noch lediglich vom Normaldruck, mit dem die Körper aufeinander gepreßt werden; nach diesem Ansatz wird die Reibung insbesondere unabhängig vorausgesetzt von der Größe der Berührungsflächen und von der Geschwindigkeit.

a) Die Größe von f_0 und f kann nur durch unmittelbare physikalische Messung bestimmt werden, wobei als mißlich der schon erwähnte Umstand auftritt, daß wir nur in ganz unvollkommener Weise imstande sind, die Oberflächenbeschaffenheit zu beschreiben. Die Worte „trocken" und „geschmiert" erweisen sich für eine solche Kennzeichnung als viel zu ungenau und verursachen die großen Spielräume in den Angaben der folgenden Zahlentafel, die nur als ungefähre Anhaltspunkte aufzufassen sind:

Reibungszahlen	f_0 (Haftreibung)			f (Bewegungsreibung)		
Stoffpaar	trocken	ge-schmiert	mit Wasser	trocken	ge-schmiert	mit Wasser
Stahl auf Stahl	0,15	0,1	—	0,10	0,009	—
Flußeisen auf Gußeisen oder Bronze . . .	0,18	0,1	—	0,16	0,01	—
Flußeisen auf Schweißeisen . . .	0,5	0,13	0,65	0,44	—	0,22
Metall auf Holz . . .	0,6—0,5	0,1	—	0,5—0,2	0,08—0,02	0,26—0,22
Holz auf Holz	0,65	0,2	0,7	0,4—0,2	0,16—0,04	0,25
Leder auf Metall (Dich-tungen)	0,6	0,25	0,62	0,25	0,12	0,36
Holz auf Stein	bis 0,7	0,4	—	0,3	—	—
Stahl auf Eis	0,027	—	—	0,014	—	—

Aus den Versuchen hat sich u. a. auch ergeben, daß Körper aus gleichem Material größere Reibungszahlen ergeben, als solche aus verschiedenem. Die Versuche werden durch Verwendung einer schiefen Ebene oder eines belasteten Schlittens ausgeführt, dessen Ingangsetzung und gleichförmige Bewegung beobachtet werden. Vertauschung des Materials der Unterlage und des Gleitkörpers ändert die Verhältnisse wesentlich.

b) Diese Zahlentafel soll auch Einfluß der Oberflächen-beschaffenheit zum Ausdrucke bringen. Zunächst haben sorg-fältige Versuche gezeigt, daß die Reibungserscheinung bei sorgfältiger Glättung, Reinigung und Trocknung für eine Reihe von Stoffen (z. B. Messing) nahezu vollständig verschwindet, insofern, als sich eine untere Grenze des zum Eintritt der Bewegung nötigen Neigungs-winkels der Versuchsebene nicht angeben läßt. Ferner ist darauf hinzuweisen, daß bei Verwendung von Schmiermitteln die Reibungs-zahlen für alle Stoffe merklich gleich werden, weil dann eben die Reibung des Schmiermittels seinerseits die ganze Erscheinung be-herrscht. Die Schmiermittel wirken reibungsvermeidend in folgender Reihe: Talg, trockene Seife, Schweinefett, Olivenöl.

Weiter entnimmt man aus den Zahlenwerten, daß die Ver-wendung von Wasser (in der Regel) eine Vergrößerung der Reibung mit sich bringt, weshalb Wasser als Gegen-Schmiermittel anzu-sprechen ist. Hinsichtlich der Reibung hat man demnach vorge-schlagen, die Flüssigkeiten in zwei Klassen zu teilen: in aktive, die eine Verminderung der Reibung herbeiführen können (wozu die Fette und Öle gehören) und in inaktive (dazu gehören Benzin, Ammoniak, Terpentin), die diese Eigenschaft nicht besitzen; das Wasser vermag aktiven Flüssigkeiten die Eigenschaft der Aktivität zu nehmen.

Feinere Untersuchungen haben auch ergeben, daß schon ganz dünne Flüssigkeitsschichten, Häute oder Tröpfchen. die sich um Staubpartikelchen bilden, die Größe der Reibung von Grund aus verändern können.

Obwohl es, wie gesagt, nicht möglich ist, an dieser Stelle in eine Begründung der Gesetze einzugehen, soll das Verhalten der trockenen und Flüssigkeitsreibung durch eine Gegenüberstellung der Hauptmerkmale deutlich gemacht werden.

Es ergibt sich die Reibungskraft pro Flächeneinheit bei:

trockener Reibung	Flüssigkeitsreibung
proportional dem Normaldruck,	unabhängig vom Normaldruck,
unabhängig von der Geschwindigkeit,	proportional der Geschwindigkeit,
abhängig von der Rauhigkeit der Gleitflächen,	unabhängig von der Rauhigkeit der benetzten Flächen,
größer für den Eintritt der Bewegung.	gleich Null für den Anfang der Bewegung.

Daraus ist zu verstehen, warum sich Widersprüche gegen die Beobachtungen ergeben müssen, wenn die Ansätze der trockenen Reibung für die Erscheinungen der Schmiermittelreibung verwendet werden, was heute bei technischen Rechnungen noch nahezu ausschließlich geschieht.

c) Einfluß der Geschwindigkeiten auf f. Die älteren Versuche, die nur kleinere Geschwindigkeiten betrafen, zeigten entweder vollständige Unabhängigkeit von der Geschwindigkeit oder zuerst ein mäßiges Ansteigen bis zu einem Höchstwert und darauf folgenden Abfall. Für größere Geschwindigkeiten wurden Versuche insbesondere im Interesse der Eisenbahntechnik ausgeführt, wobei für die Reibung zwischen dem umlaufenden Rad und dem Bremsklotz oder zwischen dem festgebremsten Rad und der Schiene (durch Poirée und Bochet) für Geschwindigkeiten $v = 4$ bis 22 m/sek die folgende Formel aufgestellt wurde (in der $f = f_0$ für $v = 0$, $f = f_\infty$ für $v = \infty$ ist):

$$f = \frac{f_0 - f_\infty}{1 + a\,v} + f_\infty \quad\ldots\ldots\ldots\ldots (94)$$

die eine nach Abb. 82 verlaufende Kurve gibt. Diese Formel (die den erwähnten Anstieg nicht berücksichtigt, wurde vom Verein deutscher Eisenbahnverwaltungen angenommen mit den Werten $a = 0{,}226$ sek/m, $f_\infty = 0{,}0495\, f_0$, mit $f_0 = 0{,}45$ für trockene und $f_0 = 0{,}25$ für nasse Flächen. (Diese Zahlen lassen sich oben für Wasser erwähnte Eigenschaft, die Reibung unter gewissen Verhältnissen zu vergrößern, nicht erkennen.) In besonders großem Maßstabe wurden derartige Versuche auch in England (durch Galton) ausgeführt.

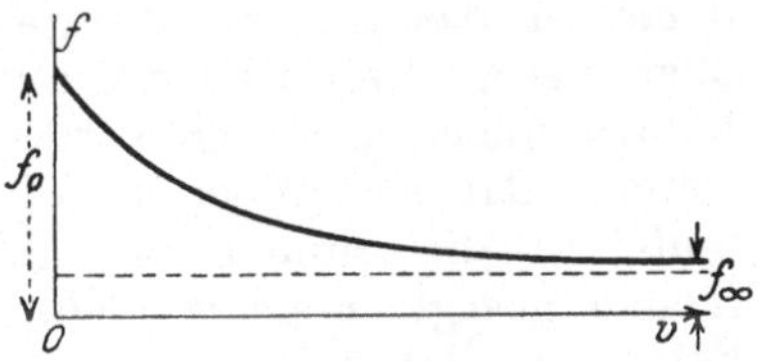

Abb. 82.

Die Abnahme von f mit zunehmender Geschwindigkeit ist leicht zu verstehen, da die Oberflächen, deren Beschaffenheit durch die Reibungszahl beschrieben werden soll, um so rascher abgeschliffen und geglättet werden, je größer v ist. Doch kommen auch Fälle vor, in denen f mit wachsender Geschwindigkeit zunimmt, z. B. für Leder auf Eisen, ein Fall, der in der Maschinentechnik wegen seiner Anwendung auf Riemenscheiben und Dichtungen von Wichtigkeit ist.

d) Sonstige Einflüsse. Des weiteren zeigt sich die Reibungszahl abhängig α) von der Struktur des Materials (Faserrichtung von Holz, Walzrichtung bei Walzeisen), β) von der Berührungsdauer, da eine gewisse Zeit notwendig ist, bis die Unebenheiten ineinander eindringen; γ) von dem Druck auf die Flächeneinheit der berührenden Flächen, was auch leicht verständlich ist, da bei großen Drucken die Körper Formänderungen erleiden.

Diesem verwickelten Sachverhalt gegenüber steht die heutige Theorie der Reibung, die eines der wichtigsten Fragengebiete der gesamten Technik betrifft, jedenfalls auf einer sehr elementaren Stufe. Es ist nur in den großen inneren Schwierigkeiten des Problems begründet, daß man mit den einfachen Ansätzen durchkommen mußte und mit einem Zahlenmaterial, das zwar vielfach aus sorgfältigen Versuchen hervorgegangen ist, das aber — der fehlenden Reproduzierbarkeit der Versuchsbedingungen halber — doch als unzureichend anzusehen ist.

50. Einige technische Reibungsprobleme. a) **Zapfen.** Für zylindrische Zapfen, die mit dem umgebenden Lager in enger Berührung sind (Abb. 83), könnte man die Reibung durch Addition der Teilreibungen dR auf die einzelnen Flächenelemente berechnen,

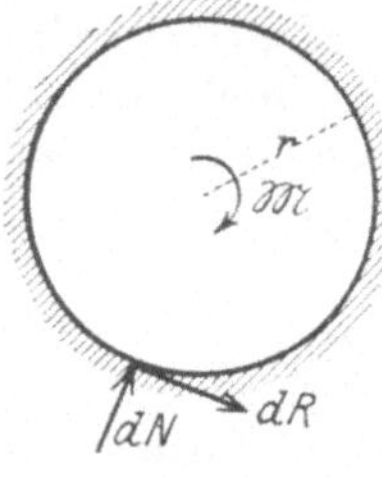

wenn die Verteilung der Drücke (dN) längs des Zapfenumfanges bekannt wäre. Wird die Reibungszahl als konstant angenommen, so kann das zur Überwindung der sämtlichen am Umfange des Zapfens vom Halbmesser r auftretenden Haftreibungen $dR = f_0 \cdot dN$ notwendige Zapfenreibungsmoment allgemein in der Form angesetzt werden

Abb. 83.

$$\mathfrak{M} = \int r\, dR = f_0\, r \int dN;$$

dabei ist das Integral als gewöhnliche (nicht-vektorielle) Summe aller dieser Teildrücke dN aufzufassen. Solange man die Druckverteilung nicht anzugeben vermag, kann von dieser Summe nur gesagt werden, daß sie größer als die Gesamtbelastung Q des Zapfens sein muß, da die Summe der Seiten für ein Krafteck immer größer (genau gesagt: niemals kleiner) ist als die Länge der Schlußlinie. Setzt man daher

$$\int dN = \alpha Q, \qquad \text{wobei} \quad \alpha > 1; \quad \text{und} \quad \alpha f_0 = f_1,$$

wobei f_1 die Zapfenreibungszahl heißt, so folgt

$$\boxed{\mathfrak{M} = f_1\, r\, Q} \qquad \cdots \cdots \cdots \cdots \quad (95)$$

Wenn das Lager sehr spannt, der Zapfen also von dem Lager eng umschlossen wird, so kann das zur Drehung erforderliche Moment sehr groß werden, wobei Q selbst beliebig klein sein kann.

Auch beim „leichtlaufenden" Zapfen (mit trockener Reibung)
ergibt sich eine Gleichung von derselben Form dadurch, daß man
eine Berührung zwischen Zapfen und Lager
längs einer einzigen Erzeugenden annimmt
(Abb. 84). In diesem Falle hat man Normaldruck und Reibung nur an einer Stelle
und findet für die Gleichgewichtsstellung
ein Auflaufen des Zapfens im Gegensinn der
Drehung des Zapfens; die Gleichgewichtsbedingung nach der Vertikalen gibt

$$\overline{N} + \overline{R} = \overline{Q}$$

und das Zapfenreibungsmoment wird

$$\mathfrak{M} = Q\,r\sin\varrho = f_1\,r\,Q\,,$$

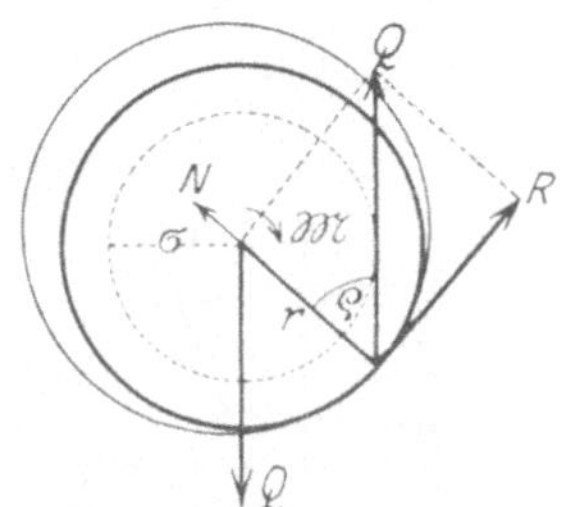

Abb. 84.

wobei jetzt $\sin\varrho = f_1$ gesetzt wurde. Q wird also im Gleichgewichtsfalle einen Kreis vom Halbmesser $\sigma = r\sin\varrho = r\,f_1$ berühren — den
sog. Reibungskreis. Für Haftreibung ist $\mathfrak{M} < \sigma\,Q$ und die an der
Berührungsstelle auftretende Kraft Q schneidet den Reibungskreis.

In der Technik wird nun diese Gleichung (95) auch zur Berechnung der „geschmierten" Zapfenreibung verwendet, obwohl dabei,
wie schon hervorgehoben, ganz andere Verhältnisse herrschen und
die Gleichung durch einen Ausdruck von der Form (93) ersetzt
werden müßte; und zwar können für große Geschwindigkeiten und
kleine Drucke für das Reibungsmoment für einen Zapfen von der
Länge l und der benetzten Mantelfläche $F = 2\pi r l$ gesetzt werden:

$$\mathfrak{M} = \varkappa \cdot 2\,\pi\,r^2\,l \cdot U/h; \quad\ldots\ldots\ldots \quad (96)$$

für kleine Geschwindigkeiten und große Drucke ergeben sich ver-
wickeltere Ausdrücke. Die Summe der auf den Zapfen wirkenden
Drücke und Reibungen muß für die Gleichgewichtsstellung des Zapfens
eine der Belastung Q gleiche Kraft lotrecht nach oben ergeben, die
ebenfalls von der Zähigkeit und der Umfangsgeschwindigkeit U abhängen wird. Die weitere Ausführung dieses Ansatzes ergibt (in
besserer Übereinstimmung mit den Beobachtungen) eine Verschiebung
des Zapfens gegen das Lager im Sinne des Wellenumlaufs. Durch
Elimination von $\varkappa\,U/h$ aus den Gleichungen für $\mathfrak{M}$ und Q folgt ein
Ausdruck, der wieder in der Form (95) angesetzt werden kann, in
dem aber f_1 keine Konstante mehr ist, sondern abhängig gefunden
wird 1. von der „mittleren Lagerbelastung auf die Flächeneinheit", d. i. bei Tragzapfen (Belastung $\perp$ zur Zapfenachse) von der
Größe $p = Q/2\,r l$, bei Stützzapfen (Belastung $\parallel$ zur Zapfenachse)
von der Größe $p = Q/r^2\pi$; 2. von der Umfangsgeschwindigkeit U
des Zapfens; 3. von der Art und dem Material des Lagers und des
Zapfens. Einen Überblick über den Verlauf von f_1 für die „Beharrungstemperaturen" des Lagers von 20^0 Außentempe-
ratur gibt Abb. 85. Als Abszissen sind die Umfangsgeschwindig-
keiten, als Ordinaten die Reibungszahlen f aufgetragen. Die Kurven

beziehen sich auf konstante Belastung auf die Flächeneinheit der Projektion der Lagerfläche, und zwar für $Q/ld = 1$, 3 und $5\ \mathrm{kg/cm^2}$. An einzelnen Punkten sind die Werte der entsprechenden

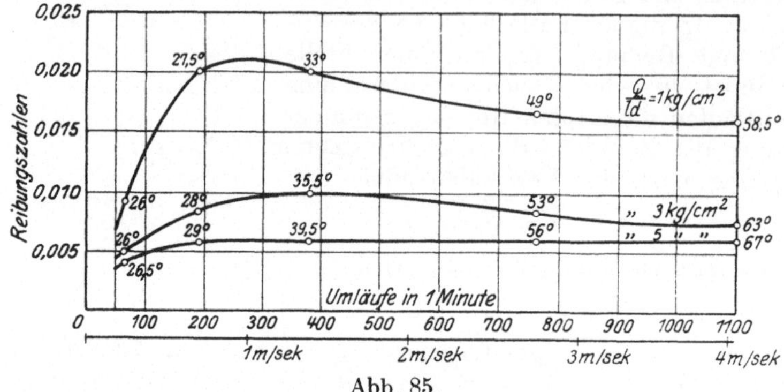

Abb. 85.

Beharrungstemperaturen hinzugeschrieben. Bei den Versuchen von Stribeck, die für diese technisch außerordentlich wichtige Frage von größtem Werte sind und denen auch die Abb. 85 entnommen ist, hat sich übrigens auch ergeben, daß sich für den Grenzfall $v = 0$ die „Reibungszahl der Ruhe" unabhängig von der Pressung und nahezu unabhängig von der Temperatur ergibt (und zwar $\sim 0{,}14$). In der Nähe von $v = 0$ erfolgt also ein starker Anstieg von f_1 (dieser Teil der Kurven ist in der Abbildung nicht eingetragen). Als Anhaltspunkte für ununterbrochene Schmierung können für Stahl auf Weißmetall die Werte gelten: $f_1 = 0{,}01$ bis $0{,}04$.

Eine ausführlichere Behandlung dieser Frage an der Hand des vorliegenden Versuchsmaterials wird in der Hydrodynamik gegeben.

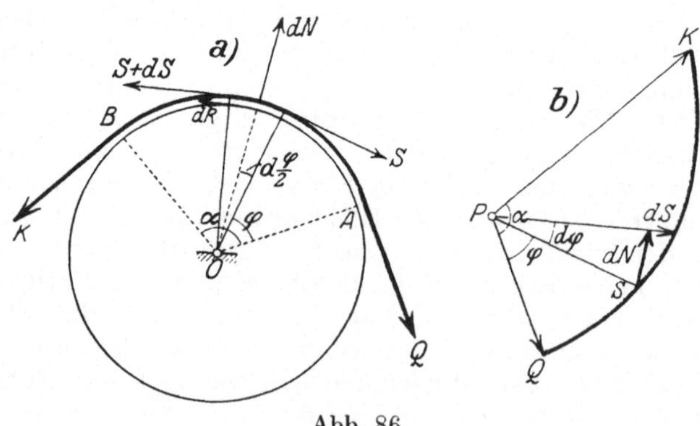

Abb. 86.

b) **Riemen und Seil.** Eine andere wichtige Anwendung der Reibung betrifft die Bewegungsübertragung durch Riemen- und Seilscheiben. Um in die hier bestehenden Verhältnisse Einblick zu gewinnen, sehen wir zunächst von einer Bewegung vollständig ab und betrachten die Reibung eines eine feststehende Trommel oder Walze längs eines endlichen Stückes umschließenden Riemens oder Seiles (Abb. 86). Hierbei muß wegen der Reibung die Kraft im Seile von der Auflaufstelle A an der Lastseite (Q) bis zur Ablaufstelle B an der Kraftseite (K) kontinuierlich zunehmen. Das Gesetz für diese Zunahme bekommen wir, wenn wir beachten, daß nach den Gleichgewichtsbedingungen der Unterschied der Seilspannungen an den Enden eines Elementes ds gerade gleich sein muß der längs dieses Elementes auftretenden Reibung

$$dS = dR = f_0\, dN,$$

während sich für die Richtung $\perp$ zum Seil ergibt

$$dN = 2\,S \sin\frac{d\varphi}{2} = S\, d\varphi;$$

es ist also

$$dS = S f_0\, d\varphi, \quad \text{und daraus} \quad S = C e^{f_0\varphi},$$

wenn C eine Integrationskonstante ist. Wenn diese Gleichung für die Stelle A angewendet wird, so ist zu setzen $\varphi = 0$, $C = Q$, und sie ergibt dann für die Ablaufstelle $B\,(\varphi = \alpha)$

$$\boxed{K = Q\,e^{f_0\alpha}} \qquad \ldots \ldots \ldots \quad (97)$$

während die gesamte am Umfang auftretende Reibung die Größe hat

$$R = K - Q = Q\,(e^{f_0\alpha} - 1) = K\,(e^{f_0\alpha} - 1)/e^{f_0\alpha} \quad \ldots \quad (98)$$

Durch Auftragen von S für jeden Winkel φ von einem festen Punkte P aus erhält man als „Kraftplan" eine logarithmische Spirale (Abb. 86b), aus der man für jeden Winkel φ das zugehörige S ablesen kann.

Beispiel 38. Bei einem Riemen- oder Seiltrieb wird die Haftreibung zwischen Riemen oder Seil und Scheibe dazu benutzt, um auf der Achse der Scheibe vom Halbmesser r ein Drehmoment zu übertragen, das zum Heben eines Gewichtes G, zum Antrieb einer Arbeitsmaschine u. dgl. dienen kann. Soll dies erreicht werden, so muß das Moment der am Umfange des Kreises (Abb. 87) auftretenden Reibung R dem belastenden Moment $G \cdot r_1$ mindestens gleich sein; aus

$$R r \geqq G r_1$$

folgt nach Gl. (98)

$$Q \geqq G\,\frac{r_1}{r} \cdot \frac{1}{e^{f_0\alpha} - 1},$$

$$K \geqq G\,\frac{r_1}{r} \cdot \frac{e^{f_0\alpha}}{e^{f_0\alpha} - 1}.$$

Damit also eine Bewegungsübertragung stattfinden kann, ist eine Mindestspannung Q im gezogenen, K im ziehenden Riemenstück notwendig. Ist das größte zu leistende Moment Q_r kleiner als das mögliche, $R r$, wobei R durch Gl. (98) gegeben ist, so ist die Spannungsverteilung streng genommen unbekannt und erfordert die Einführung weiterer besonderer Annahmen.

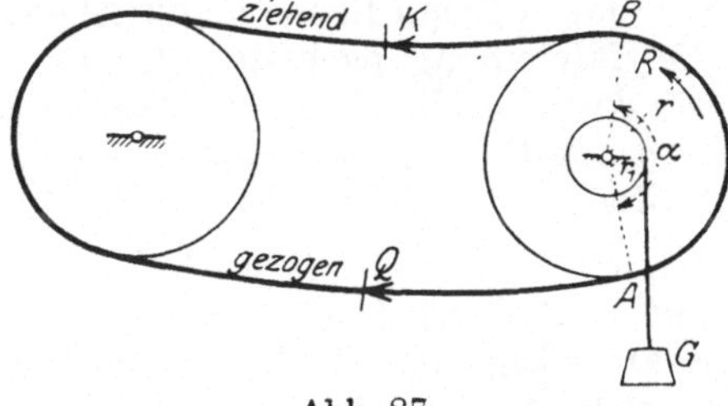

Abb. 87.

Beispiel 39. Ähnliche Beziehungen gelten für die Bandbremse, wie
sie bei Kraftwagen, Fördermaschinen usw. angewendet wird. Auch hier wird
die Größe der am Umfang aufzubringenden und hier als vorgegeben zu be-
trachtenden Reibung R durch besondere Forderungen bestimmt, wie Länge des
Auslaufweges u. dgl. Das Band wird an die Scheibe mittels Hebels nach
Abb. 88 gepreßt; in den Bezeichnungen dieser Abb., die eine Differential-
bremse darstellt, folgt die notwendige Kraft H am Handhebel aus dem Mo-
mentensatze für den Drehpunkt O des Hebels:

$$H \cdot h = K \cdot k - Q\,q$$

und nach Gl. (98)

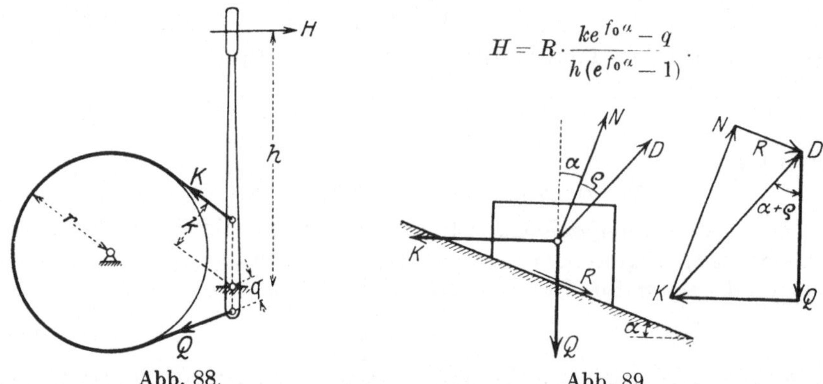

$$H = R \cdot \frac{k e^{f_0\alpha} - q}{h\,(e^{f_0\alpha} - 1)}.$$

Abb. 88.   Abb. 89.

c) Keil. Die Gleichgewichtsbedingungen der Kräfte am Keil
ergeben sich aus den bekannten Gleichungen für die schiefe Ebene,
wobei wir die Kraft $K \perp$ zur Lastrichtung Q annehmen wollen.
Aus Abb. 89 finden wir die notwendige Kraft für das „Anheben"
des Keiles mit $f_0 =$ tg ϱ_0

$$K \cos \beta = Q \sin \alpha + f_0 N = Q \sin \alpha + \text{tg}\,\varrho_0\,(K \sin \beta + Q \cos \alpha)$$

und daraus

$$K = Q\,\frac{\sin(\alpha + \varrho_0)}{\cos(\alpha + \varrho_0)} = Q\,\text{tg}\,(\alpha + \varrho_0) \quad \cdots \cdots \quad (99)$$

Wenn es sich nicht darum handelt, die Last zu heben, sondern nur
auf der schiefen Ebene im Gleichgewichte zu „halten", so kann hiezu
die Haftreibung nach dem früher Gesagten ausgenützt werden; diese
ist dann nach oben gerichtet anzunehmen. wodurch im Resultat
$- \varrho_0$ statt $+ \varrho_0$ zu stehen kommt. Es ist daher die Kraft zum
Halten

$$K' = Q\,\text{tg}\,(\alpha - \varrho_0) \quad \cdots \cdots \cdots \quad (100)$$

Für $\alpha < \varrho_0$ wird $K' < 0$, d. h. es wäre eine nach rechts gerichtete
Kraft nötig, um die Haftreibung zu überwinden. Diese Eigenschaft
bezeichnet man als Selbstsperrung oder Selbsthemmung.

Beim eigentlichen Keil wird die Anordnung so abgeändert, wie
es Abb. 90 zeigt. Die schiefe Ebene 1 wird beweglich angeordnet
und soll dazu dienen, durch eine auf sie wirkende Kraft K den auf
ihr liegenden, mit Q belasteten Körper 2 anzuheben, der selbst ge-

führt wird. An allen Berührungsstellen treten Reibungen auf, die alle die Kraft K verkleinern und die Last Q vergrößern, für das „Anheben" mithin die aus der Abb. zu entnehmenden Richtungen haben. Mit Hilfe der Definitionsgleichungen für die Reibungen an

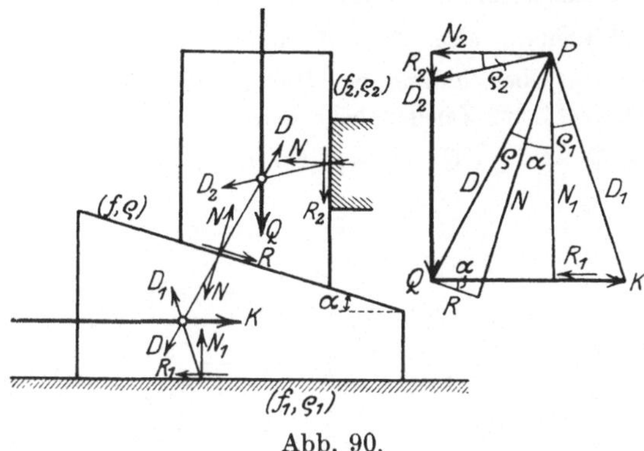

Abb. 90.

den Stützflächen: $R = N \operatorname{tg} \varrho$, $R_1 = N_1 \operatorname{tg} \varrho_1$, $R_2 = N_2 \operatorname{tg} \varrho_2$ entnimmt man dem Kraftplan Abb. 90 b (oder direkt aus den Gleichgewichtsbedingungen) die Gleichungen

$$N_1 = N \cos \alpha - R \sin \alpha = N \frac{\cos (\alpha + \varrho)}{\cos \varrho}$$

$$N_2 = N \sin \alpha + R \cos \alpha = N \frac{\sin (\alpha + \varrho)}{\cos \varrho},$$

ferner

$$K = N_2 + R_1 = N \frac{\sin (\alpha + \varrho)}{\cos \varrho} + N \frac{\cos (\alpha + \varrho)}{\cos \varrho} \cdot \operatorname{tg} \varrho_1 = N \frac{\sin (\alpha + \varrho + \varrho_1)}{\cos \varrho \cos \varrho_1}$$

$$Q = N_1 - R_2 = N \cdot \frac{\cos (\alpha + \varrho + \varrho_2)}{\cos \varrho \cos \varrho_2}$$

und daraus endlich

$$K = Q \cdot \frac{\sin (\alpha + \varrho + \varrho_1)}{\cos (\alpha + \varrho + \varrho_2)} \cdot \frac{\cos \varrho_2}{\cos \varrho_1} \quad \ldots \ldots (101)$$

Um die zum Halten der Last Q nötige Kraft K' zu bekommen, sind die Reibungen, oder was auf dasselbe hinauskommt, die Vorzeichen der $\varrho, \varrho_1, \varrho_2$ umzukehren, so daß man findet

$$K' = Q \cdot \frac{\sin (\alpha - \varrho - \varrho_1)}{\cos (\alpha - \varrho - \varrho_2)} \cdot \frac{\cos \varrho_2}{\cos \varrho_1}$$

und die Bedingung für Selbstsperrung $K' < 0$ ergibt hier

$$\varrho + \varrho_1 < \alpha \quad \ldots \ldots \ldots \ldots (102)$$

Insbesondere folgt für $\varrho = \varrho_1 = \varrho_2$:

$$K = Q \operatorname{tg} (\alpha + 2\varrho), \qquad K' = Q \operatorname{tg} (\alpha - 2\varrho) \quad \ldots \ldots (103)$$

Beispiel 40. Keilnut. In manchen Fällen der Kraftübertragung, durch Räder u. dgl. erweist es sich als wünschenswert, die Reibung zwischen zwei Körpern künstlich zu vergrößern, dies geschieht durch Anbringung einer keilförmigen Vertiefung, zwischen den Körpern, einer **Keilnut.** Sei (Abb. 91) der **Neigungswinkel** der Keilebenen 2α und die Belastung Q, dann sind die Drücke N auf die Seitenfläche gegeben durch

$$Q = 2\,N \sin\alpha, \quad \text{also} \quad N = Q/2\sin\alpha,$$

mithin ist die zur Überwindung der Reibung notwendige Kraft (senkrecht zur Zeichenebene gerichtet):

$$K = 2\,f_0\,N = Q \cdot f_0 / \sin\alpha = f''Q, \quad f' = f_0 / \sin\alpha > f_0 \,. \quad (104)$$

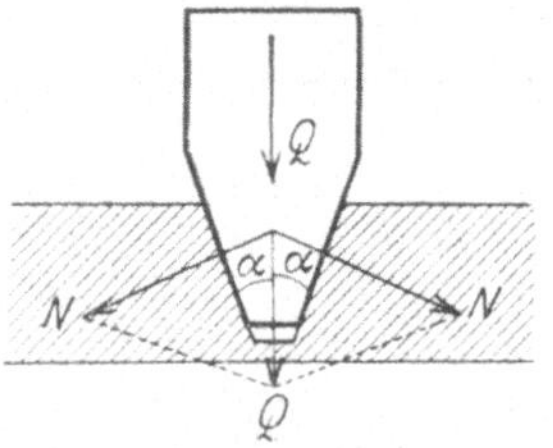

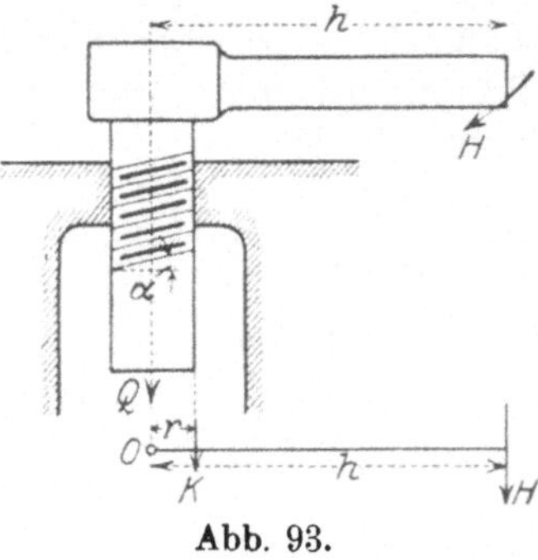

Abb. 91. 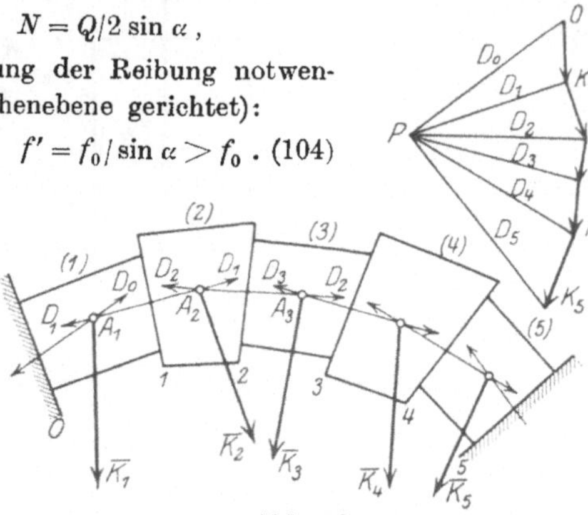   Abb. 92.

Durch die Anbringung einer Keilnut wird die Reibungszahl von f_0 auf $f_0/\sin\alpha$ erhöht, z. B. für $\alpha = 15$, $f_0 = 0{,}1$ folgt $f' = 0{,}384$.

Beispiel 41. Gewölbe als Keilsystem. Für das statische Verhalten eines Gewölbes ist die Mitwirkung der Reibung in sämtlichen Trennungsfugen wesentlich. Denken wir uns ein Keilsystem etwa von der in Abb. 92 gezeichneten Anordnung, durch die eingeprägten Kräfte $K_1, K_2, \ldots$ belastet, so müssen für Gleichgewicht die folgenden Bedingungen erfüllt sein:

1. Je drei Kräfte K_i, D_{i-1}, D_i müssen im Gleichgewichte sein, d. h. durch einen Punkt gehen und ein geschlossenes Dreieck bilden.

2. Die Normaldrücke zwischen den Körpern müssen wirkliche Druckkräfte (und nicht Zugkräfte) sein, die die Berührungsflächen im Innern durchsetzen.

3. Die gesamten Berührungskräfte $D_0, D_1, \ldots$ dürfen von den bezüglichen Normalen auf die Trennungsflächen um nicht mehr als den Reibungswinkel abweichen.

Es muß sich also zu dem Krafteck der Lasten $K_1, K_2, \ldots$ ein Pol P so finden lassen, daß das zugehörige Seileck, welches durch die Kräfte $D_0, D_1, \ldots$ gebildet wird — das man auch als **Stützlinie** des Gewölbe bezeichnet — die Bedingungen 1., 2., 3. erfüllt. —

d) Schraube. Die für die schiefe Ebene erhaltene Gl. (99) gibt auch das Gesetz für das Gleichgewicht an der Schraube an. Wir setzen dabei eine **flachgängige** oder **Bewegungsschraube** voraus, und für sie eine gleichförmige Verteilung der Belastung Q auf die sämtlichen mit dem **Mutter**gewinde in Berührung befindlichen Schraubengänge. Der Kraft H am Arme a (Abb. 93) entspricht eine Kraft K am Umfang des Schraubenkörpers,

Abb. 93.

beide sind durch den Momentensatz um die Schraubenachse miteinander verknüpft: $Hh = Kr$. Wenn wir nun die Schraube auf die Ebene abgewickelt denken, so erhalten wir eine Reihe von schiefen Ebenen übereinander, auf denen gleichförmig verteilt die lotrechte Last Q ruht. Die Gl. (99) liefert daher unmittelbar die Schraubengleichung

$$H = Kr/h = Q \operatorname{tg}(\alpha + \varrho_o) \cdot r/h \quad \ldots \ldots \quad (105)$$

Die flachgängige Schraube wird erzeugt durch Herumführen eines Rechteckes längs einer Schraubenlinie. Nimmt man an Stelle des Rechteckes ein Dreieck, so erhält man die scharfgängigen Schrauben, die wegen der dabei auftretenden größeren Reibung als Befestigungsschrauben in Verwendung stehen.

e) **Seilsteifheit.** Schiefe Ebene, Keil und Schraube bezeichnet man als **einfache Maschinen** und rechnet zu diesen auch den **Hebel, die Rolle** und das **Wellrad.** Die Gleichgewichtsbedingungen für diese letzteren werden einfach durch den Momentensatz geliefert, wie ja gerade der Hebel historisch den Ausgangspunkt für den Begriff des Drehmomentes gebildet hat. Die Rollen werden in der Regel nicht einzeln, sondern zu mehreren Stücken in den Flaschenzügen kombiniert verwendet.

Für die **Seilsteifheit,** d. i. den Widerstand des Seiles bei Rolle und Wellrad sind empirische Formeln angegeben worden. Die Seilsteifheit ist nicht eine Erscheinung der Reibung in dem Sinne, wie wir diesen Begriff bisher verwendet haben, sie rührt vielmehr von der unvollkommenen **Biegsamkeit des Seiles,** die eine Folge der inneren, molekularen Spannungen und Reibungen und der Reibung zwischen den einzelnen Drähten und Litzen ist, aus denen das Seil besteht.

Um diese unvollkommene Biegbarkeit ohne Inanspruchnahme der Elastizitätslehre zahlenmäßig einzuschätzen, sucht man einen Ansatz für die Differenz der Seilspannungen an den beiden Enden eines um eine Rolle herumgelegten Seiles zu gewinnen. Der Widerstand, den das steife Seil der Biegung entgegensetzt, kann so erklärt werden, daß bei dem Herumführen des Seiles um die Rolle vom Halbmesser r_1 der **Kraftarm** auf $r_1 - \xi$ verkleinert und der **Lastraum** auf $r_1 + \xi$ vergrößert angesetzt wird; der Momentensatz liefert dann

$$K(r_1 - \xi) = Q(r_1 + \xi), \quad \text{daher} \quad K = Q\left(1 + \frac{2\,\xi}{r_1}\right) \quad . \quad . \quad (106)$$

wenn ξ als klein betrachtet wird. Der Teil $Q \cdot 2\,\xi/r_1$ gibt dann ein Maß für die Größe der Steilsteifheit.

Für **Hanfseile** rechnet man mit $2\,\xi = 0{,}03\,d^2$ bis $0{,}06\,d^2$, für **Drahtseile** (wofür weniger Versuche vorliegen) etwa $2\,\xi = 0{,}06\,d^2$ bis $0{,}09\,d^2$, je nach der Herstellungsart und dem Material der Seile. In Gl. (106) und in diese Angaben sind d und r in cm einzusetzen.

Wird auch die Zapfenreibung an der Rolle berücksichtigt, so kommt ihr Moment lastvergrößernd hinzu, und da dieses Moment einer Umfangskraft $\mathfrak{M}/r_1 = 2\,f_1\,Qr/r_1$ (die Belastung des Zapfens kann bei parallelen Seilen $\sim 2\,Q$ gesetzt werden) entspricht, so erhalten wir

$$K = Q\left(1 + \frac{2\,\xi}{r_1} + 2f_1 \cdot \frac{r}{r_1}\right) = \zeta\,Q_1 \quad (\zeta > 1) \ \ldots \ (107)$$

indem wir mit $\zeta = 1 + \dfrac{2\,\xi}{r_1} + 2f_1\,\dfrac{r}{r_1}$ die **Rollenziffer** bezeichnen.

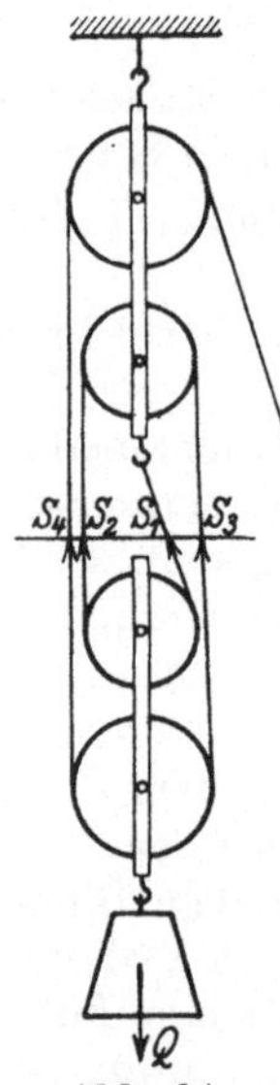

Beispiel 42. Bei dem gemeinen Flaschenzug nach Abb. 94 werden je n Rollen in einer „Flasche" untereinander oder nebeneinander angeordnet, die obere Flasche wird befestigt, an der unteren hängt die Last Q. Ein Seil ist in der gezeichneten Weise um die Rollen herumgeführt, ein Ende ist an der oberen Fläche angeheftet, auf das andere wirkt die Kraft K ein.

Bei fehlenden Widerständen ($\zeta = 1$) ist die Spannung T im Seile überall gleich, d. h. $T = K$, und da die Last an $2\,n$ Seilen hängt, so folgt für Gleichgewicht $2\,n\,T = Q = 2\,n\,K$, also

$$K = Q/2\,n \ \ldots\ldots\ldots (108)$$

Mit Berücksichtigung der Widerstände (Seilsteifheit und Zapfenreibung) wäre für $n = 2$ zu setzen:

$$K = \zeta S_4, \qquad S_1 = \zeta S_3, \qquad S_3 = \zeta S_2, \qquad S_2 = \zeta S_1$$

und daher

$$Q = S_1 + S_2 + S_3 + S_4 = (1 + \zeta + \zeta^2 + \zeta^3)\,S_1, \qquad K = \zeta^4 S_1,$$

woraus durch Elimination von S_1 folgt

$$K = \frac{\zeta^4\,(\zeta - 1)}{\zeta^4 - 1}\,Q; \ \ldots\ldots\ldots (109)$$

Abb. 94.   und ähnlich für $2\,n$ Rollen.

51. Roll- und Bohrreibung. a) Auch bei der **Rollreibung** gehen wir von der Erfahrungstatsache aus, daß — abgesehen vom Luftwiderstand — eine gewisse Kraft notwendig ist, um die Bewegung eines Rades oder einer Walze über eine wagrechte Unterlage zu bewirken (beim Rad erfolgt die Belastung mittels einer Achse, bei der Walze liegt sie unmittelbar auf dem Körper der Walze auf); diese Kraft ist durch die auftretende **Rollreibung** bedingt, und diese rührt davon her, daß sich das Rad an der jeweiligen Berührungsstelle ein wenig abplattet, in diesem Zustande in die Unterlage einsinkt, und aus der so entstehenden Vertiefung während der Bewegung gewissermaßen fortwährend wieder herausgehoben wird, bzw. die Einsinkung entgegen der Festigkeit des Materials fortgesetzt neu hervorgerufen werden muß. Die erzeugten Vertiefungen werden allerdings zum Teil wieder zurückgehen, aber wegen der **bleibenden** Formänderungen des Materials erfolgt diese Rückbildung mit geringeren Druckkräften und daher bleibt als Überschuß ein Moment übrig (s. Abb. 95), das der Drehung um den momentanen Berührungspunkt **entgegenwirkt**; dieses wird als **Rollreibungsmoment** bezeichnet. Natürlich wird dieses Moment um so kleiner sein, je weniger stark die Formänderungen (insbesondere die bleibenden) der Körper sein werden, d. h. aus je härterem Stoff die Körper bestehen.

Die Größe dieses Rollreibungsmomentes wird außer von den Materialien, aus denen Rad und Unterlage bestehen, im wesentlichen von der Belastung Q des Rades abhängen, die im Momentenprodukt vorkommende Länge kann dann als jene Strecke gedeutet werden, um die der Auflagerdruck der Schiene gegen den Berührungspunkt B nach vorwärts (im Sinne der Bewegungsrichtung) verschoben ist (Abb. 95). Die Länge dieser Strecke f_2 nennt man die Rollreibungszahl, sie hat im Gegensatz zu den anderen Reibungszahlen, die Dimension einer Länge, und schreibt

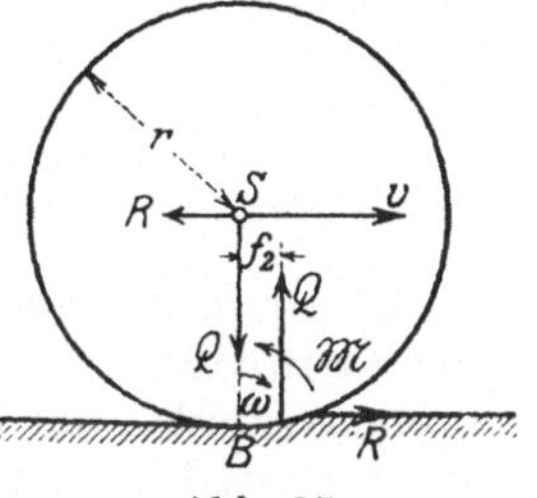

Abb. 95.

$$\boxed{\mathfrak{M} = f_2 Q} \quad \ldots \ldots (110)$$

Wird dieses Moment durch 2 Kräfte R am Arme r ($r =$ Halbmesser des Rades) dargestellt, so kann man schreiben $\mathfrak{M} = R\,r$ und erhält

$$R = Q f_2/r, \quad \ldots \ldots (111)$$

so daß man auch sagen kann, daß die zur Bewegung eines Rades notwendige Kraft der Belastung direkt und dem Radius des Rades verkehrt proportional ist. Rollen tritt nur ein, wenn dieses R unterhalb des Größtwertes der an der Berührungsstelle möglichen Haftreibung liegt, also $R \leqq f_0 Q$, oder $f_2/r < f_0$.

Für die Größe von f_2 mögen die folgenden Zahlenangaben dienen:

$$
\begin{array}{lll}
\text{Eisenbahnräder auf Schienen} & f_2 = 0{,}05 \text{ cm} \\
\text{Pockholz auf Pockholz} & = 0{,}05 \text{ „} \\
\text{Ulmenholz auf Pockholz} & = 0{,}08 \text{ „} \\
\text{Gummiräder auf Wiesengrund} & = 1 \text{ bis } 1{,}5 \text{ cm.}
\end{array}
$$

Der Umstand, daß die Rollreibung wesentlich kleiner ausfällt als die Gleitreibung, wird bei den Kugellagern verwertet; neuere Versuche haben gezeigt, daß f_2 dabei nicht als konstant zu betrachten ist, sondern mit zunehmender Belastung abnimmt, dagegen von der Geschwindigkeit in weiten Grenzen unabhängig ist.

b) Bohrreibung tritt bei der Berührung rauher Körper auf, die sich um ihre gemeinsame Normale drehen können oder gedreht werden. Die unter Druck einander berührenden Körper werden sich tatsächlich etwas abplatten und sich nicht in einem Punkte, sondern in einer kreisförmigen Fläche berühren. Den bei der Drehung um die Normale auftretenden Widerstand kann man wieder als der Bewegung entgegenwirkendes Moment in der Form ansetzen

$$\boxed{\mathfrak{M} = f_3 \cdot Q} \quad \ldots \ldots \ldots (112)$$

wenn f_3 die Bohrreibungszahl bedeutet, die vom Material und vom mittleren Radius der Berührungsfläche abhängt und wieder eine Länge bedeutet.

Zweiter Teil

Kinematik der starren Körper.

Dieser Teil behandelt die Grundbegriffe der Bewegungslehre: Geschwindigkeit und Beschleunigung, die zunächst für den einzelnen Punkt definiert und in verschiedenen Koordinaten ausgedrückt werden. Im Anschlusse daran folgen die elementaren Hilfsmittel für die Darstellung der Bewegung des starren Körpers, wobei als technisch wichtigster Sonderfall die ebene Bewegung des einzelnen Körpers (Scheibe) und mehrerer verbundener Körper mit einem Freiheitsgrad (der in technischen Anwendungen bei den zwangläufigen Getrieben vorkommt) besonders hervortritt.

I. Bewegung des Punktes.

52. Geschwindigkeit in Cartesischen Koordinaten. Geschwindigkeitsplan. Es wurde schon in der Einleitung hervorgehoben, daß die gleichförmige Bewegung eines Körpers in gerader Linie in bezug auf ein „Trägheitssystem" — d. i. also eine „Trägheitsbewegung" — dadurch gekennzeichnet ist, daß auf den Körper keinerlei Kräfte wirken; die nicht-gleichförmigen Bewegungen werden dagegen mit Kräften in Zusammenhang gebracht, die die Abweichungen von den Trägheitsbewegungen hervorrufen. Zur anschaulichen Darstellung dieser Abweichungen dienen die Begriffe Geschwindigkeit und Beschleunigung, die nur Beziehungen zwischen Raum- und Zeitgrößen sind, jedoch keinerlei Abhängigkeit von der Beschaffenheit des bewegten Körpers selbst (insbesondere von seiner Masse) aufweisen.

Zunächst beschränken wir uns auf den Fall, daß der bewegte Körper entweder kleine Abmessungen hat und von vornherein als Punkt betrachtet werden kann, oder sich so bewegt, daß alle seine Punkte kongruente Bahnen beschreiben; man erkennt unmittelbar, daß dieser Fall vorliegt, sobald der Körper zu sich selbst parallel bleibt, also Drehbewegungen des Körpers um im Endlichen liegende Achsen ausgeschlossen sind. Für einen so bewegten Körper ist durch die Bewegung eines einzelnen Punktes auch die Bewegung jedes anderen festgelegt. So kann z. B. die Bewegung eines Eisenbahnzuges für gewisse Betrachtungen unter dem Bilde der Bewegung eines einzelnen Punktes dargestellt werden, wobei freilich von der

Bewegung der Räder und von dem veränderlichen Einfluß der Drehung der Wagen in den Gleiskrümmungen vorerst abgesehen werden muß; diese „sekundären" Erscheinungen müssen sodann besonders untersucht werden.

Die Bewegung eines Punktes wird erst dann im Sinne der Mechanik als beschrieben angesehen, wenn nicht nur die Bahnkurve festgelegt ist, sondern wenn zu jedem Punkt dieser Bahnkurve auch noch die Zeit gegeben ist, zu der er von dem Körperpunkte gedeckt wird; in der Sprache der Mathematik heißt dies, daß etwa die drei Cartesischen Koordinaten x, y, z eines solchen Punktes oder die Wege, wie wir kurz sagen wollen, in bezug auf irgendein Bezugsystem $(Oxyz)$ für alle Werte der Zeit eines bestimmten Intervalls durch Gleichungen von der Form gegeben sind:

$$x = x(t), \qquad y = y(t), \qquad z = z(t); \quad \ldots \ldots \quad (113)$$

diese Gleichungen können als **Parameterdarstellung der Bahnkurve** angesehen werden, wobei das Besondere darin besteht, daß die Zeit selbst der Parameter ist; sie können auch in die ihnen gleichwertige Vektorgleichung zusammengefaßt werden

$$\bar{r} = \bar{r}(t), \qquad \left(r = \sqrt{x^2 + y^2 + z^2}\right) \quad \ldots \ldots \quad (114)$$

Die Geschwindigkeit $\bar{v}$ gibt nun das Maß der Änderung dieser Koordinaten x, y, z mit der Zeit an. Sie ist selbst ein Vektor, dessen Komponenten v_x, v_y, v_z nach den Achsen durch die ersten Ableitungen der drei Funktionen (113) nach der Zeit gegeben sind:

$$\boxed{v_x = x = \dot{x}(t), \quad v_y = \dot{y} = \dot{y}(t), \quad v_z = \dot{z} = \dot{z}(t)} \quad . \ (115)$$

wobei wir von der Bezeichnung der Zeitableitungen durch über die Funktionszeichen gesetzte Punkte Gebrauch machen; genauer können die Gln. (115) geschrieben werden

$$v_x = \lim_{\Delta t \to 0} \frac{x(t + \Delta t) - x(t)}{\Delta t}, \quad \text{usw.;}$$

wir sprechen von Geschwindigkeiten dann, wenn diese Grenzwerte bestehen. In eine Vektorgleichung zusammengefaßt lauten die Gln. (115)

$$\boxed{\bar{v} = \lim_{\Delta t \to 0} \frac{\overline{\Delta r}}{\Delta t} = \frac{\overline{dr}}{dt} = \dot{\bar{r}}(t)}, \quad \left(v = \sqrt{x_x^2 + y_y^2 + z_z^2}\right). \quad (116)$$

Der Vektor $\bar{v}$ hat an jeder Stelle eine Richtung, die durch die Verhältnisse $dx : dy : dz$ gegeben ist, also mit der Tangente zur Bahnkurve übereinstimmt.

Wenn wir den Vektor $\bar{v}$ für alle Punkte der Bahn von einem festen Punkte aus auftragen, so erhalten wir eine Kurve, die man als **Geschwindigkeitsplan** (Hodograph der Geschwindigkeit) für die endliche Bewegung bezeichnen kann, und die einen Überblick über den Verlauf der Geschwindigkeit während der ganzen Bewegung darstellt. Für Bewegungen in gerader Linie würde sie in eine Gerade zusammenfallen; bei diesen empfiehlt es sich daher, den Geschwindigkeitsplan mit um 90° gedrehten Geschwindigkeiten zu entwerfen und als Funktion des Weges aufzutragen.

Die Dimension der Geschwindigkeit ist $[LT^{-1}]$, ihre Einheit im technischen Maßsystem: 1 m/sek; sie ist aus der Längen- und Zeiteinheit abgeleitet.

Durch das Hereinspielen der Zeitabhängigkeit findet auch der gerade für die Technik außerordentlich wichtige wirtschaftliche Gesichtspunkt seine angemessene Berücksichtigung, was späterhin in der Dynamik noch deutlicher hervortreten wird.

53. Beschleunigung. Ganz ähnlich, wie die Geschwindigkeit $\bar{v}$ als vektorielle Änderung von $\bar{r}$ in der Zeiteinheit eingeführt wurde, definieren wir die Beschleunigung $\bar{b}$ als die vektorielle Änderung von $\bar{v}$ in der Zeiteinheit; $\bar{b}$ ist also ein Vektor mit den Komponenten

$$b_x = \lim_{\Delta t \to 0} \frac{v_x(t + \Delta t) - v_x(t)}{\Delta t} = \lim_{\Delta t \to 0} \frac{\Delta v_x}{\Delta t} = \frac{d v_x}{d t}, \quad \text{usw.,}$$

also

$$\boxed{b_x = \dot{v}_x(t) = \ddot{x}(t), \quad b_y = \dot{v}_y(t) = \ddot{y}(t), \quad b_z = \dot{v}_z(t) = \ddot{z}(t)} \quad (117)$$

oder in eine Gleichung zusammengefaßt

$$\boxed{\bar{b} = \lim_{\Delta t \to 0} \frac{\overline{\Delta v}}{\Delta t} = \dot{\bar{v}}(t) = \ddot{\bar{r}}(t)}, \quad \left(b = \sqrt{b_x^2 + b_y^2 + b_z^2}\right) . . (118)$$

Wenn $\bar{v}$ die Geschwindigkeit in A (Abb. 96) ist, so ist die Geschwindigkeit $\bar{v}'$ nach der Zeit Δt, also in A', durch die Gleichung gegeben

$$\bar{v}' = \bar{v} + \overline{\Delta v}; . . (119)$$

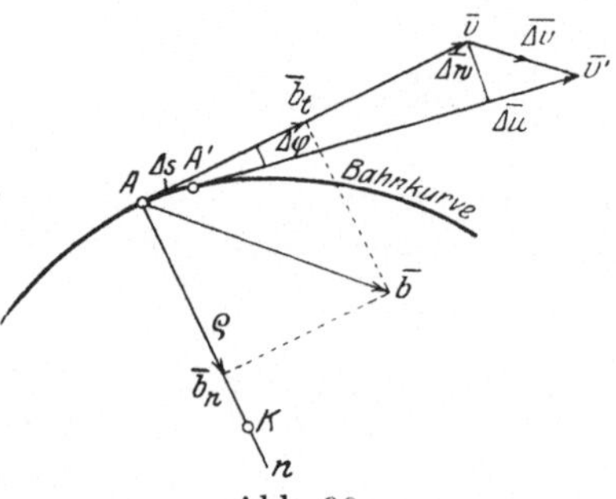

Abb. 96.

daher liegt der Vektor $\overline{\Delta v}$, sowie auch $\overline{\Delta v}/\Delta t$ in der Grenze für $\Delta t \to 0$ in der Ebene, die durch zwei benachbarte Bahntangenten bestimmt ist; $\bar{b}$ liegt also in der Schmiegebene des betreffenden Punktes der Bahnkurve und ist stets nach der hohlen Seite dieser Bahnkurve gerichtet, kann aber im übrigen jede beliebige Größe und Richtung haben.

Die hier gegebene Definition der Beschleunigung $\bar{b}$ ist ganz analog mit der in **52** gegebenen Definition der Geschwindigkeit $\bar{v}$: derselbe Schritt, der von $\bar{r}$ zu $\bar{v}$ führte, führt von $\bar{v}$ zu $\bar{b}$. Daraus ergibt sich sofort der Satz:

Die Geschwindigkeit, mit der der Geschwindigkeitsplan (Hodograph) für irgendeine Bewegung eines Punktes
durchlaufen wird, ist gleich der Beschleunigung der ursprünglichen Bewegung des Punktes.

Wir werden diesen Satz, der besonders für die ebene Bewegung
von Wichtigkeit ist, bei den Anwendungen unmittelbar verwerten
(s. Beispiel 66).

Die Dimension der Beschleunigung ist $[L\,T^{-2}]$, ihre Einheit
1 m/sek².

Bevor wir nun dazu übergehen, diese Begriffe auf besondere
Fälle anzuwenden, ist es am Platze, die Aufmerksamkeit auf den
wichtigen Umstand zu lenken, daß sich viele Bewegungen, und zwar
vor allen jene, die uns am meisten vertraut sind, durch einfache
Ausdrücke für die 2. Differentialquotienten der Koordinaten nach
der Zeit, also der Beschleunigungen darstellen lassen. Zu diesen
Bewegungen gehören z. B. die Bewegungen im Schwerefeld der Erde,
die Zentralbewegungen der Planeten um die Sonne; für die ersteren
kann in erster Näherung ein nach Größe und Richtung gleichbleibender Wert der Beschleunigung angesetzt werden; das Gewicht
ist sodann durch das Produkt aus dieser konstanten Beschleunigung
und der Masse bestimmt. Nimmt man hierzu noch die schon erwähnte
Tatsache, daß alle anderen Kräfte mit Gewichten verglichen und dadurch gemessen werden, und ferner das über die Unabhängigkeit der
Gesetze der Mechanik von einer gleichförmigen geradlinigen Bewegung
der Bezugsysteme (für die die Beschleunigung Null ist) Gesagte, so
wird es verständlich, daß bei allen Bewegungen von Punkten
der Ausdruck für die Beschleunigung als charakteristisch
erkannt wurde, welche Auffassung sich auch durchaus bewährt hat.

Sind im besonderen (was seltener vorkommt) die Beschleunigungen b_x, b_y, b_z als Funktionen der Zeit bekannt, so ergeben sich
aus ihnen die Geschwindigkeiten und Wege einfach durch zweimalige
Integration (Quadratur). In den Anwendungen liegt aber die Sache
meist nicht so, daß die Beschleunigungen als Funktionen der Zeit,
sondern anderer bewegungsbestimmender Größen, etwa der Wege
und Geschwindigkeiten vorgegeben sind. Da ist es nun wichtig, die
Definitionsgln. (117) in der Weise zu benutzen, daß die ersten Ableitungen der Geschwindigkeiten bzw. die zweiten der Wege nach
der Zeit diesen vorgegebenen Ausdrücken gleichgesetzt werden, und
daraus durch Integration dieser Differentialgleichungen
2. Ordnung, die man als Bewegungsgleichungen bezeichnet, zu den
endlichen Gleichungen der Bewegung in der Form (113) vorzudringen.

Wie wir bei den unten folgenden Beispielen sehen werden, stellt
sich die Beschleunigung in der Regel als Summe von einzelnen Ausdrücken dar, von denen jeder einen bestimmten Einfluß wiedergibt.
Der geometrischen Addition der Kräfte entspricht im Gebiete der
Kinematik des Punktes die geometrische Addition der Beschleunigungen. Für den Ansatz auf Grund der Newtonschen Grund-

gleichung $\bar{b} = \overline{K/M}$ ist also zu beachten, daß die linke Seite dieser Gleichung die **raum-zeitlich definierten Beschleunigungen**, die rechten Seiten dagegen gewisse Ausdrücke sind, die im allgemeinen von den **Geschwindigkeiten, Koordinaten** und der **Zeit** abhängen, deren Form durch besondere Annahmen und Überlegungen unter Verwertung von empirischen Ergebnissen festgelegt wird.

Die bei der Integration der Bewegungsgleichungen auftretenden **Integrationskonstanten** — und zwar **zwei für jede Koordinate** — sind durch **Anfangs- oder Randbedingungen** zu bestimmen, denen die Integrale zu gehorchen haben und anzupassen sind. Die tatsächlich eintretende Bewegung wird also als Folge der eingeprägten Kräfte und eines gewissen Anfangszustandes angesehen.

Für die sog. **Punktmechanik** ergeben sich übrigens aus allen Gleichungen für die Beschleunigungen usw. durch Multiplikation mit der **Masse** M des bewegten Punktes entsprechende Aussagen für die **Kräfte** und die durch diese bedingten Bewegungen — dies macht den Übergang von der Kinematik zur Dynamik aus. Jedem Satze der Kinematik kann man also in der Punktmechanik einen Satz der Dynamik an die Seite stellen, was hier vermerkt, jedoch im folgenden nur gelegentlich hervorgehoben werden soll. Dieser einfache Zusammenhang besteht beim ausgedehnten und beliebig bewegten Körper nicht mehr.

54. Geradlinige Bewegung des Punktes. Für die geradlinige Punktbewegung genügt die Angabe **einer** Koordinate, man sagt, die Bewegung **hat einen Freiheitsgrad**; wir legen die gerade Bahnkurve in eine Koordinatenachse und lassen die Zeiger der Einfachheit halber fort.

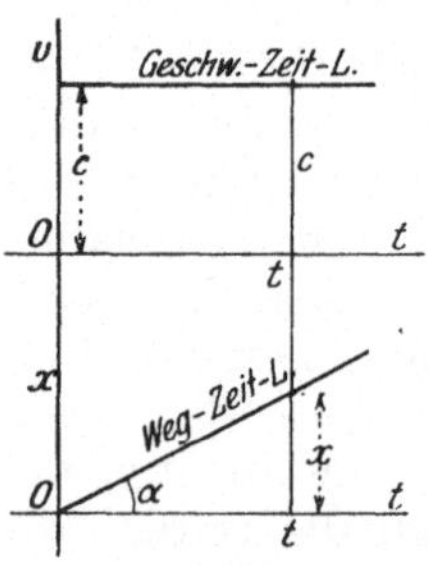

a) Die **gleichförmige Bewegung** ist gekennzeichnet durch den Ansatz: $b = \dot{v} = 0$. Es folgt $v =$ konst. $= c$ und $x = ct$, wenn c den konstanten Wert der Geschwindigkeit bedeutet und etwa für $t = 0$ auch $x = 0$ sein soll. Zur anschaulichen Darstellung werden diese Gleichungen $v = c$ und $x = ct$ als **Geschwindigkeits-Zeit-** bzw. **Weg-Zeit-Linie** dargestellt (Abb. 97); die Neigung der letzteren ist ein Maß für die Geschwindigkeit $\operatorname{tg} \alpha = x/t =$ konst. $= c$.

Abb. 97.

Beispiel 43. Wenn sich ein Körper mit c m/sek bewegt, welchen Weg C in km legt er in einer Stunde zurück? Es ist

$$C \text{ km/Std.} = c \cdot 60 \cdot 60/1000 = 3{,}6 \cdot c \quad (c \text{ in m/sek}) \quad \ldots \ldots \ldots (120)$$

Für einen D-Zug mit $C = 108$ km/Std. ist $c = 30$ m/sek.

Beispiel 44. Die im Eisenbahnbetriebe verwendeten **graphischen Fahrpläne** enthalten die Weg-Zeit-Linien für die einzelnen Züge, deren wirkliche Bewegung dabei durch ihre **mittlere** ersetzt wird, welche von Station zu Station als gleichförmig behandelt wird. Man entwerfe einen solchen Fahrplan für irgendeine Strecke eines Kursbuches.

b) **Gleichförmig beschleunigte Bewegung:** $b = \dot{v} = $ konst. Wird für $t = 0$ etwa $v = v_0$ und $x = 0$ vorgeschrieben, so liefert die zweimalige Integration:

$$\boxed{v = v_0 + b\,t\,, \qquad x = v_0\,t + \tfrac{1}{2}\,b\,t^2 = (v_0 + v)\cdot t/2} \qquad . \quad (121)$$

Die Schaulinien sind in Abb. 98 gegeben. Die Geschwindigkeit-Zeit-Linie ist eine Gerade, die Weg-Zeit-Linie eine Parabel, wobei

$$\operatorname{tg}\beta = (v - v_0)/t = b\,, \quad \operatorname{tg}\alpha_0 = v_0\,, \quad \operatorname{tg}\alpha = v\,.$$

Aus den Gleichungen (121) folgt durch Elimination von t:

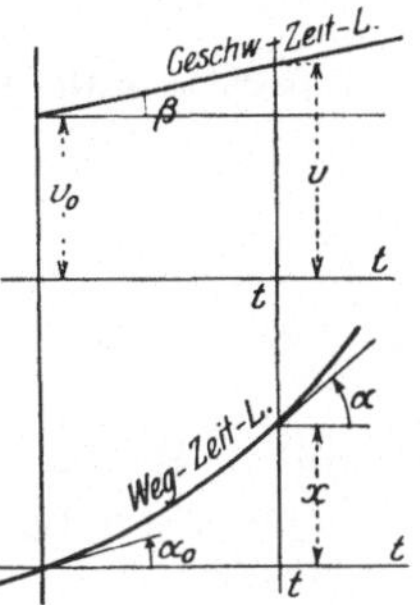

Abb. 98.

$$\boxed{v^2 = v_0{}^2 + 2\,b\,x} \quad \ldots \ldots (122)$$

Für $b \equiv g = 9{,}81$ m/sek² ergeben sich daraus die Gesetze des freien Falles (ohne Widerstände).

Beispiel 45. **Wurf nach aufwärts:** Wenn die Richtungen von v und $b = $ konst. einander entgegengesetzt sind, so erhält man eine **gleichförmig verzögerte Bewegung**; die hierfür geltenden Gleichungen ergeben sich aus (121), wenn das Vorzeichen von b umgekehrt wird. Insbesondere folgen für $b = -g$ die Gesetze für den Wurf nach aufwärts:

$$v = v_0 - g\,t\,, \qquad x = v_0\,t - \tfrac{1}{2}\,g\,t^2\,, \qquad v^2 = v_0{}^2 - 2\,g\,x \ldots \ldots (123)$$

Die zur Erreichung des höchsten Punktes erforderliche Steigzeit T und die Steighöhe H erhält man hieraus für $v = 0$:

$$\boxed{T = v_0/g\,, \qquad H = v_0{}^2/2\,g}\,, \quad \ldots \ldots \ldots (124)$$

wobei H auch als Geschwindigkeitshöhe bezeichnet wird.

Diese beiden Fälle a) und b) sind Sonderfälle des folgenden:

c) b **ist eine Funktion von x allein:** $b = b(x)$. In diesem Falle empfiehlt es sich, auch v als Funktion von x zu betrachten; da x selbst wieder eine Funktion von t ist, so hat man

$$\frac{dv}{dt} = \frac{dv}{dx}\cdot\frac{dx}{dt} = v\frac{dv}{dx} = \frac{1}{2}\frac{dv^2}{dx} = b(x)$$

und daraus folgt, wenn für $x = 0$: $v = v_0$ sein soll:

$$\boxed{v^2 - v_0{}^2 = 2\int\limits_0^x b(x)\,dx} \quad \ldots \ldots \ldots (125)$$

Wenn wir also von der Beschleunigung wissen, daß sie vom Wege x allein abhängt, so läßt sich ein Integral der Bewegungsgleichung $\ddot{x} = b(x)$ allgemein angeben und zwar ist durch Gl. (125) die Geschwindigkeit v als Funktion des Weges bestimmt: $v = v(x)$. Aus dieser Gleichung folgt durch Multiplikation mit $m/2$ das sog. **Energieintegral** der Bewegung des Massenpunktes; den links auftretenden

Ausdruck $m\,v^2/2$ bezeichnet man als **kinetische Energie**, den rechtsstehenden $\int\limits_0^x m\,b\,(x)\,dx = \int\limits_0^x K\,(x)\,dx$ als mechanische **Arbeit A**, und nennen $-\,\mathrm{A} = U$ die **potentielle Energie**. Die Bedeutung des Energieintegrals wird in der Dynamik noch stärker hervortreten (s. III. Teil).

Setzt man weiterhin $v = v\,(x) = dx/dt$, so folgt daraus

$$d\,t = \frac{dx}{v\,(x)}, \qquad \text{also} \qquad \boxed{\;t = \int\limits_0^x \frac{dx}{v\,(x)} = t\,(x)\;}, \quad \ldots \ (126)$$

wenn z. B. $t = 0$: $x = 0$ verlangt wird; durch Auflösung dieser Gleichung ergibt sich dann $x = x\,(t)$, wodurch die Integration vollendet ist.

      Beispiel 46. Freier Fall aus großer Höhe. Die Fallbewegung eines Körpers aus großer Höhe gegen die Erde erfolgt nach dem Newtonschen **Gravitationsgesetze**, das aussagt, daß sich irgendzwei Körper gegenseitig mit einer Kraft anziehen, die ihren Massen direkt, dem Quadrat der Entfernung x ihrer Mittelpunkte umgekehrt proportional und nach der Verbindungslinie dieser Mittelpunkte gerichtet ist; die hierbei als Proportionalitätsfaktor auftretende **Gravitationskonstante** hat für das verwendete Maßsystem einen bestimmten Zahlenwert und eine leicht angebbare Dimension. Wenn wir zum Ausdruck bringen, daß die Beschleunigung an der Erdoberfläche (d. h. für $x = R$) g ist, so können wir zwecks Ausschaltung der Massen und der Gravitationskonstante ansetzen:

$$b : g = 1/x^2 : 1/R^2, \qquad \text{also} \qquad b = g\,R^2/x^2.$$

Sei a die Entfernung des Ausgangspunktes vom Erdmittel und $v_0 = 0$, dann ist die Geschwindigkeit v an der Stelle x nach Gl. (125), wobei $b = -\,g\,R^2/x^2$ zu setzen ist (weil b nach den abnehmenden x zu wächst), und worin die Grenzen a und x zu setzen sind:

$$v^2 = 2\,g\,R^2 \left(\frac{1}{x} - \frac{1}{a}\right).$$

Daraus folgt weiter

$$v = \frac{dx}{dt} = -\,\sqrt{\frac{2\,g\,R^2}{a}} \cdot \sqrt{\frac{a-x}{x}}$$

und nach Gl. (126)

$$t = \int\limits_a^x \frac{dx}{v\,(x)} = -\,\sqrt{\frac{a}{2\,g\,R^2}} \cdot \int\limits_a^x \sqrt{\frac{x}{a-x}}\,dx.$$

wobei wieder berücksichtigt ist, daß x mit wachsendem t kleiner wird, dx also negativ ist. Durch die Substitution $x = a\cos^2\varphi$ folgt endlich

$$\sqrt{\frac{2\,g\,R^2}{a^3}} \cdot t = \text{arc}\cos\sqrt{\frac{x}{a}} + \sqrt{\frac{x}{a}\left(1 - \frac{x}{a}\right)}.$$

      Würde der Körper aus dem Unendlichen zur Erde fallen $(a = \infty)$, dann folgt die Geschwindigkeit beim Auftreffen auf die Erde für $x = R = 6{,}37 \cdot 10^6$ m:

$$v_{(x=R)} = \sqrt{2\,g\,R} = 11\,180 \ \text{m/sek}.$$

Für einen aus dem Weltraum zur Erde fallenden Meteor würde allerdings die Auftreffgeschwindigkeit durch die Lufthülle der Erde erheblich abgebremst werden, bliebe aber gleichwohl außerordentlich groß, woraus sich die beobachteten großen Eindringetiefen der Meteore erklären.

Beispiel 47. Einfache harmonische Schwingung. Die auf den Körper A wirkende Beschleunigung b sei stets gegen einen festen Punkt O gerichtet (Abb. 99a) und der Entfernung OA direkt proportional: $b = -\varkappa^2 \cdot x$ (das negative Vorzeichen wieder deshalb, weil b im Sinne der abnehmenden x gerichtet ist); die Beschleunigung entspricht a so einer Kraft nach Art eines elastischen Fadens oder einer Feder, die allerdings bei der Länge 0 auch die Beschleunigung 0 ergeben sollen. Wenn etwa für $x = a$: $v_0 = 0$ sein soll, so liefert Gl. (125):

$$v^2 = -2\,\varkappa^2 \int_a^x x\,dx = \varkappa^2\,(a^2 - x^2),$$

also $\qquad v = \pm\,\varkappa\,\sqrt{a^2 - x^2}\,,$

wobei das $+$-Zeichen für die Bewegung nach rechts, das $-$-Zeichen für die Bewegung nach links Geltung hat. Aus $v = dx/dt$ folgt dann, wenn für $t = 0$: $x = a$:

$$t = -\frac{1}{\varkappa} \int_a^x \frac{dx}{\sqrt{a^2 - x^2}} = \frac{1}{\varkappa}\,\text{arc cos}\,\frac{x}{a}\,,$$

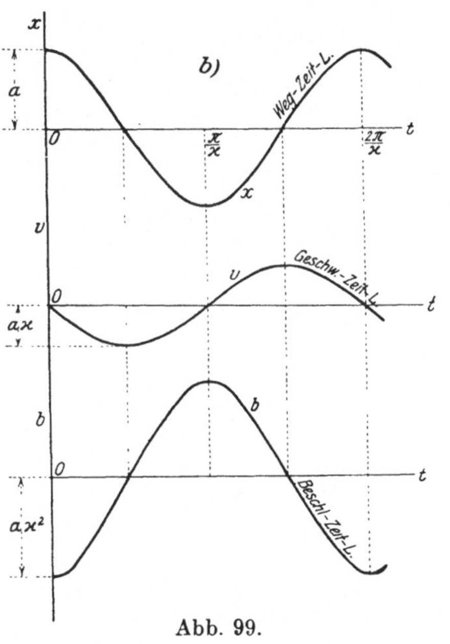

Abb. 99.

also $\qquad \boxed{x = a\cos\varkappa t,\quad v = -a\,\varkappa\sin\varkappa t}\,,\quad b = -a\,\varkappa^2\cos\varkappa t = -\varkappa^2 x \;\ldots\; (127)$

Eine solche Bewegung nennt man eine einfache harmonische Schwingung. Die durch diese Gleichungen gegebenen Kurven sind in Abb. 99b eingetragen.

Aus der Form dieser Ausdrücke ersieht man, daß sich immer nach Ablauf der Zeit

$$\boxed{T = 2\,\pi/\varkappa} \;\ldots\ldots\ldots\ldots\ldots\; (128)$$

dieselben Werte von x, v, b wiederholen. Diese Zeit nennt man die periodische Zeit oder kurz die Periode oder die Dauer der Eigenschwingung: sie ist allein durch die Konstante $\varkappa$ bestimmt, die in dem Ausdruck für die Beschleunigung (als $\varkappa^2$) vorkommt. — Unter der Frequenz (Häufigkeit) p versteht man die Schwingungszahl in 1 sek, und da also $p\,T = 1$, so ist

$$\boxed{p = 1/T = \varkappa/2\,\pi} \;\ldots\ldots\ldots\ldots\; (129)$$

Beispiel 48. Wenn die Beschleunigung als Funktion des Weges nicht durch einen analytischen Ausdruck, sondern empirisch gegeben ist, wie z. B. die Dampfkraft durch das „Indikatordiagramm" als Funktion des Kolbenweges oder die der sog. Tangentialkraft einer Dampfmaschine entsprechende Beschleunigung als Funktion des Kurbelweges $r\,\varphi$, so empfiehlt es sich, die durch die Gln. (125) und (126) gegebenen Operationen, die die Bewegung bestimmen, zeichnerisch auszuführen; dies ist in Abb. 100 für eine periodische Bewegung von der eben angedeuteten Art ausgeführt, die im Maschinenbetriebe vorkommt: Die Kurve $b(x)$ ist gegen die x_0-Achse so angenommen, wie sie etwa der Tangentialkraft einer einfachwirkenden Dampfmaschine entspricht. Damit die Bewegung periodisch wird, also nach Zurücklegung eines bestimmten Weges (etwa einer Kurbelumdrehung) die Geschwindigkeit denselben Wert erreicht, muß b

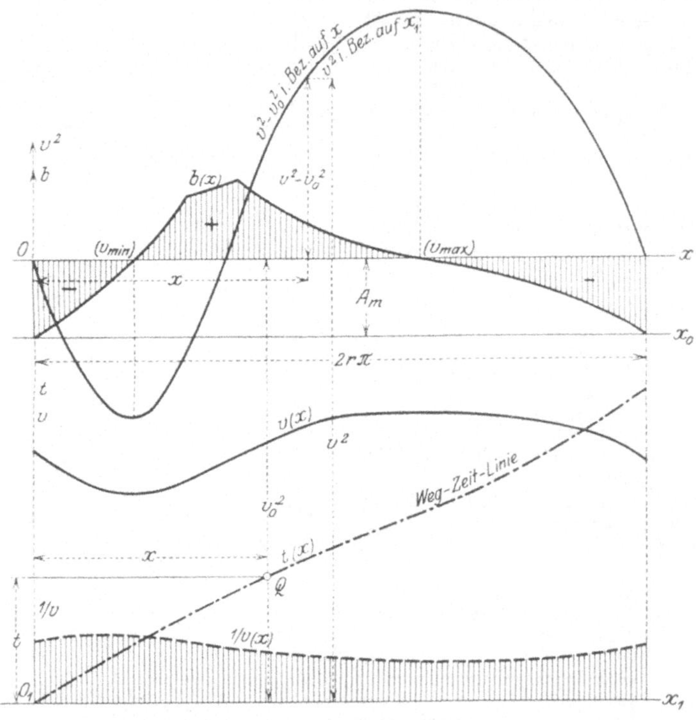

Abb. 100.

selbst diese Periode haben und überdies muß das in Gl. (125) auftretende Integral, über diese Wegperiode erstreckt, Null geben; d. h. die x-Achse ist so zu verlegen, daß die Flächenstücke der b-Linie über und unter der x-Achse gleich groß ausfallen. Die Konstante v_0 ist den Anfangsbedingungen entsprechend zu wählen (wir werden in der Dynamik der Maschine sehen, daß hierbei eine eigentümliche Schwierigkeit vorliegt), dann liefert die Ausführung der Integration nach Gl. (125): v^2 als Funktion von x, wodurch auch $v(x)$ und $1/v(x)$ gegeben sind. Die Fläche dieser letzteren Kurve, vom Anfangspunkt gemessen, liefert nach Gl. (126) $t(x)$ und damit auch $x = x(t)$, wobei jetzt die Wegachse horizontal gerichtet ist. Bei Ausführung dieser Konstruktion ist darauf zu achten, daß für alle vorkommenden Größen verschiedener Art (b, v^2, v) passende Maßstäbe gewählt werden, de von der angestrebten Genauigkeit abhängen und eine angemessene Unterbringung auf dem verfügbaren Zeichenraum zulassen.

Bemerkung über die graphische Bestimmung der Fläche einer Kurve. Für die hier und in allen ähnlichen Fällen notwendige Ermittlung der Fläche einer empirisch gegebenen

Kurve sind verschiedene Verfahren im Gebrauch: entweder man benutzt hierfür einen der dazu geeigneten Apparate, ein **Planimeter**, einen **Integraphen** oder man zeichnet die Kurve auf ein **Millimeter-papier** und erhält die Fläche durch Abzählung der Quadrate zwischen je zwei entsprechend nahe gewählten Ordinaten. Eine einfache und sehr verwendbare Methode zur angenäherten Ermittlung der **Integralkurve** k' einer gegebenen Kurve k ist in Abb. 101 gegeben; die Integralkurve k' ist definitionsgemäß gegeben durch

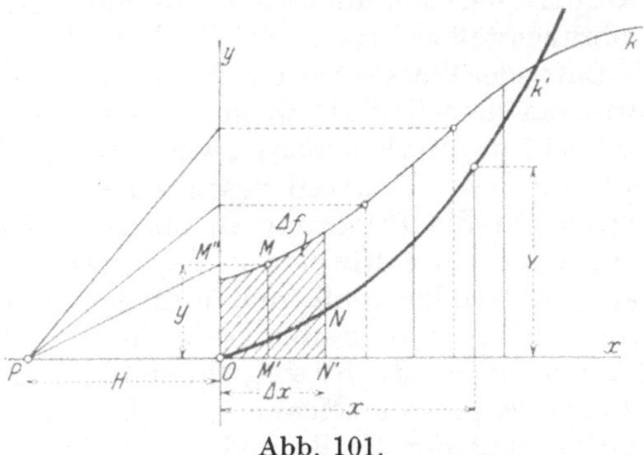

Abb. 101.

$$f = \int_0^x y\,dx, \quad \text{d. h.} \quad df = y\,dx, \quad \text{oder} \quad \frac{df}{dx} = y.$$

Die Ordinate y der gegebenen Kurve k gibt daher im wesentlichen die Tangentenneigung von k' an der betreffenden Stelle x. Um dies praktisch zu verwerten, teilt man die Fläche zwischen k und der x-Achse in eine entsprechende Anzahl von Streifen (nicht notwendig von derselben Breite) parallel zur y-Achse und zieht in jedem eine „Mittelordinate" $y = \overline{MM'}$, so daß $y \cdot \varDelta x$ (angenähert) die Fläche des betreffenden Streifens darstellt. Dann wählt man einen Pol P auf Ox ($OP = H = $ Polweite), projiziert M nach M'', verbindet P mit M' und zieht $ON \,\|\, PM''$; dann ist $\overline{N'N} = \varDelta Y$ und

$$\varDelta Y : \varDelta x = y : H, \qquad y\,\varDelta x = H \cdot \varDelta Y$$

und
$$\boxed{f = \Sigma y\,\varDelta x = H \cdot Y}, \quad \ldots \ldots \ldots \quad (130)$$

d. h. die Ordinate Y der so stückweise entstehenden Kurve k' gibt, mit H multipliziert, für jede Stelle x die Fläche der Kurve k.

d) b ist eine Funktion von v allein: $b \equiv b(v) = \dfrac{dv}{dt}$. In diesem Falle folgt durch Trennung der Veränderlichen (wenn für $t = 0$, $v = v_0$):

$$t = \int_{v_0}^{v} \frac{dv}{b(v)} = t(v) \quad \ldots \ldots \ldots \quad (131)$$

und durch Umkehrung $v = v(t) = \dfrac{dx}{dt}$, woraus (wenn für $t = 0$, $x = 0$) unmittelbar

$$x = \int_0^t v(t)\,dt,$$

d. i. die Gleichung für die Bewegung in endlicher Form fließt.

Die Abhängigkeit der Beschleunigung (oder Kraft) von der Geschwindigkeit kommt vor bei der Bewegung von Körpern unter dem Einfluß des Widerstandes des umgebenden Mittels. Wie jeder Körper, der mit anderen in Berührung ist, von diesen an den Berührungsstellen Druck- und Reibungskräfte erfährt, so wird auch ein in Luft oder Wasser bewegter Körper solche Druck- und Reibungskräfte erfahren, die teils die Bewegung unserer Fahrzeuge hindernd beeinflussen, teils zu Nutzzwecken dienen, wie der Auftrieb bei den Flugzeugen. Sehen wir von dieser letzteren Besonderheit ab, so haben wir uns im wesentlichen auf die Erfahrung zn stützen, daß man zur gleichförmigen Bewegung eines Körpers in Luft oder Wasser eine Kraft nach vorwärts anwenden muß, und dies deutet darauf hin, daß diese Summe der Druck- und Reibungskräfte im wesentlichen eine Kraft im Gegensinne zur Bewegungsrichtung ergibt; von diesem Widerstande zeigen die Messungen, daß er außer von der Dichte des Mittels und der Größe und Form des Körpers im wesentlichen — und darauf kommt es hier allein an — von der Geschwindigkeit abhängt, und zwar hat sich ergeben, daß die Beobachtungen in den meisten Fällen befriedigend dargestellt werden können, wenn der Widerstand mit dem Quadrat der Geschwindigkeit wachsend angenommen wird. Wir können dann für die entsprechende Beschleunigung setzen: $b_w = k v^2$, wobei k die erstgenannten Umstände in sich enthält (Näheres hierüber s. Hydraulik). Dieser Ansatz wird meist verwendet, wenn es sich um die Berücksichtigung des Widerstandes des umgebenden Mittels handelt; bei kleinen Geschwindigkeiten begügt man sich jedoch mit dem linearen Ansatz für die Geschwindigkeit: $b_w = 2\,\lambda\,v$, weil dies eine große Vereinfachung der Rechnung bedeutet, und in vielen Fällen ausreichende Ergebnisse liefert.

Beispiel 49. **Freier Fall mit Berücksichtigung des Luftwiderstandes.** Wenn außer der Beschleunigung g der Schwere noch der Luftwiderstand wirkt, so haben wir unter Berücksichtigung des oben Gesagten zu setzen:

$$b = \frac{dv}{dt} = g - b_w = g - k\,v^2$$

und erhalten mit $k/g = 1/c^2$:

$$dt = \frac{dv}{g - k\,v^2} = \frac{1}{g}\,\frac{dv}{1 - (v/c)^2} = -\frac{i\,c}{g}\cdot\frac{d\,u}{1 + u^2},$$

indem wir $v/c = -i\,u$, $dv = -i\,c\,d\,u$ ($i = \sqrt{-1}$) einführen. Daher ist (wenn für $t = 0$: $v = 0$, $u = 0$)

$$t = -\frac{i\,c}{g}\,\operatorname{arc\,tg} u, \qquad u = \operatorname{tg}\frac{i\,g\,t}{c} = \frac{i\,v}{c},$$

daraus folgt

$$v = \frac{c}{i}\,\operatorname{tg}\frac{i\,g\,t}{c} = c\,\operatorname{\mathfrak{Tg}}\frac{g\,t}{c} = c\cdot\frac{\operatorname{\mathfrak{Sin}} g\,t/c}{\operatorname{\mathfrak{Cof}} g\,t/c}$$

und aus $v = dx/dt$ endlich

$$x = \frac{c^2}{g}\,\log\operatorname{\mathfrak{Cof}}\frac{g\,t}{c} \quad . \quad . \quad . \quad . \quad . \quad . \quad . \quad . \quad . \quad . \quad (132)$$

Für $t = \infty$ wird $v = c = \sqrt{g/k}$, d. h. nach theoretisch unendlich langer (praktisch jedoch nur wenige Sekunden betragender) Zeit nähert sich v dem konstanten Wert c, der im wesent'ichen durch den Beiwert k in dem Ansatz für den Luftwiderstand bedingt ist; die Bewegung nähert sich asymptotisch, d. h. für $t = \infty$, einer gleichförmigen Bewegung mit dieser Grenzgeschwindigkeit c.

55. Fortsetzung. Wenn b eine beliebige Funktion der drei Argumente v, x, t ist, so läßt sich die Integration der Bewegungsgleichungen nicht allgemein durchführen. Es gibt jedoch noch einige Fälle, die praktisch wichtige Bewegungsformen betreffen, die vollständig gelöst werden können; mit ihnen befassen sich die folgenden Beispiele.

Beispiel 50. Gedämpfte harmonische Schwingung. Wenn außer der „Federkraft" $- \varkappa^2 x$ (wie in Beispiel 47) noch ein der Bewegung entgegengerichteter Widerstand — eine Dämpfung — vorhanden ist, die hier der Geschwindgkeit $v \leftharpoondown \dot{x}$ proportional angenommen werden soll, so lautet die Bewegungsgleichung

$$b = - \varkappa^2 x - 2 \lambda v, \quad \text{oder} \quad \ddot{x} + 2 \lambda \dot{x} + \varkappa^2 x = 0 \ \ . \ . \ . \ . \ . \ (133)$$

2λ nennt man die Dämpfungskonstante. Die Integration wird geleistet durch den Ansatz: $x = A \cdot e^{pt}$ und liefert für p die quadratische Gleichung

$$p^2 + 2 \lambda p + \varkappa^2 = 0, \quad \text{deren Wurzeln sind:} \quad p_{1,2} = - \lambda \pm \sqrt{\lambda^2 - \varkappa^2}.$$

Die vollständige Lösung lautet daher

$$x = A_1 e^{\cdot p_1 t} + A_2 \cdot c^{p_2 t},$$

worin A_1 und A_2 die Integrationskonstanten bedeuten. Für die Art der eintretenden Bewegung sind die Zahlenwerte von λ und $\varkappa$ maßgebend; hierbei sind fo'gende Fälle zu unterscheiden:

a) Schwache Dämpfung $\lambda < \varkappa$; wir setzen $\sqrt{\lambda^2 - \varkappa^2} = i \nu$ und erhalten

$$e^{p_{1,2} t} = e^{- \lambda t} \cdot e^{\pm i \nu t} = e^{- \lambda t} \cdot (\cos \nu t \pm i \sin \nu t),$$

so daß

$$x = e^{- \lambda t} \left[(A_1 + A_2) \cos \nu t + i (A_1 - A_2) \sin \nu t \right].$$

Um die Lösung in reeller Form zu erhalten, müssen wir A_1 und A_2, die willkürlich sind, als konjugiert-komplexe Größen annehmen und setzen

$$A_1 = \tfrac{1}{2} (a_1 - a_2 i), \qquad A_2 = \tfrac{1}{2} (a_1 + a_2 i),$$

wobei a_1 und a_2 reell sind. Setzen wir noch

$$A_1 + A_2 = a_1 = a \sin \varepsilon, \qquad i (A_1 - A_2) = a_2 = a \cos \varepsilon,$$

so kommt endlich

$$\boxed{x = a \, e^{- \lambda t} \sin (\nu t + \varepsilon)}, \quad . \ . \ . \ . \ . \ . \ . \ . \ . \ (134)$$

wobei die Integrationskonstanten a und ε sind.

Da der Sinus mit der Halbperiode

$$\frac{T}{2} = \frac{\pi}{\nu} = \frac{\pi}{\sqrt{\varkappa^2 - \lambda^2}} \quad . \ . \ . \ . \ . \ . \ . \ . \ . \ . \ (135)$$

die Grenzen ± 1 annimmt und dazwischen je einmal verschwindet, so verläuft x jedenfalls zwischen den beiden durch $x = \pm a \, e^{- \lambda t}$ gegebenen Kurven (Abb. 102). $e^{- \lambda t}$ nennt man den Dämpfungsfaktor.

Die Periode T erscheint im Vergleich zur ungedämpften Schwingung mit demselben $\varkappa$ vergrößert, d. h. die Schwingungen verlaufen **langsamer**. Die aufeinanderfolgenden Maxima und Minima treten ein, sobald

$$\dot{x} = a\,e^{-\lambda t}\,[-\lambda \sin(\nu t + \varepsilon) + \nu \cos(\nu t + \varepsilon)] = 0 \,,$$

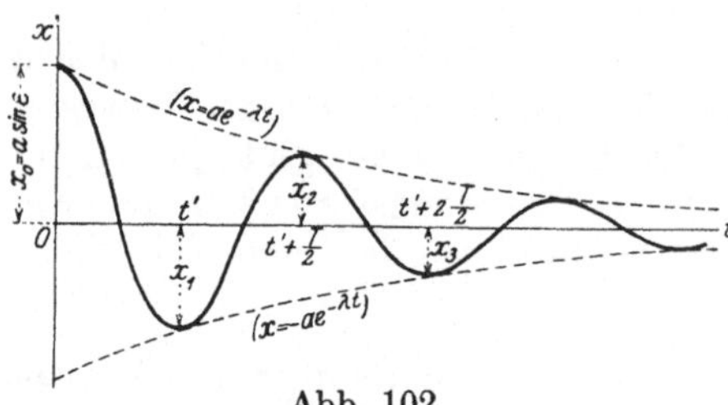

d. h. für alle t, für die

$$\operatorname{tg}(\nu t + \varepsilon) = \nu/\lambda \,.$$

Wenn diese Gleichung etwa für $t = t'$ befriedigt ist, so trifft dasselbe zu für die Werte

$$t', \quad t' + \frac{T}{2}, \quad t' + 2\frac{T}{2},$$

$$t' + 3\frac{T}{2}. \, \ldots$$

Abb. 102.

Die diesen Zeiten entsprechenden **Wege** sind

$$x_1 = a\cdot e^{-\lambda t'}\cdot\sin(\nu t' + \varepsilon), \quad x_2 = -a\cdot e^{-\lambda t' - \lambda\cdot T/2}\cdot\sin(\nu t' + \varepsilon), \quad \text{usw.}$$

und es folgt für das Verhältnis je zweier aufeinanderfolgender Ausschläge (abgesehen vom Vorzeichen)

$$\frac{x_1}{x_2} = \frac{x_2}{x_3} = \ldots = \text{konst.} = e^{\lambda T/2} \,,$$

dies nennt man das **Dämpfungsverhältnis** und $\log x_1 - \log x_2 = \lambda T/2$ (nach **Gauß**) das **logarithmische Dekrement**; wir erhalten also das Ergebnis, daß die logarithmische „Abnahme" der Schwingungswege eine längs des ganzen Schwingungsverlaufes konstante Größe besitzt.

    b) **Starke Dämpfung** $\lambda > \varkappa$, $\sqrt{\lambda^2 - \varkappa^2} > 0$. Die Weg-Zeit-Linie wird dargestellt durch

$$x = A\cdot e^{(-\lambda - \sqrt{\lambda^2 - \varkappa^2})\,t} + B\cdot e^{(-\lambda + \sqrt{\lambda^2 - \varkappa^2})\,t} \quad \ldots \ldots \, (136)$$

Da beide Exponenten der e-Funktionen reell sind und $\lim\limits_{t\to\infty} x \to 0$, so verläuft die Bewegung ohne Schwingungen asymptotisch gegen die Lage $x = 0$. Die besondere Form hängt von der Geschwindigkeit v_0 für $t = 0$ ab; je nachdem $v_0 \gtreqless 0$ ist, erhält man die drei in Abb. 103 gegebenen Formen.

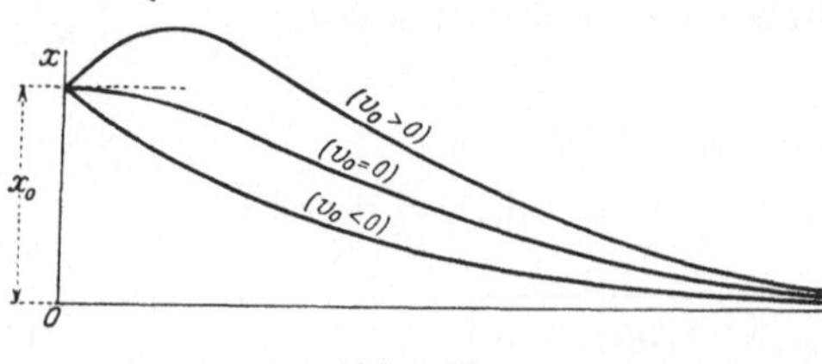

c) Für den **Übergangsfall** $\lambda = \varkappa$ erhält man die vollständige Lösung durch eine Grenzbetrachtung in der Form

$$x = (A + Bt)\,e^{-\lambda t}, \quad (137)$$

x verläuft hier ebenfalls ohne Schwingungen gegen Null.

Abb. 103.

Die hier und in Beispiel 47 betrachteten Fälle bezeichnet man auch als „freie" Schwingungen des Punktes.

    Beispiel 51. Erzwungene Schwingung. Resonanz. Wir wollen annehmen, daß außer der „Federkraft" ($\varkappa^2 x$) und der „Dämpfungskraft" $2\lambda v$) noch eine mit der Zeit **periodisch** veränderliche eingeprägte Kraft vorhanden sei, die also in einem bestimmten „Rhythmus" auf den schwingungsfähigen Punktkörper einwirkt. Derartige periodische Kräfte spielen nicht nur im Gebiete der technischen Mechanik eine große Rolle (man denke an die Bewegungen, die durch die periodisch verlaufenden Massenkräfte von Maschinen in diesen selbst und in Gebäuden oder Fahrzeugen aller Art auftreten, in denen Maschinen eingebaut sind), sie sind auch für alle anderen Zweige der Physik, wie Akustik, Elektrizitätslehre, Optik usw. von besonderer Bedeutung.

Den einfachsten Fall erhalten wir, wenn wir die periodische Kraft als mit der Zeit sinusförmig veränder'ich annehmen, also für die Beschleunigung etwa $R \sin \nu t$ setzen, so daß die Bewegungsgleichung wird

$$\ddot{x} + 2\lambda\dot{x} + \varkappa^2 x = R \sin \nu t \quad \ldots \ldots \ldots \quad (138)$$

Dieser Ansatz rechtfertigt sich dadurch, daß man jede beliebige periodisch veränderliche Kraft in eine nach trigonometrischen Funktionen der Vielfachen von νt fortschreitende Reihe entwickeln und den Einfluß jedes einzelnen Gliedes dieser Reihe untersuchen kann.

Wenn in einem Kraftwagen der Motor läuft, nehmen wir Erschütterungen wahr, die im „Tempo" der Motorbewegung erfolgen. Aus allen derartigen Erscheinungen schließen wir, daß die eintretende Bewegung ebenfalls eine mit t periodisch veränderliche sein wird, und zwar von derselben Periode $2\pi/\nu$ wie die der „erregenden" oder eingeprägten Kraft; wir setzen daher, indem wir die „Phasenlage" dieser erzeugten Schwingung gegen die erregende Beschleunigung offen lassen:

$$x \equiv x_1 = C \sin (\nu t - \alpha) \quad \ldots \ldots \ldots \quad (139)$$

wobei C und α jedoch nicht willkürliche Integrationskonstante, sondern durch die Differentialgl. (138) selbst bestimmt sind. Soll der Ansatz (139) die Gl. (138) identisch erfüllen, so müssen die Koeffizienten von $\sin(\nu t - \alpha)$ und $\cos(\nu t - \alpha)$ zu beiden Seiten der Gleichung übereinstimmen; hierzu setzen wir rechts $\nu t = (\nu t - \alpha) + \alpha$ und erhalten:

$$-\nu^2 C \sin (\nu t - \alpha) + 2\lambda\nu C \cos (\nu t - \alpha) + \varkappa^2 C \sin (\nu t - \alpha) = R\,[\sin (\nu t - \alpha) \cos \alpha$$
$$+ \cos (\nu t - \alpha) \sin \alpha],$$

daraus fließen durch Vergleich der Koeffizienten von $\sin(\nu t - \alpha)$ und $\cos(\nu t - \alpha)$

$$\begin{aligned}(\varkappa^2 - \nu^2)\,C &= R \cos \alpha \\ 2\lambda\nu\,C &= R \sin \alpha \end{aligned} \Bigg\}$$

oder endlich

$$C = \frac{R}{\sqrt{(\varkappa^2 - \nu^2)^2 + 4\lambda^2\nu^2}}, \qquad \operatorname{tg} \alpha = \frac{2\lambda\nu}{\varkappa^2 - \nu^2} \quad \ldots \ldots \quad (140)$$

Es ergibt sich für $x_1 = x_1(t)$ tatsächlich eine einfache harmonische Schwingung von derselben Periode $2\pi/\nu$ wie die „erregende" Schwingung; diese beiden durchschreiten aber ihre Nullwerte nicht gleichzeitig; vielmehr tut dies für $\varkappa > \nu$ die eintretende Schwingung immer später als die erregende ($\alpha > 0$!), sie ist, wie man sagt, „in der Phase gegen die erregende Schwingung zurück".

Zu dieser „partikulären" Lösung von Gl. (139), die keine willkürliche Konstante enthält, ist noch die Lösung (134) der zugehörigen „homogenen" Gl. (133) hinzuzufügen, mittels we'cher die zwei Anfangsbedingungen der Aufgabe erfüllt werden können. Diese „überlagerte freie Schwingung" klingt aber rasch ab und im weiteren Verlaufe bleibt nur die erzwungene Schwingung (139) übrig.

Diskussion der erhaltenen Lösung. Betrachten wir erregende Schwingungen mit verschiedenen Perioden $2\pi/\nu$, d. h. lassen wir ν etwa von 0 bis ∞ wachsen, so zeigt Gl. (140), daß C bei gegebenen R, $\varkappa$, λ am größten wird, wenn der Nenner seinen kleinsten Wert annimmt, d. h. für $\nu^2 = \varkappa^2 - 2\lambda^2$. Nicht für diesen Wert von ν, sondern für den Fall $\nu = \varkappa$, wenn also die erregende Schwingung im selben Rhythmus erfolgt wie die ungedämpfte harmonische Schwingung, spricht man von Resonanz; für $\lambda = 0$ und $\nu = \varkappa$ wird sogar $C = \infty$, was ein übermäßiges Anwachsen der Schwingungen anzeigt. Die Abhängigkeit des Wertes C von ν ist in Abb. 104 dargestellt; für $\nu = \varkappa$ ist $C_{(\nu = \varkappa)} = R/2\lambda\varkappa$ und für $\nu = \sqrt{\varkappa^2 - 2\lambda^2} < \varkappa$ erhält man den größten Wert von C und es ist, wie man durch Einsetzen dieses Wertes aus (140) unmittelbar erhält, $C_{\max} = \dfrac{R}{2\lambda\sqrt{\lambda^2 + \nu^2}} = \dfrac{R}{2\lambda\sqrt{\varkappa^2 - \lambda^2}} > C_{(\nu = \varkappa)}$. Die Abhängigkeit des Winkels α

von ν ist durch Abb. 105 gegeben, die die bildliche Darstellung der zweiten

Gl. (140) ist; für $\nu = 0$ ist $\alpha = 0$, für $\nu = \varkappa$: $\alpha = \dfrac{\pi}{2}$; für $\nu = \infty$: $\alpha = \pi$.

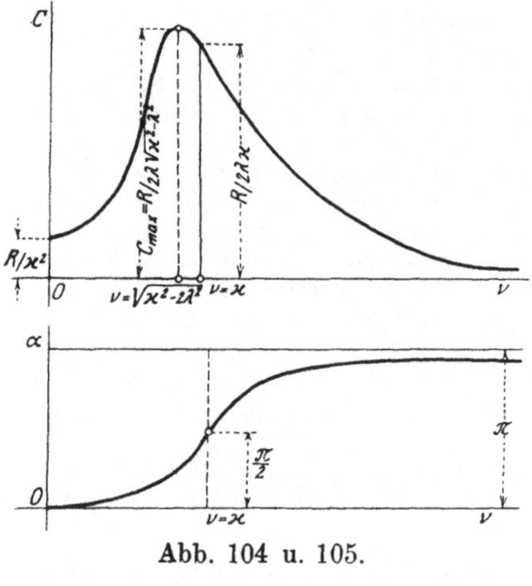

Abb. 104 u. 105.

Aus diesen Ergebnissen müssen wir schließen, daß jedes „schwingungsfähige System" sehr stark durch periodische Kräfte beeinflußbar ist, die mit seiner Eigenschwingungs zahlübereinstimmen, oder dieser nahe kommen. So können Brücken unter dem Gleichtritt taktmäßig marschierender Truppenkörper gefährdet werden, wenn das Marschtempo mit der Schwingungszahl der elastischen Hauptschwingung der Brücke übereinstimmt. Ebenso können Wellenbrüche bei Maschinen auftreten — und sind tatsächlich beobachtet worden - , wenn ihre Drehzahl mit der Eigenschwingungszahl der Welle übereinstimmt. Ein Beispiel, bei dem diese Erscheinung in größtem Ausmaße zur Anwendung kommt, ist die drahtlose Telegraphie, bei der die Resonanz zwischen einer erregenden elektrischen Schwingung und der „elektrischen" Eigenschwingung eines „Schwingungskreises" verwertet wird. Eines der interessantesten Resonanzprobleme bietet übrigens auch die Stimme des Menschen und der Tiere dar.

55. Krummlinige Bewegung in der Ebene in Cartesischen Koordinaten. Die Darstellung der Geschwindigkeit und Beschleunigung in Cartesischen Koordinaten, die wir bisher allein verwendet haben, eignet sich insbesondere dann, wenn durch die Beschaffenheit des vorgelegten Problems eine Bevorzugung bestimmter Richtungen gegeben erscheint. Bei den Bewegungen im Schwerefeld der Erde in der Nähe der Erdkruste, das angenähert „homogen" ist, und daher an allen Stellen lotrechte Richtung der Beschleunigung ergibt, wird die Wahl dieser Koordinaten nahe gelegt. In allen Fällen zeigt sich, daß durch Verwendung der dem Problem sich anschmiegenden oder diesem „angepaßten" Koordinaten die rechnerische Behandlung wesentlich erleichtert, in manchen Fällen praktisch überhaupt erst ermöglicht wird. — Der Ansatz des Problems geschieht immer in der Weise, daß die raum-zeitlichen Ausdrücke für die Beschleunigung $\bar{b}$ in diesen Koordinaten den gegebenen — eingeprägten — Komponenten der Beschleunigung $\bar{b}_e$ (als Funktionen von x, y, v_x, v_y, t) gleichgesetzt werden: $\bar{b} = \bar{b}_e$.

Beispiel 52. Schiefer Wurf im luftleeren Raume. Da der Beschleunigungsvektor $\bar{g}$ der Schwere in allen Punkten A der Bahn lotrecht nach abwärts gerichtet ist, legen wir etwa die y-Achse ebenfalls lotrecht, und zwar nach aufwärts, die x-Achse horizontal (Abb. 106a). Die Beschleunigungen nach x und y sind dann

$$b_x \equiv \dot{v}_x = 0, \qquad b_y \equiv \dot{v}_y = -g$$

und daraus

$$v_x = \text{konst.} = v_0 \cos \alpha = \dot{x}, \quad v_y = \text{konst.} - gt = v_0 \sin \alpha - gt = \dot{y} \quad . \; . \quad (141)$$

indem wir die Geschwindigkeit in 0 für $t = 0$ von der Größe v_0 und unter dem Winkel α gegen die Horizontale geneigt annehmen. Die „Wege" sind (wenn für $t = 0$: $x = 0$, $y = 0$)

$$x = v_0 t \cos \alpha, \quad y = v_0 t \sin \alpha - \frac{1}{2} gt^2 \; . \; . \; . \; . \; . \; . \; . \; . \quad (142)$$

Die Bahn ist eine Parabel, wie sich durch Elimination von t aus diesen Gleichungen ergibt. Für ihren höchsten Punkt S ist $v_y = 0$, also die „Steigzeit" bis dahin nach Gl. (141): $T = v_0 \sin \alpha / g$, die „Wurfhöhe" H und die „Wurfweite" W nach Gl. (142):

$$H = y_{(t=T)} = \frac{v_0{}^2 \sin^2 \alpha}{2g}, \qquad W = 2\,x_{(t=T)} = \frac{v_0{}^2 \sin 2\alpha}{g} \; . \; . \; . \quad (143)$$

Der Geschwindigkeitsplan (Abb. 106b) ist das Stück einer lotrechten Linie in Verbindung mit dem „Pole" P. Es ist für jede Stelle $\overline{Pv} = \overline{v}$. Die Größe der Geschwindigkeit ist nach Gl. (141) nach Benutzung von Gl. (142)

$$v^2 = v_x{}^2 + v_y{}^2 = v_0{}^2 - 2gy$$

ist also nur abhängig von der Höhe y über dem Horizont.

Als Anwendung dieser einfachen Formeln beantworten wir die Frage nach jenem Winkel α, unter dem mit einer bestimmten Anfangsgeschwindigkeit v_0 geworfen oder geschossen werden muß, um ein bestimmtes Ziel $Z\,(x,y)$ zu erreichen.

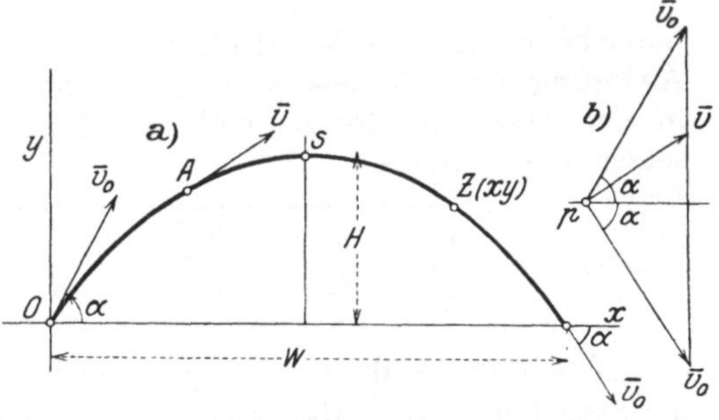

Abb. 106.

Hierzu benutzen wir die durch Elimination von t aus den Gln. (142) hervorgehende Parabelgleichung in der Form

$$y = x \, \text{tg}\, \alpha - (1 + \text{tg}^2 \alpha) \cdot x^2/4h, \quad \text{worin} \quad h = v_0{}^2/2g;$$

dies ist eine quadratische Gleichung für $\text{tg}\,\alpha$ und liefert die Wurzeln:

$$\text{tg}\,\alpha = \frac{1}{x} \left[2h \pm \sqrt{4h^2 - 4hy - x^2} \right]$$

Man erhält also im allgemeinen zwei Werte, einen Flachwurf oder Flachschuß (Kanone) und einen Steilwurf oder Steilschuß (Haubitze oder Mörser); nur wenn die Quadratwurzel imaginär wird, wenn also $4h^2 - 4hy - x^2 < 0$, kann das gegebene Ziel (x,y) mit gegebenem v_0 (oder h) nicht erreicht werden. Für die Punkte der „Grenzparabel" $4h^2 - 4hy - x^2 = 0$, deren Lage leicht eingezeichnet werden kann, fallen die beiden möglichen Wurfparabeln zusammen.

56. Natürliche Zerlegung: Tangential- und Normalbeschleunigung. Zu jeder Kurve gibt es zwei mit ihr „natürlich" (d. h. ohne Beziehung auf ein von der Kurve unabhängiges Achsenkreuz) verbundene Richtungen: die Tangente und Normale. Die Zerlegung von $\bar{b}$ nach diesen liefert die Tangentialbeschleunigung $\bar{b}_t$ und Normalbeschleunigung $\bar{b}_n$; ihre Ausdrücke erhält man nach Abb. 96, indem man den vektoriellen Zuwachs $\overline{\Delta v}$ von $\bar{v}$ durch die Summe ausdrückt:

$$\overline{\Delta v} = \overline{\Delta u} + \overline{\Delta w},$$

durch Δt dividiert und $\Delta t \rightarrow 0$ werden läßt:

$$\bar{b} = \bar{b}_t + \bar{b}_n, \quad\ldots\ldots\ldots\ldots \quad (144)$$

wobei

$$b_t = \lim_{\Delta t \to 0} \frac{v' - v\cos\Delta\varphi}{\Delta t} = \lim_{\Delta t \to 0} \frac{v' - v}{\Delta t} = \lim_{\Delta t \to 0} \frac{\Delta v}{\Delta t} = \frac{dv}{dt}$$

und

$$b_n = \lim_{\Delta t \to 0} \frac{v\sin\Delta\varphi}{\Delta t} = v\lim_{\Delta t \to 0}\left(\frac{\Delta\varphi}{\Delta s}\cdot\frac{\Delta s}{\Delta t}\right) = v^2\lim_{\Delta t \to 0}\frac{\Delta\varphi}{\Delta s} = \frac{v^2}{\varrho},$$

wenn $\varrho = \overline{AK}$ den **Krümmungshalbmesser** und ds das Bogen-element bedeutet, da $ds/dt = v$. Die Größe

$$\boxed{\lim_{\Delta t \to 0}\frac{\Delta\varphi}{\Delta t} = \frac{d\varphi}{dt} = \omega} \quad\ldots\ldots\ldots \quad (145)$$

bezeichnet man als **Winkelgeschwindigkeit**, d. i. das Maß der Änderung des Winkels φ der Tangente gegen eine feste Richtung in der Ebene in der Zeiteinheit. Wir können daher auch $v = \varrho\omega$ setzen und erhalten:

$$\boxed{b_t = \frac{dv}{dt} = v\frac{dv}{ds}, \quad b_n = \frac{v^2}{\varrho} = \varrho\omega^2 = v\omega} \quad\ldots \quad (146)$$

Wir können daher die vektorielle Änderung von $\bar{v}$, d. i. eben die Beschleunigung $\bar{b}$, darstellen durch einen „tangentialen" Teil b_t, der nur die Änderung der Größe von v angibt und einen „normal gerichteten" Teil $b_n = v\omega$, der dadurch entsteht, daß $\bar{v}$ mit der Winkelgeschwindigkeit ω gedreht wird: die Richtung von b_n ist zu $\bar{v}$ senkrecht, und zwar in der Drehrichtung der Tangente um $\dfrac{\pi}{2}$ gegen $\bar{v}$ verdreht.

b_n ist durch die Geschwindigkeit v und die Form der Bahn ϱ allein bestimmt, und ist nach dem Krümmungsmittelpunkt K hin gerichtet, während b_t jeden beliebigen positiven oder negativen Wert haben kann.

Die Dimension von ω ist $[1/T]$, ihre Einheit $1/\text{sek}$.

Wir erhalten damit die im folgenden oft zur Anwendung gelangende Regel: Die **vektorielle Zeitableitung** $\dfrac{d\bar{r}}{dt} = \dot{\bar{r}}$ eines beliebigen Vektors $\bar{r}$ besteht aus 2 Teilen: dem Teil $\dot{r}$ in Richtung von $\bar{r}$, der von der Größenänderung von r herrührt, und dem Teil $r\omega = r\dot{\varphi}$ in Richtung $\perp r$, dessen Richtung sich aus $\bar{r}$ durch Drehung um $\pi/2$ im Sinn von ω ergibt und der davon herrührt, daß $\bar{r}$ mit der Winkelgeschwindigkeit $\omega = \dot{\varphi}$ gedreht wird.

Diese Regel, auf den Geschwindigkeitsvektor $\bar{v}$ angewendet, führt gerade auf die Beschleunigungen b_t und b_n.

Durch einen ähnlichen Schritt, wie aus der Geschwindigkeit die Beschleunigung, erhalten wir aus der Winkelgeschwindigkeit die Winkelbeschleunigung λ, die von 0 verschieden ist, wenn ω veränderlich ist:

$$\lambda = \lim_{\varDelta t \to 0} \frac{\omega\,(t + \varDelta t) - \omega\,(t)}{\varDelta t} = \frac{d\omega}{dt} = \dot\omega = \frac{d^2\varphi}{dt^2} = \ddot\varphi \qquad . \ (147)$$

ihre Dimension ist $[1/T^2]$. Bei der Drehung um einen festen Punkt ist insbesondere

$$b_t = \dot v = r\,\dot\omega = r\,\ddot\varphi = r\,\lambda, \qquad b_n = \frac{v^2}{r} = r\,\omega^2 = v\,\omega \qquad . \ . \ (148)$$

Beispiel 53. Für die gleichförmige Bewegung im Kreise vom Halbmesser r mit der Geschwindigkeit $v =$ konst. ist $ds = r\,d\varphi$, daher (Abb. 107)

$$v = \frac{ds}{dt} = r\,\frac{d\varphi}{dt} = r\,\omega = \text{konst.}, \quad \text{also auch} \ \ \omega = \text{konst.}$$

Die Umlaufszeit T folgt aus

$$2\,\pi r = v \cdot T, \qquad T = \frac{2\,r\,\pi}{v} = \frac{2\,\pi}{\omega} \qquad \ldots \ldots \ldots \ (149)$$

Statt der Winkelgeschwindigkeit verwendet man in der Praxis gewöhnlich die **Drehzahl** n und versteht darunter die **Umlaufszahl in 1 min**; sie folgt durch Berechnung des Weges in 1 sek: Der Weg in 1 min ist $2\,r\,\pi \cdot n$, daher in 1 sek: $2\,r\,\pi\,n/60 = v = r\,\omega$, und

$$\omega = \frac{\pi\,n}{30}, \quad \text{oder} \quad n = \frac{30\,\omega}{\pi} \qquad . \ . \ (150)$$

Die Beschleunigung ist gegeben durch

$$b_t = 0, \ b_n = \frac{v^2}{r} = r\,\omega^2 = v\,\omega,$$

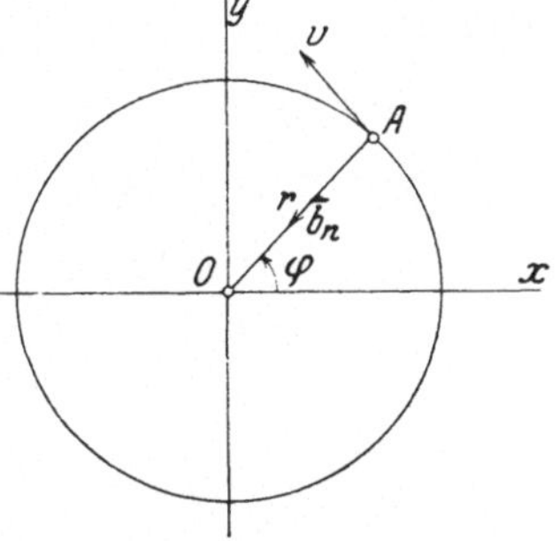

Abb. 107.

ist also stets nach dem Mittelpunkte gerichtet, und muß natürlich auf irgendeine Weise auf den bewegten Punkt übertragen werden.

Die Projektion dieser Beschleunigung auf irgendeinen Durchmesser, z. B. Ox, ist gegeben durch $b_x = b_n \cos\varphi = -r\,\omega^2 \cos\varphi = -\omega^2 x$, und dies ist das für die harmonische Schwingung kennzeichnende Gesetz: Die Projektion des bewegten Punktes auf irgendeine Gerade führt daher eine einfache Schwingung aus, deren Periode nach Beisp. 47 $= 2\pi/\omega$, natürlich gleich der Umlaufszeit der Kreisbewegung ist.

Beispiel 54. Schiefer Wurf mit Luftwiderstand (ballistisches Problem). Nimmt man zur Beschleunigung g des Schwerefeldes den „Luftwiderstand" als eine Beschleunigung von der Größe $k\,v^2$ hinzu, in jedem Punkte tangentiell zur Bahn und zu $\bar v$ entgegengesetzt gerichtet, so erhält man die endlichen Gleichungen für die Bewegung am einfachsten, wenn man die beiden Zerlegungsarten kombiniert, die wir bis jetzt kennen gelernt haben; dies entspricht auch ganz natürlich der Kombination des lotrechten (von der Bahnkurve unabhän-

8*

gigen) Schwerefeldes mit dem Luftwiderstand, der in jedem Punkte in der Tangente wirkt, die der Kurve selbst angehört. Wir verwenden am besten die Projektionsgleichungen der Beschleunigungen nach x und nach n (Abb. 108)

$$\begin{cases} b_x = \dot{v}_x = \dfrac{dv_x}{dt} = -kv^2 \cos\vartheta \\[2mm] b_n = \dfrac{v^2}{\varrho} = -v\dfrac{d\vartheta}{dt} = g\cos\vartheta \quad \left(\text{da } \dfrac{1}{\varrho} = -\dfrac{d\vartheta}{ds} = -\dfrac{1}{v}\dfrac{d\vartheta}{dt} \right). \end{cases}$$

Dividiert man beide Gleichungen durcheinander und setzt $v = v_x/\cos\vartheta$, so folgt

$$-\frac{dv_x}{v_x{}^3} + \frac{k}{g}\frac{d\vartheta}{\cos^3\vartheta} = 0$$

eine Gleichung, die unmittelbar integriert werden kann und liefert:

$$\frac{1}{v_x{}^2} + \frac{2k}{g}\int \frac{d\vartheta}{\cos^3\vartheta} = \text{konst.},$$

wobei die Konstante durch $v_x = v_{x0} = v_0\cos\vartheta_0$ für $\vartheta = \vartheta_0$ bestimmt ist. Aus dieser Gleichung ist v_x als Funktion von ϑ bestimmt: $v_x = v_x(\vartheta)$, daher kennt man auch

$$v = v_x(\vartheta)/\cos\vartheta = v(\vartheta)$$

und aus der Gleichung für b_n:

$$v(\vartheta)\frac{d\vartheta}{dt} = -g\cos\vartheta,$$

ergibt sich

$$dt = -\frac{1}{g}\frac{v(\vartheta)}{\cos\vartheta}\,d\vartheta$$

nnd daraus

$$t = -\frac{1}{g}\int \frac{v(\vartheta)}{\cos\vartheta}\,d\vartheta,$$

also $t = t(\vartheta)$ und durch Umkehrung $\vartheta = \vartheta(t)$. Weiter folgt aus $\dot{x} = v\cos\vartheta$, $\dot{y} = v\sin\vartheta$:

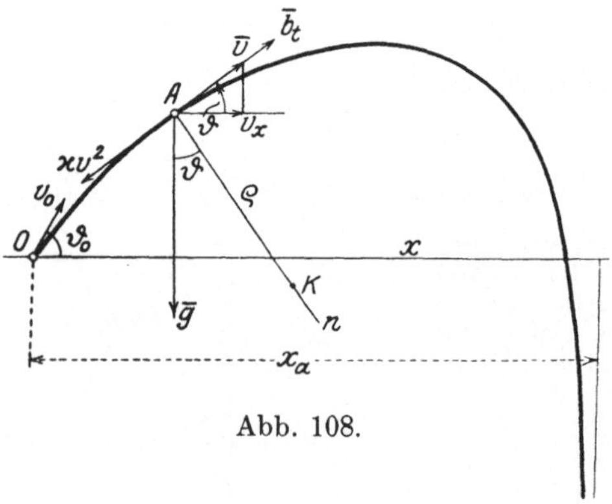

$$dx = v(\vartheta)\cos\vartheta\,dt = -\frac{1}{g}\cdot v^2(\vartheta)\,d\vartheta, \qquad dy = -\frac{1}{g}v^2(\vartheta)\,\mathrm{tg}\,\vartheta\,d\vartheta,$$

also

$$x = -\frac{1}{g}\int v^2(\vartheta)\,d\vartheta + \text{konst.}, \qquad y = -\frac{1}{g}\int v^2(\vartheta)\,\mathrm{tg}\,\vartheta\,d\vartheta + \text{konst.},$$

Abb. 108.

wodurch $x = x(\vartheta)$, $y = y(\vartheta)$ und wegen $\vartheta = \vartheta(t)$ auch $x = x(t)$, $y = y(t)$ also die endlichen Bewegungsgleichungen bekannt sind. Da sich die Integrale in endlicher Form nicht auswerten lassen, empfiehlt sich die Anwendung der graphischen Integration wie in Beispiel 48. Eine genauere Betrachtung der Formeln zeigt, daß die Bahn für einen endlichen Wert $x = x_a$ eine vertikale Asymptote hat und die Geschwindigkeit sich für $t \to \infty$ der Grenzgeschwindigkeit $\sqrt{g/k}$ nähert.

57. Geschwindigkeit und Beschleunigung in Polarkoordinaten. Flächengeschwindigkeit. Wenn die Polarkoordinaten eines bewegten Punktes r und φ sind, so berechnen wir die Teilgeschwindigkeiten von $\bar{v}$ in Richtung des positiven Fahrstrahls: $\bar{v}_r$ und in Richtung des zunehmenden Polarwinkels: $\bar{v}_\varphi$. Da die Teile des Bogenelements

ds nach diesen beiden Richtungen dr und $r\,d\varphi$ sind, so ist unmittelbar zu setzen:

$$\boxed{\bar v = \bar v_r + \bar v_\varphi, \qquad v_r = \dot r, \qquad v_\varphi = r\dot\varphi = r\omega} \quad \ldots \ (151)$$

Dieselben Ausdrücke erhält man auch, wenn man die Geschwindigkeitsteile v_x, v_y in Cartesischen Koordinaten auf die Richtungen r und $\perp r$ projiziert und die Polarkoordinaten einführt. $v_r(\|r)$ gibt die Änderung der Größe von r, $v_\varphi (\perp r)$ entspringt aus dem Umstande, daß $\bar r$ (wie in 56) mit der Winkelgeschwindigkeit ω gedreht wird (Abb. 109).

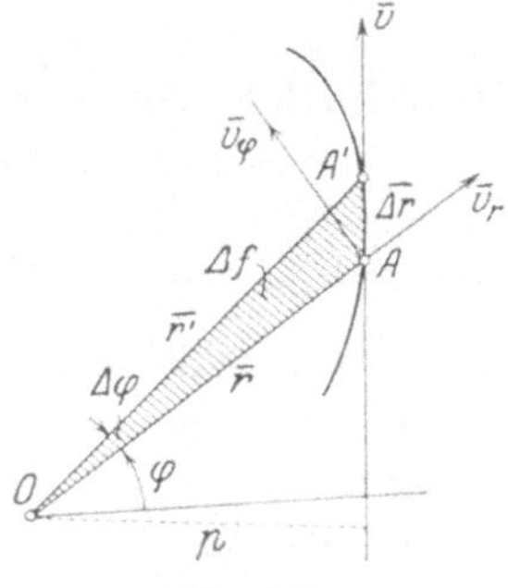

Abb. 109.

Ebenso führt die zweimalige Differentiation von $x = r\cos\varphi$ und $y = r\sin\varphi$ und Projektion von $\ddot x$ und $\ddot y$ auf die Richtungen $\|r$ und $\perp r$ auf die Ausdrücke für die Beschleunigung

$$\boxed{\bar b = b_r + \bar b_\varphi \begin{cases} b_r = \ddot r - r\dot\varphi^2, \\[2mm] b_\varphi = r\ddot\varphi + 2\dot r\dot\varphi = \dfrac{1}{r}\dfrac{d}{dt}\left(r^2\dot\varphi\right) \end{cases}} \quad \ldots \ (152)$$

Denn es ist

$$\dot x = \dot r\cos\varphi - r\sin\varphi\,\dot\varphi, \qquad \dot y = \dot r\sin\varphi + r\cos\varphi\,\dot\varphi$$

$$\ddot x = \ddot r\cos\varphi - 2\dot r\sin\varphi\,\dot\varphi - r\sin\varphi\,\ddot\varphi - r\cos\varphi\,\dot\varphi^2,$$

und $\quad \ddot y = \ddot r\cos\varphi + 2\dot r\cos\varphi\,\dot\varphi + r\cos\varphi\,\ddot\varphi - r\sin\varphi\,\dot\varphi^2$

$$b_r = \ddot x\cos\varphi + \ddot y\sin\varphi, \qquad b_\varphi = -\ddot x\sin\varphi + \ddot y\cos\varphi,$$

was zu den Gln. (152) führt.

Diese Gleichungen können aber auch unmittelbar durch Anwendung der Regel für die Änderung der Vektoren $\bar v_r$ und $\bar v_\varphi$ gewonnen werden: In die Richtung r fällt die Änderung der Größe von $\bar v_r$, also $\dot v_r = \dfrac{d v_r}{dt} = \ddot r$, außerdem der Teil, der durch Drehung des Vektors von v_φ im positiven Sinne von ω entsteht: $v_\varphi\cdot\omega = r\dot\varphi^2$, aber mit dem $-$-Zeichen, da die Richtung des so gedrehten v_φ von A gegen O hinweist. Ebenso in Richtung $\perp r : \dot v_\varphi = \dfrac{d v_\varphi}{dt} = \dfrac{d(r\dot\varphi)}{dt}$ $= r\ddot\varphi + \dot r\dot\varphi$ von der Größenänderung von v_φ, und $v_r\omega = \dot r\dot\varphi$ von der Richtungsänderung von v_r herrührend, also $b_\varphi = r\ddot\varphi + 2\dot r\dot\varphi$ wie zuvor.

Als Flächengeschwindigkeit η bezeichnet man die in der Zeiteinheit vom Fahrstrahl $\bar r$ überstrichene Fläche. Da die zwischen zwei Fahrstrahlen $\bar r$ und $\bar r' = \bar r + \varDelta r$ liegende Fläche $\overline{\varDelta f}$ (bis auf kleine Größen zweiter Ordnung die vernachlässigt werden) durch $\Delta f = \frac{1}{2} r \Delta \varphi \cdot r = \frac{1}{2} r^2 \Delta \varphi$ gegeben ist, so folgt

$$\eta = \lim_{\Delta t \to 0} \frac{\Delta f}{\Delta t} = \frac{1}{2} r^2 \dot{\varphi} = \frac{1}{2} r \cdot v_\varphi \qquad \ldots \ (153)$$

Die Flächengeschwindigkeit (bez. O) ist daher durch das halbe Moment der Geschwindigkeit um O gegeben.

In rechtwinkeligen Koordinaten würde unmittelbar folgen $\eta = \frac{1}{2}(x\dot{y} - y\dot{x})$, und in „natürlichen" $\eta = \frac{1}{2} v \cdot p$, wenn p die Länge des von O auf v gefällten Lotes bedeutet.

58. Zusammenstellung der bisher erhaltenen Formeln:

Ebene Bewegung	Be-zeich-nung	Cartesische Koordinaten (x, y)	Natürliche Koordinaten (s, ϱ)	Polarkoordinaten (r, φ)
Geschwindig-keit	$\bar{v}$	$\begin{cases} v_x = \dot{x} = v \cos\alpha \\ v_y = \dot{y} = v \sin\alpha \end{cases}$ $(\alpha = \sphericalangle (v, x))$	$v = \dfrac{ds}{dt}$ (i.d. Tangente der Bahn)	$\begin{cases} v_r = \dot{r} \\ v_\varphi = r\dot{\varphi} \end{cases}$
Beschleuni-gung	$\bar{b}$	$\begin{cases} b_x = \dot{v}_x = \ddot{x} = b \cos\beta \\ b_y = \dot{v}_y = \ddot{y} = b \sin\beta \end{cases}$ $(\beta = \sphericalangle (b, x))$	$\begin{cases} b_t = \dot{v} = \ddot{s} = v\dfrac{dv}{ds} \\ b_n = \dfrac{v^2}{\varrho} \end{cases}$ $(\varrho = \text{Krümmungs-halbmesser})$	$b_r = \ddot{r} - r\dot{\varphi}^2$ $b_\varphi = r\ddot{\varphi} + 2\dot{r}\dot{\varphi}$ $= \dfrac{1}{r}\dfrac{d}{dt}(r^2\dot{\varphi})$ $= \dfrac{2}{r}\dfrac{d\eta}{dt}$
Flächenge-schwindigkeit $(= \frac{1}{2}$ Moment der Geschw.$)$	η	$\eta = \frac{1}{2}(x\dot{y} - y\dot{x})$	$\eta = \frac{1}{2} vp$ $(p = \text{Lot von } O \text{ auf } \bar{v})$	$\eta = \frac{1}{2} r^2 \dot{\varphi}$

59. Zentralbewegung. Der Wert der „angepaßten Koordinaten" für die rechnerische Behandlung eines Problems tritt besonders deutlich hervor in der Verwendung von Polarkoordinaten für die Zentralbewegungen; diese sind dadurch gekennzeichnet, daß die Beschleunigung stets durch einen festen Punkt F hindurchgeht. Da die durch die Zentralbeschleunigung veränderte Geschwindigkeit immer in der durch die anfängliche Geschwindigkeit und O bestimmten Ebene liegt, so folgt sofort, daß die Bahnkurven bei den Zentralbewegungen ebene Kurven sind. Die Bewegungen der Planeten um die (ruhend gedachte) Sonne sind Beispiele solcher Bewegungen.

Ist die Zentralbeschleunigung anziehend, so ist die hohle (konkave) Seite der Bahn dem Zentralkörper zugewendet, sonst die erhabene (konvexe).

Da nach der Definition die ganze Beschleunigung $\bar{b}$ in die Richtung von $\bar{r}$ fällt, so ist $\bar{b}_q = 0$, daher $\eta = $ konst. $= C/2$ und es gilt der Satz:

Bei allen Zentralbewegungen (d. h. wie auch das Gesetz für die Beschleunigung im übrigen beschaffen ist) ist die Flächengeschwindigkeit konstant, d. h. der Fahrstrahl $\bar{r}$ beschreibt in gleichen Zeiten gleiche Flächen. Auch die Umkehrung dieses Satzes ist richtig: Wenn wir von einer Bewegung wissen, daß sie mit konstanter Flächengeschwindigkeit erfolgt, so ist sie eine Zentralbewegung.

Die Zentralbewegungen besitzen besondere Bedeutung für die Geschichte der Mechanik und Astronomie, da an sie anschließend die vielgestaltigen Methoden ausgebildet wurden, die das große Gebäude der modernen analytischen Mechanik ausmachen. Insbesondere haben sie auch für die neuzeitliche Atomphysik eine ungeahnte Anwendung gefunden. Bekanntlich hat Kepler (1571 bis 1630) auf Grund des ihm vorliegenden Beobachtungsmaterials von Tycho de Brahe im Jahre 1609 und 1619 die heute nach ihm benannten Gesetze der Planetenbewegungen ausgesprochen:

1. Die Bahnkurven der Planeten sind Ellipsen, in deren einem Brennpunkt die Sonne steht.

2. Die Fahrstrahlen, die die Sonne mit den einzelnen Planeten verbinden, überstreichen in gleichen Zeiten gleiche Flächenräume (d. h. die Flächengeschwindigkeit ist eine — für jeden Planeten andere — Konstante).

3. Der Quotient des Kubus der großen Achse der Ellipse zum Quadrat der zugehörigen Umlaufszeit ist für alle Planeten gleich.

An der Hand dieser Gesetze ist dann I. Newton (1642 bis 1727) zu dem Begriff der universellen Gravitation geführt worden, der mit zu den größten naturwissenschaftlichen Entdeckungen der Neuzeit gehört. Die wesentlichsten Schritte dieser Entdeckung können wir mit den bisher entwickelten Hilfsmitteln durch einfache Rechnungen wiedergeben.

Zunächst folgt aus dem 2. Keplerschen Gesetze bereits, daß $b_\varphi = 0$, daß also die ganze Beschleunigung in der Richtung der Verbindungslinie Sonne-Planet, also des Vektors $\bar{r}$ liegt. Sei $C/2$ die „Flächenkonstante", d. h. die konstante Flächengeschwindigkeit:

$$\eta = \frac{1}{2}\, r^2\, \dot{\varphi} = \frac{1}{2}\, C, \quad \text{also} \quad \dot{\varphi} = \frac{d\varphi}{dt} = \frac{C}{r^2}, \quad \ldots \quad (154)$$

so können wir mit Hilfe dieser Gleichung den Ausdruck für b_r umformen, indem wir r als Funktion von φ ansehen und dt eliminieren. Wir schreiben:

$$\dot{r} = \frac{dr}{dt} = \frac{dr}{d\varphi} \cdot \frac{d\varphi}{dt} = \frac{C}{r^2} \cdot \frac{dr}{d\varphi} = -C\, \frac{d\,\dfrac{1}{r}}{d\varphi}, \quad \ldots \quad (155)$$

dann ist zunächst:

$$v^2 = \dot{r}^2 + r^2\dot{\varphi}^2 = C^2\left[\left(\frac{d\left(\frac{1}{r}\right)}{d\varphi}\right)^2 + \frac{1}{r^2}\right] \quad \ldots \ldots \text{(156)}$$

Ferner ist

$$\ddot{r} = -C\frac{d^2\left(\frac{1}{r}\right)}{d\varphi^2}\cdot\frac{d\varphi}{dt} = -\frac{C^2}{r^2}\frac{d^2\left(\frac{1}{r}\right)}{d\varphi^2}$$

und damit folgt die sog. Binetsche Gleichung

$$b_r = \ddot{r} - r\dot{\varphi}^2 = -\frac{C^2}{r^2}\left[\frac{d^2\left(\frac{1}{r}\right)}{d\varphi^2} + \frac{1}{r}\right] \quad \ldots \ldots \text{(157)}$$

Nach dem 1. Keplerschen Gesetze sind r und φ durch die Ellipsengleichung verbunden, denn die Bahnen sollen Ellipsen sein; ihre Gleichung lautet in Polarkoordinaten, wenn p den Parameter ($=$ halbe Ordinate im Brennpunkte) und $\varepsilon = e/a\,(< 1)$ die numerische Exzentrizität ($e =$ lineare Exzentrizität $=$ halbe Entfernung der Brennpunkte, $a =$ halbe große Achse) bedeutet:

$$r = \frac{p}{1 + \varepsilon\cos\varphi}, \quad \text{oder} \quad \frac{1}{r} = \frac{1}{p} + \frac{\varepsilon}{p}\cos\varphi;$$

gehen wir damit in die Binetsche Gl. (157), so kommt

$$\frac{d^2\left(\frac{1}{r}\right)}{d\vartheta^2} + \frac{1}{r} = \frac{1}{p}$$

und daher

$$b_r = -\frac{C^2}{p}\cdot\frac{1}{r^2} \quad \ldots \ldots \ldots \ldots \text{(158)}$$

Werden also die beiden ersten Keplerschen Gesetze — aus den Beobachtungen erschlossen — als richtig angenommen, so folgt daraus schon, daß die auf die Planeten (die dabei stets als Punkte betrachtet werden) wirkende Beschleunigung eine anziehende und rein-radiale ist, und daß ihre Größe dem Quadrat der Entfernung Sonne-Planet verkehrt proportional ist.

Aus dem dritten Gesetz folgt endlich, daß C^2/p für alle Planeten denselben Wert hat, die Beschleunigung b_r also das universelle, d. i. für alle Planeten gültige Gesetz (158), in dem C^2/p $=$ konst. ist, befolgt.

Die Umlaufszeit T rechnen wir uns aus der Formel für die Flächengeschwindigkeit: $\dfrac{df}{dt} = \eta = \dfrac{C}{2}$:

$$dt = \frac{2}{C} \cdot df; \quad \text{also} \quad T = \int dt = \frac{2}{C} F \quad (F = a\,b\,\pi = \text{Fläche der Ellipse}),$$

wobei die Integration um die ganze Ellipse herum zu erstrecken ist.

Nun ist nach Abb. 110a:

$$2a = r_1 + r_2 = r_{\varphi=0} + r_{\varphi=\pi} = \frac{p}{1+\varepsilon} + \frac{p}{1-\varepsilon} = \frac{2p}{1-\varepsilon^2}, \quad a = \frac{p}{1-\varepsilon^2}.$$

Ferner

$$b = \sqrt{a^2 - e^2} = a\sqrt{1-\varepsilon^2} = \frac{p}{\sqrt{1-\varepsilon^2}},$$

daher die Umlaufszeit

$$T = \frac{2}{C} \cdot a\,b\,\pi = \frac{2\pi}{C} \cdot \frac{p^2}{(1-\varepsilon^2)^{3/2}}.$$

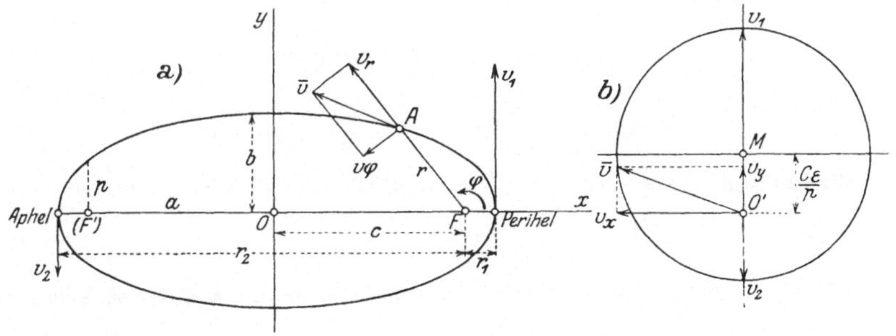

Abb. 110.

Bilden wir daher nach dem Wortlaut des dritten Gesetzes:

$$k = \frac{a^3}{T^2} = \frac{C^2}{4\pi^2 p} = \text{konst.}, \quad \text{und setzen} \quad \frac{C^2}{p} = 4\pi^2 k = \lambda,$$

so erhalten wir endlich

$$\boxed{b_r = -\frac{\lambda}{r^2}}, \quad \ldots \ldots \ldots \ldots \quad (159)$$

worin λ für alle Planeten denselben Wert hat.

Nimmt man umgekehrt das Newtonsche Gesetz (158) als gegeben an, so folgen daraus die Keplerschen durch Umkehrung dieser Betrachtungen. Zunächst ist nach den Gln. (158) und (157) $r = r(\varphi)$ durch die Differentialgleichung gegeben:

$$\frac{d^2\left(\dfrac{1}{r}\right)}{d\varphi^2} + \frac{1}{r} = \frac{\lambda}{C^2} = \frac{1}{p},$$

indem wir $\lambda/C^2 = 1/p$ einführen; von dieser Gleichung ist $1/p$ eine Partikularlösung und

$$\frac{1}{r} = \frac{1}{p} + \frac{\varepsilon}{p}\cos(\varphi - \varphi_0)$$

die allgemeine Lösung mit ε und φ_0 als Integrationskonstanten; für $\varepsilon < 1$ ergeben sich Ellipsen, für $\varepsilon = 1$ Parabeln, für $\varepsilon > 1$ Hyperbeln als Bahnkurven. Wird der Polarwinkel vom Perihel gezählt, dann ist $\varphi_0 = 0$ zu setzen. Durch ähnliche Schlüsse wie zuvor folgen auch die übrigen Aussagen der Keplerschen Gesetze.

Beispiel 55. Geschwindigkeitsplan der Planetenbewegung. Nach Gl. (155) und (154) erhalten wir für die elliptische Bewegung $\left(\dfrac{1}{r} = \dfrac{1}{p} + \dfrac{\varepsilon\cos\varphi}{p}\right)$ die Geschwindigkeitsteile nach r und φ:

$$v_r = \dot r = -C\,\frac{d\left(\dfrac{1}{r}\right)}{d\varphi} = C\cdot\frac{\varepsilon\sin\varphi}{p}, \qquad v_\varphi = r\dot\varphi = \frac{C}{r} = C\left(\frac{1}{p} + \frac{\varepsilon\cos\varphi}{p}\right)$$

und nach x und y zerlegt (Abb. 110b):

$$\begin{cases} v_x = v_r\cos\varphi - v_\varphi\sin\varphi = -\dfrac{C}{p}\sin\varphi \\[2mm] v_y = v_r\sin\varphi + v_\varphi\cos\varphi = \dfrac{C}{p}(\varepsilon + \cos\varphi). \end{cases}$$

Die Elimination von φ liefert als Gleichung des „Geschwindigkeitsplanes":

$$v_x{}^2 + \left(v_y - \frac{C\varepsilon}{p}\right)^2 = \frac{C^2}{p^2} \quad\dots\dots\dots\dots \quad (160)$$

und d. i. die Gleichung eines Kreises, dessen Mittelpunkt auf der v_y-Achse um das Stück $\overline{O'M} = \dfrac{C\varepsilon}{p}$ verschoben ist.

Für die Größe der Geschwindigkeit ergibt sich mit Rücksicht auf die Ellipsengleichung $\dfrac{1}{r} = \dfrac{1}{p} + \dfrac{\varepsilon\cos\varphi}{p}$ durch Elimination von φ:

$$v^2 = v_r{}^2 + v_\varphi{}^2 = C^2\left[\frac{\varepsilon^2\sin^2\varphi}{p^2} + \frac{1}{r^2}\right] = \frac{C^2}{p}\left[\frac{2}{r} - \frac{1-\varepsilon^2}{p}\right]$$

oder

$$v^2 = \frac{C^2}{p}\left[\frac{2}{r} - \frac{1}{a}\right] = \lambda\left[\frac{2}{r} - \frac{1}{a}\right], \quad\dots\dots\dots\dots \quad (161)$$

d. h. die Geschwindigkeit v an jeder Stelle der Bahn ist nur eine Funktion der Länge des Fahrstrahls r; diese Gleichung ist, wie wir später noch sehen werden, die Energiegleichung für die elliptische Bewegung.

Wie schon hervorgehoben, stellt die Gleichung $\dfrac{1}{r} = \dfrac{1}{p} + \dfrac{\varepsilon\cos\varphi}{p}$ für $\varepsilon < 1$ Ellipsen, für $\varepsilon = 1$ Parabeln und für $\varepsilon > 1$ Hyperbeln dar, und es entsteht die Frage, unter welchen Bedingungen sich jede dieser Kurven als Bahnkurve herausstellt. Wir wollen diese Frage insofern spezialisieren, als wir die Geschwindigkeit im Perihel v_1 ausrechnen und zusehen, inwiefern durch ihre Größe die Beschaffenheit der auftretenden Bahnkurve bestimmt ist. Da $1/r_1 = (1+\varepsilon)/p$, erhalten wir für $r = r_1$ nach Gl. (161):

$$v_1{}^2 = \lambda\left[\frac{2}{r_1} - \frac{1}{a}\right] = \lambda\left[\frac{2}{r_1} - \frac{1-\varepsilon^2}{p}\right] = \lambda\left[\frac{2}{r_1} - \frac{1-\varepsilon}{r_1}\right] = \lambda\cdot\frac{1+\varepsilon}{r_1}.$$

Wir erhalten daher

$$\left.\begin{array}{l}\text{Ellipsen}\\\text{Parabeln}\\\text{Hyperbeln}\end{array}\right\} \quad \text{wenn } \varepsilon \lesseqgtr 1, \quad \text{d. h. wenn} \quad v_1 \lesseqgtr \sqrt{\frac{2\,\lambda}{r_1}} \quad \text{ist.}$$

Wenden wir dieses Ergebnis auf die Erde als Anziehungszentrum und einen Punkt an deren Oberfläche an, so können wir hierfür setzen: $b = g = \lambda/R^2$, also $\lambda = g R^2$ und $\sqrt{\dfrac{2\,\lambda}{r_1}} = \sqrt{2\,g\,R} = 11\,180$ m/sek. Je nachdem die Geschwindigkeit $<$, $=$ oder $>$ als dieser Wert ist, entsteht eine Ellipse, Parabel oder Hyperbel. Für $\varepsilon = 0$ ergibt sich ein Kreis als Bahn.

60. Gezwungene oder geführte Bewegung des Punktes. Wie wir in der Statik im wesentlichen nur das Gleichgewicht gestützter Körper betrachteten, so kommt es in der Bewegungslehre bei den technischen Anwendungen nur auf Untersuchung von „geführten" oder „gezwungenen" Bewegungen an. Bei der Bewegung des Punktes liegt dann der Fall so, daß dieser „gezwungen" wird, sich auf einer Leitkurve oder Leitfläche zu bewegen; um zu den Bewegungsgleichungen zu gelangen, haben wir ganz ähnlich vorzugehen wie in der Statik: Dem Einfluß einer glatten Leitkurve (bzw. Leitfläche) wird durch eine „Zwangskraft" bzw. „Zwangsbeschleunigung" $\bar{b}_z$ Rechnung getragen, die zur Tangente der Leitkurve (bzw. Tangentialebene der Leitfläche) senkrecht steht; bei rauher Leitkurve (bzw. Leitfläche) kommt noch die Reibungskraft bzw. Reibungsbeschleunigung b_R hinzu, die nach den Aussagen von **48 B.** in der Form $b_R = f \cdot |b_z|$ anzusetzen ist, und stets entgegen der Richtung der Bewegung wirkt. Wenn $\bar{b}_e$ die gegebene eingeprägte Beschleunigung ist, so erhalten wir in natürlicher Darstellung für glatte ebene Leitkurven (Abb. 111):

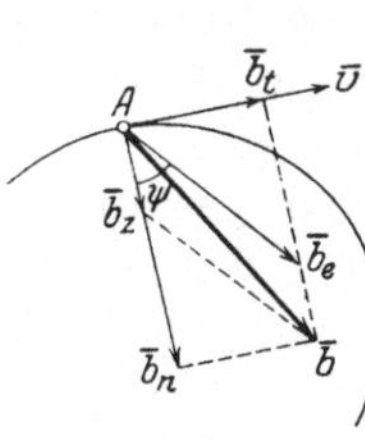

Abb. 111.

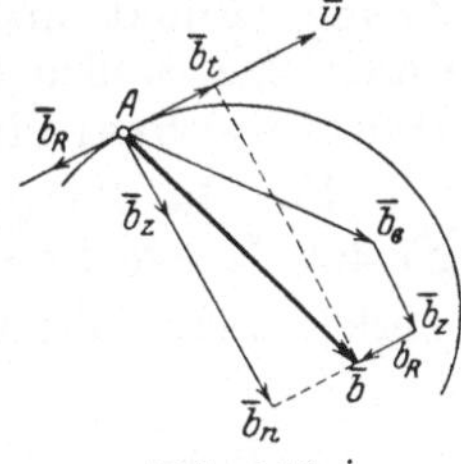

Abb. 112.

$$\boxed{\bar{b} = \bar{b}_e + \bar{b}_z, \quad \text{d. h.} \quad \left\{\begin{array}{l} b_t \equiv \dfrac{dv}{dt} \equiv v\,\dfrac{dv}{ds} = b_e \sin\psi \\[2mm] b_n \equiv \dfrac{v^2}{\varrho} = b_e \cos\psi + b_z \end{array}\right.} \quad . \quad (162)$$

und für rauhe Leitkurven (Abb. 112): $b_R = f \cdot |b_z|$ und

$$\boxed{\bar{b} = \bar{b}_e + \bar{b}_z + \bar{b}_R, \quad \text{d. h.} \quad \left\{\begin{array}{l} b_t \equiv \dfrac{dv}{dt} = b_e \sin\psi - b_R \\[2mm] b_n \equiv \dfrac{v^2}{\varrho} = b_e \cos\psi + b_z \end{array}\right.} \quad , \quad (163)$$

dabei ist b_z in der Richtung der positiven Normalen positiv zu zählen; wenn $\varrho = \infty$ ist auf der Normalen willkürlich eine Richtung als die positive festzulegen.

Hierin tritt nun die Zwangsbeschleunigung b_z (bzw. die Zwangskraft oder der Druck der Führung $D = M b_z$) als neue Unbekannte auf, ganz so wie in der Statik der Auflagerdruck; demgegenüber ist zu bedenken, daß die Gestalt der Kurve vorgegeben ist, so daß die Aufgabe allgemein lösbar bleibt. Die erste Gl. (162) gibt das eigentliche Bewegungsgesetz $v = v(t)$ oder $v = v(s)$ usw., während die zweite b_z liefert:

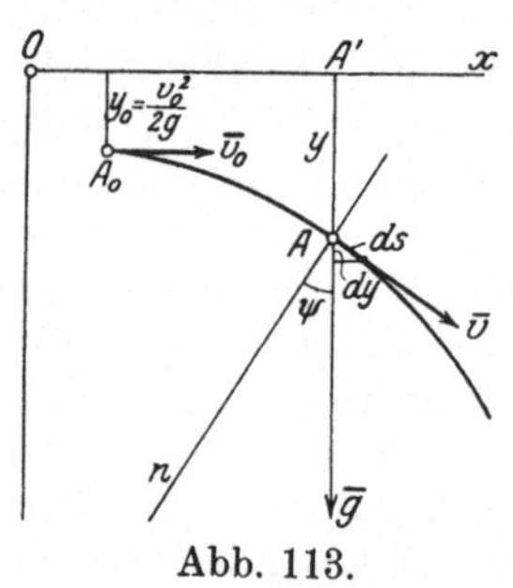

Abb. 113.

$$\boxed{b_z = \frac{v^2}{\varrho} - b_e \cos \psi} \quad \ldots \quad (164)$$

Die Stellen, wo die Leitkurve keinen Einfluß auf die Bewegung des Punktes ausübt, sind durch $b_z = 0$ gekennzeichnet. Wenn die Leitkurve eine einseitige Führung darstellt (wenn etwa der Punkt an einem Faden aufgehängt ist oder sich in einer Rinne bewegt), dann sind durch $b_z = 0$ die Stellen bezeichnet, in denen der Punkt die Bahn verlassen kann; bei allseitigem Zwang (Punkt an einer starren Stange oder in einem Rohr) sind durch die Stellen $b_z = 0$ die Punkte gekennzeichnet, in denen ein **Druckwechsel** eintritt.

Für die Bewegung des Punktes auf einer beliebig gestalteten glatten Kurve im Schwerefelde läßt die erste der Gln. (162) ein bemerkenswertes Integral zu. Es ist nämlich mit $\bar{b}_e = \bar{g}$ nach Abb. 113:

$$b_t = \frac{dv}{dt} = v \frac{dv}{ds} = g \sin \psi, \qquad \frac{1}{2} dv^2 = g \sin \psi \, ds = g \, dy,$$

so daß

$$\boxed{v^2 = 2 g y + C \quad \text{oder} \quad v^2 - v_0{}^2 = 2 g (y - y_0)}, \quad . \quad (165)$$

wenn wir für $y = y_0$: $v = v_0$ vorschreiben; d. h. die Geschwindigkeit an irgendeiner Stelle ist durch y allein bestimmt und von der Bahn ganz unabhängig; an allen Stellen, die in derselben Wagrechten liegen ($y = $ konst.), ist die Bahngeschwindigkeit v gleich groß; v ist an jeder Stelle gleich der Geschwindigkeit beim freien Fall durch dieselbe Höhe y.

Beispiel 56. Fall auf einer rauhen Ebene unter dem Winkel α gegen den Horizont (Abb. 114).

Nach den Gln. (162) folgt: $b_z = g \cos \alpha$ und

$$b_t = v \frac{dv}{ds} = g (\sin \alpha - f \cos \alpha),$$

wenn daher für $s = 0$: $v = v_0$ ist, so kommt

$$v^2 = v_0{}^2 + 2 g (\sin \alpha - f \cos \alpha) s \ldots \ldots \ldots \ldots (166)$$

Zieht man durch O über A_0, wobei $\overline{A_0\,O} = v_0{}^2/2\,g$, eine Gerade, die unter dem Reibungswinkel ϱ' ($f = \mathrm{tg}\,\varrho'$) gegen die Wagrechte geneigt ist, so folgt

$$v^2 = 2\,g\left[s\,\sin\alpha + \frac{v_0{}^2}{2\,g} - \mathrm{tg}\,\varrho' \cdot s\,\cos\alpha\right] = 2\,g\,y',$$

d. h. die Geschwindigkeit v in A ist gleich der Fallgeschwindigkeit durch die Höhe y' über A.

Beispiel 57. Für die Fallbewegung auf der glatten schiefen Ebene gelten die Gleichungen des vorhergehenden Beispiels mit $f = 0$:

$$v = v_0 + gt\sin\alpha, \quad s = v_0\,t + \tfrac{1}{2}gt^2\sin\alpha, \quad v^2 = v_0{}^2 + 2\,gs\sin\alpha \; . \; . \; (167)$$

Beispiel 58. Bewegung auf vertikalem Kreise vom Halbmesser l. Die Lage des Punktes A wird durch den $\sphericalangle\,\varphi$ angegeben, Abb. 115, und es sei für $\varphi = \varphi_0$: $v = v_0$ vor-

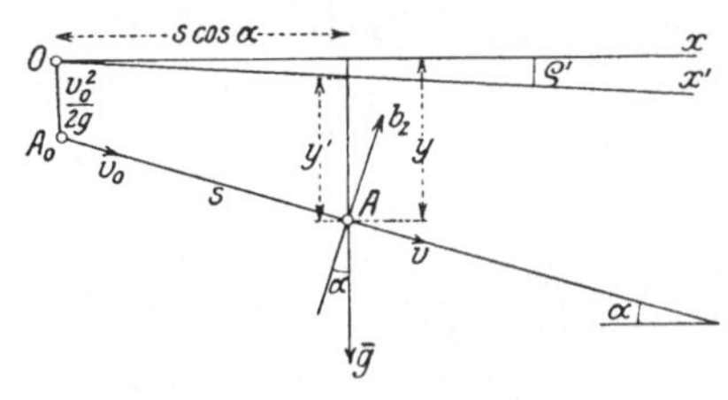
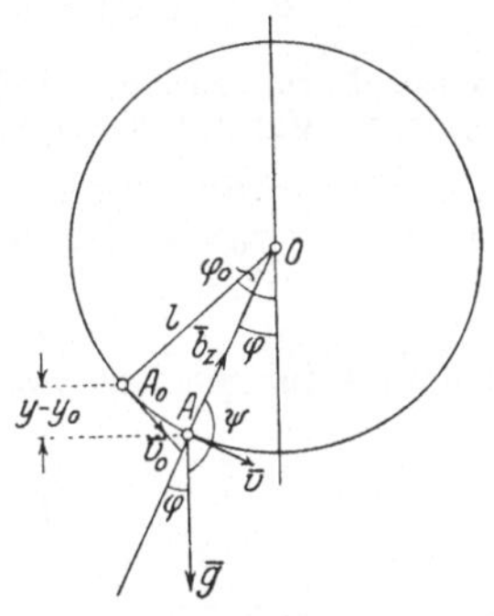

Abb. 114.   Abb. 115.

geschrieben. Gl. (165) lautet dann, wenn wir die x-Achse zunächst unbestimmt lassen:

$$v^2 = v_0{}^2 + 2\,g\,(y - y_0) = v_0{}^2 + 2\,gl\,(\cos\varphi - \cos\varphi_0) \; . \; . \; . \; . \; (168)$$

Wenn es kein (reelles) φ gibt, für welches $v = 0$ wird, dann macht der Punkt volle Umläufe; dies tritt ein wenn

$$v_0{}^2 > 2\,gl\,(1 + \cos\varphi_0).$$

Ist dagegen

$$v_0{}^2 < 2\,gl\,(1 + \cos\varphi_0),$$

dann gibt es 2 Stellen φ und $-\varphi$, zwischen denen der Punkt hin und her schwingt (Pendel); im Zwischenfall

$$v_0{}^2 = 2\,gl\,(1 + \cos\varphi_0)$$

kommt der Punkt im höchsten Punkte des Kreises (für $\varphi = \pi$) asymptotisch (d. h. für $t = \infty$) zur Ruhe.

Die Zwangsbeschleunigung b_z (von der Leitkurve bzw. durch den verbindenden Faden auf den Punkt ausgeübt) ist nach (Gl 164):

$$b_z = \frac{v^2}{l} - g\cos\psi = \frac{v^2}{l} + g\cos\varphi$$

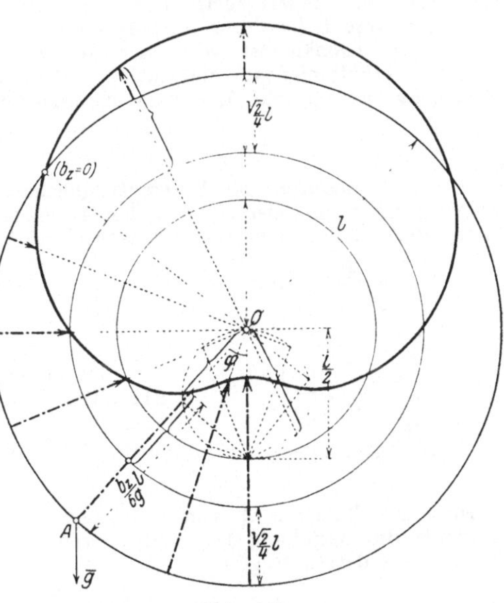

Abb. 116.

und für v^2 den Wert aus Gl. (168) eingesetzt:

$$b_z = \frac{v_0{}^2}{l} + g\,(3\cos\varphi - 2\cos\varphi_0) \ \dotfill \ (169)$$

Die Verteilung des b_z als Funktion von φ ist durch **Pascal**sche Schnecken gegeben. In Abb. 116 ist diese Verteilung für den besonderen Fall dargestellt, daß $b_z = 0$ (der Druckwechsel) für $\varphi = 135^0$ eintritt. Es ist dann v_0 für jedes φ_0 durch die Gleichung bestimmt:

$$b_z = 0 = \frac{v_0{}^2}{l} + g\left(-\frac{3}{2}\sqrt{2} - 2\cos\varphi_0\right), \qquad \frac{v_0{}^2}{l} - 2g\cos\varphi_0 = \frac{3g}{2}\sqrt{2}$$

und dies in Gl. (169) eingeführt:

$$b_z = \frac{3g}{2}\sqrt{2} + 3g\cos\varphi, \quad \text{oder:} \quad \frac{b_z}{6g}\,l = \left(\frac{\sqrt{2}}{4} + \frac{1}{2}\cos\varphi\right)l; \ \dots \ (170)$$

in dieser Form wird b_z durch eine Länge dargestellt, wodurch die Wahl eines besonderen Maßstabes erspart wird.

Beispiel 59. **Schwingungsdauer des Pendels.** Sei insb. in Abb. 115 in A_0 für $\varphi = \varphi_0$: $v = 0$, dann folgt aus Gl. (168), da $ds = -l\,d\varphi$:

$$v = \sqrt{2gl\,(\cos\varphi - \cos\varphi_0)} = \frac{ds}{dt} = -l\frac{d\varphi}{dt}$$

und daraus für die Zeit von φ_0 bis φ:

$$t = \sqrt{\frac{l}{2g}} \int_\varphi^{\varphi_0} \frac{d\varphi}{\sqrt{\cos\varphi - \cos\varphi_0}}$$

und für die Dauer einer „Viertelschwingung" $\dfrac{T}{4}$ von φ_0 bis 0

$$\frac{T}{4} = \sqrt{\frac{l}{2g}} \int_0^{\varphi_0} \frac{d\varphi}{\sqrt{\cos\varphi - \cos\varphi_0}} \ \dotfill \ (171)$$

wodurch die **Schwingungsdauer** T als elliptisches Integral gegeben ist, dessen weitere Behandlung vorwiegend mathematisches Interesse hat.

Den angenäherten Wert der **Schwingungsdauer für kleine Ausschläge** erhält man am einfachsten, indem man die erste Gl. (162) für kleine Ausschläge anschreibt. Man kann nämlich angenähert setzen:

$$b_t = \frac{dv}{dt} = \frac{d^2s}{dt^2} = l\frac{d^2\varphi}{dt^2} = -g\sin\varphi = -g\,\varphi$$

und erhält dadurch die Differentialgleichung der einfachen harmonischen Schwingung nach Beispiel 47, wobei als Koordinate jetzt der Winkel φ auftritt; ihre Schwingungsdauer ist nach Gl. (128) gegeben durch

$$\boxed{T = 2\pi\sqrt{\frac{l}{g}}} \ \dotfill \ (172)$$

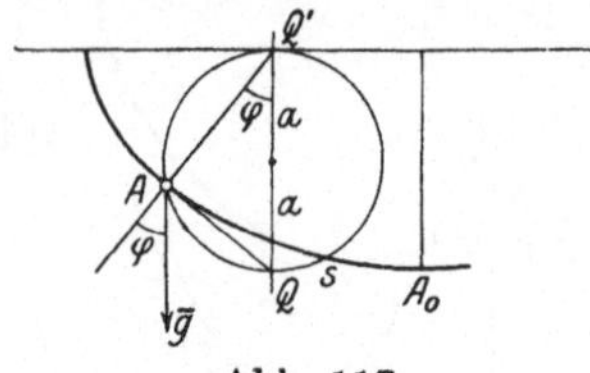

Abb. 117.

Beispiel 60. **Zykloide als Kurve gleicher Fallzeiten.** Durch Zerlegung von g in der Richtung der Tangente zur Zykloide erhalten wir (Abb. 117)

$$\ddot{s} = -g\sin\varphi,$$

worin s der Bogen A_0A sein soll, und $\varphi = \sphericalangle\, QQ'A$ ist. Nun gilt für die Zykloide die Beziehung $s = 4a\sin\varphi$, wenn a der Halbmesser des erzeugenden Kreises ist; daraus folgt

$$\ddot{s} = -\frac{g}{4a}\,s$$

und dies ist die Bewegungsgleichung für eine einfache harmonische Schwingung mit der Periode

$$T = 2\pi \sqrt{\frac{4a}{g}}, \quad \dots \dots \dots \dots \quad (173)$$

völlig unabhängig von der anfänglichen Ausweichung, die man dem Punkt gegeben. Diese Eigenschaft bezeichnet man als **Isochronismus** der Zykloide.

Beispiel 61. Zykloide als Kurve kürzester Fallzeit. Gegeben seien zwei (nicht in demselben Vertikalen liegende) Punkte A und B; man bestimme jene Kurve, längs der ein Punkt von A nach B fallend, in B in der kürzesten Zeit ankommt. Nach Gl. (165) ist

$$v = \frac{ds}{dt} = \sqrt{2g(y-y_0)}, \quad \text{also} \quad \sqrt{2g} \cdot t = \int_0^s \frac{ds}{\sqrt{y-y_0}} = \int_0^x \sqrt{\frac{1+y'^2}{y-y_0}}\, dx, \quad (174)$$

da $ds = \sqrt{1+y'^2}\, dx$, $y' = dy/dx$. Die Aufgabe kommt also auf die Bestimmung jener Funktion $y = y(x)$ hinaus, die dem bestimmten Integral (174), dessen Integrand eine **gegebene** Funktion der Größen y' und y ist, einen kleinsten Wert erteilt. Dieses Problem hat den Ausgangspunkt eines des wichtigsten und allgemeinsten Zweiges der modernen Mathematik gebildet, der auch für die Mechanik und Physik außerordentliche Bedeutung besitzt: der **Variationsrechnung.**

Nach den darin entwickelten Methoden, auf die hier nicht eingegangen werden kann, findet man, daß die Kurve der verlangten Eigenschaft die Zykloide ist, die also auch die Eigenschaft besitzt, die **Brachystochrone** (Linie kürzester Fallzeit) zu sein.

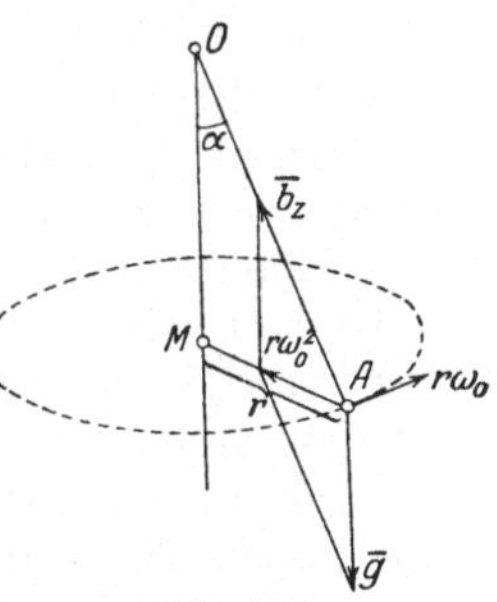

Abb. 118.

Beispiel 62. Kegelpendel. Ein Punkt A sei an einem festen Punkt O aufgehängt und nach allen Seiten frei beweglich. Fragen wir, unter welchen Bedingungen eine Bewegung auf einem horizontalen Kreise möglich ist (Abb. 118).

Außer dem lotrecht nach abwärts gerichteten $\bar{g}$ wirkt $\bar{b}_z$ in der Richtung des Fadens; für die Bewegung im horizontalen Kreise muß die Summe $\bar{g} + \bar{b}_z$ gleich der Normalbeschleunigung $r\omega_0^2$ sein. Daraus folgt unmittelbar

$$r\omega_0^2 = g\,\mathrm{tg}\,\alpha,$$

und mit $r = l \sin\alpha$:

$$\omega_0 = \sqrt{\frac{g}{l}} \cdot \frac{1}{\sqrt{\cos\alpha}} \quad \text{und die Umlaufszeit:} \quad T = \frac{2\pi}{\omega_0}.$$

Die Zwangsbeschleunigung ist

$$b_z = g/\cos\alpha.$$

Jedem $\sphericalangle \alpha$ entspricht eine ganz bestimmte Winkelgeschwindigkeit ω_0, für die die gleichförmige Bewegung auf dem Kreise möglich ist. Ist $\omega \gtrless \omega_0$, dann muß man die Bewegung auf der Kugel unter Einführung von zwei Koordinaten studieren, was viel verwickelter ausfällt.

II. Ebene Bewegung.

61. Schiebung (Translation) und Drehung (Rotation). Von der Bewegung eines einzelnen Punktes kann sich von vornherein jedermann eine klare Vorstellung machen, wenigstens solange es sich um die Bewegung gegen ein festes Bezugssystem handelt (genauer gesagt, gegen ein solches, dessen Eigenbewegung nicht berücksichtigt zu werden braucht). Es ist auch unmittelbar klar, daß ein auf einer Kurve beweglicher Punkt einen, ein in der Ebene frei beweglicher Punkt zwei, im Raum drei Freiheitsgrade hat, d. h. es sind 1, 2, bzw. 3 Bestimmungsstücke (Koordinaten, Parameter) notwendig, um die Lage des Punktes anzugeben, und die Mechanik lehrt eine entsprechende Anzahl von Bewegungsgleichungen aufzustellen. — Demgegenüber bedarf es besonderer Überlegungen, um die Bewegungen zu überblicken, die ein ausgedehnter starrer Körper (d. i. ein System von beliebig vielen Punkten, die in unveränderlichen Entfernungen miteinander verbunden sind) in der Ebene oder im Raume ausführen kann: mit dem ersteren Falle wollen wir uns zunächst beschäftigen.

Hierzu denken wir uns dieses System von Punkten als eine „bewegte Ebene" von beliebiger Ausdehnung, oder wie wir auch sagen können, eine Scheibe (ihre besondere Gestalt spielt keine Rolle) über eine feste (Bezugs-) Ebene so hinweg bewegt, daß die Geschwindigkeiten aller Punkte stets der festen Ebene parallel sind. Die Anzahl der „Freiheitsgrade" für die frei bewegte Scheibe in der Ebene ist drei: die Kennzeichnung der Lage der Scheibe gegen die feste Ebene geschieht nämlich etwa durch Angabe der zwei Koordinaten eines Scheibenpunktes A und des Winkels φ zwischen einer in der bewegten Ebene liegenden Richtung ξ (d. h. einer Geraden mit „Pfeil") und einer in der festen Ebene liegenden x (dieser Winkel ist natürlich nur bis auf Vielfache von 2π bestimmt). Statt dieser Bestimmungsstücke kann man auch die Koordinaten von zwei Punkten der bewegten Ebene A und B angeben, was ebenfalls drei Freiheitsgraden entspricht, da die unveränderliche Entfernung der beiden Punkte deren vier Freiheitsgrade um eins erniedrigt.

Für jede ebene Bewegung gilt nun der fundamentale Satz:

Jede endliche oder unendlich kleine Bewegung aus einer Lage der Scheibe in eine zweite läßt sich als Drehung um einen endlichen oder unendlich weit entfernten Punkt Ω auffassen. Diesen Punkt Ω nennt man den Drehpunkt oder Drehpol oder kurz Pol der betreffenden Bewegung.

In Abb. 119 sind zwei beliebige Lagen der Scheibe auf die oben angedeutete Art durch (A, ξ) und (A', ξ') gekennzeichnet. Der Drehpol Ω ergibt sich dadurch, daß man auf ξ und ξ' zwei Punkte B und B' annimmt, so daß $\overline{AB} = \overline{A'B'}$, und die Symmetralen der Strecken AA', BB' zieht: in ihrem Schnittpunkt liegt schon der Drehpol Ω. Aus $\overline{\Omega A} = \overline{\Omega A'}$, $\overline{\Omega B} = \overline{\Omega B'}$, $\overline{AB} = \overline{A'B'}$ folgt nämlich $\triangle A\Omega B \cong A'\Omega B'$, d. h. Ω ist der „Doppelpunkt" der beiden Ebenen, und dieser ist mit dem Drehpol identisch. Die Lage C', die irgendeinem anderen Punkte C entspricht, ist durch $\triangle ABC \cong A'B'C'$ bestimmt. Aus der Kongruenz dieser Dreiecke folgt noch unmittelbar

$$\sphericalangle A\Omega A' = \sphericalangle B\Omega B' = \sphericalangle C\Omega C' = \ldots = \varphi$$

und dies ist der Winkel, um den die bewegte Ebene gedreht
werden muß, um sie aus der Lage (A, ξ) in die Lage (A', ξ') über-
zuführen. Wir wollen φ dann positiv rechnen, wenn die Drehung
im Gegensinn des Uhrzeigers erfolgt. Eine solche Bewegung nennt
man daher eine Drehung (oder Rotation); sie ist bestimmt durch
die Lage des Drehpols Ω und die Größe des Drehwinkels φ.

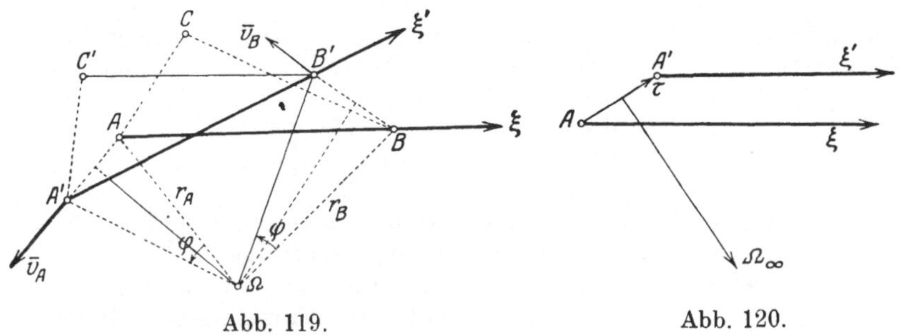

Abb. 119.   Abb. 120.

Wenn $\xi \parallel \xi'$ (Abb. 120), dann fällt Ω ins Unendliche, und zwar
in der Richtung $\perp A A'$. Die Verschiebung aller Punkte der Scheibe ist
dann gleich $\overline{A A'}$; wir nennen eine solche Bewegung eine Schiebung
(oder Translation), sie ist durch den freien Vektor $\bar{\tau} \equiv \overline{A A'}$ bestimmt. Die Schiebung ist sonach als Sonderfall der Drehung auf-
zufassen.

Von einer „ebenen Bewegung" sprechen wir übrigens auch dann,
wenn es sich nicht nur um die Bewegung einer Scheibe, sondern
eines beliebig geformten Körpers handelt, dessen sämtliche Punkte
zu einer Ebene parallele (ebene) Kurven beschreiben. Statt vom
Drehpol spricht man dann von der zur Ebene senkrechten Drehachse.

**62. Geschwindigkeitszustand der Scheibe. Geschwindigkeits-
plan.** So wie wir bei der Bewegung des Punktes zum Begriffe der
Geschwindigkeit durch Betrachtung zweier benachbarter Lagen gelangt sind, so kommen wir zur Kennzeichnung des Geschwindigkeitszustandes der Scheibe durch Betrachtung zweier benachbarter Lagen der Scheibe. Für jeden Scheibenpunkt ergibt sich auf
diese Weise eine bestimmte Geschwindigkeit, aber die Geschwindigkeiten der einzelnen Punkte der Scheibe werden wegen des starren
Zusammenhanges der Scheibe in gewisser Weise voneinander abhängig sein, die wir jetzt aufdecken wollen.

Durch denselben Vorgang wie für zwei endlich voneinander entfernte Lagen ergibt sich zunächst auch für zwei benachbarte Lagen
(durch einen passenden Grenzübergang) der Drehpol Ω — jetzt
auch Momentanpol genannt — um den die augenblickliche
(momentane) Drehung angenommen werden kann. Die Richtungen
$\overline{A A'}$, $\overline{B B'}$, ... gehen in die augenblicklichen Bewegungs-

richtungen der genannten Punkte A, B, ... über, in welche auch
die Geschwindigkeitsvektoren dieser Punkte hineinfallen; diese stehen
auf den Verbindungslinien $\overline{\Omega A}$, $\overline{\Omega B}$, ... senkrecht. Sei der zugehörige kleine Drehwinkel der starren Scheibe $\Delta\varphi$, so haben wir zu
setzen

$$\overline{AA'} = \overline{\Omega A}\cdot\Delta\varphi, \quad \overline{BB'} = \overline{\Omega B}\cdot\Delta\varphi, \quad \text{und da} \lim_{\Delta t \to 0} \frac{\Delta\varphi}{\Delta t} = \omega,$$

die **Winkelgeschwindigkeit** der Scheibe wird, so folgt für die
Geschwindigkeit v_A irgendeines Punktes A der Scheibe, wenn
$\overline{\Omega A} = r_A$:

$$\boxed{v_A = r_A\cdot\omega, \quad v_A \perp r_A} \qquad \ldots \ldots \ldots \quad (175)$$

Wieder wird ω positiv gerechnet, wenn die Drehung im betrachteten
Augenblicke im Gegensinne des Uhrzeigers erfolgt.

Die Geschwindigkeiten **aller** Punkte der Scheibe sind daher
durch Angabe des Drehpols Ω und der Winkelgeschwindigkeit ω
bestimmt; für die Kennzeichnung des Drehpols genügt die Angabe
der Bewegungsrichtungen zweier Punkte (Näheres hierüber **65**).

Hat man v_A und ω gegeben, so erhält man daraus den Drehpol Ω durch Auftragen der Länge v_A/ω auf der gegen v_A im Sinne
von ω um $\pi/2$ gedrehten
Normalen.

Wenn die Geschwindigkeit
v_A eines Punktes A eines sich
augenblicklich (d. h. durch
ein Zeitelement) oder dauernd
um einen Punkt Ω drehenden Scheibe bekannt ist, so
kann die Geschwindigkeit
jedes anderen Punktes un-
mittelbar durch Verwertung
der in Gl. (175) gegebenen
Proportionalität von v und
r (die für alle Scheibenpunkte

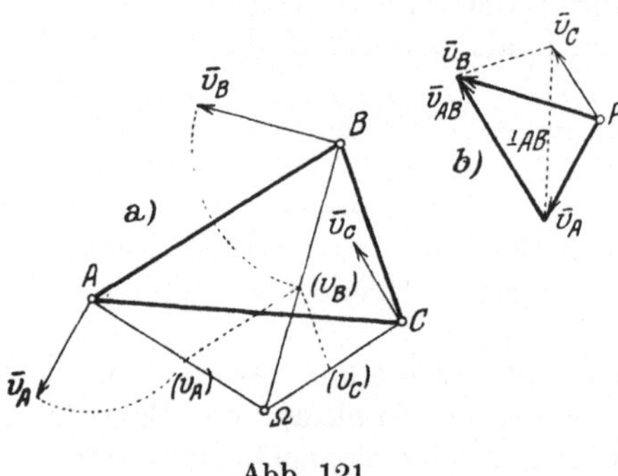

Abb. 121.

gilt) am besten mit Hilfe der „gedrehten Geschwindigkeiten"
gewonnen werden.

Hierzu wird der Geschwindigkeitsvektor $\bar{v}_A$ von A im Sinne
von ω (oder auch im Gegensinne) um $\pi/2$ gedreht, nach (v_A) in
Abb. 121a, dann wird die gedrehte Geschwindigkeit (v_B) des
Punktes B durch die Parallele zu AB auf $B\Omega$ ausgeschnitten; aus
(v_B) geht $\bar{v}_B$ durch Drehung um $\frac{\pi}{2}$ im Gegensinne zur früheren
Drehung hervor. Wählt man den „Geschwindigkeitsmaßstab" im
betrachteten Zeitmomente so, daß $\overline{A\Omega} = v_A$, dann sind durch die
Strecken $A\Omega$, $B\Omega$, ... unmittelbar die „gedrehten" Geschwindig-
keiten der Punkte A, B, ... gegeben.

Diesem einfachen Vorgange ist aber — in sachlicher Beziehung — die Verwendung eines Geschwindigkeitsplanes vorzuziehen, weil dadurch der Vektorcharakter der Geschwindigkeit gewahrt wird und diese Methode auch auf die Beschleunigungen übertragen werden kann. Einen solchen Geschwindigkeitsplan erhält man dadurch, daß die Geschwindigkeitsvektoren aller Punkte der bewegten Scheibe von einem festen „Pole" P aufgetragen werden; Abb. 121 b. Da nun die Strecke AB eine feste Länge hat, so müssen die Projektionen der Geschwindigkeiten $\bar{v}_A$ und $\bar{v}_B$ in der Richtung $\overline{AB}$ gleich groß sein, d. h. die Verbindungsstrecke der Endpunkte von $\overline{Pv_A}$ und $\overline{Pv_B}$ muß zu $\overline{AB}$ senkrecht sein. Nehmen wir noch einen dritten Punkt C hinzu, so folgt aus dem soeben Erkannten und aus der Proportionalität von v_A, v_B, v_C zu r_A, r_B, r_C, daß die Endpunkte der an Ω angesetzten Geschwindigkeiten v_A, v_B, v_C ein Dreieck bilden, das zu $\triangle ABC$ ähnlich und um $\pi/2$ im Sinn der Winkelgeschwindigkeit der Scheibe verdreht ist (Abb. 121 a, b). Wir erhalten den Satz:

Der Geschwindigkeitsplan für die Punkte einer starren Scheibe ist der Figur dieser Punkte ähnlich und erscheint um $\dfrac{\pi}{2}$ im Sinn der Winkelgeschwindigkeit ω der Scheibe verdreht. — Im Fall der Schiebung reduziert sich der Geschwindigkeitsplan auf einen Punkt, da die Geschwindigkeiten aller Punkte gleich groß und parallel sind.

Auch wenn es sich darum handelt, den Verlauf der Geschwindigkeit einzelner Punkte der Scheibe während eines endlichen Zeitraums zu verfolgen, können beide Darstellungsarten verwendet werden. Wenn die Bewegung eines Punktes geradlinig ist, gibt für ihn nur die erstgenannte Art — mit den gedrehten Geschwindigkeiten — unmittelbar einen Überblick über den Geschwindigkeitsverlauf, während bei der zweiten die sämtlichen Geschwindigkeitsvektoren in eine Gerade zusammenfallen.

Aus dem Vorstehenden ist ersichtlich, daß die Bezeichnung Geschwindigkeitsplan hier in zweierlei Sinn verwendet wird: enmal bei der Darstellung des augenblicklichen Geschwindigkeitszustandes einer Scheibe und das andre Mal bei der Darstellung des Geschwindigkeitsverlaufes einzelner Punkte (wie im I. Kap.) während eines endlichen Zeitraumes.

Das aus den Vektoren $\bar{v}_A$, $\bar{v}_B$ gebildete Dreieck in Abb. 121 b läßt nun auch folgende Deutung zu: bezeichnen wir die dritte Seite, vom Endpunkte $\bar{v}_A$ nach dem von $\bar{v}_B$ gerichtet, mit $\bar{v}_{AB}$, so ist

$$\bar{v}_B = \bar{v}_A + \bar{v}_{AB},$$

und $\bar{v}_{AB}$ bezeichnen wir als die relative Geschwindigkeit von B gegen A: in der Tat, wenn wir allen Punkten der Scheibe die Geschwindigkeit $-\bar{v}_A$ erteilen, so kommt A selbst zur Ruhe und B besitzt die Geschwindigkeit $\bar{v}_B - \bar{v}_A = \bar{v}_{AB}$. Diese relative Bewegung von B gegen A ist also eine Drehung um A und erfolgt im betrachteten Zeitmomente so, als ob A fest wäre. Ist daher ω die Winkelgeschwindigkeit der Scheibe, so ist

$$\boxed{\bar v_B = \bar v_A + \bar v_{AB}, \qquad v_{AB} = \overline{AB}\cdot\omega} \qquad \ldots \ldots (176)$$

63. Beschleunigungszustand der Scheibe. Beschleunigungsplan.

Um den Beschleunigungszustand der Scheibe zu kennzeichnen, kommt

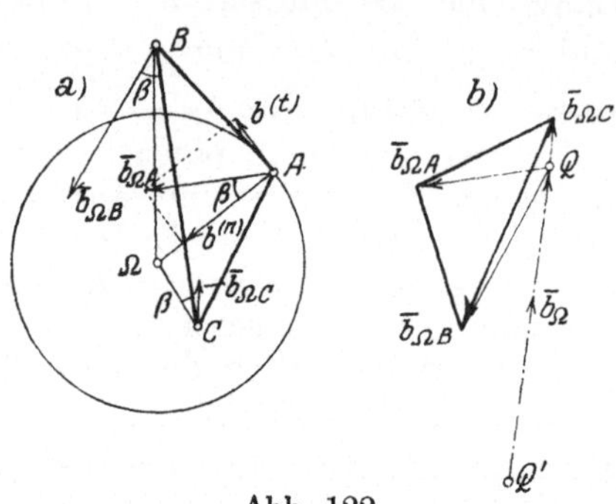

Abb. 122.

es wieder — ganz ähnlich wie beim einzelnen Punkte — darauf an, den Zusammenhang der Änderungen der Geschwindigkeiten für die einzelnen Scheibenpunkte zu verfolgen.

a) Gehen wir hierbei von der Betrachtung der Drehung um einen festen Punkt Ω aus, so beschreiben alle Punkte Kreise mit Ω als Mittelpunkt, Abb. 122. Die Geschwindigkeit irgendeines Punktes A ist $v_A = r_A \cdot \omega$ und

seine Beschleunigung kann in die zwei Teile: normal und senkrecht von $\bar v_A$ zerlegt werden (vgl. Gl. (148)):

$$\boxed{b_{\Omega A}^{(n)} = \overline{\Omega A}\cdot\omega^2, \qquad b_{\Omega A}^{(t)} = \overline{\Omega A}\cdot\dot\omega, \qquad \bar b_{\Omega A} = b_{\Omega A}^{(n)} + b_{\Omega A}^{(t)}} \qquad . (177)$$

indem wir die Richtungszeiger n und t bei b jetzt oben ansetzen. $\dot\omega$ ist die Winkelbeschleunigung der Scheibe. $b_{\Omega A}^{(n)}$ ist **immer von A zu Ω hin gerichtet**, $b_{\Omega A}^{(t)}$ im Gegensinne des Uhrzeigers um Ω drehend, wenn bei einer Drehung der Scheibe im gleichen Sinne eine Zunahme von ω erfolgt.

Die Beschleunigung $\bar b_{\Omega A}$ des Punktes A ist also ein Vektor, der unter dem $\sphericalangle\,\beta$ gegen die Normale geneigt ist, wobei (Abb. 122a)

$$\operatorname{tg}\beta = \dot\omega/\omega^2; \qquad \ldots \ldots \ldots (178)$$

β hat also für alle Scheibenpunkte den gleichen Wert. Die Größe der Beschleunigung ist

$$b_{\Omega A} = \sqrt{b_{\Omega A}^{(t)2} + b_{\Omega A}^{(n)2}} = \Omega A \cdot \sqrt{\omega^4 + \dot\omega^2} = r_A \cdot \sqrt{\omega^4 + \dot\omega^2}, \qquad . (179)$$

ist also dem Abstande $\overline{\Omega A} = r_A$ proportional. Demgemäß ist die Verteilung der Beschleunigung für alle Punkte der Scheibe leicht zu überblicken. Nur für den Drehpunkt Ω ist die Beschleunigung gleich Null.

Trägt man die Beschleunigungsvektoren $\bar b_{\Omega A}$ für alle Punkte A von einem festen Punkte Q auf, so erhält man den Beschleunigungsplan der Scheibe (Abb. 122b). Aus der Proportionalität von $b_{\Omega A}$ mit dem Abstande des betreffenden Punktes von Ω: $r_A = \Omega A$

nach Gl. (177) und aus dem Umstande, daß die Beschleunigungen aller Punkte gegen die Verbindungsstrahlen mit Ω den gleichen Winkel β einschließen, folgt durch einfache Ähnlichkeitsbetrachtungen der Satz:

Die Endpunkte der von einem festen Punkte Q aufgetragenen Beschleunigungsvektoren für die Punkte einer bewegten (starren) Scheibe bilden eine Figur, die zu der Figur der Scheibenpunkte selbst ähnlich, jedoch um den Winkel $\pi - \beta$ gegen diese im Sinne von ω verdreht ist. [In Abb. 122 a, b ist $\triangle ABC \sim b_{\Omega A}\, b_{\Omega B}\, b_{\Omega C}$, wobei der Einfachheit halber die Endpunkte der Vektoren $\bar{b}_{\Omega A} \ldots$ mit $b_{\Omega A} \ldots$ selbst bezeichnet sind.]

b) Dieselbe Verteilung der Beschleunigungen erhalten wir, wenn Ω nicht fest, sondern irgendwie gleichförmig bewegt ist, also selbst nur die Beschleunigung Null hat. Auf die Beschleunigungen hat eine derartige gleichförmige Schiebung keinen Einfluß — im Einklange mit der Tatsache der Unabhängigkeit der Beschleunigungen (und Kräfte) von einer gleichförmigen Bewegung des Bezugssystems.

c) Den allgemeinen Fall der freien Bewegung der Scheibe erhalten wir sodann aus dem besonderen der Drehung um einen festen oder gleichförmig bewegten Punkt Ω, indem wir nunmehr annehmen, daß Ω selbst eine Beschleunigung $\bar{b}_\Omega$ besitzt. Aus dem Vektorcharakter der Beschleunigung und der Starrheit der Scheibe folgt dann sofort, daß die Beschleunigungen $\bar{b}_A$, $\bar{b}_B$, $\bar{b}_C \ldots$ der einzelnen Punkte A, B, $C \ldots$ der Scheibe durch die Summen von $\bar{b}_\Omega$ und den relativen Beschleunigungen von A, B, C gegen Ω gegeben sind. (In diesem Falle handelt es sich also nicht mehr um eine Drehung um einen festen Punkt.) Bezeichnen wir die relativen Beschleunigungen von A, B, $C \ldots$ gegen Ω wie bisher durch zwei Zeiger: $b_{\Omega A} \ldots$ usw. und mit $\bar{b}_\Omega$, die Beschleunigung von Ω gegen ein festes Bezugssystem, so gelten die Gleichungen

$$\boxed{\bar{b}_A = \bar{b}_\Omega + \bar{b}_{\Omega A}, \qquad \bar{b}_B = \bar{b}_\Omega + \bar{b}_{\Omega B},\ \text{usw.}} \qquad \ldots \ (180)$$

und wenn $\bar{b}_{\Omega A} \ldots$ wieder in die normalen und tangentialen Teile zerlegt werden

$$\boxed{\bar{b}_{\Omega A} = \bar{b}_{\Omega A}^{(n)} + \bar{b}_{\Omega A}^{(t)}, \qquad b_{\Omega A}^{(n)} = \Omega A \cdot \omega^2, \qquad b_{\Omega A}^{(t)} = \Omega A \cdot \dot{\omega}} \qquad . \ (181)$$

Von diesen Gleichungen werden wir bei der Untersuchung einfacher Getriebe, wie sie im Maschinenbau vorkommen, mehrfache Anwendungen machen (67).

Aus Gl. (180) sehen wir unmittelbar, daß es im allgemeinen einen und nur einen Punkt G gibt, dessen Beschleunigung verschwindet: denn unter den Beschleunigungen $\bar{b}_{\Omega A}$ aller Scheibenpunkte kommen alle (∞^2) Vektoren (der Größe und Richtung nach), die überhaupt möglich sind, gerade je einmal vor. Es gibt daher nur einen Punkt G, dessen Relativbeschleunigung $\bar{b}_{\Omega G}$ mit $\bar{b}_\Omega$ summiert, Null ergibt. Diesen Punkt nennt man Beschleunigungspol und seine Koordinaten (ξ, η) i. B. auf irgendein Achsensystem (Ω, ξ, η) ergeben sich durch Pro-

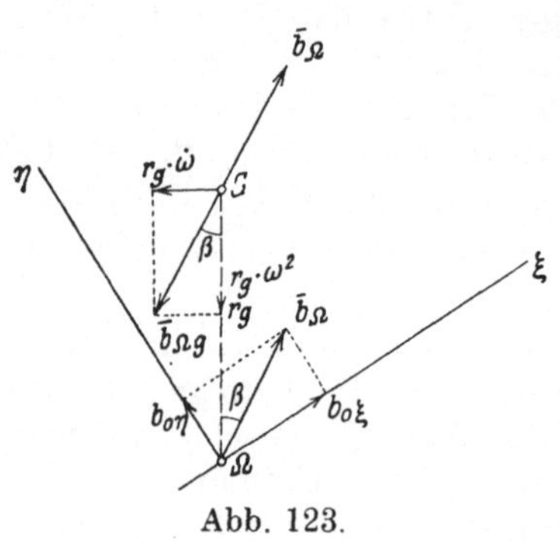

Abb. 123.

jektion der Summe von $\bar{b}_\Omega$ (deren Teile nach ξ, η durch $b_{0\xi}$, $b_{0\eta}$ bezeichnet seien) und von $\bar{b}_{\Omega G}$ (deren Teile nach Normale und Tangente $r_g\,\omega^2$, $r_g\,\dot\omega$, also nach den Achsen ξ und η: $-\xi\omega^2$, $-\eta\omega^2$ bzw. $-\eta\omega$, $+\xi\dot\omega$ sind), aus den Gleichungen:

$$b_{0\xi} - \xi\,\omega^2 - \eta\,\dot\omega = 0 \left.\begin{matrix}\\\\\end{matrix}\right\} \quad (182)$$
$$b_{0\eta} - \eta\,\omega^2 + \xi\,\dot\omega = 0$$

(Abb. 123) durch Auflösung in der Form:

$$\boxed{\;\xi = \frac{b_{0\xi}\,\omega^2 - b_{0\eta}\,\dot\omega}{\omega^4 + \dot\omega^2}, \qquad \eta = \frac{b_{0\eta}\,\omega^2 + b_{0\xi}\,\dot\omega}{\omega^4 + \dot\omega^2}\;}\quad \ldots \ (183)$$

Der Beschleunigungsplan für diesen neuen Beschleunigungszustand ist unmittelbar anzugeben. Das Hinzutreten von $\bar{b}_\Omega$ zu jeder Relativbeschleunigung $\bar{b}_{\Omega A}$ wird im Beschleunigungsplan (siehe Abb. 122 b) dadurch ausgeführt, daß eine Strecke $\overline{Q'Q} = \bar{b}_\Omega$ eingetragen wird, dann ist Q' der Festpunkt für den neuen Beschleunigungsplan, und die Strecken $\overline{Q'b_{\Omega A}}$, $\overline{Q'b_{\Omega B}}$, . . . geben die Größen der Beschleunigungen der Punkte A, B . . . . Es läßt sich ferner leicht zeigen, daß sich die auf diese Weise gefundenen Beschleunigungen um den zugehörigen neuen Beschleunigungspol G geradeso anordnen, wie die $\bar{b}_{\Omega A}$ . . . um Ω (Abb. 122).

Wir sehen aus obigen Gleichungen, daß bei bekannter Drehgeschwindigkeit ω der Scheibe (die Lage des Drehpols ist dabei gleichgültig!) der Beschleunigungszustand durch die drei Größen bestimmt ist: $b_{0\xi}$, $b_{0\eta}$, $\dot\omega$. Sollen diese drei Größen in ihrer Abhängigkeit von den Kräften und Massen der Scheibe bestimmt werden, so sind hierzu drei Bewegungsgleichungen notwendig. Da die Zahl der Freiheitsgrade der Scheibe ebenfalls drei beträgt, so brauchen wir für jeden Freiheitsgrad eine Bewegungsgleichung. Ihre Aufstellung ist Sache der Dynamik und wird im III. Teil gegeben.

Beispiel 63. Beschleunigungszustand einer Strecke $\overline{AB}$ (Abb.124). Da die beiden Punkte eine unveränderliche Entfernung voneinander haben, so dürfen ihre Geschwindigkeiten nicht völlig willkürlich angenommen werden; sie müssen vielmehr die Bedingung erfüllen, daß ihre Teile in der Richtung AB gleich groß ausfallen.

Auch für die Beschleunigungen dürfen — entsprechend den drei Freiheitsgraden — nur drei Teile willkürlich angenommen werden, während der vierte durch diese drei bestimmt ist. Die Vektorgleichung (180) für A als Drehpunkt: $\bar{b}_B = \bar{b}_A + \bar{b}_{AB}$, für die Richtungen parallel und senkrecht zu AB angeschrieben, gibt nämlich die Gleichungen

$$b_{B\xi} = b_{A\xi} - r\omega^2, \qquad b_{B\eta} = b_{A\eta} + r\dot\omega,$$

aus denen $b_{B\xi}$ durch $b_{A\xi}$ für ein gegebenes ω unmittelbar gegeben ist, während erst durch $b_{A\eta}$ und $b_{B\eta}$ die Winkelbeschleunigung $\dot\omega$ bestimmt wird. Nimmt man umgekehrt alle vier Teile der Beschleunigungen von A und B willkürlich an, so ist dadurch sowohl ω wie $\dot\omega$ gegeben:

$$\omega^2 = \frac{b_{A\xi} - b_{B\xi}}{r}, \qquad \dot\omega = -\frac{b_{A\eta} - b_{B\eta}}{r}.$$

Der Beschleunigungspol G der mit AB verbundenen Scheibe ist durch die zwei Bedingungen bestimmt: 1. müssen die Verbindungslinien von G mit A und B mit b_A bzw. b_B gleiche Winkel β einschließen und 2. müssen die Strecken GA und GB im selben Verhältnis stehen wie b_A und b_B. Durch die erste Forderung ist G sofort an den Kreis gebannt, der über A, B und den Schnitt N von b_A und b_B geschlagen werden kann; und überdies ist (auch mit Rücksicht auf das Vorzeichen): tg $\beta = \dot\omega/\omega^2$.

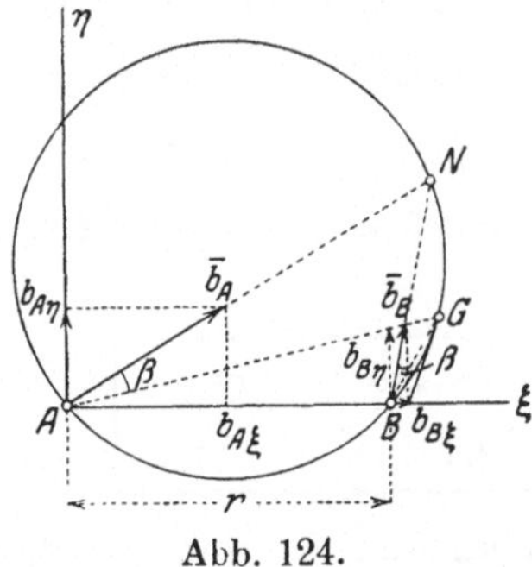

Abb. 124.

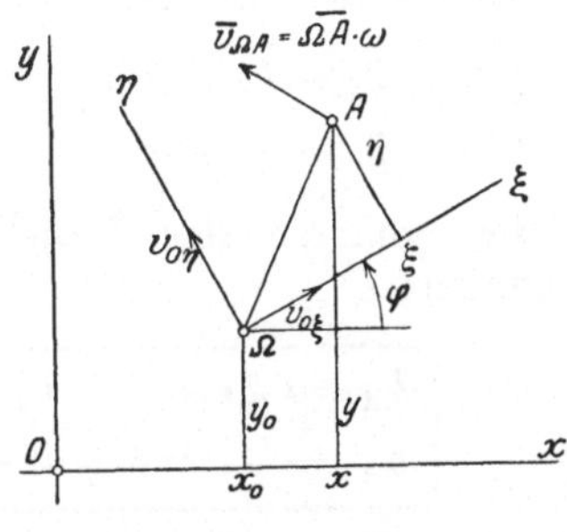

Abb. 125.

64. Rechnerische Herleitung der Ergebnisse von 62 und 63.

a) Die analytische Darstellung des Geschwindigkeitszustandes einer Scheibe geschieht am einfachsten in bezug auf ein Achsensystem (Ω, ξ, η), das fest mit der Scheibe verbunden ist und deren Bewegung mitmacht (Abb. 125). Seien die Teilgeschwindigkeiten von $\bar{v}_\Omega$ nach diesen Achsen ξ und η: $v_{0\xi}, v_{0\eta}$, dann sind die Teilgeschwindigkeiten $v_{A\xi}, v_{A\eta}$ irgendeines Punktes $A\,(\xi, \eta)$ nach diesen Achsen zufolge Gl. (176):

$$\boxed{v_{A\xi} = v_{0\xi} - \eta\,\omega, \qquad v_{A\eta} = v_{0\eta} + \xi\,\omega} \quad \ldots\ (184)$$

daher sind die Koordinaten des Drehpols ξ_1, η_1 gegeben durch

$$0 = v_{0\xi} - \eta_1\,\omega, \qquad 0 = v_{0\eta} + \xi_1\,\omega,$$

womit Gl. (184) auch geschrieben werden können:

$$\boxed{v_{A\xi} = +(\eta_1 - \eta)\,\omega, \qquad v_{A\eta} = -(\xi_1 - \xi)\,\omega} \quad \ldots\ (185)$$

Dieselben Gleichungen findet man natürlich auch, wenn man die Formeln für die Koordinatentransformatoren $\xi, \eta \to x, y$ benutzt:

$$x = x_0 + \xi\cos\varphi - \eta\sin\varphi, \qquad y = y_0 + \xi\sin\varphi + \eta\cos\varphi,$$

nach t differenziert (wobei ξ und η feste Werte haben, daher $\dot{\xi} = 0$, $\dot{\eta} = 0$):

$$\dot{x} = \dot{x}_0 - \xi \sin \varphi \cdot \dot{\varphi} - \eta \cos \varphi \cdot \dot{\varphi}, \quad \dot{y} = \dot{y}_0 + \xi \cos \varphi \cdot \dot{\varphi} - \eta \sin \varphi \cdot \dot{\varphi} \quad (186)$$

und die Teilgeschwindigkeiten in den Richtungen ξ, η aufsucht (da $\dot{\varphi} = \omega$):

$$\begin{cases} v_{A\xi} = \dot{x} \cos \varphi + \dot{y} \sin \varphi = \dot{x}_0 \cos \varphi + \dot{y}_0 \sin \varphi - \eta \dot{\varphi} = v_{0\xi} - \eta \omega \\ v_{A\eta} = -\dot{x} \sin \varphi + \dot{y} \cos \varphi = -\dot{x}_0 \sin \varphi + \dot{y}_0 \cos \varphi + \xi \dot{\varphi} = v_{0\eta} + \xi \omega \,. \end{cases}$$

Genauer gesagt werden dabei stets die Geschwindigkeitskomponenten nach festen Achsen betrachtet, deren Richtungen in jedem Augenblicke mit denen der bewegten zusammenfallen.

b) **Für die Ermittlung der Teile der Beschleunigungen in Richtung der Achsen** $\Omega \xi$, $\Omega \eta$ haben wir zunächst die Gln. (186) nochmals nach t zu differenzieren, wodurch wir erhalten:

$$\begin{cases} \ddot{x} = \ddot{x}_0 - \xi \sin \varphi \, \dot{\omega} - \xi \cos \varphi \, \omega^2 - \eta \cos \varphi \, \dot{\omega} + \eta \sin \varphi \, \omega^2 \\ \ddot{y} = \ddot{y}_0 + \xi \cos \varphi \, \dot{\omega} - \xi \sin \varphi \, \omega^2 - \eta \sin \varphi \, \dot{\omega} - \eta \cos \varphi \, \omega^2 \end{cases}$$

und die Summen der Projektionen von $\ddot{x}$ und $\ddot{y}$ nach ξ bzw. η zu nehmen:

$$\boxed{\begin{aligned} b_{A\xi} &= \ddot{x} \cos \varphi + \ddot{y} \sin \varphi = b_{0\xi} - \xi \omega^2 - \eta \dot{\omega} \\ b_{A\eta} &= -\ddot{x} \sin \varphi + \ddot{y} \cos \varphi = b_{0\eta} - \eta \omega^2 + \xi \dot{\omega} \end{aligned}} \quad . \quad (187)$$

wobei $b_{0\xi}$ und $b_{0\eta}$ die Teile der Beschleunigung des Punktes Ω, nach $\xi \eta$ zerlegt, bedeuten. Diese Gleichungen sind gleichwertig mit den Vektorgleichungen (180) und (181):

$$\boxed{\bar{b}_A = \bar{b}_\Omega + \bar{b}_{\Omega A} = \bar{b}_\Omega + \bar{b}_{\Omega A}^{(n)} + \bar{b}_{\Omega A}^{(t)}} \quad . \quad . \quad . \quad . \quad (188)$$

denn $-\xi \omega^2$, $-\eta \omega^2$ sind die Teile der Normalbeschleunigung von A und $-\eta \dot{\omega}$, $+\xi \dot{\omega}$ die der Tangentialbeschleunigung von A bei der Drehung um Ω. Für den Beschleunigungspol G sind die linken Seiten der Gln. (187) Null, und wir finden die Gln. (182) wieder. Diese Gleichung (188) besagt also dasselbe, was wir in 63 gefunden:

Die Beschleunigung $\bar{b}_A$ jedes Punktes A der bewegten Scheibe ergibt sich als Summe der Beschleunigung $\bar{b}_\Omega$ von Ω und der Relativbeschleunigung $\bar{b}_{\Omega A}$ von A gegen Ω; $\bar{b}_{\Omega A}$ kann man zerlegen in die Normalbeschleunigung $b_{\Omega A}^{(n)} = \Omega A \cdot \omega^2$ in Richtung $A\Omega$, und die Tangentialbeschleunigung $b_{\Omega A}^{(t)} = \Omega A \cdot \dot{\omega}$ senkrecht zu $A\Omega$.

Die Koordinaten des Beschleunigungspols $G(\xi_G, \eta_G)$ ergeben sich aus $b_{A\xi} = 0$, $b_{A\eta} = 0$ wie in **63**.

65. Arten der zwangläufigen Führungen. Die Lage des Drehpols für die augenblickliche Bewegung einer Scheibe ist durch Angabe der Bewegungsrichtungen zweier Punkte der Scheibe bestimmt; für den Geschwindigkeitszustand ist außerdem die Kenntnis der Winkelgeschwindigkeit der Scheibe oder der Geschwindigkeit irgendeines Scheibenpunktes notwendig. Die wichtigsten Anwendungen betreffen gerade solche Bewegungen von Scheiben, für die die Bewegungsrichtungen aller Punkte durch Angabe der Bewegungsrichtungen zweier Punkte von vornherein gegeben sind, d. h. solche, für welche die Bahnkurven aller Punkte durch geometrische Bedingungen vorgegeben sind. Man spricht in diesem Falle von zwangläufiger Bewegung oder kurz von Zwanglauf. Wir können also auch sagen, für zwangläufige Bewegungen ist die Lage des Drehpols Ω in jedem Augenblicke vollkommen bestimmt.

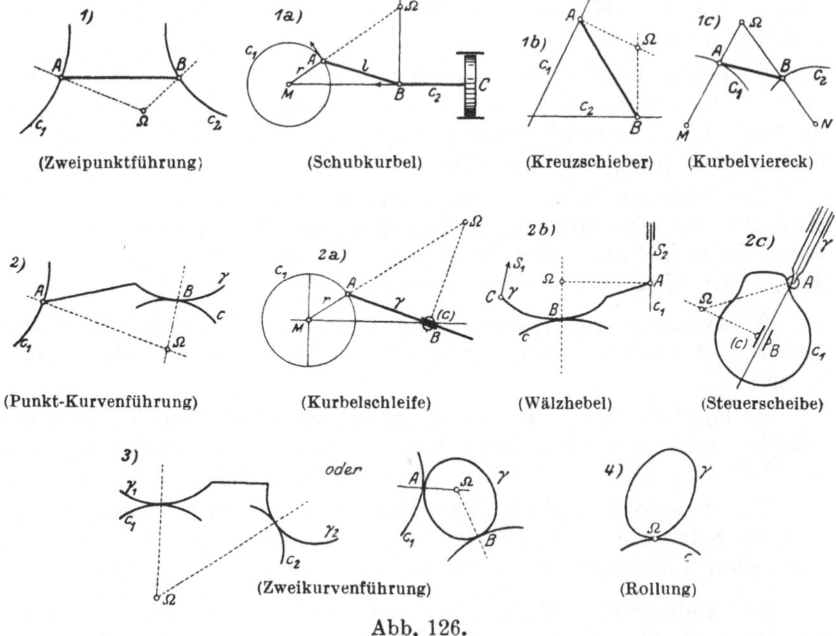

Abb. 126.

Die wichtigsten Fälle, die bei der zwangläufigen Bewegung einer Scheibe auftreten können, sind in Abb. 126 zusammengestellt; in die auch jeweils die zugehörigen Drehpole eingezeichnet sind. Wir haben zu unterscheiden:

1. **Zweipunktführung:** Die Bahnkurven c_1, c_2 zweier Punkte A, B der Scheibe sind vorgegeben. Sonderfälle:

a) **Schubkurbel,** wenn c_1 ein Kreis, c_2 eine Gerade ist; wenn diese Gerade durch den Mittelpunkt M des Kreises geht, spricht man von der gewöhnlichen, sonst von der geschränkten Schubkurbel. Im Maschinenbau wird diese Art der Führung in Verbindung mit der Kurbel $MA(=r)$ und der Kolbenstange BC verwendet; $AB(=l)$ wird als Schubstange (oder Pleuelstange) bezeichnet.

Eine solche Verbindung mehrerer Scheiben, von denen jede einzelne eine zwangläufige Bewegung macht, nennt man eine zwangläufige kinematische Kette, und bei Festhaltung einer Scheibe: ein Getriebe.

b) Kreuzschieber, wenn c_1 und c_2 Gerade sind.

c) Kurbelviereck, wenn c_1 und c_2 Kreisbogen sind.

2. Punkt- und Kurvenführung. Ein Punkt A der Scheibe wird auf einer festen Kurve c_1 geführt, während sich gleichzeitig eine Kurve γ der Scheibe auf einer festen Kurve c mit Gleitung abwälzt. Sonderfälle:

a) Kurbelschleife: c_1 ein Kreis, γ eine Gerade, c ein Punkt, durch den die Kurve γ schleift und der als Drehhülse ausgebildet wird.

b) Wälzhebel (bei Steuerungen angewendet): c_1 eine Gerade (oder auch ein Kreis), γ und c entsprechend gewählte Kurven, um mittels einer Exzenterstange s_1 eine passende Bewegung der Steuerstange s_2 hervorzubringen.

c) Unrunde Scheibe (die Umkehrung davon als „Steuernocke" ebenfalls bei Steuerungen angewendet): c_1 die „unrunde Scheibe", deren Form („Profil") den besonderen Bedürfnissen entsprechend angenommen wird, γ eine Gerade, c ein Punkt.

3. Zweikurvenführung. Zwei Kurven γ_1 nnd γ_2 (oder eine Kurve γ) der Scheibe gleiten (bzw. gleitet) längs zweier fester Kurven c_1 und c_2.

4. Rollführung, Rollung (ohne Gleitung). Eine Kurve γ der Scheibe „rollt" auf einer festen Kurve c. Jede ebene Bewegung kann als Rollung dieser Art (ohne Gleitung) dargestellt werden (66).

Durch besondere Wahl der Kurven $\gamma \ldots$ auf der bewegten Scheibe und der Kurven $c \ldots$ in der festen Ebene können die einzelnen der hier genannten Führungen noch mannigfaltige Formen annehmen.

66. Polkurven. Umkehrung der Bewegung. Durch Angabe des Drehpols Ω und der Winkelgeschwindigkeit ω einer Scheibe ist die augenblickliche Bewegung des zwangläufigen Systems gekennzeichnet. Wenn man von dem Sonderfall der dauernden Drehung um einen festen Punkt absieht, so tritt für jede Lage der Scheibe ein anderer Punkt der festen Ebene als Drehpol der Scheibe auf. Die Aufeinanderfolge dieser Drehpole gibt eine bestimmte Kurve, die aus einem sogleich ersichtlichen Grunde als feste Polkurve bezeichnet wird. Zeichnet man ferner in einer beliebigen Lage der bewegten Scheibe alle jene Punkte ein, die im Laufe der Bewegung zu Drehpolen werden, so erhält man die (mit der Scheibe fest verbundene und ihre Bewegung mitmachende) bewegte Polkurve.

Es ist nun unmittelbar einzusehen, daß sich in jener Lage
der Scheibe, in der die bewegte Rollkurve eingezeichnet ist,
die beiden Rollkurven einander be-
rühren müssen. Denn wenn die aufeinanderfolgenden benachbarten Dreh-
pole in der festen Ebene etwa Ω, Ω_1
$\Omega_2 \ldots$, in der bewegten Scheibe

$$\Lambda\,(=\Omega),\ \Lambda_1,\ \Lambda_2 \ldots$$

sind, so wird Λ_1 durch die zugehörige
kleine Drehung $\Delta\varphi$ um Ω nach Ω_1,
übergeführt, ebenso Λ_2 in Ω_2 usw.
(Abb. 127). In der Grenze wird $\Delta\varphi \to 0$,
d. h. die beiden Rollkurven berühren sich
im Punkte $\Omega\,(=\Lambda)$, für den die bewegte Rollkurve eingezeichnet wurde.

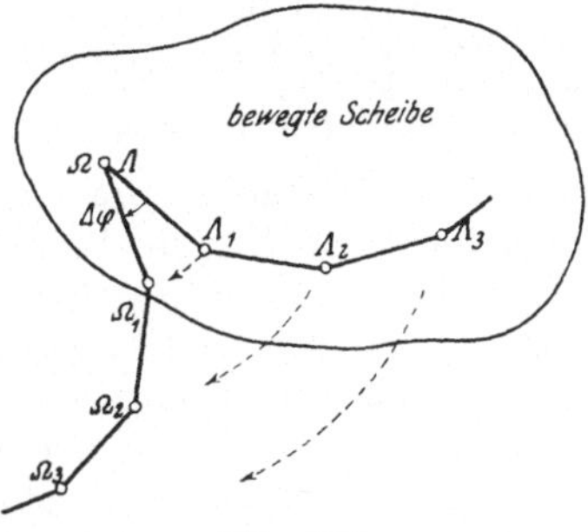

Abb. 127.

Jede ebene Bewegung kann daher dargestellt werden
durch das Abrollen der bewegten Polkurve auf der festen
(ohne Gleitung), die daher auch als Rollkurven bezeichnet werden.

Bezüglich der Konstruktion der bewegten Rollkurve sei folgende Bemerkung eingeschaltet: Wenn die Bewegung der Scheibe durch die Bewegung der Punkte A, B (oder auf irgendeine andere der in **65** aufge-
zählten Arten gegeben ist, und wenn der Drehpol, der der Lage $A_1 B_1$ zu-
gehört, Ω_1 ist, so mache man $\triangle A_1 B_1 \Omega_1 \cong A B \Lambda_1$, wodurch Λ_1 bestimmt ist, ebenso gibt $\triangle A_2 B_2 \Omega_2 \cong A B \Lambda_2$ den Punkt Λ_2 usw.

In manchen Fällen wird der Überblick über den Verlauf der
Bewegung erleichtert und die Ermittlung der die Bewegung kennzeichnenden Größen (Geschwindigkeit und Beschleunigung) vereinfacht, wenn man die Umkehrung der Bewegung betrachtet; man
erhält sie dadurch, daß man die früher bewegte Scheibe festhält und
die früher feste Ebene mittels der vorgegebenen Bedingungen zwangläufig bewegt. An der Relativität der Bewegung wird dadurch nichts
geändert. Die Betrachtung der „umgekehrten“ Bewegung empfiehlt
sich z. B. bei der unrunden Scheibe (Abb.
126, 2 c), die (in den meisten Fällen) ein bewegter Maschinenteil ist, während die Gerade γ
(die Ventilstange) nur in sich verschoben wird;
da diese unrunden Scheiben oft sehr kompli-
zierte Formen haben, so würde die Untersuchung ihrer endlichen Bewegung die wieder-
holte Aufzeichnung ihres „Profils“ erfordern,
was gerade durch die Umkehrung vermieden
wird; denn bei der umgekehrten Bewegung
wird die Scheibe festgehalten und die Gerade
γ, die in sich verschiebbar ist, in der entgegengesetzten Richtung um die Scheibe herumgeführt.

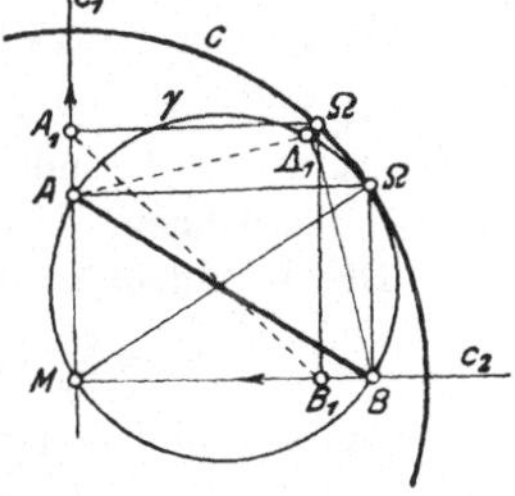

Abb. 128.

Bei der Umkehrung der Bewegung tauschen die beiden
Rollkurven ihre Bedeutung: die früher feste Rollkurve wird

bei der Umkehrung die bewegte, die früher bewegte wird
die feste Rollkurve.

Beispiel 64. Der rechtwinkelige Kreuzschieber nach Abb. 128
gibt als feste Rollkurve den Kreis c, als bewegte den halb so großen Kreis γ.
Die Bewegung des Kreuzschiebers kann durch das Abrollen (ohne Gleiten)
dieser beiden Cardanischen Kreise dargestellt werden. Die bewegte Roll-
kurve γ wird punktweise gefunden durch die Kongruenz: $\triangle A_1 B_1 \Omega_1 \cong A B \Lambda_1$ usw.

67. Beispiele und Anwendungen. Die zwangläufig bewegten
Scheiben und Ketten besitzen einen Freiheitsgrad; durch die Geschwindigkeit und Beschleunigung irgendeines Punktes sind die Geschwindigkeiten und Beschleunigungen aller anderen Punkte gegeben.
Es kommt immer darauf an, aus der Geschwindigkeit und Beschleunigung eines Punktes die der anderen zu ermitteln. Wenn die Aufgabe für einen zweiten Punkt gelöst ist, so ist sie zufolge der
Ähnlichkeitssätze (62, 63) für alle Punkte gelöst. Als zweiter
Punkt wird dabei womöglich ein solcher verwendet, dessen Bahnkurve besonders einfach ist (Gerade oder Kreis), ihre Normale und
ihr Krümmungshalbmesser in den betrachteten Lagen müssen jedenfalls bekannt sein.

Die rechnerische Ermittlung auf Grund der besonderen Bedingungen der Aufgabe ist meist eine langwierige und zeitraubende
Angelegenheit; man wird vielmehr, wenn irgend tunlich, gut tun, die
Geschwindigkeit und Beschleunigung zeichnerisch zu bestimmen und
ihren Verlauf in dem in Betracht kommenden Bereich unmittelbar
übersichtlich darzustellen suchen. Für die Geschwindigkeiten verwendet man die „gedrehten Geschwindigkeiten" oder den „Geschwindigkeitsplan", für die Beschleunigungen kommt im wesentlichen die
Heranziehung der relativen Beschleunigungen nach Gln. (180) und
(181) in Frage.

In den folgenden Beispielen, die technisch wichtige Anwendungen
betreffen, sind die Geschwindigkeiten und Beschleunigungen mit diesen
Hilfsmitteln gefunden worden.

Beispiel 65. Schubkurbel, Abb. 129. Die Geschwindigkeit $\bar{v}_A$
und Beschleunigung $\bar{b}_A$ des „Kurbelzapfens" A sind gegeben, $\bar{v}_B$
und $\bar{b}_B$ des „Kreuzkopfes" B sind zu bestimmen.

v_A und b_A sind jedoch nicht voneinander unabhängig, es ist vielmehr
$b_A^{(n)} = v_A^2/r = r\,\omega_1^2$, indem wir mit $\omega_1 = v_A/r$ die Winkelgeschwindigkeit der
Kurbel bezeichnen.

Die Beschleunigung $\bar{b}_B$ von B ist durch Gl. (188) bestimmt:

$$\bar{b}_B = \bar{b}_A + \bar{b}_{AB}^{(n)} + \bar{b}_{AB}^{(t)}, \qquad b_{AB}^{(n)} = l\,\omega^2, \qquad b_{AB}^{(t)} = l\,\dot\omega\,,$$

wobei sich ω und $\dot\omega$ auf die mit AB verbundene Scheibe beziehen. Wegen
des „Zwanglaufs" sind alle diese Größen durch die Geschwindigkeit und Beschleunigung von A bestimmt, es handelt sich nur darum, sie durch Verwertung der besonderen Bedingungen der Aufgabe womöglich auf zeichnerischem
Wege zu erfassen. Die Richtung von $\bar{b}_B$ ist bekannt, es genügt daher, die
Summe $\bar{b}_A + \bar{b}_{AB}^{(n)}$ zu bilden, die Senkrechte im Endpunkt von $b_{AB}^{(n)}$ auf $b_{AB}^{(n)}$
schneidet dann auf der geraden Bahn von B das $\bar{b}_B$ ab.

Wir kennen $b_A^{(n)} = r\,\omega_1^2$ und wollen ermitteln: $b_{AB}^{(n)} = l\,\omega^2$. Die Beziehung zwischen ω_1 und ω erhalten wir, indem wir v_A auf zweierlei Weise ausdrücken; einmal fassen wir A als Punkt der Kurbel, das andere Mal als Punkt der Schubstange auf:

$$v_A = r\,\omega_1 = R\,\omega\,, \qquad \left(R = \overline{A\,\Omega}\right),$$

es ist also

$$\omega = \frac{r}{R}\cdot\omega_1$$

und

$$b_{AB}^{(n)} = l\,\omega^2 = l\cdot\frac{r^2}{R^2}\,\omega_1^2 = \frac{l}{R}\cdot\frac{r}{R}\cdot r\,\omega_1^2 = \frac{r}{R}\cdot\frac{l}{R}\cdot b_A^{(n)}\,,$$

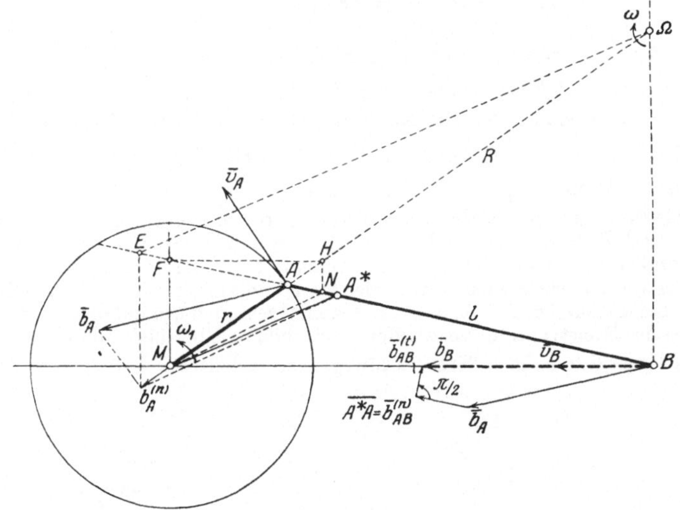

Abb. 129.

es kann also $b_{AB}^{(n)}$ aus $b_A^{(n)}$ konstruiert werden. Hierzu ziehe man vom Endpunkte von $b_A^{(n)}$ die Senkrechte zu MB nach E, dann ist $\triangle EA\,b_A^{(n)} \sim BA\,\Omega$ und daher

$$\overline{AE} : b_A^{(n)} = l : R\,, \qquad \overline{AE} = \frac{l}{R}\cdot b_A^{(n)}\,.$$

Verbindet man ferner E mit Ω und zieht $MA^* \parallel E\,\Omega$, so ist $\triangle EA\,\Omega \sim A^*AM$ und daraus

$$\overline{A^*A} : \overline{AE} = r : R\,, \qquad \overline{A^*A} = \frac{r}{R}\cdot\overline{AE} = \frac{r}{R}\cdot\frac{l}{R}\,b_A^{(n)} = b_{AB}^{(n)} \;\cdots\; (189)$$

Durch die Strecke $\overline{A^*A}$ wird also $b_{AB}^{(n)}$ im selben „Beschleunigungsmaßstabe" gefunden, in dem $b_A^{(n)}$ aufgetragen wurde. $\bar b_{AB}^{(n)}$ an $\bar b_A$ angesetzt, im Endpunkte von $\bar b_{AB}^{(n)}$ hierzu die Senkrechte errichtet, gibt $\bar b_B$; dieser Beschleunigungsplan, aus dem dann auch $b_{AB}^{(t)} = l\,\dot\omega$ abzulesen ist, wurde in Abb. 129 eingetragen. Wir sehen also:

Die relative Normalbeschleunigung $\bar b_{AB}^{(n)}$ ergibt sich also durch folgende Linien: $b_A^{(n)}\,E \perp MB$, $MA^* \parallel E\,\Omega$, dann ist $\overline{AA^*} = \bar b_{AB}^{(n)}$ im selben Maßstabe, in dem $\bar b_A^{(n)}$ bzw. $\bar b_A$ aufgetragen wurde.

Wenn man insbesondere den Beschleunigungsmaßstab so wählt, daß $\bar{b}_A^{(n)} = \overline{AM}$, dann ist ebenso wie zuvor $\overline{AF} : \overline{AM} = l : R$, $\overline{AF} = \dfrac{l}{R} \cdot \overline{AM} = \dfrac{l}{R} b_A^{(n)}$, also

$$b_{AB}^{(n)} = \frac{r}{R} AF = \frac{AF^2}{l}.$$

Zieht man ferner $FH \parallel MB$, $HN \perp MB$, so ist

$$\overline{AF} : \overline{AH} = l : r, \qquad \overline{AH} : \overline{AN} = r : AF,$$

daher

$$\overline{AN} = \overline{AH} \cdot \frac{\overline{AF}}{r} = \overline{AF} \cdot \frac{r}{l} \cdot \frac{\overline{AF}}{r} = \frac{\overline{AF}^2}{l} = b_{AB}^{(n)}, \quad \cdots \cdots \quad (190)$$

aber in dem für diese Konstruktion benutzten Maßstab $b_A^{(n)} = \overline{AM}$. Es muß daher sein $MN \parallel b_A^{(n)} A^*$. Diese letztere Konstruktion hat den Vorteil, den Drehpol Ω nicht zu verwenden, der also auch außerhalb der Zeichenfläche liegen kann.

Den Verlauf von $\bar{b}_B$ längs eines **endlichen** Weges des Punktes B kann man nur erhalten, wenn man den Verlauf von $\bar{b}_A$ längs des entsprechenden „**Kurbelweges**" kennt; beides ist wie durch die eingeprägten Kräfte (Dampfdrücke und Widerstände) und durch die vorhandenen Massen des Getriebes auf Grund der Prinzipe der Dynamik bestimmt. Wenn wir aber als erste Annäherung an den wirklichen „**Gang**" der Maschine eine **gleichförmige** Drehung der Kurbel annehmen, also $\dot{\omega}_1 = 0$, $\omega_1 = $ konst. setzen, dann können wir die zuletzt angegebene Konstruktion verwenden, um einen Überblick über den Verlauf von $\bar{b}_B$ längs des ganzen Kreuzkopfweges zu erhalten. Dies' ist in Abb. 130

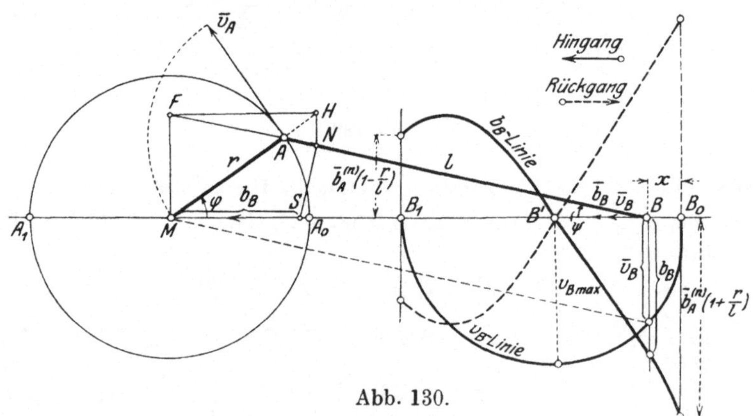

Abb. 130.

geschehen und dabei kann für die Maßstabwahl $b_A^{(n)} = \overline{AM}$, $(b_A^{(t)} = 0)$ [der Linienzug $MFHN$ wie in Abb. 129 gezeichnet, und von N die Senkrechte auf AB gezogen werden, die MB in S schneidet; dann ist $\overline{SM} = \bar{b}_B$; denn der Linienzug $MANS$ ist der „Beschleunigungsplan" für B, nur in anderer Anordnung wie zuvor gezeichnet.

In Abb. 130 ist außer der v_B-Linie auch die b_B-Linie für den Hin- und Rückgang eingezeichnet; dabei sind v_B und b_B um $\pi/2$ gegen ihre wirkliche Lage verdreht eingetragen, da sich sonst nur ein ganz unübersichtliches Bild ergeben würde.

Für die Totpunkte B_0 und B_1 versagt die verwendete Konstruktion, nicht aber die Gl. (188), die zu ihr geführt hat. Zufolge dieser Gleichung ist im äußeren Totpunkte B_0: $v_A = r\,\omega_1 = l\,\omega$ und

$$b_{AB}^{(n)} = l\,\omega^2 = l \cdot \frac{r^2}{l^2}\,\omega_1{}^2 = \frac{r}{l} \cdot r\,\omega_1{}^2 = \frac{r}{l}\,b_A^{(n)}$$

und daher

$$b_{B_0}^{(n)} = b_A^{(n)} + b_{AB_0}^{(n)} = \left(1 + \frac{r}{l}\right) b_A^{(n)},$$

ebenso im inneren Totpunkte B_1:

$$b_{B_1}^{(n)} = \left(1 - \frac{r}{l}\right) b_A^{(n)},$$

Ausdrücke, die sich ohne Schwierigkeit konstruieren lassen.

Diese b_B-Linien werden für die angenäherte Schwungradberechnung verwendet, um einigermaßen den Einfluß der hin- und hergehenden Massen zu berücksichtigen, die (angenähert!) nach dem Gesetze dieser Kurven während der Bewegung des Kreuzkopfes beim Hingang von B_0 bis B' beschleunigt und von B' bis B_1 wieder verzögert werden müssen; beim Rückgang erfolgt die Beschleunigung von B_1 bis B' die Verzögerung von B' bis B_0, wobei zu bemerken ist, daß die b_B Linie gegen den Mittelpunkt von B_0B_1 um so unsymmetrischer ausfällt, je größer das Verhältnis r/l ist.

Um v_B und b_B aus v_A und b_A rechnerisch zu ermitteln, hat man zunächst einen Ausdruck für den Weg $\overline{B_0 B} = x$ aufzustellen, zweimal nach t zu differenzieren und $\dot\varphi = \omega_1$, $\dot\omega_1 = 0$ einzusetzen; man findet mit den Bezeichnungen der Abb. 130:

$$x = r\,(1 - \cos\varphi) + l\,(1 - \cos\psi),$$

wobei

$$l\sin\psi = r\sin\varphi, \quad \cos\psi = \sqrt{1 - \varepsilon^2 \sin^2\varphi}, \quad \text{wenn} \quad r/l = \varepsilon,$$

so daß

$$x = r\left[1 - \cos\varphi + \frac{1 - \sqrt{1 - \varepsilon^2 \sin^2\varphi}}{\varepsilon}\right]$$

und angenähert (da die genauen Formeln sehr umständlich ausfallen), nach Entwicklung der Quadratwurzel nach dem binomischen Lehrsatze, wenn nur die Glieder mit ε beibehalten und alle mit höheren Potenzen von ε unterdrückt werden:

$$x = r\left[1 - \cos\varphi + \frac{\varepsilon}{2}\,\sin^2\varphi\right].$$

Daraus folgt:

$$\left.\begin{aligned} v_B &= \dot x = v_A\left[\sin\varphi + \frac{\varepsilon}{2}\,\sin 2\varphi\right] \\ b_B &= \dot v_B = b_A^{(n)}\left[\cos\varphi + \varepsilon\cos 2\varphi\right] \end{aligned}\right\} \quad \dots \dots \dots \quad (191)$$

wenn $r\,\dot\varphi = v_A$, $r\,\dot\varphi^2 = b_A^{(n)}$ gesetzt wird. Für den Rückgang gelten dieselben Formeln mit $-\varepsilon$ statt $+\varepsilon$. Diese Formeln geben ebenfalls die in Abb. 130 eingezeichneten Kurven.

Zum Schlusse sei noch der Ausdruck für die mittlere Kolbengeschwindigkeit v_m angemerkt, den wir später bei der Leistungsberechnung brauchen:

$$v_m = \frac{2\cdot 2\,r\cdot n}{60} = \frac{4\,r\,n}{60},$$

und da die gleichförmige Kurbelgeschwindigkeit

$$v_A = \frac{2\,r\,\pi\,n}{60}, \quad \text{so ist} \quad v_m = \frac{2}{\pi}\,v_A = 0{,}637\,v_A.$$

Beispiel 66. Unrunde Steuerscheibe. Wir betrachten sogleich die „umgekehrte" Bewegung, bei der die „unrunde Scheibe" festgehalten und die „Ventilstange" AB in entgegengesetzter Richtung zu der Drehrichtung der Scheibe herumgeführt wird. (Vgl. Abb. 126, 2c) Die Bewegung der mit AB verbundenen Scheibe sei wieder durch die Geschwindigkeit $\bar{v}_A$ und Beschleunigung $\bar{b}_A$ des längs der Steuerscheibe geführten Punktes A gegeben; man ermittle daraus die Geschwindigkeit $\bar{v}_B$ und Beschleunigung $\bar{b}_B$ des mit dem Drehpunkt der Steuerscheibe zusammenfallenden Punktes B der „bewegten" Geraden AB. Insbesondere ist die Beschleunigung in Richtung AB von Interesse, die für den Verlauf der Bewegung des mit der Stange AB verbundenen Ventils maßgebend ist.

Mit den Bezeichnungen der Abb. 131, in der ein einfaches, aus Stücken von Geraden und Kreisen zusammengesetztes Profil angenommen wurde, erhalten wir $\bar{b}_B$ durch Ausführung der in Gl. (180):

$$\bar{b}_B = \bar{b}_A + b^{(n)}_{AB} + b^{(t)}_{AB},$$

$$b^{(n)}_{AB} = l\,\omega^2,$$

$$b^{(t)}_{AB} = l\,\dot{\omega} \quad (\overline{AB} = l)$$

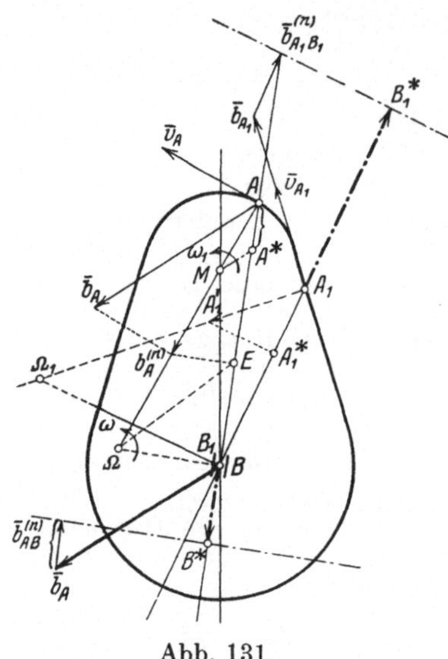

Abb. 131.

enthaltenen Operationen. Sei M der Krümmungsmittelpunkt des „Profils", längs welchem A geführt wird, $\overline{MA} = \varrho$ der Krümmungshalbmesser und $\overline{\Omega A} = R$,

so ist $v_A = \varrho\,\omega_1 = R\,\omega$ und es ist (ähnlich wie bei der Schubkurbel) $b^{(n)}_{AB} = l\,\omega^2$ aus $b^{(n)}_A = \varrho\,\omega_1^2$ zu bestimmen. Es ist

$$b^{(n)}_{AB} = l\,\omega^2 = l\cdot\frac{\varrho^2}{R^2}\,\omega_1^2 = \frac{\varrho}{R}\cdot\frac{l}{R}\cdot\varrho\,\omega_1^2 = \frac{\varrho}{R}\cdot\frac{l}{R}\,b^{(n)}_A \quad \ldots \ldots (192)$$

Wird daher $b^{(n)}_A$ in einem passenden Beschleunigungsmaßstabe auf der Normalen zur Bahn von A aufgetragen und der Endpunkt nach E auf AB projiziert, so ist

$$\overline{AE} = \frac{l}{R}\,b^{(n)}_A.$$

zieht man ferner: $MA^* \parallel \Omega E$, so ist

$$\overline{A^*A} = \overline{AE}\cdot\frac{\varrho}{R} = \frac{\varrho}{R}\cdot\frac{l}{R}\,b^{(n)}_A = b^{(n)}_{AB}.$$

Bildet man an B: $\bar{b}_A + \bar{b}^{(n)}_{AB}$, und zieht durch den Endpunkt die Senkrechte zu AB, so muß in dieser der Endpunkt B^* von $\bar{b}_B$ liegen. $\overline{BB^*}$ gibt unmittelbar die in Richtung AB fallende Komponente der Beschleunigung von B, auf die es vor allem ankommt.

Auf diese einfache Weise können für die nicht geraden Teile der Steuerscheibe die Beschleunigungen in Richtung AB gefunden werden. Die Bewegung der Ventilstange ist übrigens identisch mit der einer sog. Kurbelschleife, deren „Kreis" von Stelle zu Stelle wechselt und an jeder Stelle mit dem Krümmungskreis der Profilkurve der Scheibe zusammenfällt.

Für einen Punkt A_1 eines geraden „Anhubes" der Steuerscheibe ist der Vorgang ein wenig anders, da für einen solchen die Normalbeschleunigung Null ist. Es ist vielmehr $v_{A_1} = R_1 \omega$ $(R_1 = \Omega_1 A_1)$ als gegeben anzunehmen, dann folgt (wenn $\overline{A_1 B_1} = l_1$):

$$\overline{b}_{A_1 B_1}^{(n)} = l_1 \omega^2 = l_1 \cdot \frac{v_{A_1}^2}{R_1^2} = \frac{l_1}{R_1} \cdot \frac{v_{A_1}^2}{R_1} \quad \cdots \cdots \quad (193)$$

Man trage also auf $A_1 \Omega_1$ die Strecke $\overline{A_1 A_1'}$ $v_{A_1}^2/R_1$ auf, und projiziere ihren Endpunkt nach $A_1{}^*$ auf $A_1 B_1$, dann ist unmittelbar (wie aus der Ähnlichkeit der Dreiecke zu ersehen):

$$\overline{A_1{}^* A_1} = \overline{b}_{A_1 B_1}^{(n)}.$$

Die Gl. (188) führt dann sogleich zur Beschleunigung in Richtung $A_1 B_1$. Die Summation der Beschleunigungen ist in der Abb. 131 an A_1 ausgeführt: $\overline{A_1 B_1}{}^*$ gibt die gesuchte Beschleunigung in Richtung von $B_1 A_1$. (S. a. Beisp.77.)

Ein besonderes Augenmerk hat man den Stellen zuzuwenden, in denen, wie beim Beispiel der Abb. 131, der gerade Anhub in die Kurve übergeht, oder sich sonst irgendwelche Kurven mit verschiedenen Krümmungen (tangentiell) aneinander schließen, so daß eine Unstetigkeit der Krümmungshalbmesser eintritt. Durch Anwendung der hier gegebenen Konstruktion unter Verwendung der beiden Krümmungsmittelpunkte erhält man unmittelbar den entsprechenden Sprung in den Beschleunigungen an diesen Stellen, der sich als plötzliche Beschleunigungsänderung stoßartig auf die Ventilstange AB überträgt.

Für die Ermittlung der Beschleunigung einer durch eine unrunde Steuerscheibe angetriebenen Ventilstange ist also die Kenntnis der Verteilung der Beschleunigung des geführten Punktes A während des Umlaufs der Scheibe und des Verlaufes der Krümmungsmittelpunkte längs der Scheibe — d. i. der Evolute — notwendig.

Um ein angenähertes Bild über die Verteilung der Beschleunigungen bei einer solchen Ventilbewegung (die in Wirklichkeit freilich etwas anders angeordnet wird, als es hier vereinfacht dargestellt werden konnte) und gleichzeitig eine Verwertung des Geschwindigkeitsplanes (Hodographen) nach 52 und 53 zu geben, setzen wir konstante Drehgeschwindigkeit ω der Scheibe, also auch der Ventilstange bei der umgekehrten Bewegung, voraus und wollen unter dieser Annahme den Geschwindigkeits- und Beschleunigungsplan für eine halbe Umdrehung der Stange (wegen der Symmetrie der Scheibe gegen die „Geradführführung" ist dies hier ausreichend) aufsuchen. Da ω = konst., so gibt die Strecke $\overline{\Omega B}$ (Abb. 132) unmittelbar ein Maß für die Geschwindigkeit der Ventilstange; es ist nämlich

$$v_B = \overline{\Omega B} \cdot \omega = r \cdot \omega.$$

Die feste Polkurve (Ω), die die Form eines Schmetterlingsflügels hat, kann daher unmittelbar als der um $\pi/2$ gedrehte Geschwindigkeitsplan angesehen werden.

Für die Ermittlung der Beschleunigung ziehen wir nun unmittelbar den Satz des Abschnittes 53 heran, der besagt, daß die Geschwindigkeit, mit der der Geschwindigkeitsplan für eine Punktbewegung durchlaufen wird, nichts anderes ist als die Beschleunigung der ursprünglichen Bewegung. Die Teile der „Geschwindigkeit von Ω" in Abb. 132 nach der Richtung von $v_B = r \omega$, d. i. $\overline{B \Omega}$ und senkrecht dazu sind $\dot{r} \omega$ und $r \omega \cdot \omega = r \omega^2$ (vgl. 57); da vor allem die Beschleunigung in Richtung der Stange von Wichtigkeit ist, also — da wir in der Abbildung den gedrehten Geschwindigkeitsplan vor uns haben — in der Abbildung die Beschleunigung $\perp$ zur Stange, so ist $\dot{r} \omega$ unmittelbar die gesuchte Beschleunigung der Stange, b_B. Ziehen wir daher auf die Polkurve in Ω eine Normale, so liefern die entstehenden ähnlichen Dreiecke (in der Abbildung schraffiert)

$$\frac{z}{r} = \frac{\dot{r} \omega}{r \omega^2}, \quad \text{d. h.} \quad \boxed{b_B = \dot{r} \omega = z \cdot \omega^2}, \quad \cdots \cdots \quad (194)$$

d. h. die Strecke $z = \overline{NB}$, die von der Normalen zur Polkurve auf der Richtung der Ventilstange bis B abgeschnitten wird, ist unmittelbar ein Maß für die gesuchte Beschleunigung b_B. Man beachte, daß die aus der Abbildung zu entnehmende Länge z nicht unmittelbar eine Beschleunigung ist, sondern diesen Charakter erst durch Multiplikation mit ω^2 bekommt!

Die Ausführung dieser Konstruktion — die freilich das Ziehen der Normalen an eine Kurve verlangt, die man nur zeichnerisch vorgegeben hat — liefert den polaren Beschleunigungsplan der Ventilbewegung und zeigt an der Übergangsstelle der Krümmungsha'bmesser, an der der Geschwindigkeitsplan den Knick hat, den charakteristischen Sprung in der Beschleunigung. Von dieser Beschleunigungslinie ist in der Abbildung nur ein Stück eingezeichnet.

Für den „geradlinigen Anhub" gilt übrigens folgende besonders einfache Konstruktion: man mache in Abb. 132: $\overline{A\Omega} = \overline{\Omega D}$ und ziehe $\overline{DN} \perp \overline{DA}$, dann ist $\overline{NB} = b_B/\omega^2$.

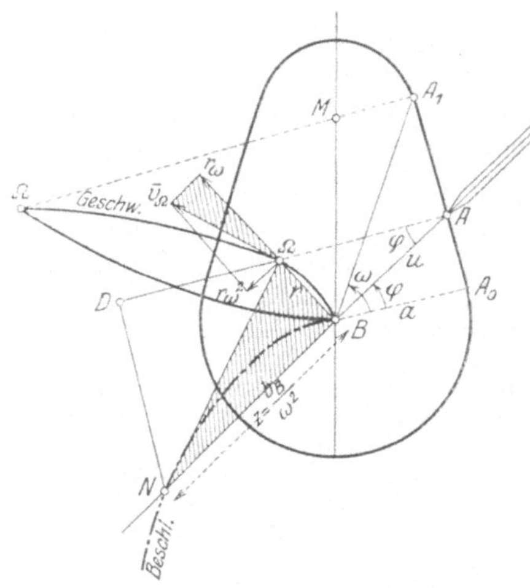

Zum Beweise hierfür setzen wir in Abb. 132 $\overline{BA} = u$ und rechnen $\ddot{u} = \overline{b}_B$ unter der Annahme $\dot{\varphi} = \omega = $ konst. und $\overline{BA_0} = a$. Es ist

$$u = \frac{a}{\cos\varphi}, \qquad \dot{u} = \frac{a\sin\varphi}{\cos^2\varphi} \cdot \omega,$$

$$b_B = \ddot{u} = \frac{a\,\omega^2}{\cos\varphi}\,[1 + 2\,\mathrm{tg}^2\,\varphi] = u\,\omega^2 \left[\frac{2}{\cos^2\varphi} - 1\right] \quad \ldots \ldots \quad (195)$$

Andrerseits ist nach der angegebenen Konstruktion:

$$\overline{DA} = 2\,\Omega A = \frac{2\,u}{\cos\varphi}, \qquad \overline{NA} = \frac{2\,u}{\cos^2\varphi}, \qquad \overline{NB} = \overline{NA} - u = u\left[\frac{2}{\cos^2\varphi} - 1\right] = \frac{b_B}{\omega^2}.$$

III. Bewegung des Körpers im Raume.

68. Bewegung um einen festen Punkt. Der nächste Fall, der in physikalischer und technischer Hinsicht von Wichtigkeit ist, ist die Drehung eines Körpers um einen festen Punkt O. Bei dieser Bewegung verschieben sich die um O herumgelegten Kugelflächen in sich, ganz so, wie sich bei der ebenen Bewegung die parallelen Ebenen in sich verschoben; beide Bewegungen haben auch noch andere Ähnlichkeiten miteinander, die wir sogleich hervorheben wollen.

Zunächst hat auch der um einen festen Punkt O drehbare Körper Σ drei Freiheitsgrade; denn seine Lage ist durch die zwei Koordinaten eines beliebigen in Σ liegenden Punktes A auf einer

um O herumgelegten Kugel, und durch den Winkel einer im Körper
festen Ebene gegen eine im Raume feste Ebene bestimmt, die wir
uns beide etwa (für die Zwecke dieser Koordinatenzählung) durch
die Gerade OA hindurchgehend denken können. Wir können aber
auch die Lage von Σ durch Angabe der Koordinaten zweier
Punkte A und B auf derselben Kugelfläche (oder auch auf verschiedenen) festlegen, die wieder drei Koordinaten ergeben, da sie voneinander eine unveränderliche Entfernung besitzen.

Nehmen wir nun irgend zwei Lagen von Σ, oder, was auf dasselbe hinauskommt, zwei Lagen des Punktpaares an, also etwa AB
und $A'B'$ in Abb. 133, ziehen die Symmetrie-

ebenen der Großkreisbögen $\widehat{AA'}$ und $\widehat{BB'}$, und
bestimmten deren Schnittlinie $O\Omega$, die — zum
Unterschiede gegen die ebene Bewegung —
immer im Endlichen liegt; diese Schnittlinie
ist die Drehachse für die Drehung um den
Winkel φ, durch die Σ aus der Lage OAB
in die Lage $OA'B'$ übergeführt werden kann.
— Wenn die beiden Symmetrieebenen zusammenfallen, so ist die Drehachse $O\Omega$ die
Schnittlinie der beiden Ebenen OAB und
$OA'B'$.

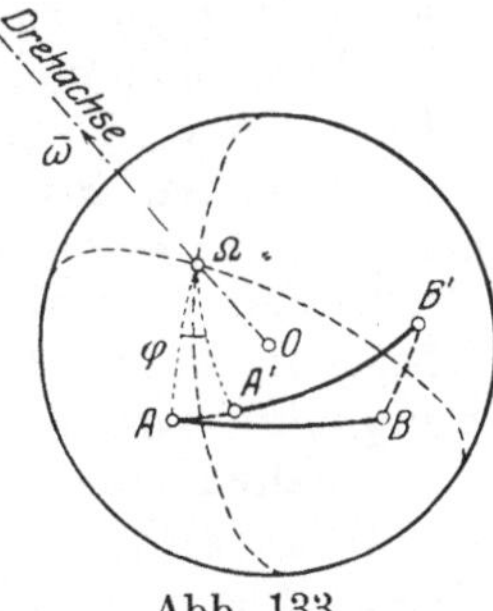

Abb. 133.

Nimmt man die beiden Lagen AB und $A'B'$ sehr nahe aneinander, so kommt dies darauf hinaus, daß man die Richtungen
der Bewegungen von A und B angibt; dann fallen die Halbierungs-
ebenen von $\widehat{AA'}$ und $\widehat{BB'}$ in der Grenze mit den Normalebenen zu
diesen Bewegungsrichtungen zusammen, und ihr Schnitt wird die
Momentanachse der betreffenden Bewegung. Wir erhalten daher
den Satz:

Jede endliche oder unendlich kleine Bewegung eines
starren Körpers um einen festen Punkt kann als Drehung
um eine durch den Punkt gehende Achse dargestellt
werden.

Die Festlegung der Größe der augenblicklichen Drehung um
diese Achse geschieht natürlich wieder durch Angabe der Geschwindigkeit irgendeines Punktes A:

$$\bar{v}_A = \lim_{\Delta t \to 0} \frac{\overline{AA'}}{\Delta t}$$

oder besser durch Angabe der Winkelgeschwindigkeit $\omega = \dfrac{d\varphi}{dt}$

dieser Drehung.

Zur Kennzeichnung der augenblicklichen Drehung von Σ um O
können nunmehr beide Merkmale: Drehachse und Winkelgeschwindigkeit (mit Vorzeichen!) vereinigt werden durch An-
gabe einen Vektors $\bar{\omega}$ von der Länge ω in der Drehachse, wodurch

alle drei Kennzeichen der Drehung: Achse, Größe und Sinn festgehalten werden. Diese Zuordnung Winkelgeschwindigkeit → Vektor $\bar{\omega}$ erweist sich in allen ihren Folgerungen als zutreffend und ermöglicht eine große Vereinfachung der Darstellung.

Die Geschwindigkeit $\bar{v}_A$ irgendeines Punktes A ist dann gleich dem Momentenprodukt aus $\bar{\omega}$ und $\bar{r}_A$:

$$\boxed{\bar{v}_A = \overline{\omega \cdot r_A}} \qquad \ldots \ldots \ldots \quad (196)$$

denn sie steht auf ω und r_A senkrecht und hat die Größe $\omega \cdot r_A \sin \alpha$, wenn $\alpha = \sphericalangle (\bar{\omega}, \bar{r}_A)$ ist. —

Wenn nun nicht gerade die Drehung dauernd um dieselbe Achse erfolgt, so wird im Verlaufe einer endlichen Bewegung die Lage der Drehachse sowohl im Raum wie auch im Körper wechseln — ganz so wie es bei der ebenen Bewegung die Drehpole getan haben. Der Vektor $\bar{\omega}$ wird daher sowohl im Raume wie auch im bewegten Körper Σ je eine Kegelfläche beschreiben, die durch den Ort der Endpunkte von $\bar{\omega}$, d. h. also durch je eine Kurve begrenzt sind; wir erhalten daher den Satz:

Jede endliche Bewegung eines Körpers um einen festen Punkt kann durch das Abrollen eines beweglichen Achsenkegels auf einem festen Achsenkegel dargestellt werden, die sich in der augenblicklichen Drehachse berühren. Trägt man auf ihr die jeweilige Winkelgeschwindigkeit ω auf, so können die Achsenkegel auch zur Darstellung des Verlaufes der Winkelgeschwindigkeit für die endliche Bewegung des Körpers benutzt werden.

Sind im besonderen beide Kegel Kreiskegel, so nennt man die durch das Abrollen beider Kegel aufeinander dargestellte Bewegung eine Präzessionsbewegung. Eine solche Bewegung findet sich bei der Bewegung der Erde verwirklicht, die tatsächlich nicht um eine in der Erde festliegende Achse erfolgt; die Drehachse der Erde ist vielmehr in jedem Augenblicke die Berührungserzeugende zweier Achsenkegel, von denen der „feste" einen Öffnungswinkel von $23^1/_2{}^0$ hat, während der bewegliche so klein ist, daß er an den Erdpolen Kreise von nur 27 cm zum Halbmesser ausschneidet; dementsprechend ist seine Umlaufzeit auf dem festen Kegel sehr groß und beträgt etwa 26 000 Jahre (= 1 Platonisches Jahr).

Es möge hier nur noch bemerkt werden, daß als Koordinaten, zur Bestimmung der Lage des Körpers, am einfachsten gewisse Winkel (z. B. die sog. Eulerschen Winkel) gewählt werden, welche die gegenseitige Lage eines im Körper festen gegen ein im Raum festes Koordinatensystem, die den Anfangspunkt gemeinsam haben, angeben.

69. Schraubenbewegung. Der freie starre Körper im Raume besitzt sechs Freiheitsgrade: drei dienen zur Festlegung der Lage

irgendeines Punktes des Körpers und drei zur Festlegung der Lage
des Körpers um diesen Punkt wie in 68. Die Lage des Körpers
kann auch durch Angabe der Lage von drei (nicht in einer Geraden
liegenden) Punkten A, B, C geschehen; diese besitzen wegen der
vorausgesetzten Starrheit unveränderliche Entfernungen voneinander
und erfordern daher zu ihrer Festlegung im Raume $3 \times 3 - 3 = 6$
Koordinaten.

Um einen Körper aus einer Lage A, B, C in eine zweite $A'B'C'$
($\triangle ABC \cong A'B'C'$) zu bewegen, kann man so vorgehen: man erteilt
dem Körper eine räumliche Schiebung $\overline{AA'}$ und bringt dadurch
A mit A' zur Deckung; dann gibt es eine darauffolgende Drehung um A',
die auch B in B' und C in C' überführt. Jede (endliche oder unendlich kleine) Bewegung kann also jedenfalls dargestellt werden durch
den Schiebungsvektor $\overline{AA'} = \bar{\tau}$ und durch eine Drehung um eine Achse
durch A' um den Winkel φ; statt des Punktpaares A, A' kann natürlich jeder andere, mit ABC starr verbundene Punkt X und
sein entsprechender X' in der gleichen Weise verwendet werden.

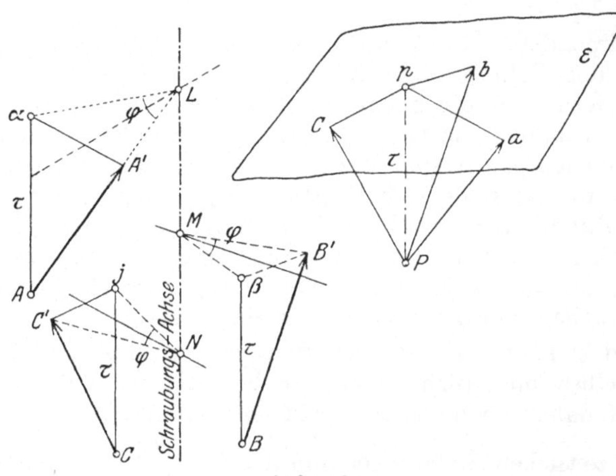

Abb. 134.

Schiebungsvektor und Drehachse werden im allgemeinen geneigt
zueinander ausfallen; es ist jedoch leicht einzusehen, daß man die
Schiebung τ und Drehung φ immer so anordnen kann, daß die
Schiebungsrichtung zur Drehachse parallel verläuft: eine solche Bewegung nennt man eine Schraubenbewegung oder kurz Schraubung und wir erhalten den Satz:

Jede endliche oder unendlich kleine Bewegung eines
starren Körpers läßt sich als eine Schraubung darstellen;
eine Schraubung ist durch ihre Achse, die Schiebungs-
größe τ parallel zu ihr und den Drehwinkel φ um sie bestimmt.

Beispiel 67. Um die Schraubung zu finden, die den Körper aus der Lage ABC nach $A'B'C'$ (Abb. 134) überführt, ziehe man von einen beliebigen Punkt P des Raumes die Vektoren:

$$\overline{Pa} = \overline{AA'}, \quad \overline{Pb} = \overline{BB'}, \quad \overline{Pc} = \overline{CC'},$$

fälle von P das Lot $\overline{Pp}$ auf die durch abc bestimmte Ebene ε und zerlege

$$\overline{Pa} = \overline{Pp} + \overline{pa}, \quad \overline{Pb} = \overline{Pp} + \overline{pb}, \quad \overline{Pc} = \overline{Pp} + \overline{pc};$$

die dadurch bestimmten Dreiecke überträgt man an die Strecken AA', BB', CC' und erhält

$$\overline{AA'} = \overline{A\alpha} + \overline{\alpha A'}, \quad \overline{BB'} = \overline{B\beta} + \overline{\beta B'}, \quad \overline{CC'} = \overline{C\gamma} + \overline{\gamma C'},$$

dann ist

$$\overline{A\alpha} = \overline{B\beta} = \overline{C\gamma} = \overline{Pp} = \text{dem Schiebungsvektor } \tau \text{ für die Schraubung.}$$

Legt man ferner die Symmetrieebenen der Strecken $\overline{A'\alpha}$, $\overline{B'\beta}$ und $\overline{C'\gamma}$ so schneiden sich diese wegen der Starrheit des Körpers in einer Geraden, und diese ist die Schraubungsachse, der zugehörige Drehwinkel ist

$$\sphericalangle A'L\alpha = \sphericalangle B'M\beta = \sphericalangle C'M\gamma = \varphi,$$

wenn L, M, N die Fußpunkte der Lote von $A'\alpha$, ... auf die Schraubungsachse sind.

Für irgendeine kontinuierliche endliche Bewegung wird sich die Lage der Schraubungsachse sowohl im Raume wie auch im Körper ändern, und die Schar der Geraden, die im Raume und im Körper nacheinander zu Schraubungsachsen werden, wird im Raume wie auch im Körper je eine **Regelfläche** erfüllen, die man **Achsenflächen** nennt und die sich längs der augenblicklichen Schraubungsachse berühren. Die wirkliche Bewegung der Körper kann durch **Abschrotung** dieser Flächen aufeinander dargestellt werden, worunter man die Rollung und gleichzeitige Verschiebung längs der augenblicklichen Berührungserzeugenden versteht.

τ und φ sind bei endlichen Bewegungen endlich, bei unendlich kleinen selbst unendlich klein, $\varDelta s$ und $\varDelta\varphi$; in diesem letzteren Falle wird daher vorteilhafter nicht mit $\varDelta s$ und $\varDelta\varphi$ selbst, sondern mit ihren zeitlichen Änderungen $\lim\limits_{\varDelta t\to 0} \varDelta s / \varDelta t = \dfrac{ds}{dt} = \bar{v}$ und $\lim\limits_{\varDelta t\to 0} \varDelta\varphi / \varDelta t$

$= \dfrac{d\varphi}{dt} = \omega$ operiert.

IV. Zusammensetzung von unendlich kleinen Bewegungen.

70. Zusammensetzung von Schiebungen. Von der Zusammensetzung und Zerlegung von Geschwindigkeiten haben wir bei Betrachtung der Punktbewegungen wiederholt Gebrauch gemacht; bestimmend hierfür war der vektorielle Charakter der Geschwindigkeit, der unmittelbar die hierbei zur Anwendung kommenden Regeln lieferte.

In diesem Kapitel handelt es sich um die Aufstellung entsprechender Regeln für ausgedehnte Körper und demgemäß haben wir die Zusammensetzung jener Bewegungen vor uns, die wir zuvor einzeln besprochen haben: Schiebungen, Drehungen und Schraubungen. Die Anordnung für die Zusammensetzung können wir uns derart ausgeführt denken, daß jede einzelne Bewegung durch eine Führung in dem darauf folgenden System verwirklicht sei, welches System selbst wieder entsprechend geführt zu denken ist.

Die Ausführung der Zusammensetzung geschieht mit Hilfe des folgenden Satzes, dessen Richtigkeit wegen der Vektoreigenschaft der Geschwindigkeit ohne weiteres einleuchtet:

Die Geschwindigkeit, die ein beliebiger Punkt des Körpers annimmt, der eine Anzahl von beliebigen (übereinandergelagerten) Bewegungen (Schiebungen, Drehungen, Schraubungen) gleichzeitig ausführen soll, ist die Summe der Geschwindigkeiten, die der Punkt durch die einzelnen Bewegungen erhält.

Daraus folgt unmittelbar, daß die Zusammensetzung von Schiebungen (Translationen) mit den Geschwindigkeiten $\bar{v}_1$, $\bar{v}_2$, ..., $\bar{v}_n$ stets wieder eine Schiebung ist, deren Geschwindigkeit $\bar{v}$ durch die Gleichung bestimmt ist, die auch für jeden einzelnen Punkt des Systems gilt, welches alle Einzelbewegungen mitmacht:

$$\bar{v} = \bar{v}_1 + \bar{v}_2 + \ldots + \bar{v}_n = \sum_{i=1}^{i=n} \bar{v}_i \qquad \ldots \ldots (197)$$

Mit Hilfe desselben Satzes ist auch die Zerlegung einer Schiebung in beliebig viele Teilschiebungen ausführbar.

Beispiel 68. Bestimmung der Eigengeschwindigkeit eines Flugzeuges im Winde. In diesem Fall wird das Flugzeug durch den „Windkörper" fortgetragen, in dem es sich befindet und der die Rolle des Bezugssystems vertritt; die Geschwindigkeit des Windkörpers sei $\bar{w}$. Kennzeichnend für die Beschaffenheit des Flugzeuges ist nur seine Eigengeschwindigkeit $\bar{v}$, d. i. die Geschwindigkeit in bezug auf den umgebenden Luftkörper, nicht seine „absolute" Geschwindigkeit in bezug auf die Erde. $\bar{v}$ kann auf folgende Arten bestimmt werden:

a) Durch Flüge in der Windrichtung. In der Windrichtung wird eine „Stoppstrecke" von bekannter Länge l in m abgesteckt, durch gut sichtbare Objekte bezeichnet und hin und zurück abgeflogen; die hierfür notwendigen Zeiten t_1 und t_2 in sek werden „abgestoppt". Dann ist die Geschwindigkeit in bezug auf die Erde für den

$$\text{Hinflug:} \quad v_1 = v + w = l/t_1,$$
$$\text{Rückflug:} \quad v_2 = v - w = l/t_2,$$

daraus folgt durch Addition die Eigengeschwindigkeit:

$$v = \frac{1}{2}(v_1 + v_2) = \frac{l}{2}\left(\frac{1}{t_1} + \frac{1}{t_2}\right) \text{ m/sek} = 1{,}8\, l \left(\frac{1}{t_1} + \frac{1}{t_2}\right) \text{ km/Std.}$$

und durch Subtraktion die Windgeschwindigkeit

$$w = \frac{1}{2}(v_1 - v_2) = \frac{l}{2}\left(\frac{1}{t_1} - \frac{1}{t_2}\right) \text{ m/sek.}$$

b) **Durch Überfliegen eines Stoppdreieckes** (Abb. 135) und Bestimmung der absoluten Geschwindigkeiten in Richtung der drei Seiten; sind die Seitenlängen l_1, l_2, l_3, die zugehörigen Zeiten t_1, t_2, t_3, so sind die (absoluten) Geschwindigkeiten in bezug auf die Erde

$$v_1 = l_1/t_1, \qquad v_2 = l_2/t_2, \qquad v_3 = l_3/t_3.$$

Jedes v_i $(i = 1, 2, 3)$ ist die Summe aus der unbekannten Eigengeschwindigkeit v und der unbekannten Windgeschwindigkeit w. Denkt man sich für den Flug längs jeder Dreieckseite das zugehörige Geschwindigkeits-

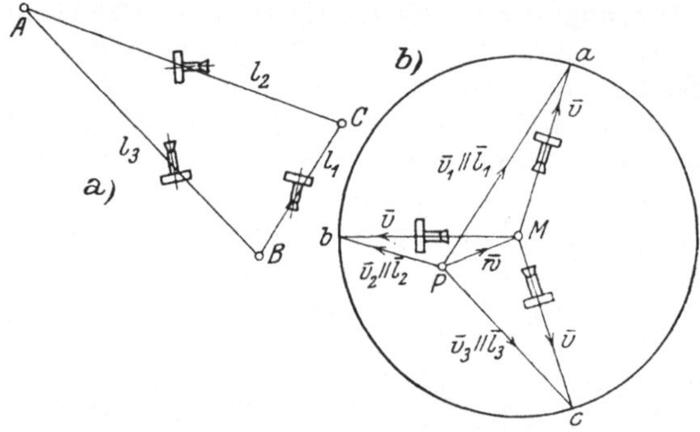

Abb. 135.

dreieck, so erhält man durch Aneinanderlegung dieser drei Dreiecke längs der gemeinsamen Windgeschwindigkeit nach Abb. 135 die folgende Konstruktion zur Ermittlung der Eigengeschwindigkeit:

Man zeichne von einem willkürlich gewählten Pol P den Geschwindigkeitsplan durch Auftragen der Geschwindgkeiten v_1, v_2, v_3 in Richtung der drei Dreiecksseiten und sch lage durch die Endpunkte dieser Strecken v_1, v_2, v_3 einen Kreis; dann ist der Halbmesser dieses Kreises $\overline{Ma} = \overline{Mb} = \overline{Mc} = \overline{v}$ die Größe der unbekannten Eigengeschwindigkeit und $\overline{PM} = \overline{w}$ der Vektor der unbekannten Windgeschwindigkeit. In der Abbildung sind die Stellungen des Flugzeuges beim Fluge längs der drei Seiten angedeutet.

71. Zusammensetzung von Drehungen. Wie sich Schiebungen auf Grund des Additionsgesetzes für freie Vektoren gerade so zusammensetzen wie Momente, so erfolgt die Addition von Drehungen genau in derselben Weise wie die von gebundenen, also wie die von Kräften. Jedem Satz aus der Statik der räumlichen Kraftgruppe läßt sich ein Satz aus der Theorie der (unendlich kleinen) Bewegungen gegenüberstellen. Wir werden auch hier dieselben Fälle zu unterscheiden haben, wie sie schon bei den Kräften am starren Körper vorkamen.

a) **Drehungen um sich schneidende Achsen** sind immer gleichwertig mit einer Drehung um eine Achse durch ihren Schnittpunkt, die nach dem Parallelogrammgesetz aus den gegebenen Drehungen gefunden wird (Abb. 136).

Für zwei Drehungen $\overline{\omega}_1$ und $\overline{\omega}_2$ um die Achsen A_1 und A_2 ergibt sich die Summe ω und die resultierende Drehachse A mittels der den Gln. (13) bis (15) vollkommen entsprechenden Gleichungen:

$$\left.\begin{aligned}
&\omega^2 = \omega_1{}^2 + \omega_2{}^2 + 2\,\omega_1\,\omega_2\cos\alpha\\
&\omega_1 : \omega_2 : \omega = \sin\alpha_2 : \sin\alpha_1 : \sin\alpha\\
&\omega = \omega_1\cos\alpha_1 + \omega_2\cos\alpha_2
\end{aligned}\right\}\quad \overline{\omega} = \overline{\omega}_1 + \overline{\omega}_2 \quad \ldots \quad (198)$$

Denn jeder Punkt der Achse A erhält nach dem in **70** gegebenen Satze die Geschwindigkeit

$$a_1\,\omega_1 - a_2\,\omega_2 = \overline{OM}\cdot(\omega_1\sin\alpha_1 - \omega_2\sin\alpha_2) = 0$$

und dies gibt einen Teil der zweiten der Gln. (198) und ähnlich kann man auch das Bestehen der anderen zeigen, obwohl ihre Richtigkeit schon durch die Auffassung des Vektorcharakters der Drehungen $\overline{\omega}$ einleuchtet.

Fallen die gegebenen Drehachsen, also auch die Vektoren der Drehungen $\overline{\omega}_1$, $\overline{\omega}_2$ ... zusammen, dann wird aus der geometrischen Addition die algebraische und es ist $\omega = \sum\limits_{i=1}^{i=n}\omega_i$.

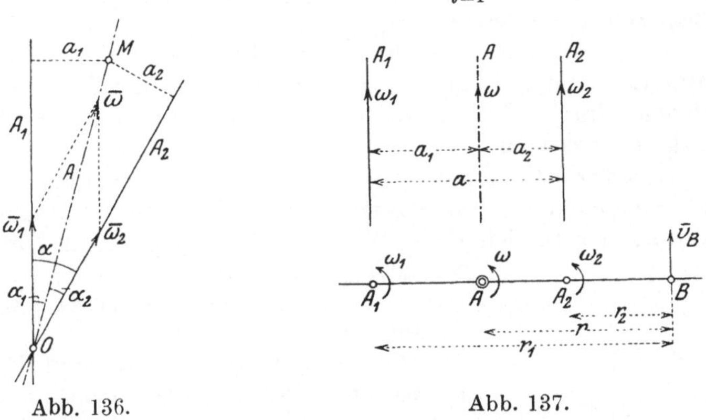

Abb. 136.
Abb. 137.

b) **Drehungen um parallele Achsen** werden nach denselben Gesetzen zusammengefügt, wie parallele Kräfte.

Um die Bewegung anzugeben, welche der Summe der Drehungen ω_1 und ω_2 um die Achsen A_1 und A_2 entspricht, suchen wir einen Punkt oder eine Gerade A zu bestimmen, die durch das Zusammenwirken beider Drehungen zur Ruhe kommt; da die Geschwindigkeiten von A zufolge der beiden Einzeldrehungen gleich groß und entgegengesetzt sein müssen, so folgt, daß A bei gleichem Sinn von ω_1 und ω_2 zwischen A_1 und A_2 liegen und daß wegen der Gleichheit der Geschwindigkeiten $a_1\,\omega_1 = a_2\,\omega_2$ sein muß; es ist also (Abb. 137)

$$\boxed{a_1 : a_2 = \omega_2 : \omega_1} \qquad \ldots \ldots \ldots \quad (199)$$

Weiter folgt durch Betrachtung der Geschwindigkeit eines beliebigen Punktes, wofür der Einfachheit halber etwa B gewählt werden möge,

$$v_B = r\,\omega = r_1\,\omega_1 + r_2\,\omega_2 = (r + a_1)\,\omega_1 + (r - a_2)\,\omega_2 = r\,(\omega_1 + \omega_2)$$

und die Größe der resultierenden Winkelgeschwindigkeit

$$\boxed{\omega = \omega_1 + \omega_2} \qquad \dots \dots \dots \quad (200)$$

Bei entgegengesetztem Vorzeichen von ω_1 und ω_2 liegt A außerhalb der Strecke $\overline{A_1 A_2}$ und zwar auf seiten der größeren Winkelgeschwindigkeit, und es ist $\omega = \omega_1 - \omega_2$.

Wir können diesen Sachverhalt sogleich für beliebig viele Drehungen verallgemeinern und so aussprechen:

Beliebig viele Drehungen $\omega_1, \omega_2, \dots, \omega_n$ um parallele Achsen $A_1, A_2, \dots, A_n$ sind stets gleichwertig mit einer Drehung um eine Achse A, die durch den Schwerpunkt der gegebenen Achsen geht, wenn in ihnen die Winkelgeschwindigkeiten $\overline{\omega}_1, \overline{\omega}_2, \dots, \overline{\omega}_n$ als Gewichte wirken (wobei entsprechend den negativen Winkelgeschwindigkeiten auch „negative Gewichte" zuzulassen sind).

Für die zeichnerische Ausführung dieser Zusammensetzung können dieselben Methoden herangezogen werden, wie sie aus der Statik für die Zusammensetzung paralleler Kräfte bekannt sind (I. Teil, II.).

Mit den unter a und b genannten sind jene Fälle erschöpft, bei denen durch Zusammensetzung von Drehungen wieder eine Drehung herauskommt.

c) Sonderfall: Drehungspaar. Wenn insbesondere $\omega_1 = -\omega_2$ ist, so erleidet der in b ausgesprochene Satz eine Ausnahme; die Ausführung der in den Gln. (198) und (199) gegebenen Vorschriften würde $a_1 = a_2 = \infty$ und $\omega = 0$ ergeben, was auf die Singularität dieses Falles hindeutet.

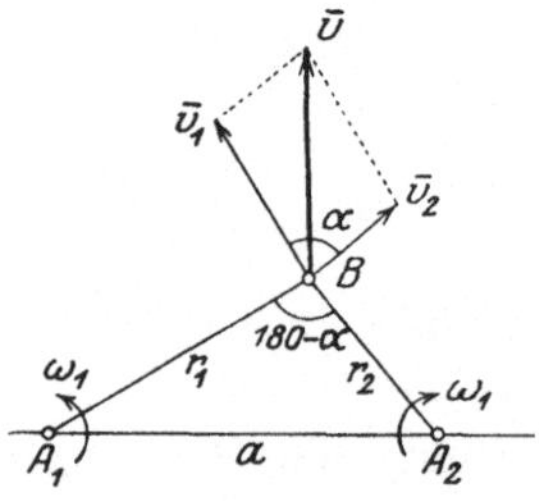

Die Bedeutung eines solchen Drehungspaares ersehen wir, wenn wir auf den Hauptsatz in **70** zurückgehen und die Geschwindigkeit $\overline{v}$ ausrechnen, die irgendein Punkt B (Abb. 138) infolge der beiden Drehungen empfängt. Der von A_1 herrührende Anteil ist

$$v_1 = r_1 \omega_1,$$

Abb. 138.

der von A_2 herrührende

$$v_2 = r_2 \omega_1$$

in den in die Abbildungen eingetragenen Richtungen. Die Summe dieser beiden Geschwindigkeiten ist dann gegeben durch

$$v^2 = v_1{}^2 + v_2{}^2 + 2 v_1 v_2 \cos \alpha$$
$$= \omega_1{}^2 \left[r_1{}^2 + r_2{}^2 - 2 r_1 r_2 \cos (180 - \alpha) \right] = \omega_1{}^2 a^2,$$

daher

$$\boxed{v = \omega_1 a} , \qquad \dots \dots \dots \dots \quad (201)$$

d. h. die Geschwindigkeit v ist für alle Punkte gleich groß, und, wie sich ebenfalls unmittelbar ergibt, $\perp$ zur Ebene $A_1 A_2$ gerichtet. Dies ist aber das Kennzeichen einer Schiebung und wir erhalten den Satz:

$$\left.\begin{array}{l} \omega^2 = \omega_1{}^2 + \omega_2{}^2 + 2\,\omega_1\,\omega_2\cos\alpha \\[4pt] \omega_1 : \omega_2 : \omega = \sin\alpha_2 : \sin\alpha_1 : \sin\alpha \\[4pt] \omega = \omega_1\cos\alpha_1 + \omega_2\cos\alpha_2 \end{array}\right\}\quad \overline{\omega} = \overline{\omega}_1 + \overline{\omega}_2\;.\;.\;.\;.\;.\quad (198)$$

Denn jeder Punkt der Achse A erhält nach dem in **70** gegebenen Satze die Geschwindigkeit

$$a_1\omega_1 - a_2\omega_2 = \overline{OM}\cdot(\omega_1\sin\alpha_1 - \omega_2\sin\alpha_2) = 0$$

und dies gibt einen Teil der zweiten der Gln. (198) und ähnlich kann man auch das Bestehen der anderen zeigen, obwohl ihre Richtigkeit schon durch die Auffassung des Vektorcharakters der Drehungen $\overline{\omega}$ einleuchtet.

Fallen die gegebenen Drehachsen, also auch die Vektoren der Drehungen $\overline{\omega}_1$, $\overline{\omega}_2$ ... zusammen, dann wird aus der geometrischen Addition die algebraische und es ist $\omega = \sum\limits_{i=1}^{i=n}\omega_i$.

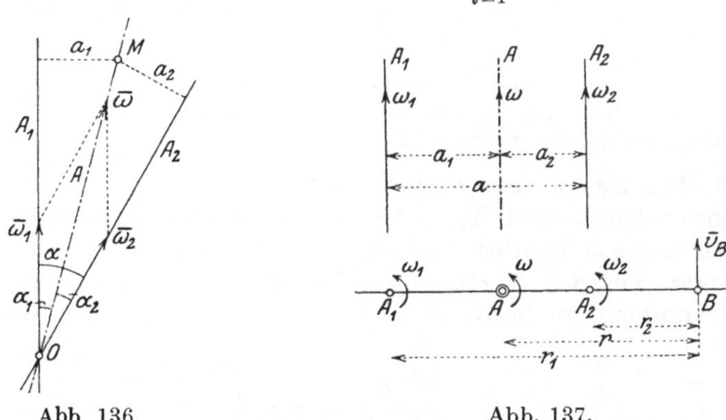

Abb. 136.
Abb. 137.

b) **Drehungen um parallele Achsen** werden nach denselben Gesetzen zusammengefügt, wie parallele Kräfte.

Um die Bewegung anzugeben, welche der Summe der Drehungen ω_1 und ω_2 um die Achsen A_1 und A_2 entspricht, suchen wir einen Punkt oder eine Gerade A zu bestimmen, die durch das Zusammenwirken beider Drehungen zur Ruhe kommt; da die Geschwindigkeiten von A zufolge der beiden Einzeldrehungen gleich groß und entgegengesetzt sein müssen, so folgt, daß A bei gleichem Sinn von ω_1 und ω_2 zwischen A_1 und A_2 liegen und daß wegen der Gleichheit der Geschwindigkeiten $a_1\omega_1 = a_2\omega_2$ sein muß; es ist also (Abb. 137)

$$\boxed{a_1 : a_2 = \omega_2 : \omega_1}\quad .\;.\;.\;.\;.\;.\;.\;.\;.\quad (199)$$

Weiter folgt durch Betrachtung der Geschwindigkeit eines beliebigen Punktes, wofür der Einfachheit halber etwa B gewählt werden möge,

$$v_B = r\,\omega = r_1\omega_1 + r_2\omega_2 = (r + a_1)\,\omega_1 + (r - a_2)\,\omega_2 = r\,(\omega_1 + \omega_2)$$

liebigen **Punkt** P das Dreieck der Winkelgeschwindigkeiten: $\overline{\omega} = \overline{\omega}_1 + \overline{\omega}_2$; dann ist:

$$\omega_1 : \omega_2 : \omega = \sin\alpha_2 : \sin\alpha_1 : \sin\alpha, \quad \text{also insbesondere} \quad \omega_1 \sin\alpha_1 = \omega_2 \sin\alpha_2.$$

Ferner zerlegt man: $\overline{\omega}_1 = \overline{\omega}_1{}' + \overline{\omega}_1{}''$, $\overline{\omega}_2 = \overline{\omega}_2{}' + \overline{\omega}_2{}''$, worin $\overline{\omega}_1{}'$ und $\overline{\omega}_2{}' \perp \overline{\omega}$ und $\overline{\omega}_1{}''$ und $\overline{\omega}_2{}'' \parallel \overline{\omega}$, so daß: $\omega_1{}' = \omega_1 \sin\alpha_1$, $\omega_2{}' = \omega_2 \sin\alpha_2$, so ist $\omega_1{}' = \omega_2{}'$; diese beiden bilden daher ein Drehungspaar, entsprechend der Schiebung $\omega_1{}' a$, $\perp$ zur Ebene $\omega_1{}'$, $\omega_2{}'$, d. h. $\parallel \overline{\omega}$. Diese Schiebung hat nach (201) die Größe:

$$v = \omega_1{}' a = \omega_1 \cdot \sin\alpha_1 \cdot a, \quad \text{und da} \quad \sin\alpha_1 = \sin\alpha \cdot \frac{\omega_2}{\omega},$$

so folgt

$$\boxed{v = \frac{\omega_1\,\omega_2}{\omega} \cdot a \cdot \sin\alpha} \quad \ldots \ldots \ldots \ldots \quad (202)$$

Die beiden anderen Teile $\omega_1{}''$ und $\omega_2{}''$ geben zusammengefügt nach b) eine Drehung um eine Achse $A \parallel \omega_1{}'' \parallel \omega_2{}''$ von der Größe

$$\omega = \omega_1{}'' + \omega_2{}'' = \omega_1 \cos\alpha_1 + \omega_2 \cos\alpha_2, \quad \ldots \ldots \ldots \quad (203)$$

deren Achse den Abstand a in dem Verhältnis teilt (Gl. 199):

$$a_1 : a_2 = \omega_2{}'' : \omega_1{}'' = \omega_2 \cos\alpha_2 : \omega_1 \cos\alpha_1 = \sin\alpha_1 \cos\alpha_2 : \sin\alpha_2 \cos\alpha_1,$$

daher

$$\boxed{a_1 : a_2 = \operatorname{tg}\alpha_1 : \operatorname{tg}\alpha_2, \quad a_1 + a_2 = a} \quad \ldots \ldots \ldots \quad (204)$$

Da $\overline{v} \parallel \overline{\omega}$, erhalten wir unmittelbar eine Schraubung, welche durch diese Gleichungen vollständig gegeben ist.

72. Die Zusammensetzung von Schraubungen läßt sich nach demselben Schema durchführen wie die Zusammensetzung von Dynamen und führt stets wieder auf eine Schraubung.

Bevor wir den Vorgang auseinandersetzen können, nach dem diese Schraubung zu bestimmen ist, müssen wir noch die Voraufgabe lösen: die Zusammensetzung einer Drehung $\overline{\omega}$ und einer hierzu unter $\alpha \neq \pi/2$ geneigten Schiebung $\overline{v}$ auszuführen (Abb. 141); es ist klar, daß das Ergebnis hiervon eine Schraubung sein wird, und daß für die Aufsuchung dieser Schraubung die Beziehung verwertet wird, die nach **71**c) zwischen der Schiebung und dem Drehungspaar besteht. Wir zerlegen $\overline{v}$ nach Abb. 141 in zwei Teile:

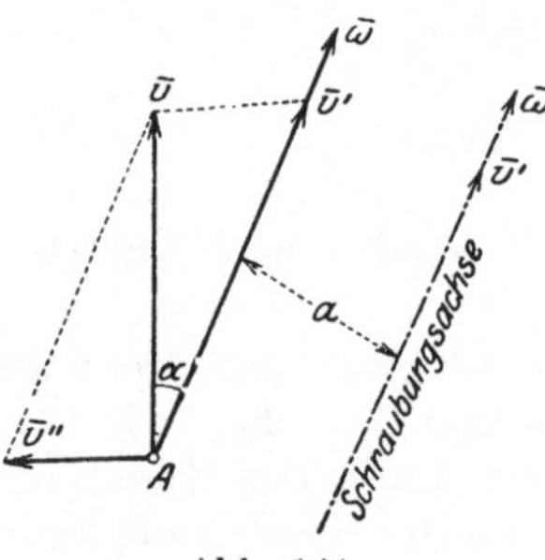

Abb. 141.

$$\overline{v} = \overline{v}' + \overline{v}'', \quad \text{wobei} \quad \overline{v}' \parallel \overline{\omega}, \; \overline{v}'' \perp \overline{\omega}$$

ist, und lösen den zu $\overline{\omega}$ senkrechten Teil $v'' = v \sin\alpha$ in ein Drehungspaar auf, indem wir $v'' = v \sin\alpha = \omega a$ setzen und daraus $a = v''/\omega$ ausrechnen. Das Hinzutreten von $\overline{v}''$ zu $\overline{\omega}$ bedeutet nach **71**c), Beispiel 69, eine Parallelverschiebung von $\overline{\omega}$ um das Stück $a = v''/\omega$ in einer durch $\overline{\omega}$ senkrecht zu $\overline{v}''$ gelegten Ebene; dieses neue $\overline{\omega}$ gibt mit v' zusammen (das als freier Vektor ohne weiteres beliebig parallel zu sich selbst verschoben werden kann) die gesuchte Schraubung $(\overline{v}', \overline{\omega})$, wobei $v' = v \cos\alpha$ ist, die den gegebenen $\overline{v}$ und $\overline{\omega}$ gleichwertig ist.

Zwei Drehungen um parallele Achsen in der Entfernung a mit gleichgroßen und entgegengesetzten Winkelgeschwindigkeiten $\omega_1 = -\omega_2$ sind gleichwertig mit einer Schiebung vom Betrage $\omega_1 a$, $\perp$ zur Ebene der beiden Achsen.

Umgekehrt kann jede Schiebung $\bar{v}$ (als freier Vektor) in ein Drehungspaar ω_1, $-\omega_1$ (zwei gebundene Vektoren) aufgelöst oder zerlegt werden, deren Achsenebene $\perp \bar{v}$ ist, und für welches die Gl. (201): $v = \omega_1 a$ erfüllt ist. Im übrigen sind die Achsen vollständig willkürlich.

Beispiel 69. Das Hinzutreten einer Schiebung $\bar{v}$ zu einer Drehung $\bar{\omega}$ um eine Achse A bedeutet eine Drehung um eine Achse A' ($\| A$) in einer Entfernung $a = v/\omega$ von A, die senkrecht zur Richtung der Schiebung gegen A gelegen ist (Abb. 139).

Denn durch Auflösung der Schiebung $\bar{v}$ in ein Drehungspaar kann so ausgeführt werden, daß die Winkelgeschwindigkeiten dieses Paares ω, $-\omega$ sind und ihr Abstand durch $a = v/\omega$ bestimmt ist; die Achse für $-\omega$ läßt man mit der gegebenen Achse für ω zusammenfallen, wodurch eine Drehung um die Achse A' in der bezeichneten Lage übrig bleibt.

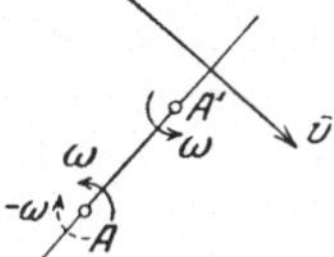

Abb. 139.

Der Sinn dieser Verschiebung läßt sich leicht nach dem Sinn der gegebenen v und ω leicht feststellen.

Umgekehrt kann eine Drehung $\bar{\omega}$ um die Achse A in eine Drehung vom gleichen Betrage und gleichem Sinn um eine $\|$ zu A liegende Achse A' verschoben, oder nach einen beliebigen Punkt P hin „reduziert" werden, wenn zu $\bar{\omega}$ in der neuen Lage noch eine Schiebung vom Betrage $v = \omega a$ hinzugenommen wird, worin a den Abstand von A und A' bedeutet und die Richtung von v zur Ebene von A und A' senkrecht steht. Die Ausführung dieser „Reduktion" geschieht demgemäß in der Weise, daß in P zwei gleiche und entgegengesetzte Drehungen ω, $-\omega$ um eine Achse $A' \| A$ angenommen und $\bar{\omega}$ um A und $-\bar{\omega}$ um A' zur Schiebung $v = \omega a$ vereinigt werden.

d) **Die Zusammensetzung von Drehungen um windschiefe Achsen führt im allgemeinen auf eine Schraubung (72).**

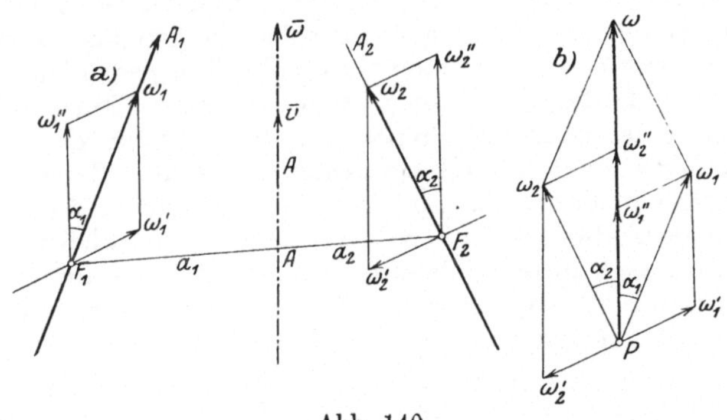

Abb. 140.

Beispiel 70. Die Schraubung, die den Drehungen $\bar{\omega}_1$ und $\bar{\omega}_2$ um zwei windschiefe Achsen A_1 und A_2 gleichwertig ist, läßt sich unmittelbar angeben (Abb. 140). Man zeichne den kürzesten Abstand $\overline{F_1 F_2} = a$ und von einem be-

Dabei unterscheiden wir die freie und gezwungene Relativbewegung. Zu der ersten gehören jene Probleme, bei der die Bewegung eines freien Punktes in bezug auf Oxy gegeben und die Bewegung dieses selben Punktes in bezug auf ein in vorgeschriebener Bewegung befindliches System $\Omega\xi\eta$ zu ermitteln ist, ohne daß irgendein materieller Zusammenhang vorhanden ist. Von einer gezwungenen Relativbewegung sprechen wir dagegen dann, wenn die Bahn des Punktes im System $(\Omega\xi\eta)$ — als Führung — materiell vorgeschrieben ist und diese Bahn sich selbst in bekannter Weise bewegt: der Punkt bewegt sich also in einer Führung, deren Eigenbewegung als bekannt anzusehen ist.

Was die Art der Bewegung des „bewegten" Systems $(\Omega\xi\eta)$ anlangt, so betrachten wir hier nur die einfachsten und auch praktisch wichtigsten Fälle, in denen es entweder 1. eine Schiebung (Translation) oder 2. eine gleichförmige Drehung ausführt; im übrigen beschränken wir uns vorwiegend auf ebene Bewegungen (was schon durch die Bezeichnung der Achsensysteme angedeutet ist) und behandeln außerdem nur ein besonderes Problem der Punktbewegung im Raume, das sich ohne wesentliche Erweiterung der für das ebene Problem der verwendeten Hilfsmittel erledigen läßt. Außerdem behandeln wir noch die relative Bewegung von Körpern gegeneinander hinsichtlich ihres Geschwindigkeitszustandes, und zwar im Hinblick auf ihre Bedeutung für die Theorie der Zahnräder. — Dagegen überschreitet die Behandlung der relativen Bewegung beliebiger Körper hinsichtlich ihres Beschleunigungszustandes ganz und gar das Maß der uns bisher zur Verfügung stehenden Hilfsmittel.

Als praktische Beispiele für Probleme, bei denen relative Bewegungen in dem dargelegten Sinne eine Rolle spielen, seien genannt: die Bewegung eines Punktes gegen die sich drehende Erde, das Foucaultsche Pendel, die Bewegung des Wassers in den Laufrädern der Turbinen, der sog. Trägheitsregulator u. dgl. mehr. Übrigens haben wir schon in **62, 63** und **64** von relativen Geschwindigkeiten und Beschleunigungen Gebrauch gemacht, freilich hat es sich dabei immer um Punkte des bewegten Systems selbst gehandelt, nicht um einen außerhalb des bewegten Systems liegenden freien oder durch dieses irgendwie geführten Punkt; wir betrachteten dabei die Projektionen der absoluten Geschwindigkeiten und Beschleunigungen der Systempunkte in bezug auf Achsen, die mit dem bewegten System fest verbunden, also tatsächlich bewegt sind. Von solchen „bewegten Achsen" wird auch in der „Theorie des Kreisels", d. i. im wesentlichen die Theorie der Bewegung eines Körpers um einen festen Punkt, ausgiebig und mit großem Vorteil Gebrauch gemacht.

Wenn sich das bewegte System $(\Omega\xi\eta)$ gegen das feste (Oxy) geradlinig und gleichförmig bewegt, so kann dies auf die Bewegungsgleichungen eines Körpers — nach dem Trägheitsgesetze — keinen Einfluß haben: sie lauten für beide Systeme völlig gleich (Relativitätsprinzip der Newton-Galileischen Mechanik). Ruhe und gleichförmige Bewegung sind für die Begriffsbildungen der Mechanik nicht zu unterscheiden; für ein gegen Oxy gleichförmig geradlinig bewegtes Bezugssystem werden wir daher auch keine neuen prinzipiellen Aussagen erwarten dürfen. Die Fragestellung bekommt erst dann ihren eigentlichen Sinn, wenn wir Beschleunigungen zulassen, was wir in den oben genannten Sonderfällen der Schiebung und gleichförmigen Drehung nunmehr ausführen wollen.

In unmittelbarer Erweiterung der bisher verwendeten führen wir hierbei die im folgenden stets in diesem Sinne verwendeten Bezeichnungen ein: wir nennen für den bewegten Punkt P:

$$x, y \qquad\qquad \text{die absoluten Koordinaten,}$$

$$\left.\begin{array}{l} v_x = \dot{x} \\ v_y = \dot{y} \end{array}\right\} \bar{v}_a = \bar{v}_x + \bar{v}_y \qquad \text{\textquotedbl} \qquad \text{\textquotedbl} \qquad \text{Geschwindigkeiten,}$$

$$\left.\begin{array}{l} b_x = \dot{v}_x = \ddot{x} \\ b_y = \dot{v}_y = \ddot{y} \end{array}\right\} \bar{b}_a = \bar{b}_x + \bar{b}_y \quad \text{\textquotedbl} \qquad \text{\textquotedbl} \qquad \text{Beschleunigungen,}$$

$$\xi, \eta \qquad\qquad \text{die relativen Koordinaten,}$$

$$\left.\begin{array}{l} v_\xi = \dot{\xi} \\ v_\eta = \dot{\eta} \end{array}\right\} \bar{v}_{\text{rel}} = \bar{v}_\xi + \bar{v}_\eta \qquad \text{\textquotedbl} \qquad \text{\textquotedbl} \qquad \text{Geschwindigkeiten,}$$

$$\left.\begin{array}{l} b_\xi = \dot{v}_\xi = \ddot{\xi} \\ b_\eta = \dot{v}_\eta = \ddot{\eta} \end{array}\right\} \bar{b}_{\text{rel}} = \bar{b}_\xi + \bar{b}_\eta \quad \text{\textquotedbl} \qquad \text{\textquotedbl} \qquad \text{Beschleunigungen.}$$

Die Verbindung dieser Größenpaare gleicher Art hängt von der Art der Bewegung des bewegten Systems gegen das feste ab und wird durch die gewöhnlichen Formeln für die Koordinatentransformationen hergestellt.

74. Freie Relativbewegung. a) **Bewegtes System in Translation (Schiebung).** Nennen wir noch

$$x_s, y_s$$

die Koordinaten von Ω im System Oxy,

$$\left.\begin{array}{l} v_{sx} = \dot{x}_s \\ v_{sy} = \dot{y}_s \end{array}\right\} \bar{v}_s = \bar{v}_{sx} + \bar{v}_{sy}$$

die bekannten Geschwindigkeiten von Ω und aller anderen Punkte der bewegten Scheibe im System Oxy und ebenso

$$\left.\begin{array}{l} b_{sx} = \dot{v}_{sx} = \ddot{x}_s \\ b_{sy} = \dot{v}_{sy} = \ddot{y}_s \end{array}\right\} \bar{b}_s = \bar{b}_{sx} + \bar{b}_{sy}$$

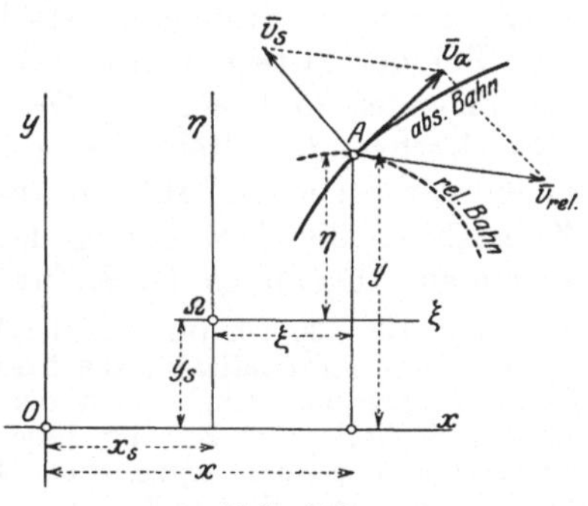

Abb. 142.

die bekannten Beschleunigungen von Ω usw. im System Oxy, so gelten für die Koordinatenpaare die Gleichungen (Abb. 142)

$$x = x_s + \xi, \qquad y = y_s + \eta, \quad \ldots\ldots \quad (205)$$

und da für die Bewegung alle diese Größen stetig differenzierbar von der Zeit abhängen, so folgt durch Ableitung nach t:

$$\dot{x} = \dot{x}_s + \dot{\xi}, \qquad \dot{y} = \dot{y}_s + \dot{\eta} \quad \ldots\ldots \quad (206)$$

oder in eine Vektorgleichung zusammengefaßt

$$\boxed{\bar{v}_a = \bar{v}_s + \bar{v}_{\text{rel}}, \qquad \bar{v}_{\text{rel}} = \bar{v}_a - \bar{v}_s} \quad \ldots \ldots (207)$$

Da das bewegte System hier eine Schiebung ausführt, so haben alle Punkte die gleiche Geschwindigkeit $\bar{v}_s$ und Beschleunigung $\bar{b}_s$, die wir daher als „Geschwindigkeit und Beschleunigung des bewegten Systems" schlechthin bezeichnen. Gl. (207) liefert daher den Satz:

Die relative Geschwindigkeit $\bar{v}_{\text{rel}}$ ist die Differenz aus der absoluten $\bar{v}_a$ und der System-Geschwindigkeit $\bar{v}_s$.

Ebenso liefert die Ableitung der Gln. (206) nach t die Beziehungen:

$$\ddot{x} = \ddot{x}_s + \ddot{\xi}, \qquad \ddot{y} = \ddot{y}_s + \ddot{\eta} \quad \ldots \ldots (208)$$

d. h.

$$\boxed{\bar{b}_a = \bar{b}_s + \bar{b}_{\text{rel}}, \qquad \bar{b}_{\text{rel}} = \bar{b}_a - \bar{b}_s} \quad \ldots \ldots (209)$$

Die relative Beschleunigung $\bar{b}_{\text{rel}}$ ist die Differenz aus der absoluten $\bar{b}_a$ und der System-Bescheunigung $\bar{b}_s$.

Die Gln. (207) oder (209) lassen sich übrigens auch unmittelbar aus dem Vektorcharakter der Geschwindigkeit und Beschleunigung erschließen.

Die Gln. (209) bzw. (208) dienen dazu, aus der absoluten oder eingeprägten Beschleunigung $\bar{b}_a = \bar{b}_e$ bei bekanntem $\bar{b}_s$ die relative Beschleunigung $\bar{b}_{\text{rel}}$ zu bestimmen. Ist insbesondere $\bar{b}_s = 0$, so ist $\bar{b}_a = \bar{b}_{\text{rel}}$, d. h. durch den Übergang vom System Oxy zu dem hierzu gleichförmig bewegten System $\Omega\,\xi\,\eta$ werden die Beschleunigungen des Punktes nicht verändert. Die Formen der Bahnen werden gleichwohl in beiden Systemen verschieden sein können.

Bei der Integration der Gleichungen für die relative Bewegung ist folgendes zu beachten: Die Integrationskonstanten bedeuten relative Geschwindigkeiten bzw. relative Koordinaten; um die Integrale einem vorgegebenen Problem anzupassen, ist für die Festlegung dieser Konstanten die Anwendung der Gln. (207) oder (206) für einen bestimmten Augenblick (z. B. für $t = 0$) erforderlich.

Den Gln. (205) hätte man der Vollständigkeit halber noch die dritte Gleichung: $t = \tau$ hinzuzufügen, die besagt, daß in beiden Systemen das gleiche Zeitmaß verwendet wird; nach der schon in der Einleitung getroffenen Festsetzung bezüglich der Zeit ist diese Aussage trivial und wird daher in der gewöhnlichen Mechanik weggelassen. Dies ist ein Punkt, in dem sich die neuere relativistische Mechanik von der klassischen in charakteristischer Weise unterscheidet.

Beispiel 71. Fallbewegung im fahrenden Zuge (Abb. 143). Gegeben sei $\bar{b}_a = \bar{g}$, $\bar{b}_s = 0$, $v_{sx} = \dot{x}_s = c = $ konst., daher (für $x_s = 0$ bei $t = 0$): $x_s = c \cdot t$, und $v_{sy} = 0$. Aus der Gl. (209) folgt $\bar{b}_{\text{rel}} = \bar{g}$, d. h. $\ddot{\xi} = 0$, $\ddot{\eta} = g$ und mit Benutzung der Gln. (207) (C_1, C_2 Integrationskonstanten)

$$\begin{cases} \dot{\xi} = C_1 = (\dot{x})_{t=0} - (\dot{x}_s)_{t=0} = -c \\ \dot{\eta} = g\,t + C_2 = g\,t + (\dot{\eta})_{t=0} = g\,t + (\dot{y})_{t=0} - (\dot{y}_s)_{t=0} = g\,t, \end{cases} \quad \text{daher} \quad \begin{cases} \xi = -c\,t \\ \eta = \tfrac{1}{2}g\,t^2. \end{cases}$$

Die relative Bahn ist daher eine Parabel, die als eine nach Abb. 143 mit dem bewegten System verbundene Kurve anzusehen ist.

b) System in gleichförmiger Drehung. Zusatzbeschleu-
nigung. Sei ω die konstante Winkelgeschwindigkeit der Drehung,
so ist (für $\varphi = 0$ bei $t = 0$): $\varphi = \omega t$ und die Gleichungen, welche
die relativen mit den absoluten Koordinaten verbinden, lassen sich
aus Abb. 144 in der Form ablesen:

$$\xi = x \cos\varphi + y \sin\varphi, \qquad \eta = - x \sin\varphi + y \cos\varphi \ . \ . \ (210)$$

Da nun (zum Unterschiede
gegen **64**) auch x und y
als veränderlich zu be-
trachten sind, so folgt
durch Ableitung nach t
mit den in **73** eingeführten Bezeichnungen:

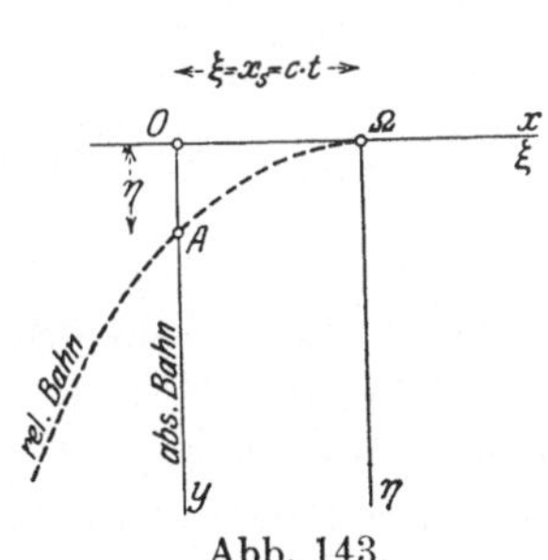
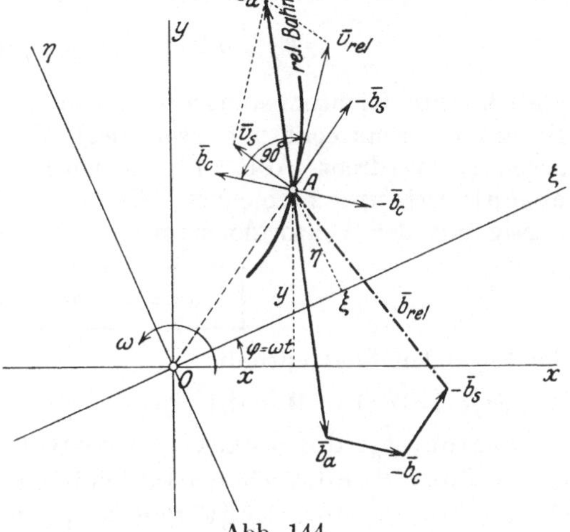

Abb. 143.   Abb. 144.

$$\bar{v}_{\text{rel}}: \begin{cases} v_\xi = \dot{\xi} = \dot{x}\cos\varphi + \dot{y}\sin\varphi + (-x\sin\varphi + y\cos\varphi)\,\omega \\[4pt] \qquad = \dot{x}\cos\varphi + \dot{y}\sin\varphi + \eta\,\omega \\[4pt] v_\eta = \dot{\eta} = -\dot{x}\sin\varphi + \dot{y}\cos\varphi - \xi\,\omega \ . \end{cases} \qquad (211)$$

Die Größen $\dot{x}\cos\varphi + \dot{y}\sin\varphi$, $-\dot{x}\sin\varphi + \dot{y}\cos\varphi$ sind die Teile der
absoluten Geschwindigkeit nach den bewegten Achsen ξ, η, $-\eta\,\omega$
und $\xi\,\omega$ die Teile der Systemgeschwindigkeit jenes Punktes, der im
betrachteten Augenblick mit A zusammenfällt; die beiden Gleichungen
können daher in die Vektorgleichung zusammengefaßt werden

$$\boxed{\bar{v}_{\text{rel}} = \bar{v}_a - \bar{v}_s}, \ \ \ldots \ldots \ldots \ (212)$$

die denselben Sachverhalt zum Ausdruck bringt wie Gl. (207), nur
ist bei dem sich drehenden Bezugssystem $\bar{v}_s$ für alle Punkte der
Scheibe verschieden.

Die nochmalige Ableitung der Gln. (211) nach t liefert:

$$b_\xi \equiv \ddot{\xi} = \ddot{x}\cos\varphi + \ddot{y}\sin\varphi + (-\dot{x}\sin\varphi + \dot{y}\cos\varphi)\,\omega + \dot{\eta}\,\omega,$$

woraus durch Einsetzen von $(-\dot{x}\sin\varphi + \dot{y}\cos\varphi)$ aus der zweiten
der Gl. (211) folgt:

$$b_\xi = \ddot{x}\cos\varphi + \ddot{y}\sin\varphi + \xi\,\omega^2 + 2\,\dot{\eta}\,\omega,$$

ebenso erhält man:

$$b_\eta = -\ddot{x}\sin\varphi + \ddot{y}\cos\varphi + \eta\,\omega^2 - 2\,\dot{\xi}\,\omega. \qquad \left.\begin{array}{c}\\\\\end{array}\right\} \ . \ . \ (213)$$

Hierin bedeuten die beiden ersten Gliederpaare rechts die Teile der absoluten Beschleunigung $\bar{b}_a$ nach den bewegten Achsen ξ, η, das dritte Paar die negative Beschleunigung $-\bar{b}_s$ des mit A zusammenfallenden Systempunktes (er führt eine gleichförmige Drehung aus und besitzt daher nur eine Normalbeschleunigung von der Größe $\sqrt{\xi^2+\eta^2}\cdot\omega^2$); endlich bedeuten die letzten Glieder $-2\,\dot{\eta}\,\omega$, $2\,\dot{\xi}\,\omega$ die Teile einer Beschleunigung $\bar{b}_c$, die die Größe besitzt

$$b_c = 2\,\sqrt{\dot{\xi}^2 + \dot{\eta}^2}\cdot\omega = 2\,v_{\mathrm{rel}}\cdot\omega, \quad \ldots \ldots \quad (214)$$

und da ihre Richtungstangente durch $-\dot{\eta}/\dot{\xi}$ gegeben ist, so steht sie auf $\bar{v}_{\mathrm{rel}}$ senkrecht und zwar liegt sie im Sinne von ω um 90^0 gegen $\bar{v}_{\mathrm{rel}}$ verdreht, Abb. 144; sie wird als Zusatz- oder Coriolisbeschleunigung bezeichnet. Die Gln. (213) sind zusammen gleichwertig mit der Vektorgleichung:

$$\boxed{\bar{b}_{\mathrm{rel}} = \bar{b}_a - \bar{b}_s - \bar{b}_c}, \quad \ldots \ldots \ldots \quad (215)$$

die folgenden Satz enthält:

Die relative Beschleunigung $\bar{b}_{\mathrm{rel}}$ ist die Summe aus der absoluten, $\bar{b}_a$, der negativen System-, $-\bar{b}_s$, und der negativen Zusatz- oder Coriolisbeschleunigung, $-\bar{b}_c$; $\bar{b}_c$ hat die Größe $2\,v_{\mathrm{rel}}\cdot\omega$ und liegt gegen $\bar{v}_{\mathrm{rel}}$ um $\pi/2$ im Sinne von ω verdreht.

Die beiden letzten sind die Veranlassung von Scheinkräften, die beim Übergang vom ruhenden zum gedrehten Koordinatensystem hinzutreten, denen aber im gedrehten System gleichwohl physikalische Realität zukommt; sie sind zwar — naturgemäß — nicht bei der freien, wohl aber bei der gezwungenen Relativbewegung mittelbar durch die Zwangskräfte, die auch von ihnen abhängen, objektiv feststellbar und meßbar.

Um daher die Gleichungen für die Bewegung eines Punktes in bezug auf ein in gleichförmiger Drehung befindliches Achsensystem zu erhalten, hat man die Gl. (215) für zwei Richtungen der bewegten Ebene anzusetzen; die dadurch entstehenden Gleichungen sind Differentialgleichungen 2. Ordnung für ξ und η, die sodann in der gewöhnlichen Weise zu integrieren sind; bezüglich der Integrationskonstanten gilt das unter a) Gesagte. Für den Ansatz auf Grund der Gln. (215) eignen sich übrigens manchmal Polarkoordinaten r, φ besser als die bei der Ableitung benutzten Cartesischen; in diesem Falle sind für die Teile von $\bar{b}_{\mathrm{rel}} \parallel r$ und $\perp r$ die Ausdrücke (152) zu benutzen.

Nimmt man ω in Gl. (211) als veränderlich, so erhält man die Beziehung von b_a und b_{rel} für ein Bezugssystem, das eine ungleichfömige Drehbewegung ausführt. Die Ausführung der Differentiation ergibt, daß die Gl. (215) in derselben Form bestehen bleibt, nur besteht dann b_s aus den beiden Teilen: $-r\omega^2 \parallel r$ und $r\dot{\omega} \perp r$.

Beispiel 72. Trägheitsbewegung von einer gleichförmig gedrehten Scheibe aus betrachtet. Der Punkt A bewege sich mit konstanter Geschwindigkeit c in gerader Linie, Abb. 145, und darunter liege eine mit ω gleichförmig gedrehte Scheibe; man bestimme die relative Bewegung von A in bezug auf diese Scheibe.

Wenn für $t = 0$ etwa $r = 0$ und $\varphi = 0$ vorgeschrieben ist, dann sind aus Abb. 145 die beiden folgenden Gleichungen unmittelbar abzulesen:

$$r = c\,t, \qquad \varphi = \omega\,t$$

und daher gibt

$$r = c\,\varphi/\omega$$

die Gleichung der relativen Bahn in Polarkoordinaten r, φ, die daher eine gewöhnliche Archimedische Spirale ist. Die relative Geschwindigkeit ist

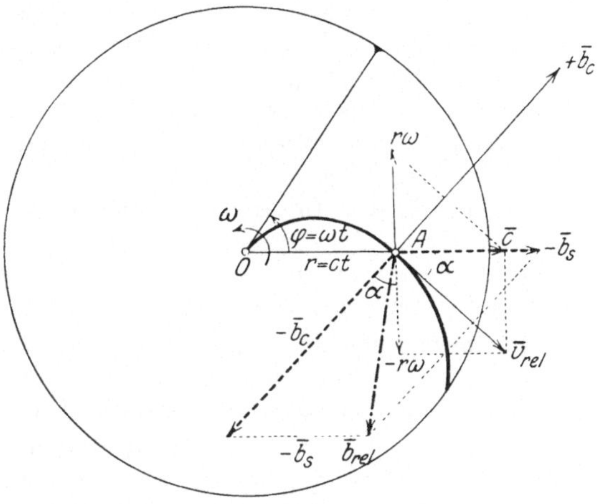

Abb. 145.

$$\bar{v}_{\text{rel}} = \bar{c} - \bar{r}\,\overline{\omega}\,, \qquad v_{\text{rel}} = \sqrt{c^2 + r^2\,\omega^2}\,.$$

Es ist lehrreich, die Ermittlung der relativen Bahn aus dem Ansatz (215) durchzuführen; die Teile von $\bar{b}_{\text{rel}}$ sind in Polarkoordinaten durch die Gln. (152) gegeben;

$$(\parallel r:) \qquad b_r = \ddot{r} - r\,\omega^2 = r\,\omega^2 - 2\,v_r\,\omega\sin\alpha\,,$$

daraus

$$\ddot{r} = 2\,r\,\omega^2 - 2\,v_r\,\omega \cdot r\,\omega/v_r = 0\,,$$

$$(\perp r:) \qquad b_\varphi = \frac{1}{r}\frac{d}{dt}(r^2\,\dot{\varphi}) = 2\,v_r\,\omega\cos\alpha = 2\,v_r\,\omega\cdot c/v_r = 2\,c\,\omega\,,$$

beide Gleichungen sind mit $r = c\,t$, $\dot{\varphi} = \omega = \text{konst.}$ identisch erfüllt.

c) **Räumliche Relativbewegung eines Punktes in bezug auf ein sich beständig um eine feste Achse drehendes Bezugssystem.** Wir können die Gültigkeit der in b) erhaltenen Gl. (215) ohne weiteres verallgemeinern auf den Fall, daß es sich um die Bewegung eines Punktes im Raum handelt, die auf ein System $O\,\xi\,\eta\,\zeta$ bezogen wird, dessen ζ-Achse beständig mit der z-Achse des ruhenden Systems zusammenfallen möge. Die relative Geschwindigkeit $\bar{v}_{\text{rel}}$ von A kann in zwei Teile zerlegt werden, etwa $v\sin\beta \perp O\,z$ und $v\cos\beta \parallel O\,z$, wenn $\beta = \sphericalangle(\bar{v}_{\text{rel}}, z)$ bezeichnet. Die Gleichung für die Bewegung $\parallel O\,z$ wird durch die Drehung des Systems in keiner Weise beeinflußt. Für die Bewegung $\perp O\,z$ gilt die Gl. (215), wofern darin nur gesetzt wird:

$$b_c = 2\,v_{\text{rel}}\sin\beta\cdot\omega\,, \qquad\ldots\ldots\ldots \quad (216)$$

da der in der ξ, η-Ebene liegende Teil von $\bar{v}_{\text{rel}}$ jetzt $v_{\text{rel}}\cdot\sin\beta$ ist. Bezüglich des Sinnes von b_c in bezug auf $v_{\text{rel}}\cdot\sin\beta$ gilt dasselbe wie in b). Sind also $\dot{\xi}$, $\dot{\eta}$, $\dot{\zeta}$ die Komponenten von $\bar{v}_{\text{rel}}$ nach den Achsen ξ,

η, ζ, so sind die von $\bar{b}_c\,(-2\,\dot{\xi}\,\omega,\;2\,\dot{\eta}\,\omega,\;0)$. In vektorieller Schreibweise ist in allen Fällen:

$$\bar{b}_c = 2\,\bar{v}_{\mathrm{rel}}\cdot\omega \qquad (217)$$

75. Gezwungene Relativbewegung. Während die „freie" Bewegung jeder Art vorwiegend theoretisches Interesse besitzt, nähern wir uns bei den Problemen der gezwungenen Relativbewegung solchen, die auch technisch von Bedeutung sind; allerdings wird durch die Annahme des Punktes als bewegtes Objekt, die wir hier allein behandeln, nur eine Annäherung in dieser Richtung erzielt.

Den Ansatz für die gezwungene Relativbewegung erhalten wir wieder durch Anwendung des Gedankens, der für die Behandlung aller gestützten und geführten Systeme maßgebend ist: der Einfluß einer glatten Führung wird an jeder Stelle durch eine $\perp$ zur Führung liegende Zwangskraft bzw. Zwangsbeschleunigung $\bar{b}_z$, bei rauher Führung außerdem durch eine entgegen der Bewegungsrichtung wirkende Reibungsbeschleunigung $\bar{b}_R = f\cdot b_z$ dargestellt; diese beiden, zu $\bar{b}_a$ (d. i. der absoluten oder eingeprägten Beschleunigung) hinzugefügt, verwandeln die gezwungene Bewegung in eine freie und ergeben daher die folgenden Gleichungen:

a) System in Translation.

α) Bei glatter Führung:

$$\boxed{\bar{b}_{\mathrm{rel}} = \bar{b}_a + \bar{b}_z - \bar{b}_s} \qquad (218)$$

β) Bei rauher Führung:

$$\boxed{\bar{b}_{\mathrm{rel}} = \bar{b}_a + \bar{b}_z + \bar{b}_R - \bar{b}_s} \qquad (219)$$

Der Ansatz dieser Gleichungen für zwei Richtungen der bewegten Ebene bringt zwar eine neue Unbekannte b_z ins Spiel, dafür ist durch die Führung des Punktes ein Freiheitsgrad aufgehoben worden, seine Bewegung ist zwangläufig, ist also durch einen Parameter, und dieser durch eine Gleichung bestimmt; die Führung ist selbst die relative Bahn. Die Gln. (218) bzw. (219) reichen daher zur Bestimmung der relativen Bewegung und zur Ermittlung von b_z bzw. des Führungsdruckes $D = M\,b_z$ aus.

b) System in gleichförmiger Drehung.

Es gilt die Gl. (215), wenn darin $\bar{b}_a$ durch $\bar{b}_a + \bar{b}_z$ bzw. durch $\bar{b}_a + \bar{b}_z + \bar{b}_R$ ersetzt wird; wir erhalten demnach:

α) bei glatter Führung:

$$\boxed{\bar{b}_{\mathrm{rel}} = \bar{b}_a + \bar{b}_z - \bar{b}_s - \bar{b}_c} \qquad (220)$$

β) bei rauher Führung:

$$\boxed{\bar{b}_{\mathrm{rel}} = \bar{b}_a + \bar{b}_z + \bar{b}_R - \bar{b}_s - \bar{b}_c} \qquad (221)$$

Beispiel 73. Ruhender Punkt auf der rotierenden Erde. Für ein auf der Erde ruhendes Massenteilchen A gibt die Gl. (220) mit $\bar{b}_{rel} = 0$, $\bar{b}_a = \bar{g}$, $\bar{b}_s = -\bar{\varrho} \cdot \omega^2$, $\bar{b}_c = 0$ und den Bezeichnungen der Abb. 146

$$0 = \bar{g} + \bar{b}_z + \bar{\varrho} \cdot \omega^2.$$

$\bar{b}_z$ gibt die Richtung des Druckes auf den Punkt, oder die Richtung der Lotlinie, in die sich ein gegen die Erde ruhendes Pendel einstellt. An Stelle der Beschleunigung $\bar{g}$, die für die ruhende, als Kugel angenommene Erde aus Symmetriegründen nach dem Erdmittel gerichtet ist, tritt eine Beschleunigung $\bar{g}' = \bar{g} + \bar{\varrho} \cdot \omega^2$ und wenn φ die geographische Breite des Ortes ist, so ist

$$g'^2 = g^2 + \varrho^2 \omega^4 - 2 g \varrho \omega^2 \cos \varphi;$$

wenn das Glied mit ω^4 als klein vernachlässigt und $\varrho = R \cos \varphi$ gesetzt wird, so folgt angenähert, da $R \omega^2 / g \sim 1/289$:

$$g' = g \left[1 - \frac{\cos^2 \varphi}{289} \right] \quad \dots \dots \dots \dots \dots \quad (222)$$

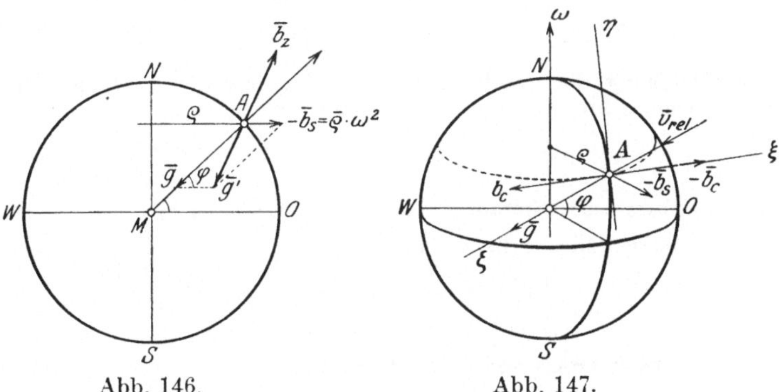

Abb. 146.   Abb. 147.

Beispiel 74. Für den freien Fall mit Rücksicht auf die Erddrehung ist in Gl. (220) zu setzen:

$$\bar{b}_a = \bar{g}, \quad \bar{b}_s = -\bar{\varrho} \omega^2, \quad b_c = 2 v_{rel} \omega \cos \varphi \ (\text{nach Westen});$$

wenn wir als in bezug auf die Erde feste Achsen ζ gegen den Mittelpunkt M und ξ nach Osten gerichtet wählen (Abb. 147), so erhalten wir

$$\bar{b}_{rel} \begin{cases} \ddot{\xi} = 2 v_{rel} \omega \cos \varphi, \\ \ddot{\eta} = -\varrho \omega^2 \sin \varphi, \\ \ddot{\zeta} = g - \varrho \omega^2 \cos \varphi. \end{cases}$$

Wenn wir darin die Glieder mit ω^2 vernachlässigen und $\dot{\zeta} = g t = v_{rel}$ setzen, so folgt

$$\ddot{\xi} = 2 g t \omega \cos \varphi$$

also in der Nähe der Erde, wo φ und g als konstant angesehen werden können:

$$\xi = \frac{g t^3}{3} \omega \cos \varphi \quad \dots \dots \dots \dots \dots \quad (223)$$

Für eine Fallhöhe von $h = 500$ m ist $t = \sqrt{\dfrac{2h}{g}} \sim 10$ sek und für $\varphi = 45^\circ$:

$\xi = 17$ cm. Ein auf die Erde oder in einen Schacht fallender Körper erleidet daher relativ zur Erde eine **Abweichung nach Osten**.

Beispiel 75. Punkt in einer rotierenden Röhre. Der Punkt habe anfangs, d. h. zur Zeit $t = 0$ den Abstand ξ_0 von der Achse und dort die relative Geschwindigkeit $(v_\xi)_0 = \dot\xi_0 = 0$; die konstante Winkelgeschwindigkeit der Röhre sei ω, eingeprägte Kräfte seien nicht vorhanden. Man bestimme die Bewegung des Punktes α) bei glatter, β) bei rauher Führung (Abb. 148).

α) Wir nehmen die Rohrachse zur ξ-Achse, dann lauten die Bewegungsgleichungen für glatte Führung nach (220):

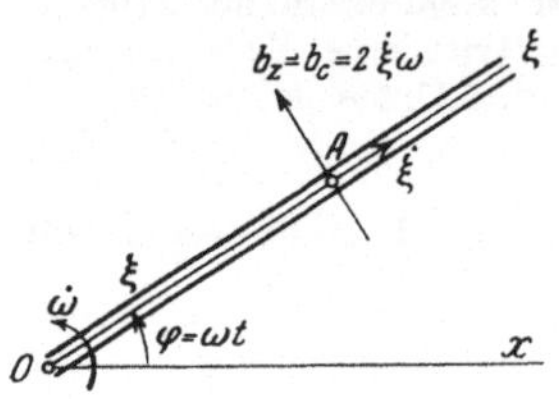

Abb. 148.

$$b_{\text{rel}} \begin{cases} b_\xi = \ddot\xi = \xi\,\omega^2 \\ b_\eta = 0 = b_z - b_c. \end{cases}$$

Die erste Gleichung gibt integriert mit den Bedingungen $t = 0$: $\xi = \xi_0$, $v_\xi = \dot\xi = 0$:

$$\xi = \frac{\xi_0}{2}\left(e^{\omega t} + e^{-\omega t}\right)$$

und die zweite liefert

$$b_z = b_c = 2\,v_{\text{rel}}\,\omega = 2\,\dot\xi\,\omega = \xi_0\,\omega^2\left(e^{\omega t} - e^{-\omega t}\right)$$

Die Gleichung der absoluten Bahn erhält man durch Elimination von t aus der Gleichung für ξ und $\varphi = \omega t$; sie lautet:

$$\xi = \frac{\xi_0}{2}\left(e^\varphi + e^{-\varphi}\right).$$

und hat die Form einer Spirale.

β) für rauhe Führung liefert die Gl. (221):

$$b_{\text{rel}} \begin{cases} b_\xi = \ddot\xi - \xi\,\omega^2 - f\cdot b_z \\ b_\eta = 0 = b_z - b_c, \qquad b_z = 2\,\dot\xi\,\omega, \end{cases}$$

woraus durch Elimination von b_z die Gleichung folgt:

$$\ddot\xi + 2f\omega\,\dot\xi - \omega^2\cdot\xi = 0;$$

ihr Integral lautet mit denselben Anfangsbedingungen wie zuvor, wenn noch durch $f = \operatorname{tg}\varrho$ der dem f entsprechende Reibungswinkel ϱ eingeführt wird:

$$\xi = \frac{\xi_0}{2}\left[(1 + \sin\varrho)\,e^{\frac{1-\sin\varrho}{\cos\varrho}\omega t} + (1 - \sin\varrho)\,e^{\frac{1+\sin\varrho}{\cos\varrho}\omega t}\right].$$

während der Führungsdruck wieder durch $D = M b_z = 2 M \dot\xi \omega$ gegeben ist.

Die Integration der Differentialgleichung für ξ geschieht durch den „e-Ansatz": $\xi = e^{pt}$, der für p die quadratische Gleichung $p^2 + 2f\omega p - \omega^2 = 0$ liefert, deren Wurzeln $p_{1,2} = \left(-f \pm \sqrt{f^2 + 1}\right)\omega$ sind. Die Bestimmung der Integrationskonstanten in $\xi = A e^{p_1 t} + B e^{p_2 t}$ erfolgt sodann durch die gegebenen Anfangsbedingungen.

Beispiel 76. Schwerer Punkt in zur Drehachse unter dem $\angle\alpha \lessgtr \frac{\pi}{2}$ **geneigter Röhre in einer Meridianebene.**

Für den Ansatz brauchen die Achsen nicht unbedingt gerade so gelegt zu werden, wie es in 74c) angegeben wurde, sie sind vielmehr stets den besonderen Bedingungen der Aufgabe anzupassen, wie dies auch schon in Beisp. 74 geschehen ist. Es ist nur darauf zu achten, daß die Beschleunigungen ihrer mechanischen Wesenheit gemäß angebracht werden.

In dem vorliegenden Beispiel nach Abb. 149 wählen wir die ξ-Achse in der Richtung der Röhre, die η-Achse dazu senkrecht in der Ebene durch die

Drehachse und die ζ-Achse wagrecht.   In diesem Achsensystem haben die nach Gl. (220) einzuführenden fünf Beschleunigungen die Teile:

$$\bar{b}_{\text{rel}}\,(\ddot{\xi},\ 0,\ 0), \qquad \bar{b}_a\,(-g\cos\beta,\ g\sin\beta,\ 0), \qquad \bar{b}_z\,(0,\ b_{z\eta},\ b_{z\zeta})$$

$$b_s\,(-\xi\omega^2\sin^2\beta,\ -\xi\omega^2\sin\beta\cos\beta,\ 0), \qquad \bar{b}_c\,(0,\ 0,\ 2\dot{\xi}\omega\sin\beta)$$

die Gl. (220) ist dann den drei Gleichungen gleichwertig:

$$\bar{b}_{\text{rel}}\ \begin{cases} \ddot{\xi} = -g\cos\beta + \xi\omega^2\sin^2\beta \\ 0 = g\sin\beta + b_{z\eta} + \xi\omega^2\sin\beta\cos\beta \\ 0 = b_{z\zeta} - 2\dot{\xi}\omega\sin\beta. \end{cases}$$

Die erste Gleichung gibt integriert die eigentliche Bewegungsgleichung:

$$\xi = \frac{g}{\omega^2}\frac{\cos\beta}{\sin^2\beta} + A\,e^{\omega\sin\beta\,t} + B\,e^{-\omega\sin\beta\,t},$$

in der die Integrationskonstanten wieder geeignet vorgeschriebenen Anfangsbedingungen angepaßt werden können.

Für eine Lage relativen Gleichgewichtes in der Röhre liefert die Bedingung $\ddot{\xi} = 0$ die Lösung:

$$\xi_0 = \frac{g}{\omega^2}\frac{\cos\beta}{\sin^2\beta}.$$

Die beiden anderen Gleichungen liefern die Teile des Führungsdruckes $b_{z\eta}$ und $b_{z\zeta}$ nach den Achsen ξ und η.

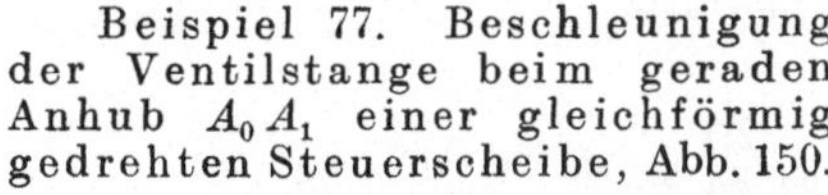

Abb. 149.

Beispiel 77.   Beschleunigung der Ventilstange beim geraden Anhub $A_0 A_1$ einer gleichförmig gedrehten Steuerscheibe, Abb. 150.

Die in Beispiel 66 betrachtete Bewegung der Ventilstange längs des geraden Anhubes $A_0 A_1$ einer Steuerscheibe kann auch nach den für die relative Bewegung eines Punktes gegebenen Regeln behandelt werden. Fassen wir die Lage BA der Ventilstange ins Auge, so fällt die absolute Bahn von A mit der Bewegungsrichtung der Ventilstange, die relative Bahn mit dem geraden Anhub der Scheibe zusammen. Die Systemgeschwindigkeit von A ist $v_s = R\omega$, $\perp R$, woraus $\bar{v}_a$ und $\bar{v}_{\text{rel}}$ durch Zerlegung gewonnen werden können.

Sowohl die absolute wie auch die relative Bahn von A sind geradlinig, daher fallen auch die Richtungen der absoluten, b_a, und der relativen Beschleunigung, b_{rel}, in die Richtungen dieser Bahngeraden hinein. Ferner ist nach Gl. (215):

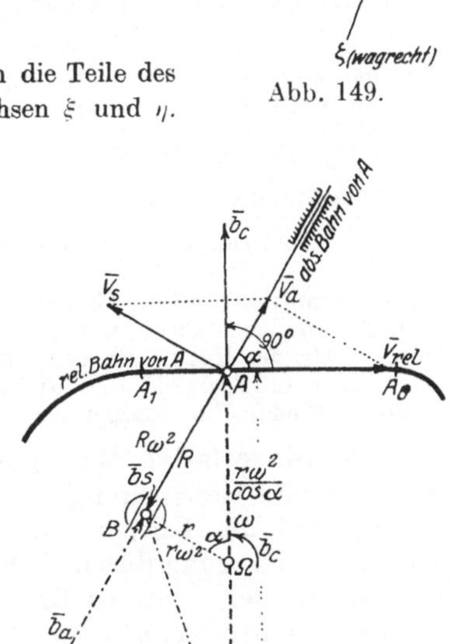

Abb. 150.

$$\bar{b}_a = \bar{b}_{\text{rel}} + \bar{b}_s + \bar{b}_c.$$

Bei gleichförmiger Drehung der Scheibe ist b_s eine reine Normalbeschleunigung:

$$b_s = R\omega^2.$$

Den Maßstab denken wir uns dabei so gewählt, daß b_s durch die Strecke R

selbst dargestellt ist; ferner ist aus dem Geschwindigkeitsdreieck und dem Dreieck $\Omega A B$ abzulesen:

$$v_{\text{rel}} = \frac{v_s}{\sin \alpha} = \frac{R\,\omega}{\sin \alpha} = \frac{r\,\omega}{\cos \alpha}\,,$$

und daher ist

$$b_c = 2\,v_{\text{rel}} \cdot \omega = \frac{2\,r\,\omega^2}{\cos \alpha} = 2\,\varDelta\,\Omega = A D\,,$$

im selben Maßstab, in dem b_s aufgetragen wurde. Zieht man daher durch D eine Parallele zu $A_0 A_1$ und bezeichnet den Schnitt mit der Bewegungsrichtung mit N, so ist wie im Beispiel 66

$$\overline{b}_a = \overline{NB}\,, \qquad \text{und außerdem} \qquad \overline{b}_{\text{rel}} = \overline{ND}\,,$$

und zwar wieder gemessen in dem durch $R\omega^2 = A B$ festgelegten Beschleunigungsmaßstabe.

Aus diesen Beispielen ist schon zu ersehen, in welcher Weise die Coriolisbeschleunigung an dem Auftreten der Zwangsbeschleunigung mitwirkt; wir wollen diesen Sachverhalt noch durch ein Zahlenbeispiel verdeutlichen.

Beispiel 78. Zug längs eines Meridians auf der Erdoberfläche. Nehmen wir die Bewegungsrichtung des auf der nördlichen Halbkugel fahrenden Zuges von Nord nach Süd, so erhalten wir, da die Bewegung der Erde von West nach Ost erfolgt, für die geographische Breite β die Coriolisbeschleunigung

$$b_c = 2\,v_{\text{rel}} \cdot \omega \sin \beta = b_z\,,$$

auf den Zug in der Richtung nach Osten wirkend. Der Druck auf die Schienen ist nach Westen gerichtet und hat für einen Zug vom Gewichte $G = 100\,\text{t}$, also der Masse $M = \dfrac{G}{g} \doteq 10\,\text{tm}^{-1}\,\text{sek}^2$, und bei $v_{\text{rel}} = 20\,\text{m/sek}$ für $\beta = 45^0$ n. Br. die Größe

$$D = M \cdot b_z = 10\,000 \cdot 2 \cdot 20 \cdot \frac{2\,\pi}{24 \cdot 60 \cdot 60} \cdot \sin 45 = 20{,}5\,\text{kg}.$$

Daher kommt es, daß bei Geleisen, die vorwiegend in der Richtung von Norden nach Süden durchfahren werden, sich die rechte (westliche) Schiene stärker abnützt als die linke. Ebenso unterspülen die größeren Ströme in Europa und Asien in ihren in der Richtung Süd—Nord liegenden Flußläufen das rechte (östliche) Ufer stärker als das linke.

76. Die relative Bewegung von Körpern wollen wir nur hinsichtlich ihres Geschwindigkeitszustandes betrachten und dabei voraussetzen, daß die Körper jene einfachen Bewegungen ausführen, die bei der Übertragung durch Zahnräder verschiedener Art vorkommen.

Da an der relativen Bewegung der Körper gegeneinander nichts geändert wird, wenn man dem aus beiden Körpern bestehenden System irgendeine Zusatzbewegung erteilt, so erkennt man unmittelbar die Richtigkeit des folgenden Satzes, von dem wir übrigens schon früher Gebrauch machten:

Um die relative Bewegung eines Körpers 2 gegen einen anderen 1 zu bestimmen, erteilt man **beiden** Körpern eine solche Zusatzbewegung, zufolge welcher 1 zur Ruhe kommt; die Summe aus der Eigenbewegung von 2 und jener Zusatzbewegung ist dann die relative Bewegung von 2 gegen 1. Die relative Bewegung von 1 gegen 2 ist offenbar die umgekehrte (inverse) zu der von 2 gegen 1.

Bezüglich der Anwendung dieser Regel seien hier folgende technisch wichtige Fälle genannt:

a) **Stirnräder.** Die beiden Körper 1 und 2 führen Drehungen um parallele Achsen A_1 und A_2 mit den Winkelgeschwindigkeiten

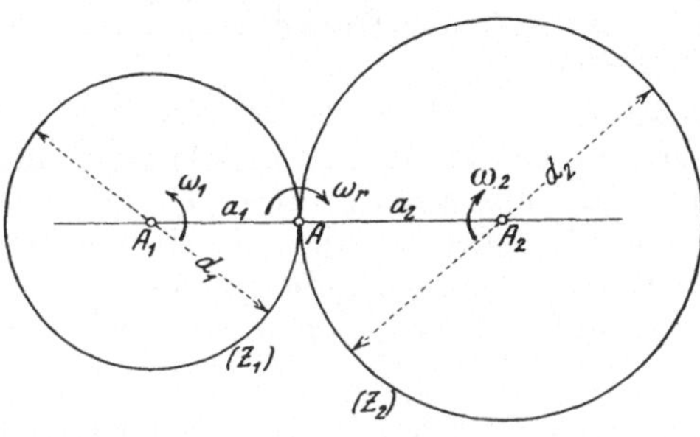

Abb. 151.

ω_1 und ω_2 aus. Nach dem eben ausgesprochenen Satze ist die relative Bewegung von 2 gegen 1 die Summe aus $\bar{\omega}_2$ um A_2 und $-\bar{\omega}_1$ um A_1; sie ist nach **71b)** eine Drehung um eine Achse A, die in der Ebene A_1, A_2 liegt und deren Abstand a im Verhältnis teilt:

$$a_1 : a_2 = \omega_2 : \omega_1 ;$$

wenn ω_1 und ω_2 entgegengesetztes Vorzeichen haben, so liegt A zwischen A_1 und A_2, sonst außerhalb auf der Seite der größeren Winkelgeschwindigkeit; die relative Winkelgeschwindigkeit hat im ersten Fall den Betrag $\omega_{\text{rel}} = \omega_2 + \omega_1$, im zweiten $\omega_2 - \omega_1$ (Abb. 151).

Um eine dauernde Übertragung der Bewegung von A_1 auf A_2 mit gleichbleibendem Werte des Übersetzungsverhältnisses

$$\varepsilon = \omega_1/\omega_2 = n_1/n_2 = a_2/a_1 = d_2/d_1 \quad . \quad . \quad . \quad . \quad . \quad (224)$$

(n_1, n_2 sind die Drehzahlen um A_1 und A_2) zu erhalten, hat man die beiden Körper so zu verbinden, daß die Achse A der Relativdrehung stets an derselben Stelle bleibt, daß also die Achsenflächen **Kreiszylinder** um A_1, A_2 als Achsen sind. Um diese Übertragung zwangläufig zu gestalten, wird eine **Verzahnung** längs dieser Achsenflächen angeordnet, deren ebene Schnitte die **Teilkreise** heißen. Wenn ω_1 und ω_2 verschiedenen Sinn haben, entsteht eine **Außen-**, haben sie denselben Sinn, eine **Innenverzahnung.**

Die **Zahnteilung** τ cm wird vorteilhaft in der Form angesetzt:

$$\tau = \nu\pi, \quad \text{wobei} \quad \nu = \tfrac{1}{2}, \tfrac{1}{3}, \ldots, 1, 2, 3 \ldots \text{cm},$$

also ν in cm einen echten Bruch oder eine ganze Zahl bedeutet. Daraus folgt aus $d_1\pi = \tau z_1 = \nu_1\pi z_1$:

$$d_1 = \nu z_1, \quad d_2 = \nu z_2, \quad \text{und es ist auch} \quad \varepsilon = d_2/d_1 = z_2/z_1 .$$

Beispiel 79. Lage der relativen Drehpole dreier Scheiben.
Betrachtet man in Abb. 151 die feste Ebene als Scheibe 3, so ist $A_1 = (1, 3) = (3, 1)$
der Drehpol von 1 gegen 3; ebenso in leicht verständlicher Bezeichnungsweise
$A_2 = (2, 3)$, und $A = (1, 2)$ und wir haben in der Lage dieser drei Pole den Sonderfall eines allgemeinen Satzes gewonnen, der in der Theorie der kinematischen
Ketten und Getriebe häufig verwendet wird:

Die relativen Drehpole $(2, 3)$, $(3, 1)$, $(1, 2)$ dreier bewegter
Scheiben liegen stets in einer Geraden (Kollineare Lage der relativen
Drehpole dreier Scheiben).

b) Kegelräder. Dieselben Betrachtungen, auf die Relativbewegung zweier Körper um sich schneidende Achsen angewendet,
führen nach 71a) auf ganz analoge Aussagen für die Kegelräder, in
denen alle Begriffe wiederkehren, die wir eben genannt haben; die
Achsenflächen werden für ein gleichbleibendes Übersetzungsverhältnis
Kreiskegel, und auf Stücken von diesen wird die Verzahnung
angeordnet.

c) Hyperbelräder. Die relative Bewegung von zwei Drehungen um kreuzende Achsen bei konstantem Übersetzungsverhältnis
$\varepsilon = \omega_1/\omega_2$ führt auf Hyperbelräder; sie ist eine Schraubenbewegung,
deren Achse A, Schiebungsgeschwindigkeit v und Drehungsgeschwindig-
keit ω nach 71, Beispiel 70 gefunden werden; bei $\varepsilon = $ konst. sind
sowohl a_1, a_2, wie auch v und ω konstante Größen, die Achsenflächen daher einschalige Drehhyperboloide, die mit konstantem
v und ω aufeinander abschroten; die Begrenzungen der Zähne bestehen aus Stücken von Schraubenflächen.

Dritter Teil

Dynamik der starren Körper.

Dieser Teil enthält im wesentlichen eine Vereinigung der Hauptprobleme der beiden vorangehenden: die Untersuchung der Bewegungen starrer Körper mit Rücksicht auf die einwirkenden Kräfte. Nach einer kurzen Erklärung der Begriffe Arbeit, Leistung, Wucht (kinetische Energie) und Trägheitsmoment folgen Erläuterungen über die grundlegenden Prinzipien der Mechanik und deren Anwendung für die Lösung einfacher Aufgaben, wobei wieder der ebenen Bewegung besondere Bedeutung zukommt. Den Schluß bilden die wichtigsten Ansätze aus der Lehre vom Stoß und Bemerkungen über mechanische Ähnlichkeit.

I. Arbeit, Leistung, Wucht.

77. Arbeit. Wird in dem durch Gl. (16) gegebenen „inneren Produkt" für den Vektor K_1 eine Kraft $\overline{K}(X.\,Y,\,Z)$ und für $\overline{K}_2$ ein Wegelement $\overline{ds}\,(dx,\,dy,\,dz)$ gewählt und wird wie dort $\sphericalangle\,(\overline{K},\,\overline{ds}) = \vartheta$ gesetzt, so erhält man die als mechanische Arbeit oder kurz Arbeit $d\mathrm{A}$ von $\overline{K}$ längs $\overline{ds}$ bezeichnete skalare Größe:

$$\boxed{d\mathrm{A} = \overline{K}\cdot\overline{ds} = K\,ds\cos\vartheta = X\,dx + Y\,dy + Z\,dz}\quad . . \ (225)$$

$d\mathrm{A}$ ist also durch das Produkt von K mit dem Wege in der Kraftrichtung $ds\cos\vartheta$. oder von ds mit der Kraft in der Wegrichtung $K\cos\vartheta$ gegeben; daher ist $d\mathrm{A} = 0$, wenn $K = 0$, oder wenn $ds = 0$, oder endlich wenn $\vartheta = \pi/2$, die Kraft also auf der Wegrichtung senkrecht steht. Auf Grund dieser Gl. wird eine Arbeit als positiv bezeichnet, wenn $\vartheta < 90^0$, und als negativ, wenn $\vartheta > 90^0$ ist.

Hierbei bemerken wir, daß der Arbeitsbegriff in der Mechanik keineswegs mit dem „physiologischen" Arbeitsbegriff übereinstimmt, den wir in der Sprache des täglichen Lebens benützen. In der Mechanik ist zur Verschiebung eines Gewichtes in wagrechter Richtung die Arbeit Null erforderlich, was wir z. B. für die mit dem Tragen einer Last auf wagrechter Straße verbundene „Muskelarbeit" keineswegs behaupten können.

Unter der **Arbeit einer Kraft** K **längs eines Weges,** oder
längs einer **Kurve** C versteht man das längs C erstreckte bestimmte
Integral

$$A = \int_{(c)} K \cos \vartheta \, ds = \int_{(c)} (X \, dx + Y \, dy + Z \, dz) \qquad \dots \quad (226)$$

Da die Arbeit eine **skalare** Größe ist, addieren sich die Teilarbeiten
längs der einzelnen Wegelemente wie richtungslose Größen.

Das Integral hat nur dann einen Sinn, d. h. A ist nur dann
eine reine **Funktion des Ortes,** wenn das Integral in Gl. (226) vom
Wege unabhängig, oder dA ein vollständiges Differential ist, d. h.
wenn

$$X = \frac{\partial A}{\partial x}, \qquad Y = \frac{\partial A}{\partial y}, \qquad Z = \frac{\partial A}{\partial z} \qquad \dots \quad (227)$$

Damit also eine **Arbeitsfunktion** A oder ein **Potential**
existiert, ist notwendig und hinreichend, daß die Teile X, Y, Z der
gegebenen Kraft als Funktionen der Koordinaten x, y, z die folgenden
Gleichungen erfüllen

$$\frac{\partial Y}{\partial z} = \frac{\partial Z}{\partial y}, \qquad \frac{\partial Z}{\partial x} = \frac{\partial X}{\partial z}, \qquad \frac{\partial X}{\partial y} = \frac{\partial Y}{\partial x} \qquad \dots \quad (228)$$

Die Funktion $-A = U$ nennt man auch die **potenzielle**
Energie und schreibt auch $X = -\partial U/\partial x$, usw. A und U werden
manchmal nur bis auf eine willkürliche Konstante bestimmt angesehen, indem das in Gl. (226) enthaltene Integral unbestimmt gelassen wird; diese Konstante wird dann z. B. durch Anfangsbedingungen bestimmt (S. 80). Kräfte, deren Teile X, Y, Z diese
Gln. (228) erfüllen, nennt man aus einem bald auftauchenden Grund
konservative Kräfte. Das wichtigste Beispiel für diese besondere
Art bietet der Fall konstanter Kräfte, wozu auch (angenähert) die
Kraft im homogenen Schwerefeld in der Nähe eines bestimmten
Punktes der Erdkruste gehört. Wird die z-Achse vertikal nach aufwärts genommen, so ist $X = 0, Y = 0, Z = -Mg$, daher $A = -Mgz$ und

$$U = -A = Mgz \qquad \dots \dots \dots \quad (229)$$

Sowie von der Arbeit einer Kraft nur gesprochen wird, wenn
eine Verschiebung ihres Angriffspunktes (der übrigens willkürlich auf
der Wirkungslinie gewählt werden kann) auftritt, so erhalten wir
als Arbeit dA eines **Drehmomentes** $\mathfrak{M}$ bei einer Winkeldrehung
$d\varphi$ des Körpers, auf den es wirkt, den Ausdruck

$$d\mathrm{A} = \mathfrak{M} \, d\varphi$$

und bei der Drehung von φ_0 bis φ

$$A = \int_{\varphi_0}^{\varphi} \mathfrak{M} \, d\varphi \qquad \dots \dots \dots \quad (230)$$

Man braucht hier nur $\mathfrak{M}$ in ein Kraftpaar aufzulösen: $\mathfrak{M} = K \cdot a$, eine von den beiden Kräften durch den Pol gehen zu lassen, so folgt für die Arbeit der anderen bei der Drehung um $d\varphi$ und Addition der eben angegebene Ausdruck.

Wird für irgendeine Bewegung die in die Wegrichtung fallende Kraft als Funktion des Weges in eine **Kraft-Weg-Linie** aufgetragen, so wird nach Gl. (226) die Arbeit zwischen zwei Punkten durch die Fläche dieser Kurve zwischen den betreffenden Ordinaten und der Weg-Achse gegeben; ebenso bedeutet nach Gl. (230) die Fläche der **Moment-Drehwinkel-Linie** die von dem Momente $\mathfrak{M}$ geleistete Arbeit.

Die Dimension von A und U ist der Definition nach [KL], ihre Einheit im technischen Maßsystem 1 kgm (Kilogrammeter oder Meterkilogramm). Die Dimension ist die gleiche wie die eines Momentes $\mathfrak{M}$, beide sind aber Dinge verschiedener Art, da $\mathfrak{M}$ ein Vektor und A ein Skalar ist.

Beispiel 80. Für die anziehende Zentralkraft von der Größe $K = M \cdot \dfrac{\lambda}{r^2}$ ist die Arbeit dA längs ds (Abb. 152), da $\cos\vartheta = -\,dr/ds$:

$$d\mathrm{A} = K\,ds\cos\vartheta = -\,M\frac{\lambda}{r^2}\,ds\cdot\frac{dr}{ds} = -\,M\lambda\cdot\frac{dr}{r^2},$$

also
$$U = -\,\mathrm{A} = M\lambda\cdot\int\limits_{\infty}^{r}\frac{dr}{r^2} = -\,M\cdot\frac{\lambda}{r},$$

wodurch der Wert der Arbeitsfunktion A im „Aufpunkte" A auch als jene Arbeit definiert ist, die von K auf einem beliebigen Wege geleistet wird, der vom Unendlichen nach A führt.

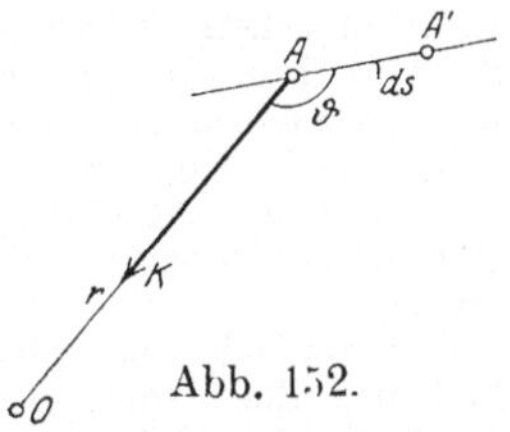

Beispiel 80a. Die Arbeit einer konstanten Tangentialkraft K längs des Umfanges eines Kreises vom Halbmesser r ist $\mathrm{A} = K\cdot 2r\pi$.

Bleibt dagegen die Kraft parallel zu einem Durchmesser, welche Anordnung

Abb. 152.

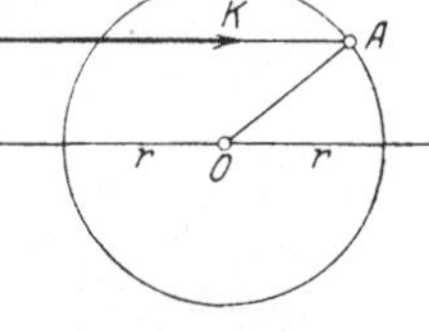

Abb. 153.

einem Kurbelgetriebe mit unendlich langer Schubstange entspricht (Abb. 153), so ist (für $K =$ konst.) die Arbeit beim Hingang $K\cdot 2r$ und beim Rückgang ebenso groß, daher zusammen $\mathrm{A}_1 = K\cdot 4r$. Es ist mithin bei gleichem K:

$$\mathrm{A} : \mathrm{A}_1 = 2\pi : 4 = \pi : 2.$$

78. Leistung. Wirkungsgrad. Dem Begriff der Arbeit fehlt jede Bezugnahme auf die Zeit und damit ein wichtiges Merkmal für die wirtschaftliche Bewertung. Wir erhalten die in dieser Hinsicht notwendige Ergänzung, wenn wir nicht nach der Arbeit schlechthin, sondern nach der **Arbeit in 1 sek** fragen. Die **Arbeit einer Kraft in der Zeiteinheit** nennt man die **Leistung** E der **Kraft.** Wenn zum Durchlaufen der Strecke ds die Zeit dt erforderlich ist, dann ist die in 1 sek geleistete Arbeit:

$$E = \frac{d\mathrm{A}}{dt} = \bar{K}\cdot\bar{v} = Kv\cos\vartheta = X\,v_x + Y\,v_y + Z\,v_z = X\dot{x} + Y\dot{y} + Z\dot{z} \qquad (231)$$

Für eine Verschiebung in der Kraftrichtung mit der Geschwindigkeit v ist einfach: $E = Kv$.

Ebenso verstehen wir unter Leistung eines Drehmomentes die auf 1 sek bezogene Arbeit; da nach Gl. (150) $\varphi = \omega = \pi n/30$ ist, so folgt

$$E = \frac{d\,A}{d\,t} = \mathfrak{M} \cdot \frac{d\varphi}{d\,t} = \mathfrak{M}\,\omega = \mathfrak{M} \cdot \frac{\pi n}{30}\,, \qquad \dots \quad (232)$$

welche Gleichung auch umgekehrt zur Definition des Drehmomentes irgendeiner Maschine mit rotierenden Teilen bei bekanntem E und n dient.

Die Dimension der Leistung ist $[\mathrm{KLT^{-1}}]$, ihre Einheit 1 mkg/sek; in der Technik ist es üblich, das 75fache dieser Leistung als Einheit zu nehmen und diese als Pferdestärke: 1 PS zu bezeichnen.

$$1\ \mathrm{PS} = 75\ \mathrm{mkg/sek} \qquad \dots \dots \dots \quad (233)$$

In der Elektrotechnik wird sämtlichen Maßen das sog. „absolute Maßsystem" zugrunde gelegt, das auf der Wahl der Masseneinheit als der dritten Grundeinheit beruht (4). Die Arbeitseinheit, die sich dabei ergibt, ist 1 Watt und es ist

$$1\ \mathrm{PS} = 736\ \mathrm{Watt}.$$

Beispiel 81. Leistung einer Kolbenmaschine in PS. Gegeben sei der „Kolbendurchmesser" D in cm, der „Hub" $2\,r$ in m, die „Drehzahl" n in 1 min, die „Anzahl der Zylinder" z und der „Mitteldruck" p_m in kg/cm² [1 kg/cm² = 1 at].

a) Im Zylinder einer doppeltwirkenden Dampfmaschine bleibt der Dampfdruck p kg/cm² längs des Hubes nicht konstant, sondern verläuft (aus

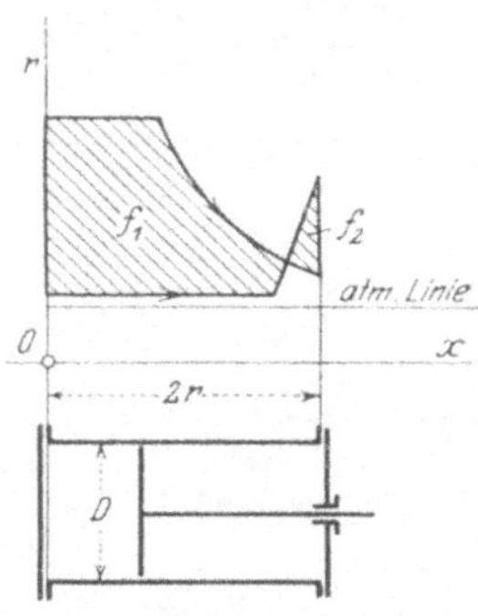

Abb. 154.

wirtschaftlichen und betriebstechnischen Gründen) für jeden Hub etwa nach Abb. 154, wobei die obere Linie der Einströmung und Ausdehnung (Expansion) des Dampfes auf der einen, die untere der gleichzeitig auf der anderen Kolbenseite stattfindenden Ausströmung und Kompression entspricht. Die Fläche f dieses „Indikatordiagramms", wie die Kraft-Weg-Linie für 1 cm² Kolbenfläche bei Maschinen bezeichnet wird, bedeutet die Arbeit des Dampfdruckes bei einem Hub für 1 cm² Kolbenfläche, und zwar ist $f = f_1 - f_2$, da f_2 nicht nützlich geleistet, sondern verbraucht wird. Als Mitteldruck bezeichnet man die Größe $p_m = f/2\,r$, d. h. p_m ist jener ideelle Druck, der, längs des ganzen Kolbenhubes mit gleichbleibender Stärke wirkend, dieselbe Arbeit für 1 cm² Kolbenfläche ergeben würde, wie der tatsächlich veränderlich verlaufende Druck. Für Dampfmaschinen liegt in der Regel p_m zwischen 2 und 6 kg/cm². Daher ist

$$K_m = \frac{\pi D^2}{4} \cdot p_m = \text{der mittleren Kolbenkraft in kg,}$$

$$K_m \cdot 2\,r \cdot 2\,n = \text{der Arbeit in mkg in 1 min,}$$

und somit ist (da $60 \cdot 75 = 4500$) die Arbeit in 1 sek, d. i. die Leistung in PS für einen Zylinder der

Doppeltwirkenden
Dampfmaschine:
$$N\,(\mathrm{PS}) = \frac{1}{4500} \cdot \frac{\pi D^2}{4} \cdot p_m \cdot 4\,r\,n \qquad \dots \dots \dots \quad (234)$$

Das mittlere Drehmoment der Maschine folgt aus Gl. (232), da $E = 75\,N$:

$$\mathfrak{M} = \frac{30\,E}{\pi\,n} = \frac{30 \cdot 75}{\pi}\frac{N}{n} = 716{,}2\,\frac{N}{n} \qquad \ldots \ldots \ldots \quad (235)$$

und daraus umgekehrt

$$N\,(\text{PS}) = \frac{\pi}{30 \cdot 75} \cdot \mathfrak{M}\,n = 0{,}0014\,\mathfrak{M}\,n \qquad \ldots \ldots \ldots \quad (236)$$

Für eine Einzylindermaschine mit $D = 40$ cm, $2\,r = 0{,}6$ m, $n = 200$, $p_m = 3$ at wird $N = 201$ PS und $\mathfrak{M} = 719{,}5$ mkg.

b) Für einen **Verpuffungsmotor**, der einfach und im Viertakt wirkt (d. h. es erfolgt nur in 2 Umdrehungen ein „Arbeitshub"), ist der rechtsstehende Ausdruck in (234) durch 4 zu dividieren; der auf einen Hub eines Taktes bezogene Mitteldruck p_m beträgt für Benzinmotoren etwa 5 bis 8 at. Wir erhalten daher für z Zylinder beim

Viertaktmotor: $$N\,(\text{PS}) = \frac{1}{9000} \cdot \frac{\pi\,D^2}{4} \cdot p_m \cdot 2\,r\,n \cdot z \qquad \ldots \ldots \ldots \quad (237)$$

Für einen 6-Zylinder-Daimler-Flugmotor mit $D = 14$ cm, $2\,r = 0{,}18$ m, $n = 1400$, $p_m = 7$ at folgt $N = 181$ PS $\mathfrak{M} = 92{,}6$ mkg.

Beispiel 82. Leistung einer einfachwirkenden Kolbenpumpe. Sei Q l (Liter) der Inhalt des Pumpenzylinders, also Q kg die Fördermenge für 1 Hub, h m die Förderhöhe und n die Drehzahl der die Pumpe antreibenden Welle in 1 min, so ist die Leistung

$$N\,(\text{PS}) = \frac{Q\,h\,n}{4500} \qquad \ldots \ldots \ldots \ldots \ldots \quad (238)$$

Für $Q = 15$ l, $h = 20$ m, $n = 24$ folgt $N = 1{,}6$ PS.

Die in einer Maschine auftretenden **Verluste** werden für Überschlagsrechnungen in ihrer Gesamtheit durch Angabe des Verhältnisses zwischen **abgegebener** und **zugeführter** Leistung in Rechnung gestellt: dieses Verhältnis nennt man den **Wirkungsgrad** η. Die Angabe $\eta = 0{,}8$ bedeutet also z. B., daß von je 100 PS der Maschine zugeführter Leistung 80 PS nutzbar abgegeben werden, der Rest ist durch die Widerstände (Reibung, Luftwiderstand) für die mechanische Verwertung verloren, d. h. in Wärme übergegangen.

Beispiel 83. Ein Kran soll 20 t in 3 min $= 3 \cdot 60$ sek auf 6 m Höhe heben; wie groß ist (ohne Rücksicht auf An- und Auslauf) die Leistung N des Antriebsmotors, wenn der Wirkungsgrad $\eta = 0{,}75$ beträgt?

Die abgegebene Leistung ist

$$\frac{20\,000 \cdot 6}{3 \cdot 60 \cdot 75} = \frac{667}{75} = 8{,}9\ \text{PS}$$

und die vom Antriebsmotor zuzuführende daher

$$N = \frac{8{,}9}{0{,}75} = 11{,}9\ \text{PS}.$$

Beispiel 84. Abbremsen der Motoren. Um die Leistung einer fertigen Maschine zu messen, verwendet man sog. **Dynamometer**, von denen das einfachste und bekannteste der **Pronysche Zaum** ist (Abb. 155), mittels welchem das Drehmoment des Motors direkt abgewogen werden kann. Auf die Motorwelle wird eine Bremsscheibe aufgesetzt, auf welche die Bremsklötze einer Backenbremse durch Anziehen oder Nachlassen der Schrauben S passend angepreßt werden können. Das Drehmoment ist durch das Produkt aus dem aufgelegten Gewicht G, das für Gleichgewicht der Bremse auf der Wagschale anzubringen ist, und dem Abstand l der Wagschale von der Wellenmitte gegeben:

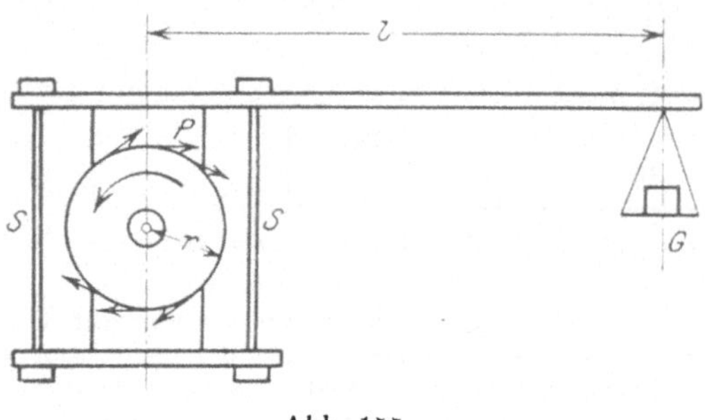

Abb. 155.

$$\mathfrak{M} = G \cdot l, \quad \ldots \ (239)$$

denn dieses ist gleich dem durch Reibung von der Bremsscheibe auf der Bremse übertragenen Drehmoment. (Die Bremsvorrichtung wird für sich ausgeglichen).

Die Drehzahl n wird auf einem Drehzeiger abgelesen; die gesuchte Motorleistung ist dann nach Gl. (236)

$$\boxed{N \, (\text{PS}) = 0{,}0014 \, G \, l \, n} \quad \ldots \ldots \ldots \ldots \ (240)$$

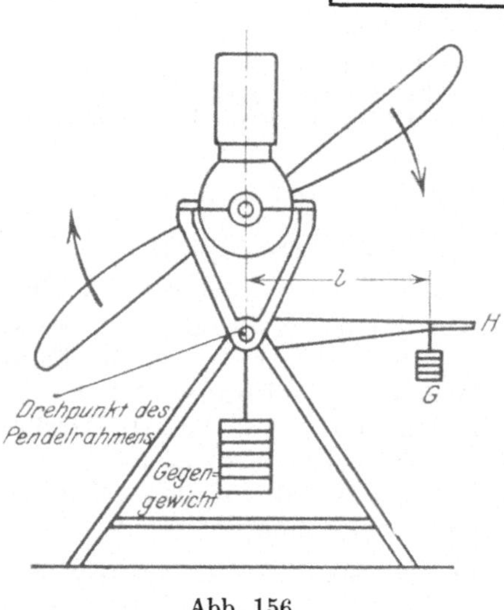

Abb. 156.

Bei kleineren Motoren, z. B. Aero- und Automobilmotoren ist es noch einfacher, das Drehmoment dadurch zu messen, daß das Gehäuse des Motors in einem Pendelrahmen befestigt wird, der um eine wagrechte Achse drehbar aufgehängt wird (Abb. 156). Das Gewicht des Motors samt Luftschraube wird — bei ruhendem Motor — durch ein Gegengewicht ausgeglichen, so daß sich der ganze pendelnde Teil im indifferenten Gleichgewichte befindet. An dem Pendel ist ein Hebel H starr befestigt, längs welchem das Laufgewicht G verschoben werden kann.

Das auf die Luftschraube abgegebene Drehmoment wird auch hier durch das Produkt aus dem Gewicht G und dem Abstand l von der Drehachse angegeben, die Leistung somit ebenfalls durch Gl. (240).

79. Die Wucht, lebendige Kraft oder kinetische Energie eines Punktes von der Masse M und der Geschwindigkeit v ist das halbe Produkt aus der Masse und dem Quadrat der Geschwindigkeit:

$$\boxed{T = \tfrac{1}{2} M v^2 = \tfrac{1}{2} M (\dot{x}^2 + \dot{y}^2 + \dot{z}^2)}; \quad \ldots \ldots \ (241)$$

sie ist ein Skalar wie die Arbeit und hat dieselbe Dimension, ist also von gleicher Art wie diese.

Die kinetische Energie eines ausgedehnten Körpers, der sich um eine Achse a mit der Winkelgeschwindigkeit ω dreht, ist gegeben durch die Summe der kinetischen Energien aller seiner Teile (und zwar wegen des skalaren Charakters die gewöhnliche Summe), ist also, wenn mit $v = r\,\omega$ die Geschwindigkeit des Teilchens m bezeichnet wird:

$$T = \tfrac{1}{2} \sum m\,v^2 = \tfrac{1}{2} \sum m\,r^2 \cdot \omega^2 = \tfrac{1}{2}\,\omega^2 \cdot \sum m\,r^2.$$

Wir setzen nun

$$\boxed{\sum m\,r^2 = J}, \quad \dots \dots \dots \quad (242)$$

nennen diese Größe das **Trägheitsmoment** des Körpers um diese Achse a und erhalten

$$\boxed{T = \tfrac{1}{2} J \cdot \omega^2} \quad \dots \dots \dots \quad (243)$$

Die kinetische Energie eines um eine Achse sich drehenden Körpers ist das halbe Produkt aus dem Trägheitsmoment des Körpers und der Winkelgeschwindigkeit um diese Achse.

Ebenso erhält man für die kinetische Energie eines Körpers, der eine Schraubenbewegung (v, ω) ausführt, da die Geschwindigkeit eines Punktes durch $V^2 = v^2 + r^2 \omega^2$ gegeben ist,

$$T = \tfrac{1}{2} \sum m\,V^2 = \tfrac{1}{2} \sum m\,(v^2 + r^2 \omega^2)$$

und wenn $\sum m = M$ gesetzt wird:

$$\boxed{T = \tfrac{1}{2} M v^2 + \tfrac{1}{2} J\,\omega^2}, \quad \dots \dots \dots \quad (244)$$

wenn J das Trägheitsmoment des Körpers um die Schraubenachse a bezeichnet.

80. Das Prinzip der Erhaltung der Energie in der Dynamik eines einzelnen Massenpunktes, das ein bemerkenswertes Integral der Bewegungsgleichungen darstellt, und das uns schon in einigen Sonderfällen begegnet ist, erhält man allgemein durch folgenden Vorgang: die Bewegungsgleichung eines freien Punktes von der Masse M unter der Einwirkung einer Kraft $\overline{K}\,(X\,Y\,Z)$ lautet: $M\overline{b} = \overline{K}$, oder in Komponenten angeschrieben:

$$\boxed{M\ddot{x} = X, \quad M\ddot{y} = Y, \quad M\ddot{z} = Z} \quad \dots \dots \quad (245)$$

Multiplizieren wir diese Gleichungen bzw. mit $\dot{x}, \dot{y}, \dot{z}$ und addieren sie, so folgt

$$M(\dot{x}\ddot{x} + \dot{y}\ddot{y} + \dot{z}\ddot{z}) = X\dot{x} + Y\dot{y} + Z\dot{z}$$

und mit Benutzung von Gl. (241) und (231) kann diese Gleichung auch so geschrieben werden:

$$\frac{dT}{dt} = \frac{1}{2} M \frac{d}{dt}(\dot{x}^2 + \dot{y}^2 + \dot{z}^2) = \frac{dA}{dt} = -\frac{dU}{dt},$$

d. h. es ist

$$\frac{dT}{dt} + \frac{dU}{dt} = 0 \quad \text{und integriert} \quad \boxed{T + U = h}, \qquad . \ . \ (246)$$

wenn h eine Integrationskonstante ist, die als Energiekonstante bezeichnet wird.

Wenn also die eingeprägten Kräfte so beschaffen sind, daß eine Arbeitsfunktion oder eine potentielle Energie existiert, dann läßt sich aus den Bewegungsgleichungen des Punktes unmittelbar ein erstes Integral ableiten, das nur die Geschwindigkeiten und die Koordinaten enthält. Denn T hängt nur von $\dot{x}, \dot{y}, \dot{z}$, U nur von x, y, z ab. (Kräfte dieser Art nennt man energieerhaltende oder konservative Kräfte.) Dieses Integral wird das Wuchtintegral, oder Integral der kinetischen Energie, oder auch kurz Energieintegral genannt.

Die Konstante h ist durch die Anfangsbedingungen gegeben. Werden zu Anfang die Werte von T und U mit T_0 und U_0 bezeichnet, so gilt auch $T_0 + U_0 = h$, und da $U_0 - U = A$ die längs des Übergangs von dem „Zustande" T_0, U_0 bis T, U geleistete Arbeit ist, so kann Gl. (246) auch geschrieben werden:

$$\boxed{T - T_0 = A}, \ . \ . \ . \ . \ . \ . \ . \ . \ . \ (247)$$

d. h. die Änderung der kinetischen Energie zwischen irgend zwei Stellen der Bahn ist gleich der Arbeit, die längs des betreffenden Weges von den eingeprägten Kräften geleistet wird.

Aus dieser Form des Prinzips folgt unmittelbar, daß es auch für gezwungene Bewegungen bei glatten Führungen unverändert in Geltung bleibt, denn die senkrecht zu diesen liegenden Führungsdrücke leisten die Arbeit Null.

Beispiel 85. Für die ebene — freie oder ohne Reibung gezwungene — Bewegung eines Punktes im Schwerefelde ist, wenn die z-Achse lotrecht nach abwärts angenommen wird, nach Gl. (229) $U = - Mgz$ und nach Gl. (246) daher:

$$\tfrac{1}{2} M v^2 - Mg z = h;$$

ist für $z = z_0$; $v = v_0$ vorgeschrieben, dann folgt $h = \tfrac{1}{2} M v_0{}^2 - Mg z_0$, also

$$v^2 = v_0{}^2 + 2g(z - z_0),$$

welche mit Gl. (165) übereinstimmt.

Beispiel 86. Da das Prinzip für konstante Kräfte irgendwelcher Art gilt, so gilt es auch für konstante Reibungen.

Ein Schlitten vom Gewichte G auf einer wagrechten Ebene mit der Reibungszahl f und der Anfangsgeschwindigkeit v kommt nach einem Wege x zur Ruhe, der durch die Gl. (247) bestimmt ist, die hier, da die Reibungskraft fG der Bewegung entgegenwirkt, so lautet:

$$0 - \tfrac{1}{2}\,\frac{G}{g}\,v_0{}^2 = -f G x, \qquad \text{daher:} \qquad x = v_0{}^2 / 2fg.$$

Beispiel 87. Für die Zentralbewegung unter dem Einfluß des New-tonschen Gravitationsgesetzes ist zu setzen $T = \tfrac{1}{2} M v^2$ und nach Beispiel 80: $U = - M \cdot \dfrac{\lambda}{r}$, daher gibt die Energiegl. (246):

$$v^2 = \frac{2\lambda}{r} + h',$$

wenn hier h' statt $2h/M$ geschrieben wird. Diese Gleichung liefert für das Perihel (Abb. 110) $v = v_1$, $r = \overline{FP} = a\,(1 - \varepsilon)$ angewendet

$$h' = v_1{}^2 - \frac{2\lambda}{a\,(1 - \varepsilon)},$$

und da im Perihel die Normalbeschleunigung gleich der Anziehung ist und der Krümmungshalbmesser dort die Größe $\varrho = \dfrac{b^2}{a} = a\,(1 - \varepsilon^2)$ besitzt, so folgt

$$\frac{v_1{}^2}{\varrho} = \frac{\lambda}{\overline{FP}^2}, \qquad v_1{}^2 = \lambda \cdot \frac{a\,(1 - \varepsilon^2)}{a^2\,(1 - \varepsilon)^2} = \frac{\lambda}{a}\,\frac{1 - \varepsilon}{1 - \varepsilon}$$

und daher wird

$$h' = \frac{\lambda}{a} \cdot \frac{1 - \varepsilon}{1 - \varepsilon} - \frac{\lambda}{a} \cdot \frac{2}{1 - \varepsilon} = - \frac{\lambda}{a}\,;$$

damit erhalten wir schließlich die Energiegleichung in der schon im Beispiel 55 gefundenen Form

$$v^2 = \lambda \left(\frac{2}{r} - \frac{1}{a} \right).$$

II. Das Prinzip der virtuellen Arbeiten.

81. Aussage des Prinzips für die Kraftgruppe durch einen Punkt. Das Prinzip der virtuellen Arbeiten oder Prinzip der virtuellen Verschiebungen ist ein aus den Gesetzen für die Addition von Kräften am starren Körper gewonnener allgemeiner Ansatz, der (ähnlich wie das d'Alembertsche Prinzip, davon aber ganz unabhängig) in den einfacheren Fällen wohl auf Grund jener Entwicklungen ableitbar, in seinem weitesten Umfange jedoch nicht vollständig beweisbar ist. Diesem Sachverhalt wird durch die Bezeichnung „Prinzip" Rechnung getragen, welches hier andeutet, daß es über das unmittelbar Bewiesene hinaus als richtig anzusehen ist und sich in allen seinen Folgerungen restlos bewährt hat. Dieses Prinzip ist zugleich eines der schönsten und bedeutungsvollsten Ergebnisse der Mechanik und hat nicht nur für die Statik der starren, sondern auch der elastischen Körper, insbesondere in der Statik der Baukonstruktionen (bei denen die elastischen Formänderungen als virtuelle Verschiebungen betrachtet werden) und auch für die Formulierung der Gleichungen der Dynamik für Systeme große Bedeutung erlangt.

Für die Formulierung des Prinzips verwenden wir statt $d\bar{s}$ die Bezeichnung $\overline{\delta s}\,(\delta x, \delta y, \delta z)$, wodurch zunächst angedeutet werden soll, daß diese Verschiebung so klein ist, daß der Ansatz für die

Elementararbeit nach Gl. (225) verwendet werden kann. Wir schreiben also die Definitionsgl. (225) für die Arbeit so

$$\delta A = K\,\delta s \cos\vartheta = X\delta x + Y\delta y + Z\delta z \quad \ldots \quad (248)$$

Im übrigen soll durch das Zeichen δs eine willkürliche Verschiebung bezeichnet werden.

Das Beiwort virtuell (virtus = Fähigkeit, Möglichkeit) ist im Hinblick auf die weitreichende Bedeutung des Prinzips fast zu eng gefaßt. Es sollte nämlich damit zum Ausdruck gebracht werden, daß nur Verschiebungen in Betracht kommen, bei denen die einzelnen Körper ihren geometrischen Zusammenhang und die Auflagerbedingungen (Verbindungen, Berührungen usw.) bewahren, oder diese doch nur so verändert werden, daß ein „Durchdringen" der Körper vermieden wird. Wir werden sehen, daß Verschiebungen dieser besonderen Art zu bewirken sind, wenn die Gleichgewichtsstellung gefunden werden soll. Für die Aufsuchung der Auflagerkräfte können jedoch die Verschiebungen ganz beliebig erfolgen, und zwar auch in die Unterstützungen hinein. — Die virtuellen Verschiebungen sind nicht etwa Wirkungen der einwirkenden Kraftgruppe, sondern nur gedachte Lagenänderungen der Körper.

Aus der Form der Gl. (248) folgt sofort die Richtigkeit des folgenden Hilfssatzes: Wenn die n Kräfte $\overline{K}_1, \overline{K}_2 \ldots, \overline{K}_n$ durch einen Punkt O hindurchgehen (Kraftbündel) und $\overline{K} = \Sigma'\overline{K}_i$ ihre Summe ist, so ist für jede Verschiebung $\overline{\delta s}$ von O die Arbeit von $\overline{K}$ gleich der Summe der Arbeiten der $\overline{K}_i$. Denn es ist die Arbeit von $\overline{K}$, wenn $\vartheta = \measuredangle(\overline{K}, \overline{\delta s})$:

$$\left.\begin{aligned}\delta A &= K\,\delta s \cdot \cos\vartheta = X\delta x + Y\delta y + Z\delta z \\ &= (\Sigma X_i)\cdot\delta x + (\Sigma Y_i)\cdot\delta y + (\Sigma Z_i)\cdot\delta z = \Sigma'\delta A_i\end{aligned}\right\} \quad (249)$$

Daraus folgt weiter: Wenn die K_i eine Gleichgewichtsgruppe bilden, also $\overline{K} = 0$ ist, so ist die Summe der von den K_i bei jeder beliebigen Verschiebung $\overline{\delta s}$ von O geleisteten Arbeit gleich Null.

Dies ist der Ausdruck des „Prinzips" für den Fall des „Kraftbündels"; für dieses ist es eine unmittelbare Folge der gewöhnlichen Gleichgewichtsbedingungen der Statik. Für das „Kraftbündel" besteht daher das Prinzip nur in einer veränderten Formulierung des Satzes über die geometrische Addition der Kräfte und bringt daher keinen unmittelbaren Gewinn. Da die $\delta x, \delta y, \delta z$ willkürlich sind, so folgt aus $\delta A = 0$ unmittelbar $X = 0$, $Y = 0$, $Z = 0$, d. h. die Gleichgewichtsbedingungen in der gewöhnlichen Form.

82. Begründung des Prinzips in seiner allgemeinen Bedeutung für beliebige Körper. Die eigentliche Bedeutung des Prinzips beruht nun darauf, daß es auch für beliebige ebene und räumliche Gleichgewichtsgruppen gilt, d. h. für ausgedehnte starre Körper (und nach angemessener Erweiterung auch für nichtstarre, worauf wir hier aber nicht eingehen). Für den einzelnen starren Körper können wir es in folgender Form aussprechen:

Wenn ein starrer Körper im Gleichgewichte ist, so ist die Summe der Arbeiten der eingeprägten Kräfte bei jeder virtuellen Verschiebung des Körpers gleich Null.

Das Wort virtuell soll jetzt lediglich andeuten, daß es sich um eine mögliche, mit der Starrheit des Körpers verträgliche Verschiebung handelt, i. a. also um eine solche, bei der der Körper als Ganzes beliebig verschoben und verdreht wird.

Um durch Verwendung dieses Prinzips die Gleichgewichtsbedingungen des starren Körpers zu erhalten, werden wir in ähnlicher Weise vorgehen wie bei der Kraftgruppe des Punktes und zuerst eine beliebige Bewegung einer ebenen Scheibe voraussetzen, die als Träger der Kraftgruppe dient. Es ist leicht einzusehen und wurde auch in der Bewegungslehre ausführlich dargelegt, daß jede beliebige ebene Bewegung durch die Schiebungen (Translationen) $\delta x, \delta y$ parallel zu zwei beliebigen zueinander senkrechten Richtungen x, y in Verbindung mit der Drehung $\delta\varphi$ um den Anfangspunkt des Koordinatensystems O dargestellt werden kann, die wir sämtlich als beliebig klein ansehen können. Die Verschiebungen eines Punktes $A_i\,(x_i, y_i)$ sind dann (Abb. 157)

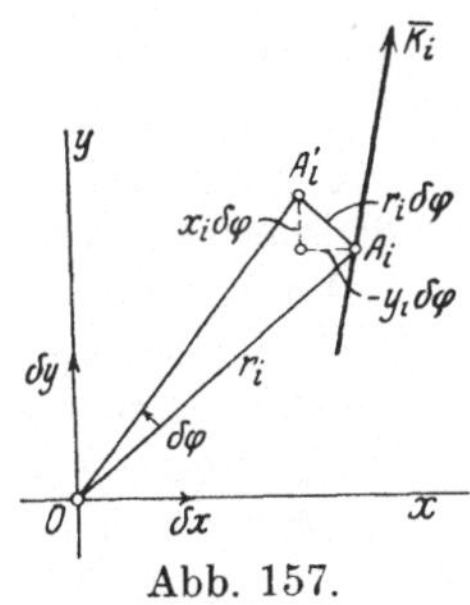

Abb. 157.

$$\left.\begin{aligned}\delta u &= \delta x - y_i \cdot \delta\varphi,\\ \delta v &= \delta y + x_i \cdot \delta\varphi;\end{aligned}\right\} \quad \dots \dots \quad (250)$$

die Arbeit der Kraft, deren Wirkungslinie durch A_i hindurchgeht, ist:

$$\delta A_i = X_i\,\delta u + Y_i\,\delta v = X_i\,\delta x + Y_i\,\delta y + (x_i Y_i - y_i X_i)\,\delta\varphi, \quad (251)$$

daher ist die Summe der Arbeiten aller Kräfte, da δx, δy und $\delta\varphi$ für alle Kräfte dieselben sind:

$$\sum \delta A_i = \sum X_i \cdot \delta x + \sum Y_i \cdot \delta y + \sum (x_i Y_i - y_i X_i) \cdot \delta\varphi.$$

Für eine Gleichgewichtsgruppe, für die also

$$X = \sum X_i = 0, \quad Y = \sum Y_i = 0, \quad \mathfrak{M} = \sum (x_i Y_i - y_i X_i) = 0 \ . \ (252)$$

ist, folgt also für beliebige Werte der δx, δy, $\delta\varphi$:

$$\boxed{\sum \delta A_i = X\,\delta x + Y\,\delta y + \mathfrak{M}\,\delta\varphi = 0} \ . \ \dots \ (253)$$

Umgekehrt liefert das Bestehen dieser Gleichung für willkürliche Werte von δx, δy und $\delta\varphi$ die bekannten Gleichgewichtsbedingungen (252).

Dasselbe Verfahren würde für den Fall des im Raume frei beweglichen starren Körpers die Darstellung der Verschiebungen δu, δv, δw nach drei Achsen x, y, z mittels der drei Schiebungen δx,

δy, δz längs x, y, z und der drei Drehungen $\delta \psi$, $\delta \chi$, $\delta \varphi$ um x, y, z in der Form ergeben:

$$\left. \begin{aligned} \delta u &= \delta x + z_i \delta \chi - y_i \delta \varphi \\ \delta v &= \delta y + x_i \delta \varphi - z_i \delta \psi \\ \delta w &= \delta z + y_i \delta \psi - x_i \delta \chi \end{aligned} \right\} \quad \ldots \ldots \ldots \quad (254$$

Bilden wir nun die Arbeit A_i der Kraft $K_i(X_i, Y_i, Z_i)$ und addieren über alle Kräfte K_i, so erhalten wir den Ausdruck:

$$\delta A = \sum \delta A_i = X \delta x + Y \delta y + Z \delta z + \mathfrak{M}_x \delta \psi + \mathfrak{M}_y \delta \chi + \mathfrak{M}_z \delta \varphi . \quad (255)$$

wobei

$$X = \sum X_i \ldots, \quad \mathfrak{M}_x = \sum (y_i Z_i - z_i Y_i), \ldots$$

und $\sum \delta A_i$ ist vermöge der bekannten Gleichgewichtsbedingungen ($X = 0$ usw.) für alle virtuellen Bewegungen des starren Körpers gleich Null, und umgekehrt, wenn $\delta A = 0$, so folgen daraus die Gleichgewichtsbedingungen des starren Körpers.

Aus diesen Betrachtungen tritt die Richtigkeit des folgenden Satzes hervor, der die Einsicht in die Natur der hier auftretenden Beziehungen wesentlich zu fördern geeignet ist: Die Anzahl der Bewegungsmöglichkeiten (oder Freiheitsgrade) ist identisch mit der Anzahl der notwendigen Gleichgewichtsbedingungen; diese können auch als Bedingungen gegen Verschiebung und gegen Drehung bezeichnet werden.

Um das Prinzip zu beweisen, kann man auch unmittelbar das für den einzelnen Punkt erhaltene Ergebnis heranziehen und auf den Körper übertragen, der dann als ein Punkthaufen zu betrachten ist. Wie auch die inneren Kräfte beschaffen sein mögen. so kann man doch annehmen, daß sie im Körper stets paarweise von gleicher Größe und entgegengesetzter Richtung auftreten; sie bilden also jedenfalls für den ganzen Körper genommen eine Gleichgewichtsgruppe, die von der Gruppe der eingeprägten Kräfte vollständig abgesondert werden kann. Daraus ergibt sich, daß für Gleichgewicht die virtuelle Arbeit der eingeprägten Kräfte allein bei der Verschiebung des Körpers als Ganzes Null ist.

Um die Aussage des Prinzips auf gestützte Körper und sodann auch auf mehrere sich gegenseitig stützende Körper zu übertragen, haben wir an jedem Körper 1. die eingeprägten Kräfte und 2. die Auflagerkräfte zwischen ihm und den festen Auflagern (Gelenken usw.) und zwischen den Körpern untereinander anzubringen. Wenn wir dem System aller dieser Körper, als Ganzes betrachtet. eine solche Verschiebung erteilen, daß die Auflager nicht verlassen werden (die Auflagerkräfte also keine Arbeit leisten, und wenn Reibungen vorhanden sind, kein Gleiten parallel zu den Stützflächen zugelassen wird), so werden dabei die unter 2. genannten Auflagerkräfte die Arbeit Null leisten. Wir können daher das Prinzip so aussprechen:

Erteilt man einem im Gleichgewicht befindlichen System von Körpern, die sich gegenseitig stützen, solche Verschiebungen, daß die gegenseitigen Berührungen erhalten bleiben (und daß bei Anwesenheit von Reibung keine Arbeiten der Reibungskräfte auftreten), so ist die Summe der Arbeiten der eingeprägten Kräfte für sich gleich Null.

83. Form des Prinzips für Gewichte als eingeprägte Kräfte. Für den technisch wichtigsten Fall sind die eingeprägten Kräfte die Gewichte der einzelnen Körper und vertikal gerichtete Lasten; nehmen wir die gemeinsame Richtung der Kräfte als z-Achse, dann haben wir zu setzen: $X_i = 0$, $Y_i = 0$, $Z_i = G_i$ und in dem Ausdruck für das Prinzip der virtuellen Arbeiten treten nur die Verschiebungen δz_i ein; es kommt also

$$\sum \delta A_i = \sum G_i \cdot \delta z_i = 0; \quad \dots \dots \dots (256)$$

da die Höhenlage des Schwerpunktes des ganzen Systems gegeben ist durch Gl. (65):

$$\zeta = \frac{\sum G_i z_i}{\sum G_i}, \quad \text{so ist} \quad \delta \zeta = \frac{\sum G_i \delta z_i}{\sum G_i}$$

und der Ausdruck des Prinzips reduziert sich auf die Aussage:

$$\boxed{\delta \zeta = 0, \quad \text{oder} \quad \sum G_i \delta z_i = 0} \quad \dots \dots (257)$$

In diesem besonderen Fall besagt also das Prinzip: Ein System von sich stützenden Körpern, die lediglich unter dem Einfluß von Gewichten stehen, ist im Gleichgewichte, wenn sich bei irgendeiner virtuellen Verschiebung die Höhenlage des Schwerpunktes nicht ändert.

Die Gl. (257) kann auch in intergrierter Form geschrieben werden: $\sum G_i z_i = \text{konst.}$

Die Verbindungen der Körper untereinander können dabei ganz beliebige sein, nur dürfen sie bei der Verschiebung nicht gelöst werden.

84. Anwendungen. Für den freien Körper gibt das Prinzip ebenso viele voneinander unabhängige Gleichungen, als der Körper Freiheitsgrade besitzt; aus diesen können — je nach der Frage — entweder die Gleichgewichtsstellung oder die für Gleichgewicht notwendigen Kräfte ermittelt werden. Für einen gestützten Körper scheiden ebenso viele Freiheitsgrade aus, als Auflagerbedingungen hinzutreten und die virtuellen Verschiebungen, die diese Auflagerbedingungen nicht verletzen, geben stets ebensoviele Gleichungen, als unbekannte Koordinaten bzw. unbekannte Kräfte übrigbleiben. Wird die Anzahl der Auflagerbedingungen größer, als die Anzahl der Freiheitsgrade, so erhält man ein statisch-unbestimmtes System, wie wir schon in 28 durch eine andere Art der Abzählung festgestellt haben.

Bei verbundenen Systemen mit einem Freiheitsgrad und bei mehreren symmetrisch angeordneten Körpern, die sich wie solche mit einem Freiheitsgrad verhalten (Beispiel 93), reicht die einmalige Anwendung des Prinzips zusammen mit den „geometrischen Bedingungen" des Problems hin, um die Gleichgewichtsstellung oder die zur Herstellung des Gleichgewichtes notwendige Kraft zu ermitteln. — Die geometrischen Bedingungen bestehen etwa in der konstanten Länge eines die Körper verbindenden Fadens, eines Stabes u. dgl.; derartige Verbindungen werden durch die Koordinaten ihrer Endpunkte ausgedrückt und geben differenziert die Bedingungen, die zwischen den Änderungen der Koordinaten — d. h. eben den virtuellen Verschiebungen — bestehen.

Das Prinzip kann jedoch auch dazu dienen, die Auflagerdrücke zu bestimmen, und zwar wird jeder einzelne Auflagerdruck für sich ermittelt. Hierzu denke man sich zunächst die Gleichgewichtsstellung in der vorhin dargelegten Weise gefunden und verschiebe den Körper oder das System von Körpern neuerlich in der Weise, daß alle Auflagerbedingungen erfüllt bleiben bis auf die eine, für welche der Auflagerdruck ermittelt werden soll. Die Anwendung des Prinzips für diese Verschiebung gibt eine Gleichung, in der der betreffende Auflagerdruck als einzige Unbekannte auftritt und daher gerechnet werden kann. Ein Gelenkdruck oder der Druck einer Eckenstützung (S. 28) ist in der Ebene durch zwei Komponenten bestimmt und verlangt die zweimalige Anwendung des Prinzips für zwei Verschiebungen, da jede Komponente für sich ermittelt werden muß.

Zur Kennzeichnung der Art und Weise, wie das Prinzip anzuwenden ist, mögen die folgenden einfachen Beispiele dienen. Die ersten von ihnen betreffen die sog. einfachen Maschinen, an denen das Prinzip zuerst — allerdings in ganz spezieller Form — erkannt wurde.

Beispiel 88. Hebel. Die Drehung $\delta\varphi$ um den Drehpunkt O des Hebels liefert für Gleichgewicht die Gleichung (Abb. 158)

$$K a\,\delta\varphi\cos\alpha + Q b\,\delta\varphi\cos\beta = 0, \quad \text{d. h.} \quad \boxed{K k = Q q}, \quad \ldots \ldots \text{(258)}$$

wenn k und q die Lote von O auf die Wirkungslinien von K und Q bezeichnen.

Beispiel 89. Schiefe Ebene nach Abb. 159. Die Verschiebung der

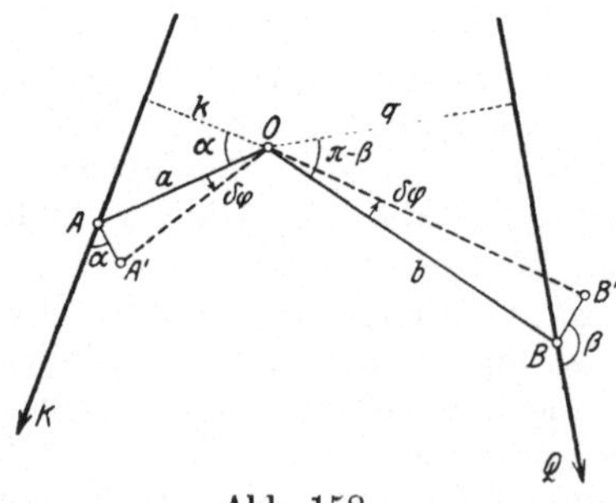

Abb. 158.

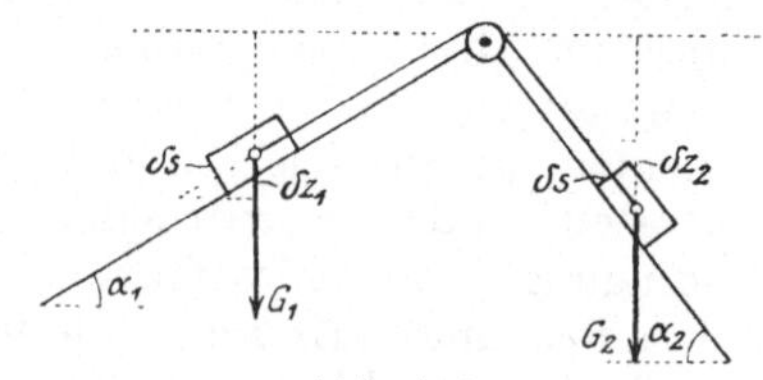

Abb. 159.

beiden Gewichte G_1 und G_2 um δz_1 und δz_2 in lotrechter Richtung liefert die Gl. (257)

$$G_1\,\delta z_1 + G_2\,\delta z_2 = 0,$$

und da $\delta z_1 = \delta s\cdot\sin\alpha_1,\ \delta z_2 = -\delta s\cdot\sin\alpha_2$, so folgt

$$G_1\sin\alpha_1 = G_2\sin\alpha_2.$$

Beispiel 90. Flaschenzüge. a) Bei dem im Beispiel 42 besprochenen gemeinen Flaschenzug bringt die Verschiebung der Kraft K um das Stück δs eine Verschiebung der Last Q um das Stück $\delta s/2n$ hervor, wenn n die Anzahl der Rollen in einer Flasche ist; das Prinzip liefert daher (für $\zeta = 1$) unmittelbar die Gl. (108): $K = Q/2n$.

b) Für den Potenzflaschenzug nach Abb. 160 bringt die Verschiebung von K um δs eine Verschiebung von A_1 um $\delta s/2$, von A_2 um $\delta s/4$ usf. hervor, so daß bei n „beweglichen" Rollen (ohne Widerstände) die Gleichung folgt:

$$K = Q/2^n$$

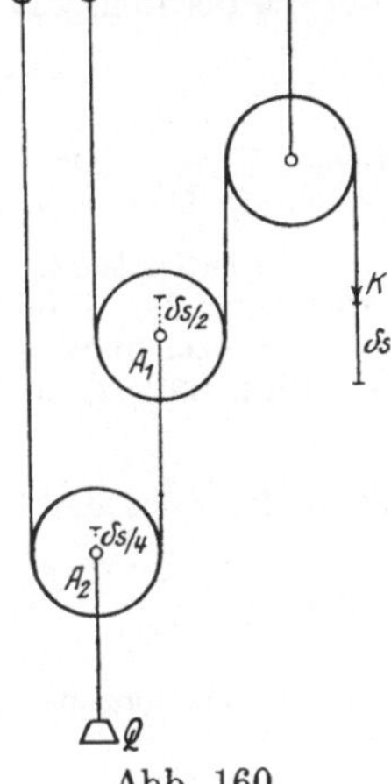

Abb. 160.

Beispiel 91. Gleichgewicht zweier Körper mit den Gewichten G_1, G_2, von denen nach Abb. 161 G_2 in einer lotrechten Führung beweglich und durch ein dünnes Seil über eine Rolle mit G_1 verbunden ist. In der Bedingungsgleichung $G_1\,\delta z_1 + G_2\,\delta z_2 = 0$ besteht zwischen z_1 und z_2, also auch zwischen δz_1 und δz_2 ein geometrisch bedingter Zusammenhang, der durch die konstante Länge l des Fadens gegeben ist; es ist:

$$z_2{}^2 + a^2 = (l - z_1)^2$$

und daraus durch Ableitung

$$z_2\,\delta z_2 = -\,(l - z_1)\,\delta z_1 = -\,\sqrt{z_2{}^2 + a^2} \cdot \delta z_1\,.$$

Durch Elimination von δz_1 und δz_2 aus den beiden Gleichungen folgt $G_1 z_2 = G_2 \sqrt{z_2{}^2 + a^2}$ oder $G_1 \cos\alpha = G_2$, welche Gleichung sich auch mittelbar anschreiben ließe. Daraus folgt für die Gleichgewichtstellung:

$$z_2 = G_2\, a/\sqrt{G_1{}^2 - G_2{}^2}\,, \quad l - z_1 = G_1\, a/\sqrt{G_1{}^2 - G_2{}^2}\,.$$

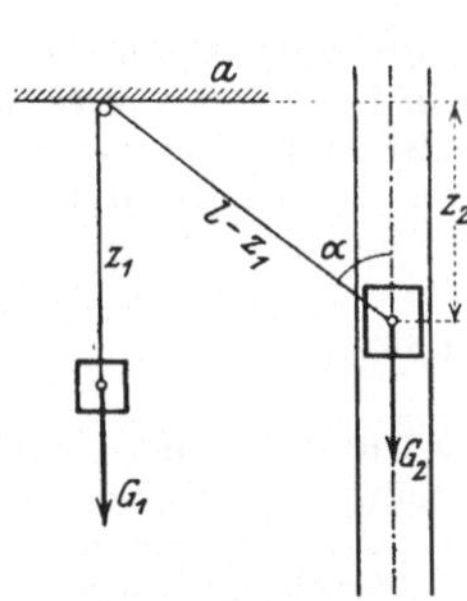

Abb. 161.

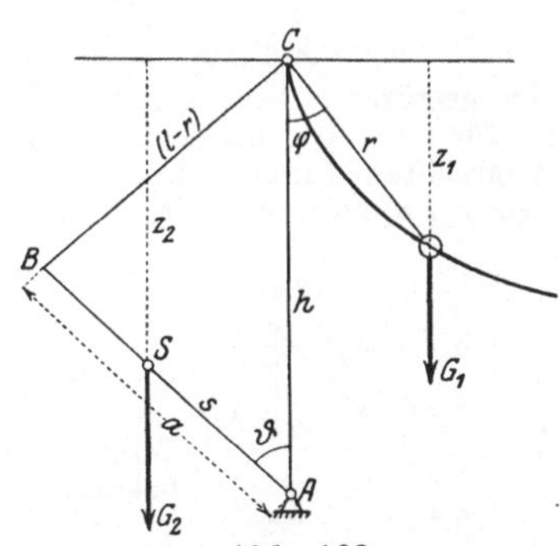

Abb. 162.

Damit eine reelle Gleichgewichtsstellung existiert, muß $G_1 > G_2$, $l > a$ sein.

Beispiel 92. Gewichtsausgleichung. Eine Kurve $C: r = r\,(\varphi)$ ist so zu bestimmen, daß ein auf ihr verschiebbares Gewicht G_1 den damit durch eine Schnur verbundenen, um eine horizontale Achse drehbaren Stab von der Länge $\overline{AB} = a$ vom Gewichte $G_2\,(\overline{AS} = s)$ in jeder Lage im Gleichgewichte hält (Abb. 162). — Das Prinzip liefert sofort

$$G_1\,\delta z_1 + G_2\,\delta z_2 = 0, \quad \text{oder integriert:} \quad G_1 z_1 + G_2 z_2 = \text{konst.}$$

Nach den Bezeichnungen der Abb. 162 ist

$$z_1 = r\cos\varphi, \quad z_2 = h - s\cos\vartheta = h - s\cdot\frac{a^2 + h^2 - (l - r)^2}{2\,a h}\,.$$

Setzt man dies ein, so erhält man, wenn der Punkt C $(r=0)$ auf der gesuchten Kurve liegen soll:

$$G_1 r \cos\varphi + G_2 \left| h - s \, \frac{a^2 + h^2 - (l-r)^2}{z\,a\,h} \right| = G_2 \left| h - s \, \frac{a^2 + h^2 - l^2}{z\,a\,h} \right|$$

und daraus folgt die Gleichung der gesuchten Kurve

$$r = 2l - \frac{G_1}{G_2} \frac{z\,a\,h}{s} \cos\varphi \,.$$

Diese Kurve läßt sich übrigens auch unmittelbar durch Benützung der Gleichung $G_1 z_1 + G_2 z_2 =$ konst. punktweise konstruieren.

Beispiel 93. Stabverbindung des Beispiels 9. Werden die Entfernungen der Punkte C, D, E in Abb. 36 von der Wagrechten A, B mit z, z_1, z bezeichnet, so liefert das Prinzip für die Hebung von D in lotrechter Richtung um δz_1 und von C, E um δz die Gleichung

$$2 K \delta z + K_1 \delta z_1 = 0 \,.$$

Wenn ferner a die Länge der Stäbe und $AB = 2L$ ist, so folgt:

$$z = a\sin\alpha, \qquad z_1 = a\,(\sin\alpha + \sin\beta)\,,$$

daher

$$\delta z = a\cos\alpha\,\delta\alpha, \qquad \delta z_1 = a\,(\cos\alpha\,\delta\alpha + \cos\beta\,\delta\beta)$$

und die vorhergehende Gleichung wird:

$$(2 K + K_1)\cos\alpha\,\delta\alpha - K_1 \cos\beta\,\delta\beta = 0 \,.$$

Ferner folgt aus $\overline{AB} = 2L = 2a(\cos\alpha + \cos\beta)$ durch Ableitung:

$$\sin\alpha\,\delta\alpha + \sin\beta\,\delta\beta = 0\,;$$

wenn man aus beiden die von Null verschiedenen Größen $\delta\alpha$, $\delta\beta$ eliminiert, folgt die gesuchte Gleichung

$$\frac{\operatorname{tg}\alpha}{\operatorname{tg}\beta} = \frac{2 K + K_1}{K_1} \,.$$

Beispiel 94. Für das Gleichgewicht eines an eine Wand und eine Mauerecke gestützten Stabes $\overline{AB} = 1$, der nach Abb. 163 bei A mit G belastet ist, folgt für die Gleichgewichtstellung, wenn z die Höhe von A über der festen Wagrechten durch C bezeichnet: $\delta z = 0$. Da $z = l\cos\varphi - a\operatorname{ctg}\varphi$, also $\delta z = [-l\sin\varphi + a/\sin^2\varphi]\,\delta\varphi = 0$, so folgt daraus (da $\delta\varphi \gtrless 0$)

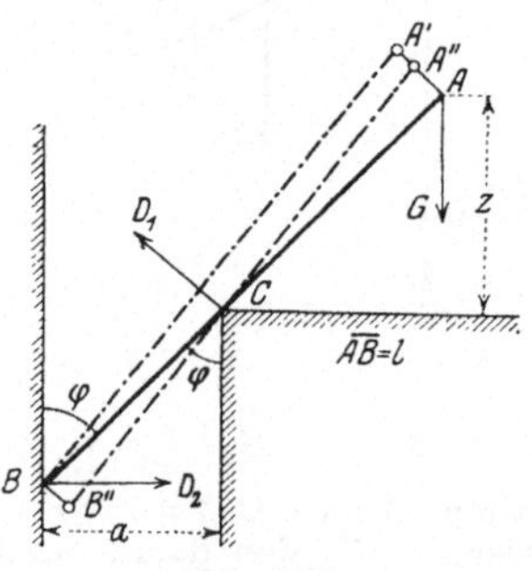

Abb. 163.

$$\sin\varphi = \sqrt[3]{\frac{a}{l}} \,.$$

Um den Druck D_1 in C zu berechnen, betrachten wir die Drehung des Stabes um den Winkel $\delta\varphi$ von BA nach BA' aus dieser nunmehr bekannten Gleichgewichtsstellung heraus, dann ist die Summe der Arbeiten der Kräfte bei dieser Verschiebung

$$D_1 \cdot \frac{a}{\sin\varphi} \cdot \delta\varphi - G \cdot l\,\delta\varphi \cdot \sin\varphi = 0$$

und daraus

$$D_1 = G \cdot \frac{l}{a} \sin^2\varphi = G \sin\varphi = G \sqrt[3]{\frac{l}{a}} \,.$$

Ebenso ergibt sich durch Ansatz der Arbeiten bei der Drehung des Stabes um $\delta\varphi$ von AB nach $A''B''$:

$$D_2 \cdot \frac{a}{\sin\varphi} \cdot \delta\varphi \cos\varphi - G \left(l - \frac{a}{\sin\varphi}\right) \delta\varphi \sin\varphi = 0 \,.$$

woraus

$$D_2 = G\operatorname{ctg}\varphi \,.$$

III. Trägheitsmomente.

85. Allgemeine Sätze über Trägheitsmomente. Nach Gl. (242) ist das dynamische Trägheitsmoment (abgekürzt TM) J_a eines Körpers in bezug auf eine Achse A durch folgende Gleichung definiert

$$J_a = \sum m r_a{}^2 \,, \qquad\qquad (259)$$

wenn r_a den Abstand des Massenteilchens m von der Achse bedeutet und die Summe über alle Massenteilchen erstreckt wird.

Die Dimension für das dynamische TM ist $[ML^2]$, also im technischen Maßsystem $[KLT^2]$.

In der technischen Praxis ist es gebräuchlich, statt der Größe J die Größe gJ anzugeben, welche die einfachere Dimension KL^2 hat, also durch das Produkt einer Kraft, etwa eines Gewichtes, und dem Quadrat einer Länge gegeben wird. So spricht man z. B. bei einem Schwungrad von einem „GD^2", indem das Produkt aus dem Gewichte seiner an den Umfang „reduzierten Masse" (s. u.) und dem Quadrat seines Durchmessers als Maß für sein TM angegeben wird.

Für homogene Massenverteilungen kann $m = \mu v$ (v = Rauminhalt des Teilchens m) gesetzt und die gleichbleibende „Raumdichte" μ vor das Summenzeichen gezogen werden:

$$J_a = \mu \sum v r_a{}^2;$$

man setzt nun $J_a = \mu J_a{}'$ und bezeichnet die Größe

$$J_a{}' = \sum v r_a{}^2 \qquad\qquad (260)$$

als das **geometrische Trägheitsmoment** des Körpers. Seine Dimension ist $[L^5]$. Für „ebene" Massen setzen wir $m = \mu_1 f$, bezeichnen μ_1 als die „Flächendichte" und erhalten für das „geometrische TM der Fläche" den analogen Ausdruck

$$J_a{}' = \sum f r_a{}^2 \qquad\qquad (261)$$

mit der Dimension $[L^4]$. Dieser Ausdruck kommt auch in der technischen Elastizitätslehre, in der Lehre von der Biegung, und zwar als reine Rechengröße, unabhängig von seiner dynamischen Bedeutung, vor.

Ein Moment wie J_a wird auch als ein „quadratisches Moment" bezeichnet, zum Unterschiede von dem „linearen" oder „statischen", in dem die Abstände r_a von einer Achse nur in der ersten Potenz vorkommen, und das in der Lehre vom Massenmittelpunkte eine Rolle spielt. Beziehen wir den Körper auf ein kartesisches Koordinatensystem $O\,xyz$, und bezeichnen die Koordinaten des Teilchens m durch x, y, z, so sind die TM in bezug auf diese Achsen durch die Ausdrücke gegeben

$$J_x = \sum m\,(y^2 + z^2), \quad J_y = \sum m\,(z^2 + x^2), \quad J_z = \sum m\,(x^2 + y^2). \quad (262)$$

Außer diesen kommen noch Momente zur Betrachtung, die die Produkte je zweier Koordinaten enthalten; sie werden als **Deviations-** oder **Zentrifugalmomente** bezeichnet und durch die Ausdrücke definiert:

$$\boxed{D_{yz} = \sum myz, \quad D_{zx} = \sum mzx, \quad D_{xy} = \sum mxy} \quad (263)$$

In diesen Gleichungen sind überall statt der Summen Integrale zu schreiben, wenn es sich um eine kontinuierliche Massenverteilung, die sodann über alle „Massenelemente" dm erstreckt wird, handelt.

Für „ebene" Massen in der XY-Ebene, also Scheiben, erhalten wir mit $z = 0$ aus diesen Gleichungen:

$$\boxed{J_x = \sum my^2, \quad J_y = \sum mx^2, \quad J_z = \sum m\,(x^2 + y^2) = J_x + J_y} \quad (264)$$

J_z wird in diesem Falle auch als das **polare Trägheitsmoment** der Scheibe bezeichnet.

Aus der Form dieser Gleichungen ist zu erwarten, daß im allgemeinen die TM für verschiedene Achsen verschiedene Werte haben werden; dabei erhebt sich naturgemäß die Frage nach den Beziehungen, die zwischen den TM für verschiedene Achsen bestehen und nach der kleinsten Zahl von Bestimmungstücken, die notwendig sind, um die TM für alle Achsen des Raumes zu erhalten.

Zur Lösung dieser Fragen dienen die beiden folgenden Sätze, von denen der erste sich auf TM um „parallele Achsen", der zweite auf die Verteilung der TM um die sich in einem Punkte „schneidenden Achsen" bezieht.

1. **Satz (von Steiner) über Trägheitsmomente um parallele Achsen.** Sei in Abb. 164 A die gegebene Achse im Abstande a von S und S eine hierzu parallele Achse durch den Schwerpunkt, dann ist nach den Bezeichnungen dieser Abbildung

$$r_a^2 = r_s^2 + a^2 - 2\,a\,r_s \cos \alpha,$$

und sei etwa

$$r_s \cos \alpha = x,$$

so wird

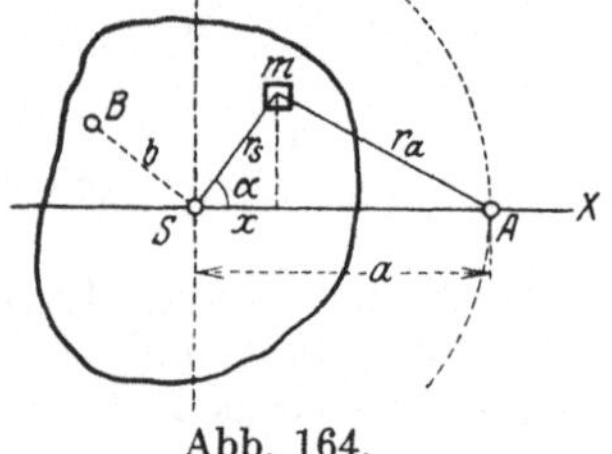

Abb. 164.

$$J_a = \sum m r_a^2 = \sum m r_s^2 + a^2 \cdot \sum m - 2\,a \cdot \sum mx,$$

da aber S der Schwerpunkt ist, so ist $\sum mx = 0$, und wenn $\sum m r_s^2 = J_s$ und $\sum m = M$ gesetzt wird, so folgt

$$\boxed{J_a = J_s + Ma^2} \quad . \quad . \quad . \quad . \quad . \quad . \quad . \quad . \quad (265)$$

Um Achsen A, die die Erzeugenden eines Kreiszylinders sind, dessen Achse durch S geht, hat daher das TM den gleichen Wert. Ferner kommt unter allen parallelen Achsen a der durch den Schwerpunkt gehenden das kleinste TM zu. Diese Gleichung gestattet, das TM in bezug auf irgendeine Achse a zu berechnen. sobald das TM um eine dazu parallele Achse b und die Abstände a, b dieser Achsen von S bekannt sind. Denn es ist:

$$J_b = J_s + M\,b^2 \quad \text{und daher} \quad J_a = J_b + M(a^2 - b^2).$$

Unter **Trägheitshalbmesser** versteht man die durch die Gleichung

$$\boxed{J_a = M\,k_a^{\,2}} \quad \ldots \ldots \ldots \ldots \quad (266)$$

definierte Länge k_a; sie ist durch die Eigenschaft gekennzeichnet, daß die Masse M, in der Entfernung k_a von der Achse a in einem Punkte konzentriert angebracht, dasselbe TM besitzt wie der gegebene ausgedehnte Körper. Setzt man ebenso $J_s = M\,k_s^2$, so kann Gl. (265) auch geschrieben werden

$$k_a^{\,2} = k_s^{\,2} + a^2, \quad \ldots \ldots \ldots \ldots \quad (267)$$

d. h. k_a ist die Hypotenuse eines rechtswinkeligen Dreiecks mit den Seiten k_s und a.

Als **reduzierte Masse** $\mathfrak{M}$ des Körpers in einem Punkte P in der Entfernung ϱ von der Achse a bezeichnet man die durch die Gleichung $J_a = \mathfrak{M} \cdot \varrho^2$ bestimmte Masse also:

$$\boxed{\mathfrak{M} = J_a/\varrho^2} \quad \ldots \ldots \ldots \ldots \quad (268)$$

2. **Um die Verteilung der TM für alle Achsen durch einen Punkt O zu ermitteln**, drückt man das TM, in bezug auf eine beliebige Achse A durch O mit den Richtungskosinussen (λ, μ, ν) durch die TM und Deviationsmomente bezüglich der Achsen O, x, y, z aus. Da nach Abb. 165:

$$r_a^{\,2} = p^2 - q^2,$$
$$p^2 = x^2 + y^2 + z^2,$$
$$q = p \cos \varphi = \lambda x + \mu y + \nu z,$$
$$\lambda^2 + \mu^2 + \nu^2 = 1,$$

so kommt:

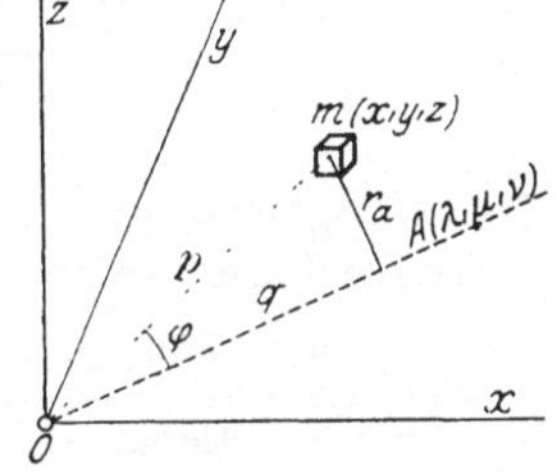

Abb. 165.

$$\begin{aligned}
J_a &= \sum m\,r_a^{\,2} = \sum m\,(p^2 - q^2) \\
&= \sum m\,[(x^2 + y^2 + z^2)(\lambda^2 + \mu^2 + \nu^2) - (\lambda x + \mu y + \nu z)^2] \\
&= \lambda^2 \sum m\,(y^2 + z^2) + \mu^2 \sum m\,(z^2 + x^2) + \nu^2 \sum m\,(x^2 + y^2) \\
&\quad - 2\mu\nu \sum m\,yz - 2\nu\lambda \sum m\,zx - 2\lambda\mu \sum m\,xy,
\end{aligned}$$

und mit Benutzung der in (262) und (263) eingeführten Bezeichnungen:

$$\boxed{J_a = \lambda^2 J_x + \mu^2 J_y + \nu^2 J_z - 2\mu\nu D_{yz} - 2\nu\lambda D_{zx} - 2\lambda\mu D_{xy}}.\quad(269)$$

Das **TM** für irgendeine Achse a ist somit bestimmt, wenn man die 6 Größen J_x, J_y, J_z, D_{yz}, D_{zx}, D_{xy} und die Richtungskosinusse (λ, μ, ν) der Achse kennt.

Trägt man auf jeder Achse A eine Länge $\overline{OE} = \varrho\,(X, Y, Z)$ auf, die gegeben ist durch

$$\boxed{\varrho = \varepsilon / \sqrt{J_a}}\,, \quad\ldots\ldots\ldots\ldots \quad (270)$$

so daß also $J_a = \varepsilon^2 / \varrho^2$ und $X = \varrho\,\lambda = \varepsilon \cdot \lambda / \sqrt{J_a}$, usw., wobei ε ein Faktor ist, der aus Dimensionsgründen eingeführt wird, dann wird Gl. (269)

$$\boxed{J_x X^2 + J_y Y^2 + J_z Z^2 - 2 D_{yz} YZ - 2 D_{zx} ZX - 2 D_{xy} XY = \varepsilon^2}\,. \quad (271)$$

Die Endpunkte von ϱ erfüllen eine Fläche 2. Grades, die als das (Cauchysche) Trägheitsellipsoid für den Punkt O bezeichnet wird. Seine Gleichung vereinfacht sich wesentlich, wenn man sie auf die dem Ellipsoid eigenen Hauptachsen $O\,\xi\,\eta\,\zeta$ bezieht; dann verschwinden nämlich die Glieder mit den Produkten der Koordinaten, und wenn die **Hauptträgheitsmomente**, d. s. die TM um die Hauptachsen des Ellipsoides, mit J_1, J_2, J_3 bezeichnet werden, so lautet die Gleichung des Trägheitsellipsoides auf diese Hauptachsen bezogen

$$\boxed{J_1 \xi^2 + J_2 \eta^2 + J_3 \zeta^2 = \varepsilon^2} \quad\ldots\ldots \quad (272)$$

Das TM um eine Achse A, deren Richtungskosinusse in bezug auf die Achse $\xi\,\eta\,\zeta$ wieder mit λ, μ, ν bezeichnet werden, ist dann durch den einfacheren Ausdruck gegeben:

$$\boxed{J_a = \lambda^2 J_1 + \mu^2 J_2 + \nu^2 J_3} \quad\ldots\ldots \quad (273)$$

Das Trägheitsellipsoid für den Schwerpunkt nennt man **Zentralellipsoid** und seine Hauptachsen die **Hauptzentralachsen**.

Da die Länge ϱ, die durch das Ellipsoid (273) auf jedem Strahle abgeschnitten wird, nach Gl. (270) dem Quadrate des TM um diese Achse umgekehrt proportional ist, so ersieht man, daß sich das Trägheitsellipsoid der allgemeinen Gestalt des Körpers ungefähr anschmiegt, insofern als es nach jenen Richtungen großes ϱ zeigt, nach denen der Körper ausladet, ohne natürlich die kleinen Unregelmäßigkeiten der Körperbegrenzung erkennen zu lassen.

Für die Ermittlung der Hauptträgheitsachsen ist somit die Transformation der Fläche (271) auf die Hauptachsen erforderlich; in vielen Fällen wird aber die Aufsuchung der Hauptachsen erleichtert durch Benutzung des folgenden Hilfssatzes: Hat ein Körper eine Symmetrieebene E, dann ist das Deviationsmoment in bezug auf je zwei Achsen, von denen die eine, etwa z, zu $E \perp$ steht, die andere irgendwie in E liegt, gleich Null: die Ebene ist eine Hauptebene und enthält zwei Hauptträgheitsachsen. Wir können auch sagen, die

Normale zu einer Symmetrieebene E des Körpers ist eine Hauptachse für ihren Schnittpunkt O mit E.

Die Symmetrieeigenschaft besagt nämlich, daß jedem Teilchen m in einem Punkte mit den Koordinaten $(x, y, +z)$ ein gleich großes Teilchen in $(x, y, -z)$ entspricht, also ist die Summe ihrer Deviationsmomente $m\,x\,(z - z) = 0$ und daher für den ganzen Körper $D_{xz} = 0$, und ebenso $D_{yz} = 0$. Umgekehrt kann das Verschwinden des Deviationsmomentes für die Ermittlung der Hauptachsen verwertet werden.

Beispiel 95. Für Deviationsmomente in bezug auf parallele Achsenpaare gilt ein der Gl. (265) analoger Satz, der sich nach Abb. 166 unmittelbar in folgender Form ergibt:

Seien x, y zu den gegebenen ξ, η parallele Schwerpunktsachsen und a, b die Koordinaten von O im System $S\,xy$, so ist

$$\xi = x - a, \qquad \eta = y - b$$

und

$$D_{\xi\eta} = \Sigma\, m\, \xi\eta = \Sigma\, m\, (x - a)(y - b) = \Sigma\, m\, xy - a\,\Sigma\, my - b\,\Sigma\, mx + ab\,\Sigma\, m,$$

und da $\Sigma\, mx = 0$, $\Sigma\, my = 0$:

$$\boxed{D_{\xi\eta} = D_{xy} + M\,ab} \qquad \ldots \ldots \ldots \ldots \quad (274)$$

Ebenso läßt sich durch Benutzung der Formeln für die Drehung des Koordinatensystems das Deviationsmoment $D_{\xi\eta}$ für irgendein Paar von Achsen in der Ebene durch O mit Hilfe der Größen J_x, J_y, D_{xy} ausdrücken. Ganz ähnliche Entwicklungen gelten auch für den Raum.

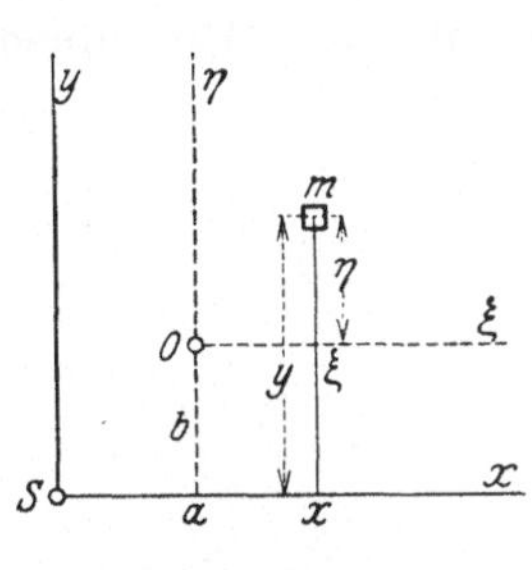

Abb. 166.

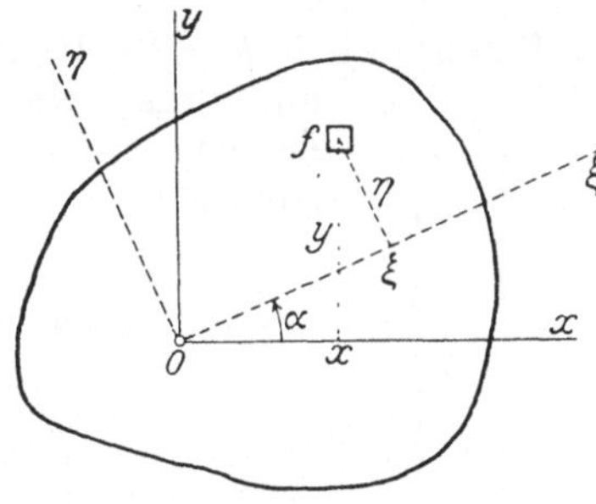

Abb. 167.

Beispiel 96. Die Transformation auf die Hauptachsen für ebene Körper geschieht durch Aufsuchung jenes Achsenpaares ξ, η, für welches das zugehörige $D_{\xi\eta}$ verschwindet. Für den Übergang vom System O_{xy} zu $O_{\xi\eta}$ gelten nach Abb. 167 die folgenden Transformationsgleichungen der Koordinaten:

$$\xi = x \cos\alpha + y \sin\alpha, \qquad \eta = -x \sin\alpha + y \cos\alpha,$$

und wenn wir uns sogleich auf die geometrischen TM der Scheibe beschränken, und dabei die Striche der Einfachheit halber weglassen, so wird

$$J_x = \Sigma f y^2, \qquad J_y = \Sigma f x^2, \qquad D_{xy} = \Sigma f xy,$$

und es folgt durch Einsetzen von ξ und η:

$$\left.\begin{aligned}
J_\xi &= \Sigma f \eta^2 = J_y \sin^2\alpha + J_x \cos^2\alpha - 2 D_{xy} \sin\alpha \cos\alpha \\
J_\eta &= \Sigma f \xi^2 = J_y \cos^2\alpha + J_x \sin^2\alpha + 2 D_{xy} \sin\alpha \cos\alpha \\
D_{\xi\eta} &= \Sigma f \xi\eta = \tfrac{1}{2}(J_x - J_y) \sin 2\alpha + D_{xy} \cos 2\alpha
\end{aligned}\right\} \quad \ldots \quad (275)$$

$D_{\xi\eta} = 0$ erhält man daher für einen $\sphericalangle\,\alpha$, der gegeben ist durch

$$\operatorname{tg} 2\,\alpha = \frac{2\,D_{xy}}{J_y - J_x}\,; \quad \cdots\cdots\cdots \quad (276)$$

durch α und $\alpha + \pi/2$ sind sodann die Neigungen der **Hauptachsen** $\xi,\,\eta$ gegen $x,\,y$ gegeben.

Aus der Form der Gl. (275) bestätigt man unmittelbar das Bestehen der Gleichungen

$$J_\xi + J_\eta = J_x + J_y \quad \text{und} \quad J_\xi J_\eta - D_{\xi\eta}^2 = J_x J_y - D_{xy}^2\,; \ \cdots \quad (277)$$

diese Ausdrücke, die ihre Werte für alle Achsenpaare beibehalten, werden als **Invarianten** der Ellipsengleichung bezeichnet. Für die Hauptachsen ist, wie gesagt, $D_{\xi\eta} = 0$ und die vereinfachten Gln. (277) können unmittelbar für die Berechnung der Haupt-TM J_1 und J_2 verwendet werden. Die Gleichungen lauten dann:

$$J_1 + J_2 = J_x + J_y, \quad J_1 J_2 = J_x J_y - D_{xy}^2.$$

wodurch $J_1,\,J_2$ bestimmt sind.

Insbesondere merken wir noch an, daß für $\alpha = 45^0$:

$$J_{45} = \tfrac{1}{2}\,(J_x + J_y) - D_{xy}, \quad \text{also} \quad D_{xy} = \tfrac{1}{2}\,(J_x + J_y) - J_{45},$$

welche Gleichung zur Ermittlung des Deviationsmomentes D_{xy} aus den 3 TM $J_x,\,J_y$ und J_{45} dienen kann.

86. Rechnerische Ermittlung von Trägheitsmomenten. A) Für **Flächen** beschränken wir uns auf die Angabe von geometrischen Trägheitsmomenten; die dynamischen folgen daraus durch Multiplikation mit der Flächendichte nach der Formel: $J_x = \mu_1 J_x'$ usw.

1. **Rechteck** $b,\,h$. Die Hauptachsen sind die Mittellinien $x,\,y$ und die Hauptträgheitsmomente sind daher nach Abb. 168

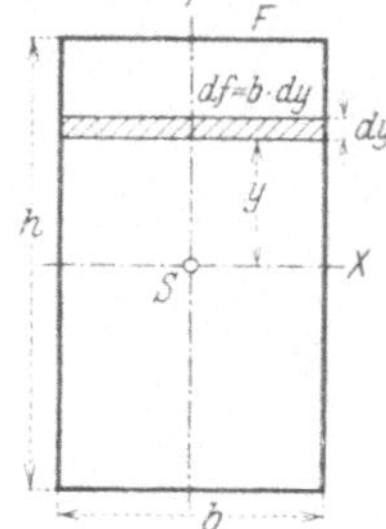

Abb. 168.

$$J_r' = \Sigma f y^2 = \int\limits_{-h/2}^{h/2} y^2\, df$$

$$= 2\,b \int\limits_{0}^{h/2} y^2\, dy = \frac{b\,h^3}{12}$$

und wenn $bh = F$:

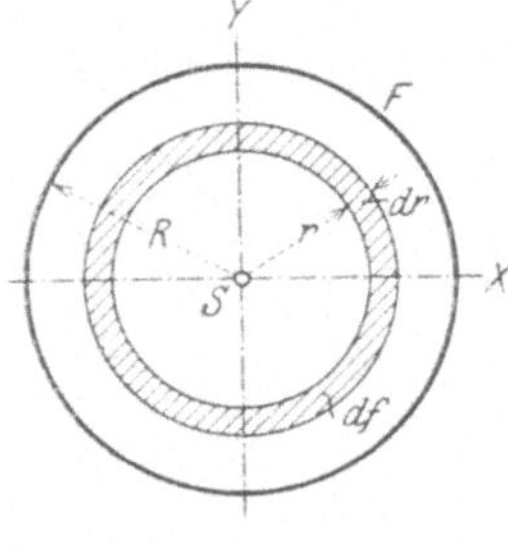

Abb. 169.

$$\boxed{J_x' = \frac{b\,h^3}{12} = \frac{F\,h^2}{12}, \quad J_y' = \frac{b^3\,h}{12} = \frac{F\,b^2}{12}, \quad J_0' = J_x' + J_y' = \frac{F}{12}(b^2 + h^2)}. \quad (278)$$

2. **Kreis** vom Halbmesser R. Da das Trägheitsmoment um alle Durchmesser gleich ist, so folgt $(df = 2\,\pi r\, dr,$ Abb. 169$)$:

$$J_0' = J_x' + J_y' = 2\,J_x' = \int\limits_{0}^{R} r^2\, df = 2\,\pi \int\limits_{0}^{R} r^2\, dr = \frac{R^4\,\pi}{2}$$

und daher

$$J_x' = \frac{R^4\pi}{4} = \frac{D^4\pi}{64} = \frac{FR^2}{4}, \quad J_0' = \frac{R^4\pi}{2} = \frac{FR^2}{2}. \quad . \quad (279)$$

B) Körper. 3. Prismatischer Körper von beliebigem Querschnitt, Abb. 170. Eine Faser $dm = \mu l df$ parallel zur Achse liefert das Trägheitsmoment $dm\,r^2$, daher ist

$$J_x = \int r^2\,dm = \mu l \int r^2\,df = \mu l J_0',$$

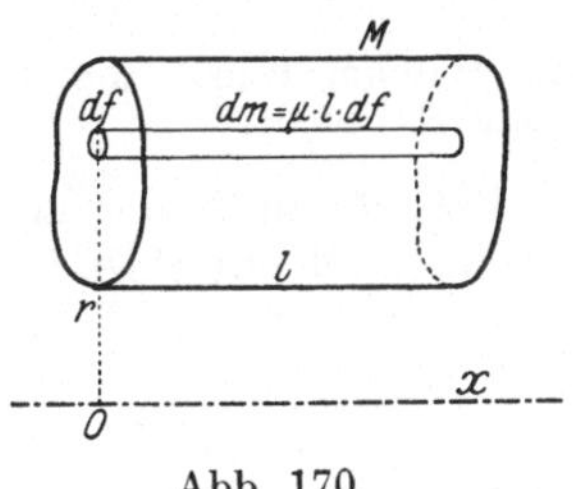

Abb. 170.

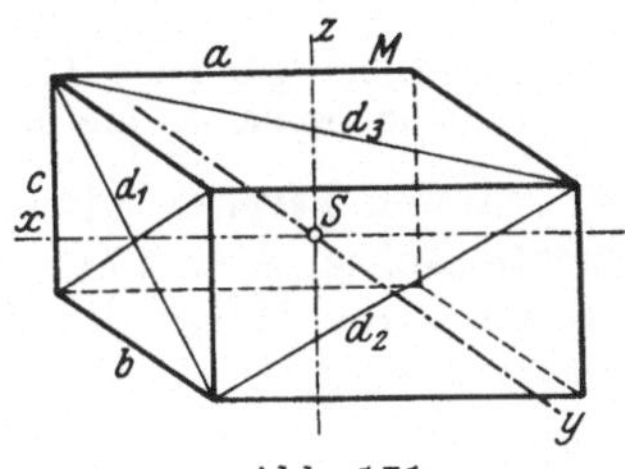

Abb. 171.

wenn $J_0' = \int r^2\,df$ das geometrische polare Trägheitsmoment der Querschnittsfläche des Körpers mit Bezug auf den Schnittpunkt O mit a bedeutet. Da ferner die Masse des Körpers $M = \mu F l$ ist, so folgt

$$J_x = \frac{M J_0'}{F} \quad . \quad . \quad . \quad . \quad . \quad . \quad . \quad . \quad . \quad . \quad (280)$$

Beispiel 97. Für das Parallelflach mit den Kanten abc nach Abb. 171 ist $J_0' = \frac{F}{12}(b^2 + c^2) = \frac{F d_1^2}{12}$, also

$$J_x = \frac{M d_1^2}{12}, \quad J_y = \frac{M d_2^2}{12}, \quad J_z = \frac{M d_3^2}{12} \quad . \quad . \quad . \quad . \quad . \quad (281)$$

Für den Würfel von der Seite a ist:

$$d_1^2 = d_2^2 = d_3^2 = 2 a^2,$$

daher für alle Achsen durch den Mittelpunkt

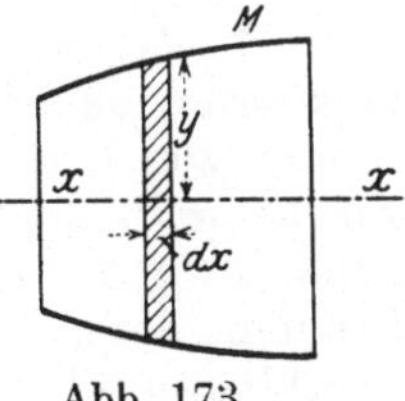

$$J = \frac{M a^2}{6} \quad . \quad . \quad (282)$$

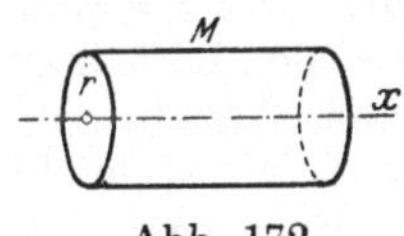

Abb. 172.

Abb. 173.

Beispiel 98. Für den Drehzylinder, Abb. 172, ist nach Gl. (279) $J_0' = \frac{F R^2}{2}$, daher

$$J_x = \tfrac{1}{2} M r^2 \quad . \quad . \quad . \quad . \quad . \quad . \quad . \quad . \quad . \quad . \quad . \quad (283)$$

4. Für einen beliebigen Drehkörper erhält man das TM durch Zerschneidung in dünne Scheiben $dm \perp$ zur Achse, Abb. 173; da man

jede solche Scheibe als kurzen Zylinder auffassen kann, dessen TM um die Achse nach Gl. (283) gegeben ist durch:

$$dJ = \tfrac{1}{2}\,dm\,y^2 = \tfrac{1}{2}\,\mu \cdot y^2\,\pi \cdot dx \cdot y^2 \quad \text{und} \quad M = \int dm = \mu\pi \int y^2\,dx,$$

so folgt

$$J_x = \frac{M}{2} \cdot \frac{\int y^4\,dx}{\int y^2\,dx}. \qquad\qquad (284)$$

Beispiel 99. Kugel vom Halbmesser R und der Masse M. In Gl. (284) ist zu setzen $y^2 = R^2 - x^2$ und die Integration von $-R$ bis $+R$ auszuführen. Man findet

$$\boxed{J_x = \tfrac{2}{5}\,M R^2}. \qquad\qquad (285)$$

Die gleiche Formel gilt auch für das TM einer Halbkugel in bezug auf ihre Symmetrieachsen, wenn M die Masse der Halbkugel bedeutet.

5. Dünner, gerader Stab von der Länge 1, in bezug auf eine senkrechte Achse, Abb. 174. Es ergibt sich durch direkte Integration, wenn μ die Masse der Längeneinheit des Stabes bedeutet:

$$J_\xi = \int_0^l \mu y^2\,dy = \frac{\mu l^3}{3} = \frac{M l^2}{3}, \quad \text{und} \quad \boxed{J_x = \frac{M l^2}{12}}. \qquad (286)$$

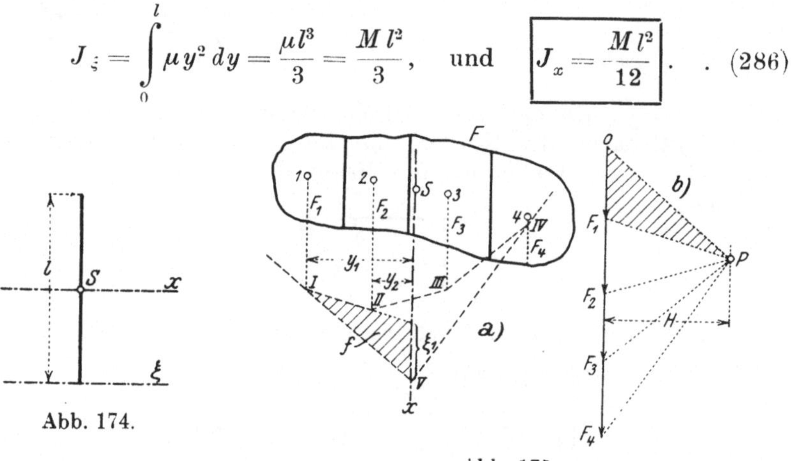

Abb. 174.

Abb. 175.

87. Zeichnerische Ermittlung von Trägheits- und Deviationsmomenten ebener Flächen. a) TM mit Hilfe des Seilecks (Verfahren von Mohr). Um das TM einer durch Zeichnung vorgegebenen Fläche in bezug auf die Schwerpunktachse x zu erhalten, teilt man (Abb. 175) F durch $\|$ zu x gelegte Schnitte in eine Anzahl von Streifen, deren Größen $F_1, \ldots, F_4$ und Schwerpunkte 1, $\ldots$ 4 leicht angebbar sind. Mit diesen Flächen als Kräften zeichnet man ein Seileck, indem man sie zunächst (nach Wahl eines passenden Flächenmaßstabes, etwa 10 cm$^2 \longrightarrow$ 1 cm) in einem Krafteck (b) aneinanderreiht und das Seileck $I \ldots IV$ nach Annahme des Poles P und der Polweite H entwirft; durch den Schnitt V der äußeren Seilstrahlen geht die Schwerachse x. Das TM ist dann gegeben durch

$$J_x' = \Sigma F_i y_i^2.$$

Nun folgt aus den Paaren von ähnlichen Dreiecken, von denen das erste in der Abbildung schraffiert ist:

$$F_1 : H = \xi_1 : y_1\,, \qquad F_1 y_1 = H \xi_1\,,$$

daher

$$F_1 y_1^2 = H \xi_1 y_1 = 2\,H f_1\,,$$

wobei $2 f_1 = y_1 \zeta_1$ die doppelte Fläche des Dreiecks bedeutet, das zwischen den Seilstrahlen durch I und x liegt. Daraus folgt durch Addition

$$\boxed{J_x' = 2\,H \cdot \textstyle\sum f_i = 2\,H f}\,, \qquad \ldots \ldots \quad (287)$$

wenn f die ganze Fläche des Seilecks bezeichnet. In dieser Gleichung besitzt H die Dimension $[\mathrm{L}^2]$, ebenso f, J_x' daher $[\mathrm{L}^4]$, wie es sein muß.

Es ist sofort einleuchtend, daß das gleiche Verfahren auch unmittelbar für irgendeine andere, nicht durch S gehende Achse anwendbar ist.

b) Die zeichnerische Ermittlung des Deviationsmoments D_{xy} einer ebenen Fläche für zwei zueinander senkrecht stehende Achsen x und y mit dem beliebigen Anfangspunkt O erfolgt auf ganz analoge Weise. Man teilt die gegebene Fläche (Abb. 176a) durch Gerade parallel zu einer Achse, z. B. zu x in Teilflächen $F_1, F_2, \ldots,$ F_5, deren Schwerpunkte $1, 2, \ldots 5$ die Koordinaten x_1, y_1; x_2, y_2; $\ldots$; x_5, y_5 haben mögen. Dann ist nach Gl. (274)

$$D_{xy} = \textstyle\sum \left(D_{xy}^0 + F_i x_i y_i\right),$$

wobei D_{xy}^0 das Deviationsmoment der Teilfläche F_i in bezug auf die zu x und y parallelen Schwerachsen dieser Teilfläche bezeichnet. Wenn die Flächenstreifen schmal sind, so sind diese letzteren sehr klein und können vernachlässigt werden, es ist also annähernd

$$D_{xy} = \textstyle\sum F_i x_i y_i\,.$$

Mit diesen Flächen $F_1, \ldots, F_5$ als Kräften zeichnet man ein Krafteck $0 \ldots 5$ und mit dem Pol P und der Polweite H (Abb. 176b) ein Seileck $I \ldots V$. Die Seiten dieses Seilecks mögen auf der x-Achse die Längen $\xi_1, \ldots \xi_5$ herausschneiden. Wie früher ist aus Ähnlichkeitsgründen $F_1 : H = \xi_1 : y_1$, und daher wird das auf die x-Achse bezogene statische Moment von F_1 zufolge der Gleichung

$$F_1 y_1 = H \xi_1$$

durch die Strecke ξ_1 gemessen; ebenso gilt $F_2 y_2 = \xi_2$ usw. Für die ganze Fläche ist daher

$$D_{xy} = \textstyle\sum F_i x_i y_i = H \sum \xi_i x_i\,.$$

Dieser Ausdruck kann zeichnerisch erhalten werden aus den auf die y-Achse bezogenen statischen Moment $\sum \xi_i x_i$ der in den Teilschwerpunkten $1, \ldots, 5 \parallel$ zur y-Achse wirkend gedachten Kräfte ξ_i. Zeichnet

13*

man nämlich für diese Kräfte ξ_1 mit einer Polweite H' ein zweites Krafteck (Abb. 176c) und ein zugehöriges Seileck $I'. \ldots, V'$, so schneiden dessen äußerste Seiten auf der y-Achse eine Länge $\sum \eta_i$ heraus, und es ist

$$\sum \xi_i x_i = H' \sum \eta_i.$$

Daraus folgt schließlich

$$\boxed{D_{xy} = H H' \cdot \sum \eta_i} \ \ldots \ldots \ldots \quad (288)$$

Darin hat H die Dimension $[L^2]$ wie die F_i, H' wie die ξ_i und die η_i die Dimension $[L]$, D also die richtige Dimension $[L^4]$.

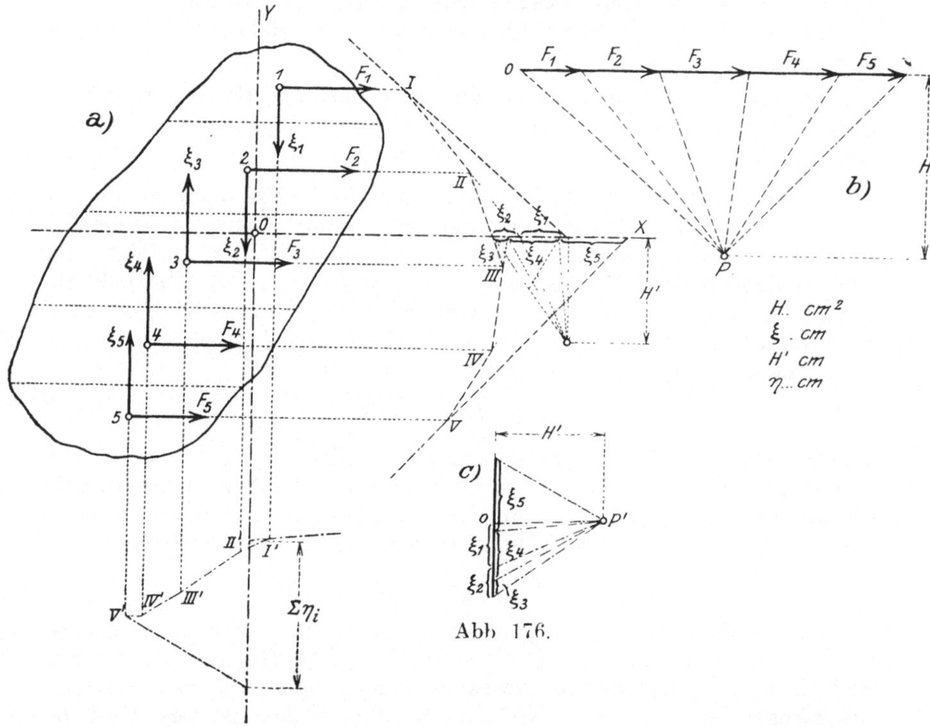

Abb 176.

c) **Das Verfahren von Nehls** ergibt das TM eines beliebigen Querschnittes ohne Verwendung eines Seilecks, und ist in Abb. 177 an dem Beispiel eines Schienenprofils erläutert. Das gegebene Profil wird ∥ zur x-Achse, bezüglich der das TM zu bestimmen ist, in Teilflächen $dF = x\,dy$ zerschnitten, außerdem wird in einer passenden Entfernung a zu x eine Parallele geführt. Ferner ziehe man nun zu jedem Randpunkt B: $BC \parallel y$, und OCB' bis B', dann ist $\triangle OAB' \sim CBB'$ und daher

$$AB' = x' = x \cdot \frac{y}{a}.$$

Das statische Moment der ganzen Fläche in bezug auf x ist daher

$$S_x = \int y\, dF = \int xy\, dy = a \int x'\, dy,$$

und wird also durch die von B' berandete Fläche dargestellt.

Die Wiederholung dieses Verfahrens durch Ziehen von $B'D \parallel y$ und ODB'' liefert $\triangle OAB'' \sim DB'B''$, also

$$\overline{AB''} = x'' = x' \frac{y}{a} = x \frac{y^2}{a^2},$$

und somit ist das gesuchte TM:

$$J_x = \int y^2\, dF = \int y^2 x\, dy = a^2 \int x''\, dy \quad \ldots \ldots \quad (289)$$

J_x wird also durch die Größe der Fläche dargestellt, die von B'' umrandet wird.

d) **Trägheitskreis** (von Mohr und Land). Die graphische Darstellung der TM und Deviationsmomente für alle Achsenpaare geschieht am

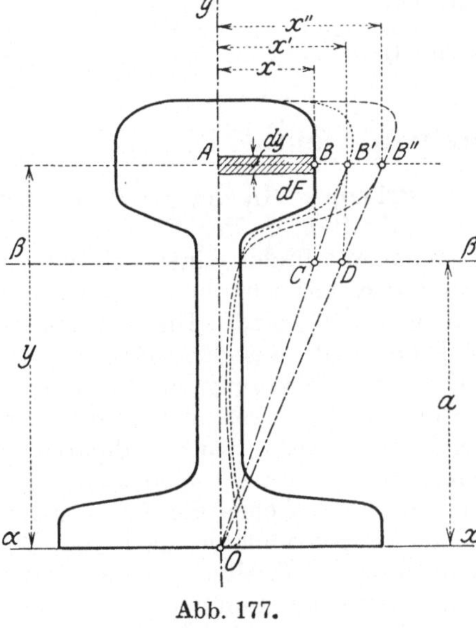

Abb. 177.

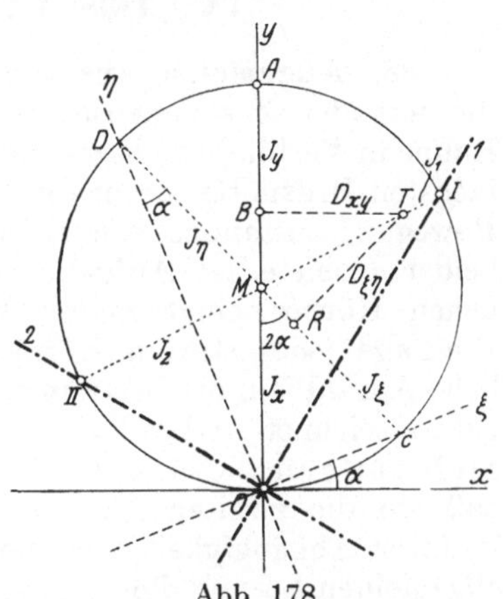

Abb. 178.

einfachsten auf folgende Weise, sobald J_x, J_y, D_{xy} für irgendeines davon entweder rechnerisch oder zeichnerisch bestimmt sind.

Man mache in Abb. 178 in einem passenden Maßstabe $\overline{OB} = J_x$, $\overline{BA} = J_y$, $\overline{BT} = D_{xy}$ und schlage über $\overline{OA}$ als Durchmesser einen Kreis. Das Achsenpaar ξ, η möge diesen Kreis in C, D schneiden und der Fußpunkt des Lotes von T auf CD sei R. Dann ist

$$\overline{CM} = \overline{MD} = \frac{1}{2}(J_x + J_y). \quad \overline{MB} = \frac{1}{2}(J_x - J_y).$$

Durch Projektion des Linienzuges $CMBT$ auf CD und $\perp CD$ und Vergleich mit den Gl. (275) findet man unmittelbar

$$\begin{cases} \overline{CR} = \overline{CM} + \overline{MB}\cos 2\,\alpha - \overline{BT}\sin 2\,\alpha \\ \qquad = \dfrac{1}{2}(J_x + J_y) + \dfrac{1}{2}(J_x - J_y) - D_{xy}\sin 2\,\alpha = J_z, \\[2mm] \overline{RT} = \qquad\qquad \overline{MB}\sin 2\,\alpha + \overline{BT}\cos 2\,\alpha \\ \qquad = \qquad\qquad \dfrac{1}{2}(J_x - J_y) + D_{xy}\cos 2\,\alpha = D_{\xi\eta}. \end{cases}$$

Da die Hauptträgheitsachsen durch $D_{\xi\eta} = 0$ **gekennzeichnet sind,** erhält man sie, indem man die Gerade TM zieht und deren Schnittpunkte I, II mit dem Kreise mit 0 verbindet; dann ist $\overline{TI} = J_1$, $\overline{TII} = J_2$.

An diese einfache und schöne Figur sei noch folgende Bemerkung angeschlossen: Wenn man von einem anderen Achsensystem, etwa von $O\xi\eta$ ausgehend, dieselbe Konstruktion ausführen würde, würde man einen andern „Trägheitspunkt" T erhalten, d. h. die Lage von T hängt von dem Achsensystem ab, von dem man ausgeht, sie ist nicht invariant mit der gegebenen Scheibe verbunden. Gibt es eine Darstellung, die von diesem Mangel frei ist?

IV. Das Prinzip d'Alemberts.

88. Allgemeine Aussage des Prinzips. In der Statik wurden die mit der Zusammensetzung von Kräften in der Ebene und im Raum in Verbindung stehenden Fragen und in der Kinematik die einfachsten Hilfsmittel besprochen, die zur Kennzeichnung des Ortes und Bewegungszustandes von Körpern notwendig sind. Die Verbindung beider Gebiete ist Aufgabe der Dynamik: aus den einem beweglichen Körper eingeprägten Kräften die Bewegung zu bestimmen. Die Lage jedes starren Körpers ist, wie wir wissen, durch eine endliche Anzahl von ortsbestimmenden Parametern — den Koordinaten — gekennzeichnet und es kommt zunächst darauf an, die Bewegungsgleichungen aufzustellen, welche im wesentlichen die Form haben, daß sie die zweiten Ableitungen dieser Koordinaten nach der Zeit in ihrer Abhängigkeit von den eingeprägten Kräften angeben. Zur allgemeinen Lösung dieser Frage nach der Aufstellung der Bewegungsgleichungen dient das Prinzip d'Alemberts, das in allen Fällen den Ansatz des Problems (9) liefert, und die aus der Statik bekannten Regeln durch Hinzunahme gewisser Ergänzungskräfte zu den eingeprägten nutzbar macht. Aus diesem Prinzip werden wir sodann andere Sätze gewinnen, die für einzelne Anwendungen besondere Vorteile bieten.

Für den freien Massenpunkt hatten wir das dynamische Grundgesetz kennen gelernt, das wir jetzt in der Form schreiben

$$\boxed{\overline{K} - m\overline{b} = 0}, \qquad \ldots \ldots \ldots \ldots (290)$$

wenn $\overline{K}$ die Summe der eingeprägten Kräfte, $\overline{b}$ die dadurch bedingte Beschleunigung ist: für den einzelnen Punkt wird daher die eingeprägte Kraft $\bar{K}$ und die „Massenkraft" oder „Beschleunigungs-kraft" $m\bar{b}$ durch denselben Vektor dargestellt[1]); oder, wenn wir $-m\bar{b}$ als „Trägheitskraft" bezeichnen, so können wir sagen: **die Summe aus der eingeprägten und der Trägheitskraft bilden eine Gleichgewichtsgruppe.** Wenn der Punkt einem ausgedehnten Körper angehört und durch diesen behindert wird, der an ihm angreifenden Kraft frei zu folgen, so kommt für das Aufbringen der Beschleunigungskraft $m\bar{b}$ außer K noch eine Kraft $\bar{Q}$ zur Wirkung, die den Einfluß des Körperganzen auf den betrachteten Punkt m vorstellt. Demgemäß können wir für jeden Punkt des Körpers schreiben (Abb. 179):

$$\bar{K} + \bar{Q} - m\bar{b} = 0 \ldots \ldots (291)$$

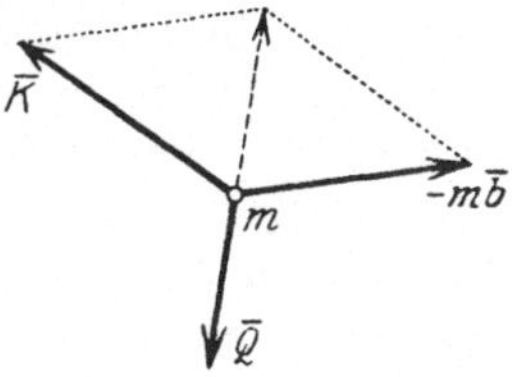

Wenn wir nun die so entstehenden Gleichungen, in denen das erste Glied nur vorkommt, wenn der betreffende Punkt gerade Angriffspunkt einer Kraft ist, für alle Körperpunkte addieren, so kommt

$$\Sigma\bar{K} + \Sigma\bar{Q} - \Sigma m\bar{b} = 0.$$

Abb. 179.

wobei die erste Summe über alle eingeprägten Kräfte, die beiden anderen über alle Punkte zu erstrecken sind, die zu dem Körper gehören. Durch welche Kräfte nun auch die Wirkung des Körperganzen auf jeden seiner Punkte dargestellt wird, immer treten diese inneren Kräfte, die durch den Zusammenhang des Körpers bedingt sind, paarweise auf, so daß ihre Summe für sich (was schon beim Prinzip der virtuellen Arbeiten erkannt wurde) Null sein muß. Wir können daher setzen:

$$\Sigma\bar{Q} = 0,$$

und demnach bleibt nur übrig

$$\boxed{\Sigma\bar{K} - \Sigma m\bar{b} = 0}, \ldots \ldots \ldots (292)$$

wobei jetzt die erste Summe über alle Kräfte, die zweite über alle Massenpunkte zu erstrecken ist (ganz ähnlich sind auch die weiterhin noch auftretenden Summenzeichen zu verstehen). In dieser Gleichung liegt der wesentliche Inhalt des Prinzips von d'Alembert, das wir in folgender Form aussprechen können:

Wenn man für einen starren Körper zu der Gruppe der eingeprägten Kräfte die jedem Teilchen zukommende Trägheitskraft hinzunimmt, erhält man eine Gleichgewichtsgruppe.

---

[1]) Diese Übereinstimmung und der Umstand, daß das dynamische Grundgesetz zunächst nur für f r e i e Bewegungen von Punktkörpern einen Sinn hat, haben dazu geführt, den Kraftbegriff aus der Mechanik überhaupt fortzuschaffen, ein Standpunkt, der sich jedoch nicht als glücklich erwiesen hat und für die technischen Anwendungen jedenfalls nicht in Betracht kommt.

Die Aussage $\Sigma\,\overline{Q} = 0$, die den eigentlichen Kern des Prinzips bedeutet, ist an sich plausibel und durch Einführung entsprechender „Gerüste", die den inneren Aufbau des Körpers darzustellen geeignet sind, bis zu einem gewissen Grade auch zu begründen. Das Prinzip stellt die strenge Gültigkeit fest — ein ähnlicher Schritt, wie er beim Prinzip der virtuellen Arbeiten vorkam — und greift damit über das vollständig Beweisbare hinaus. — Man kann auch sagen: Von der Kraft K geht ein Teil $-Q$ für die Erzeugung der Beschleunigung des Teilchens m „verloren" und das d'Alembertsche Prinzip sagt aus, daß diese „verlorenen Kräfte" zusammen eine Gleichgewichtsgruppe bilden.

Die Gültigkeit des Prinzips kann ohne weiteres auf mehrere beliebig miteinander verbundene und geführte Körper aller Art ausgedehnt werden, sobald für jeden Körper die Führungskräfte nach den schon in **28** gegebenen Ansätzen eingeführt werden.

Für die so entstehenden Gleichgewichtsgruppen können ferner sofort alle Regeln angewendet werden, die in der Statik für diese aufgestellt wurden. Insbesondere lauten die 6 Gleichgewichtsbedingungen eines freibeweglichen Körpers, die aus der einen Gl. (292) folgen, wenn die Komponenten von $\bar{b}$ mit $(b_x,\ b_y,\ b_z)$ bezeichnet werden:

$$\boxed{\begin{aligned}
X &= \textstyle\sum X_i = \sum m\,b_x, & \mathfrak{M}_x &= \textstyle\sum \mathfrak{M}_{ix} = \sum m\,(y\,b_z - z\,b_y) \\
Y &= \textstyle\sum Y_i = \sum m\,b_y, & \mathfrak{M}_y &= \textstyle\sum \mathfrak{M}_{iy} = \sum m\,(z\,b_x - x\,b_z) \\
Z &= \textstyle\sum Z_i = \sum m\,b_z, & \mathfrak{M}_z &= \textstyle\sum \mathfrak{M}_{iz} = \sum m\,(x\,b_y - y\,b_x)
\end{aligned}} \qquad (293)$$

und insbesondere für die Bewegung eines Körpers in der Ebene

$$\boxed{\begin{aligned}
X &= \textstyle\sum X_i = \sum m\,b_x, \qquad Y = \textstyle\sum Y_i = \sum m\,b_y, \\
\mathfrak{M} &= \textstyle\sum \mathfrak{M}_i = \sum m\,(x\,b_y - y\,b_x)
\end{aligned}} \quad \ldots\ (294)$$

Für geführte und gestützte Körper sind nach dem oben Dargelegten in den linken Seiten der Gleichungen die Auflager- und Führungskräfte bzw. deren Momente hinzuzunehmen, um sie von den Auflagern und Führungen losgelöst betrachten zu können.

Für den einfachsten Fall des einzelnen, auf einer glatten Leitkurve geführten Punktes ist die Führungskraft $D \perp$ zur Kurve einzuführen und es folgt die Gleichung

$$\overline{K} + \overline{D} - m\,\bar{b} = 0, \quad \ldots\ldots\ldots\ (295)$$

für welche unmittelbar die Komponentengleichungen angeschrieben werden können, die (da $\overline{K} = M\,\bar{b}_a,\ \overline{D} = M\,\bar{b}_z$) mit den Gln. (162) in **60** übereinstimmen (Abb. 111):

$$K \sin\psi = M\,\frac{d v}{d t}, \qquad K \cos\psi + D = M\,\frac{v^2}{\varrho}.$$

Wenn die eingeprägten Kräfte, wie es bei dem Auftreten des Eigengewichtes als „treibendes Agens" meist der Fall ist, Gewichte sind, so ist es übrigens nützlich, $K = G = M g$ zu setzen und M statt G beizubehalten, wie es auch in den folgenden Beispielen geschehen ist.

89. Anwendungen auf die Punktdynamik.

Beispiel 100. **Druck D auf die Unterlage in bewegtem Aufzug.** Bei mit b beschleunigter Abwärtsbewegung ist die Trägheitskraft Mb nach aufwärts gerichtet, außerdem wirkt auf den Körper eingeprägt sein Gewicht G. Daraus folgt

$$D + Mb = G = Mg \quad \text{und} \quad D = M(g-b).$$

Wenn sich der Aufzug nach abwärts bewegt, ist $b > 0$ und solange $b < g$, wird $D > 0$; für $b = g$ wird $D = 0$ und wenn $b > g$, wird sogar $D < 0$, was Loslösung von der Unterlage bedeutet. Für Bewegung nach aufwärts wird $b < 0$, daher stets $D > Mg$.

Beispiel 101. Bewegung zweier durch ein Seil verbundener Punktmassen M_1 und M_2 auf zwei unter α_1 und α_2 geneigten Ebenen (Bremsberg, Abb. 180). Die gesuchte Beschleunigung sei b, positiv gerechnet wenn M_1 nach abwärts geht. Die Seilspannungen seien S_1, S_2, die Normaldrücke

$$G_1 \cos \alpha_1 \quad \text{und} \quad G_2 \cos \alpha_2.$$

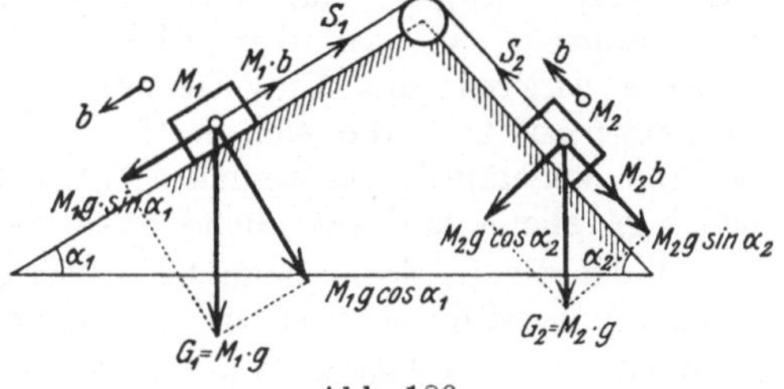

Abb. 180.

Bei fehlender Reibung ist

$$S_1 = M_1 g \sin \alpha_1 - M_1 b, \qquad S_2 = M_2 g \sin \alpha_2 + M_2 b$$

und die Gleichheit der inneren Kräfte im Seil führt auf die Aussage: $S_1 = S_2$, woraus für b der Ausdruck folgt

$$b = \frac{M_1 \sin \alpha_1 - M_2 \sin \alpha_2}{M_1 + M_2} \cdot g = \text{konst.}$$

Bei Vorhandensein von Reibung mit der Reibungszahl f ist zu setzen:

$$S_1 = M_1 g \sin \alpha_1 - M_1 b - f M_1 g \cos \alpha_1, \qquad S_2 = M_2 g \sin \alpha_2 + M_2 b + f M_2 g \cos \alpha_2$$

und $S_1 = S_2$ führt auf

$$b = \frac{M_1 \sin \alpha_1 - M_2 \sin \alpha_2 - f(M_1 \cos \alpha_1 + M_2 \cos \alpha_2)}{M_1 + M_2} \cdot g = \text{konst.}$$

Wenn der Zähler verschwindet, haben wir $b = 0$, d. h. bei vorhandener Anfangsbewegung **gleichförmige Abwärtsbewegung**, sonst Ruhe gegen die Unterlage.

V. Dynamik der ebenen Bewegung des einzelnen ausgedehnten Körpers.

90. Bewegungsgleichungen.

Eine freibewegliche Scheibe in der Ebene besitzt **drei** Freiheitsgrade, d. h. ihre Lage wird durch drei Koordinaten festgelegt; als solche Koordinaten nehmen wir die Koordinaten ξ, η ihres Schwerpunktes S und den Winkel φ einer auf der Scheibe festen, etwa durch S gehenden Geraden γ gegen eine in der Bezugsebene feste Gerade, etwa x.

Da die Koordinaten ξ, η von S einer mit der Masse M „belegten" Scheibe durch die Gleichungen bestimmt sind

$$M \xi = \sum m x, \quad M \eta = \sum m y, \quad \dots \dots \dots \quad (296)$$

so sind die zweiten Ableitungen dieser Koordinaten durch Gleichungen von derselben Art miteinander verknüpft:

$$M\ddot{\xi} = \sum m\,\ddot{x}, \quad M\ddot{\eta} = \sum m\,\ddot{y},$$

diese Ausdrücke stimmen aber gerade mit den in den beiden ersten Gln. (294) vorkommenden überein; wir erhalten daher zunächst die Gleichungen

$$M\ddot{\xi} = X = \sum X_i, \quad M\ddot{\eta} = Y = \sum Y_i \quad \ldots \ldots (297)$$

und diese besagen, daß sich S gerade so bewegt, wie eine **Punktmasse M, an der alle auf die Scheibe wirkenden Kräfte angreifen. Dies ist der Satz von der Bewegung des Schwerpunktes,** die sich mithin von der übrigen Bewegung der Scheibe vollständig abtrennen läßt. Dieser Satz gilt ebenso für beliebige ebene und räumliche Systeme.

Auch die in der letzten Gl. (294) auftretende Summe läßt sich allgemein ausführen und in einfacher Weise ausdrücken. Hierzu benützen wir die Darstellung der Beschleunigung $\bar{b}_A$ eines Scheibenteilchens A (mit der Masse m) als Summe der Beschleunigung $\bar{b}_S(\ddot{\xi}, \ddot{\eta})$ von S und der relativen Beschleunigung $\bar{b}_{SA}$ von A gegen S, die schon in 63 und 64 benützt wurde. Für die Komponenten von b_A nach den Achsen Sx und Sy gelten die Gln. (187), in denen $b_{0\xi} = b_{S\xi} = \ddot{\xi}$, $b_{0\eta} = b_{S\eta} = \ddot{\eta}$ und statt ξ, η die „relativen Koordinaten" x', y' des Scheibenpunktes A einzusetzen sind; sie lauten somit

$$\begin{cases} b_{Ax} = \ddot{\xi} - x'\,\omega^2 - y'\,\dot{\omega}, \\ b_{Ay} = \ddot{\eta} - y'\,\omega^2 + x'\,\dot{\omega}. \end{cases}$$

Multipliziert man diese Gleichungen mit m und summiert über alle Massenteilchen m der Scheibe, wie es die beiden ersten Gln. (294) verlangen, so erhält man, da als Bezugspunkt S der Schwerpunkt genommen wurde, für den $\sum m\,x' = 0$, $\sum m\,y' = 0$ und $\sum m = M$ ist, unmittelbar die Gln. (297) wieder.

Ferner liefert die Bildung der Momente der Beschleunigungskräfte um S, die wir nach Gl. (294) der Summe der Momente $\mathfrak{M}$ der eingeprägten Kräfte um S gleichzusetzen haben:

$$\mathfrak{M} = \sum m\left[x'\,(\ddot{\eta} - y'\,\omega^2 + x'\,\dot{\omega}) - y'\,(\ddot{\xi} - x'\,\omega^2 + y'\,\dot{\omega})\right]$$
$$= \dot{\omega}\sum m\,(x'^2 + y'^2)$$

und da $\sum m\,(x'^2 + y'^2) = J = M k^2$ das polare TM der Scheibe in bezug auf S darstellt, so erhalten wir schließlich die Bewegungsgleichungen der Scheibe in der einfachen Form

$$\boxed{M\ddot{\xi} = X, \quad M\ddot{\eta} = Y, \quad M k^2\,\dot{\omega} = \mathfrak{M}}, \quad \ldots \ldots (298)$$

zufolge welcher die zweiten Ableitungen der Scheibenkoordinaten ξ, η, φ, $(\dot{\omega} = \ddot{\varphi})$ durch die auf die Scheibe wirkenden Kräfte und

Momente ausgedrückt werden. Aus diesen Gleichungen geht hervor, daß die Eigenschaften, die die Beschaffenheit der Scheibe kennzeichnen, nur ihre Masse und ihr TM sind, alle übrigen Eigenschaften. wie Form, Größe usw. sind dynamisch gleichgültig und kommen nur bei geführten Bewegungen der Scheibe als geometrische Bedingungen in Betracht.

Die Beschleunigungskräfte einer Scheibe können also dargestellt werden durch die Beschleunigungskraft des Schwerpunktes S mit den Teilen $M\ddot{\xi}$, $M\ddot{\eta}$ und durch ihr Moment um S vom Betrage $M k^2 \dot{\omega} = J \ddot{\varphi}$.

Nach der wiederholt benützten Überlegung kann nun die Gültigkeit der Gln. (298) unmittelbar für geführte Systeme erweitert werden, sobald der Einfluß der Führungen durch Kräfte dargestellt wird, die zu den eingeprägten Kräften und Momenten in den Gln. (298) als Unbekannte hinzugenommen werden. Jeder „Bedingung" entspricht auf diese Weise eine Führungskraft, dafür wird aber durch jede solche Bedingung, die nichts anderes als die Einführung einer geometrischen Beziehung zwischen den Scheibenkoordinaten ξ, η, φ bedeutet, gerade ein Freiheitsgrad aufgehoben, so daß die Bewegung selbst und die unbekannte Führungskraft bestimmbar bleiben.

Die Einführung einer Bedingung (etwa in der Form: ein Punkt der Scheibe soll eine feste Kurve durchlaufen od. dgl.) bringt einen unbekannten Führungsdruck mit sich; bei zwei solchen Bedingungen haben wir Zwanglauf, drei voneinander unabhängige Bedingungen würden den Körper vollkommen festlegen, d. h. jede Beweglichkeit ausschalten. Die Annahme von drei voneinander abhängigen Bedingungen würde jedoch Zwanglauf mit drei unbekannten Führungsdrücken bedeuten, zu deren Bestimmung die drei Bewegungsgleichungen (298) nicht mehr ausreichen würden; man gelangt auf diese Weise zur Betrachtung von dynamisch-unbestimmten Systemen, die aber für die Anwendungen geringe Bedeutung haben und auch in der Literatur bisher noch nicht behandelt worden sind.

Beispiel 102. Freie Bewegung der Scheibe. Wenn eingeprägte Kräfte nicht vorhanden sind, also $X = 0$, $Y = 0$, $\mathfrak{M} = 0$. dann besagen die drei Gln. (298):

$$\ddot{\xi} = 0, \quad \ddot{\eta} = 0, \quad \ddot{\varphi} = 0,$$

d. h.

$$\dot{\xi} = a, \quad \dot{\eta} = b. \quad \dot{\varphi} = c, \quad \text{und} \quad \xi = a t + a_1, \quad \eta = b t + b_1, \quad \varphi = c t + c_1.$$

worin a, b, c, a_1, b_1, c_1 konstant sind; d. h. der Schwerpunkt bewegt sich in gerader Linie mit konstanter Geschwindigkeit und die Scheibe führt um ihn eine gleichförmige Drehbewegung aus.

Beispiel 103. Ersatzpunkte. a) Die Beschleunigungskräfte einer Scheibe können vollständig durch die zweier Punkte dargestellt werden: wenn die Massen dieser Punkte m_1, m_2 die Scheibe hinsichtlich der Masse. der Schwerpunktslage und des Trägheitsmomentes vollständig ersetzen sollen, so müssen die Bedingungen bestehen (Abb. 181):

$$m_1 + m_2 = M, \quad m_1 a = m_2 b, \quad m_1 a^2 + m_2 b^2 = M k^2.$$

Die Auflösung dieser Gleichungen liefert

$$a b = k^2, \quad m_1 = M k^2 / l a, \quad m_2 = M k^2 / l b, \ . \ . \ (299)$$

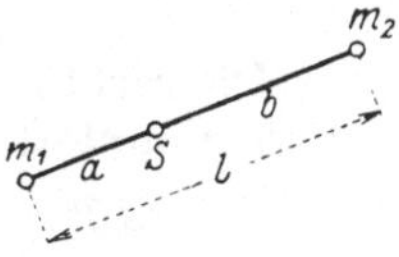

Abb. 181.

ist also ein Abstand a willkürlich gewählt worden, dann sind b, m_1, m_2 bestimmt.

b) **Ersatz durch drei Punkte** m_1, m_2, m_3 in gerader Linie durch S (Abb. 182). Dieselben Bedingungen wie früher liefern hier

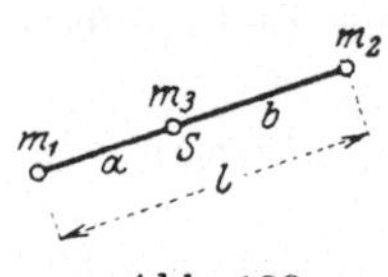

$$m_1 + m_2 + m_3 = M, \qquad m_1 a = m_2 b, \qquad m_1 a^2 + m_2 b^2 = M k^2$$

und die Auflösung dieser Gleichungen ergibt

$$m_1 = M k^2 / l\,a, \qquad m_2 = M k^2 / l\,b, \qquad m_3 = M(1 - k^2 / a\,b) \qquad (300)$$

Abb. 182.

Es können also a und b ganz willkürlich auf einer Geraden durch S gewählt werden, dann sind durch M und k die drei Ersatzmassen nach diesen Gleichungen gegeben.

91. Energieintegral. Da die Geschwindigkeitskomponenten des Scheibenpunktes A in bezug auf die Achsen S_x, S_y durch die Ausdrücke

$$v_x = \dot{\xi} - y'\,\omega, \qquad v_y = \dot{\eta} + x'\,\omega$$

gegeben sind, so erhält man für die kinetische Energie der Scheibe den Ausdruck

$$T = \tfrac{1}{2}\, \textstyle\sum m\, [(\dot{\xi} - y'\,\omega)^2 + (\dot{\eta} + x'\,\omega)^2],$$

der mit Benützung der Schwerpunktseigenschaft des Bezugspunktes S, d. h. der Gleichungen $\sum m\,x' = 0$, $\sum m\,y' = 0$ und von

$$\textstyle\sum m = M, \qquad \sum m\,(x'^2 + y'^2) = M\,k^2$$

die einfachere Form annimmt

$$\boxed{\,T = \tfrac{1}{2}\,M\,(\dot{\xi}^2 + \dot{\eta}^2 + k^2\,\omega^2)\,} \qquad \ldots \ldots \quad (301)$$

Auf die totale Ableitung dieses Ausdruckes nach t wird man geführt, wenn man die Bewegungsgln. (298) der Reihe nach mit $\dot{\xi}$, $\dot{\eta}$, $\dot{\varphi}$ multipliziert und addiert; dann erhält man nämlich (da $\omega = \dot{\varphi}$, $\dot{\omega} = \ddot{\varphi}$)

$$M\,(\dot{\xi}\,\ddot{\xi} + \dot{\eta}\,\ddot{\eta} + k^2\,\omega\,\dot{\omega}) = \frac{dT}{dt} = X\,\dot{\xi} + Y\,\dot{\eta} + \mathfrak{M}\,\dot{\varphi}. \qquad (302)$$

Ähnlich wie bei der Punktdynamik bringt jener Sonderfall eine besondere Vereinfachung mit sich, wenn X, Y, $\mathfrak{M}$ als partielle Ableitungen einer potentiellen Energie U oder einer Arbeitsfunktion A darstellbar sind, wenn also

$$- d U = dA = X\,d\xi + Y\,d\eta + \mathfrak{M}\,d\varphi,$$

oder
$$X = - \frac{\partial U}{\partial \xi}, \qquad Y = - \frac{\partial U}{\partial \eta}, \qquad \mathfrak{M} = - \frac{\partial U}{\partial \varphi} \qquad \ldots (303)$$

Die rechte Seite der Gl. (302) ist dann $- d U/dt$ und die Gl. (302) selbst nimmt die einfache Form an

$$\frac{dT}{dt} + \frac{dU}{dt} = 0, \qquad \text{oder integriert} \quad \boxed{\,T + U = h\,}, \quad . \quad (304)$$

wobei h wieder die Energiekonstante ist; diese Gleichung entspricht der Gl. (246) in der Punktdynamik und verlangt nur die sinngemäße Auffassung der Größen T und U, die in den Gln. (301) und (303) zum Ausdruck kommt.

Bezüglich der **Anwendung** dieses Prinzips ist hervorzuheben. daß es für freie und geführte Systeme gilt, und zwar treten bei den letzten bei **glatten** Führungen die Führungsdrücke überhaupt nicht ein, da sie dann auf diesen Führungen senkrecht stehen und die Arbeit Null ergeben. Bei glatten Führungen braucht man also auf diese keinerlei Rücksicht zu nehmen und hat nur die kinetische Energie T des Körpers und die potentielle Energie U in einer beliebigen Lage des Körpers anzusetzen, deren Summe nach Gl. (304) konstant ist.

Außerdem ist das Prinzip ohne weiteres anwendbar, wenn der Körper eine reine Rollung (ohne Gleitung) ausführt. Die Kraft, die das Rollen bewirkt, ist durch die Rauhigkeit der Unterlage bedingt, leistet aber die Arbeit Null, da der Berührungspunkt, der ja der Angriffspunkt der Reibung ist, in jedem Augenblicke Drehpol ist und daher die Geschwindigkeit Null hat.

Beispiel 104. Ein Stab $\overline{AB} = 2\,a$, der sich anfänglich unter einem Winkel α gegen eine glatte wagrechte Ebene stützt, wird losgelassen (Abb. 183): man bestimme seine Bewegung. Das Gewicht sei $G = Mg$, der Normaldruck der Ebene D. Die Lage des Stabes sei durch die Koordinaten seines Schwerpunktes S (ξ, η) und den Winkel φ gegen die Ebene gekennzeichnet. Dann lauten die Bewegungsgln. (298):

$$M\ddot{\xi} = 0, \quad M\ddot{\eta} = D - Mg,$$

$$M\,\frac{a^2}{3}\,\ddot{\varphi} = -\,D\,a\,\cos\varphi.$$

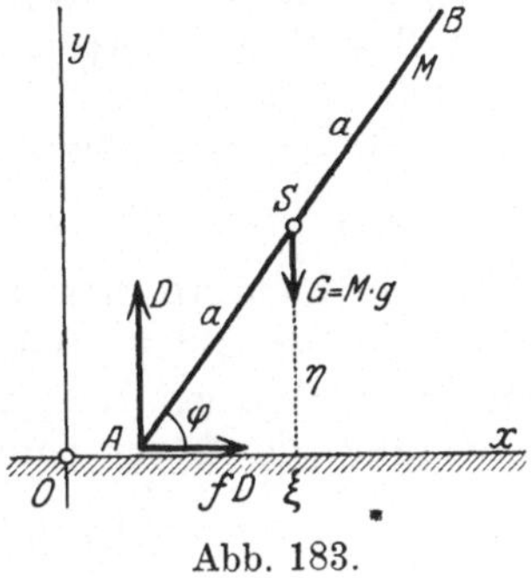

Zwischen den Koordinaten η, φ besteht hier die „geometrische Beziehung"

$$\eta = a\,\sin\varphi$$

und diese ermöglicht die Lösung der Bewegungsaufgabe einschließlich der Bestimmung von D. Zunächst liefert die Elimination von D und η, da

Abb. 183.

$$\dot{\eta} = a\,\cos\varphi\,\dot{\varphi}, \quad \ddot{\eta} = a\,\cos\varphi\,\ddot{\varphi} - a\,\sin\varphi\,\dot{\varphi}^2,$$

nach Division durch M:

$$a\,\cos\varphi\,\ddot{\varphi} - a\,\sin\varphi\,\dot{\varphi}^2 = -\,\frac{a}{3\,\cos\varphi}\,\ddot{\varphi} - g$$

und diese Gleichung läßt sich nach Multiplikation mit $\dot{\varphi}$ in der Form schreiben:

$$\left(\cos^2\varphi + \frac{1}{3}\right)\dot{\varphi}\,\ddot{\varphi} - \sin\varphi\,\cos\varphi\,\dot{\varphi}^3 = -\,\frac{g}{a}\,\cos\varphi\,\dot{\varphi},$$

die unmittelbar integriert werden kann; da anfänglich $\varphi = \alpha$, $\dot{\varphi} = 0$ vorgeschrieben sind, so lautet das Integral

$$\frac{1}{2}\left(\cos^2\varphi + \frac{1}{3}\right)\dot{\varphi}^2 = \frac{g}{a}\,(\sin\alpha - \sin\varphi).$$

Die Gleichung ist nichts anderes als das Energieintegral $T + U = h$ und kann auch unmittelbar hingeschrieben werden, da ($\dot\xi = 0$)

$$T = \frac{1}{2} M \left(\dot\eta^2 + \frac{a^2}{3} \dot\varphi^2 \right) = \frac{1}{2} M a^2 \left(\cos^2 \varphi + \frac{1}{3} \right) \dot\varphi^2 \quad \text{und} \quad U = Mg\,\eta = Mg\,a \sin \varphi$$

ist.

Die Auftreffgeschwindigkeit am Boden erhält man durch Einsetzen von $\varphi = 0$. Wenn S anfänglich keine Horizontalgeschwindigkeit hat, so bewegt es sich in jener Vertikalen nach abwärts, in der er sich anfänglich befindet.

Wenn die Unterlage **rauh** ist, so ist die Reibungskraft $R = fD$ ($f = \mathrm{tg}\,\varrho$) hinzuzunehmen, wodurch die Bewegungsgleichungen folgende Form erhalten:

$$M \ddot\xi = fD, \quad M \ddot\eta = D - G, \quad M \frac{a^2}{3} \ddot\varphi = D\,a\,(f \sin \varphi - \cos \varphi).$$

Die Integration ist jetzt nicht in der einfachen Weise möglich wie zuvor. Wir wollen hier nur den Druck D_0 berechnen, der zu Beginn der Bewegung, also für $\varphi = \alpha$, $\dot\varphi = 0$ vorhanden ist, wobei wir die Werte aller Größen für diesen Moment mit dem Zeiger 0 versehen. Zunächst gibt die Gleichung für $\ddot\eta$:

$$\ddot\eta_0 = a \cos \alpha\, \ddot\varphi_0$$

und wir erhalten durch Elimination von $\ddot\varphi_0$ aus der zweiten und dritten Bewegungsgleichung

$$\frac{D_0 - G}{\cos \alpha} = 3 D_0\,(f \sin \alpha - \cos \alpha) \quad \text{und daraus} \quad D_0 = \frac{G \cos \varrho}{\cos \varrho + 3 \cos \alpha \cos(\alpha + \varrho)}.$$

92. Impuls und Schwung. Die Bewegungsgln. (298) lassen sich noch in etwas anderer Form aussprechen, die für gewisse Betrachtungen den Vorteil größerer Anschaulichkeit hat. Hierzu führen wir den Begriff des **Impulses** oder der **Bewegungsgröße** eines bewegten Massenteilchens m ein und verstehen darunter den Vektor $m\,\bar v$ mit den Komponenten

$$m\,v_x = m\,(\dot\xi - y'\,\omega), \qquad m\,v_y = m\,(\dot\eta + x'\,\omega).$$

Für die Summe der Bewegungsgrößen (Impulse) aller Punkte nach der x- und y-Richtung ergibt sich dann wieder die Bewegungsgröße des ganzen Körpers $M\,\bar v_S (M\,\dot\xi, M\,\dot\eta)$, so daß die zwei ersten Gln. (298) die Form annehmen

$$\frac{d}{dt}(M\,\dot\xi) = X, \qquad \frac{d}{dt}(M\,\dot\eta) = Y \quad . \quad . \quad . \quad . \quad . \quad (305)$$

oder zusammengefaßt

$$\boxed{M \frac{d\,\overline{v_S}}{dt} = \overline{K}}, \quad . \quad . \quad . \quad . \quad . \quad . \quad . \quad . \quad (306)$$

d. h. die Änderung des Impulses der in S vereinigten Masse M in der Zeiteinheit ist durch die Summe der einwirkenden Kräfte K gegeben (Impulssatz).

Bildet man ebenso die Summe der Momente der Impulse um S, so ergibt sich für das **Moment der Bewegungsgröße** oder den **Schwung** der Scheibe um S der Ausdruck

$$\sum m\,[x'\,(\dot\eta + x'\,\omega) - y'\,(\dot\xi - y'\,\omega)] = M\,k^2\,\omega = \mathfrak{D} \quad . \quad . \quad (307)$$

und die dritte der Bewegungsgln. (298) nimmt die Form an

$$\boxed{\frac{d\mathfrak{D}}{dt} = \mathfrak{M}} \;,\; \ldots \ldots \ldots \ldots \quad (308)$$

d. h. die Änderung des Schwunges der Scheibe um S in der Zeiteinheit ist gleich der Summe der Momente um S (Schwungsatz).

Wenn die auf den Körper einwirkende Kraft K konstant oder eine reine Funktion von t ist, dann liefert die Integration der Gln. (306) unmittelbar die Geschwindigkeiten in den Richtungen der Koordinatenachsen. Wird z. B. für eine geradlinige Bewegung die Geschwindigkeit zu Beginn und Ende der Zeit t mit v_0 und v bezeichnet, so erhält man:

$$\boxed{M\,(v - v_0) = \int\limits_0^t K\,dt} \quad \ldots \ldots \ldots \quad (309)$$

Eine ähnliche Gleichung ergibt sich auch für die krummlinige Bewegung, wenn v_0 und v die Geschwindigkeiten sind, die von selbst in die Richtung der Bahn fallen, und für K die Summe der Tangentialkomponenten der Kräfte eingesetzt wird.

Beispiel 105. Auslauf eines Flugzeuges. Ein landendes Flugzeug von $G = 1000$ kg Gewicht wird mit der Landungsgeschwindigkeit $v = 30$ m/sek auf den Boden aufgesetzt und erfährt von da an einen (hier konstant angenommenen) Luftwiderstand von $W = 50$ kg und einen Rollwiderstand, der nach Gl. (111) mit $r = 25$ cm und (für Wiesengrund) $f_2 = 1$ cm: $R = \tfrac{1}{25}\,1000 = 40$ kg beträgt. Die Auslaufzeit ist sodann durch die Gl. (309) in der Form gegeben ($g \sim 10$ m/sek² gesetzt):

$$-\frac{1000}{10}\cdot 30 = -(50 + 40)\cdot t\,, \quad \text{daraus} \quad t = 33{,}3 \text{ sek}$$

und der Auslaufweg beträgt

$$s = \frac{v_0}{2}\,t = 499{,}6\,m\,.$$

93. Bewegung um eine feste Achse. Bei der bisher durchgeführten Reduktion der Beschleunigungskräfte ist S als bevorzugter Reduktionspunkt hervorgetreten. Wenn sich jedoch der Körper um eine feste Achse dreht, so ist es unnötig, die Reduktion an den Schwerpunkt vorzunehmen, es genügt vielmehr, die feste Achse als Reduktionsachse zu nehmen.

Für die Bewegung der in Abb. 184 dargestellten Scheibe um Ω gibt die Beschleunigung $\bar{b}$ des Teilchens m nach x, y die Teile

$$\begin{cases} b_x = -r\,\omega^2\cos\alpha - r\,\dot\omega\sin\alpha = -x\,\omega^2 - y\,\dot\omega\,, \\ b_y = -r\,\omega^2\sin\alpha + r\,\dot\omega\cos\alpha = -y\,\omega^2 + x\,\dot\omega\,. \end{cases}$$

Die Summe der Beschleunigungskräfte $\bar{b}$ aller Scheibenpunkte gibt (da $\sum m x = M\xi,\; \sum m y = M\eta,\; \sum m = M$) daher eine Kraft $M a \omega^2$

(mit den Teilen $M\,\xi\,\omega^2$, $M\,\eta\,\omega^2$) in S angreifend und nach $\overrightarrow{S\,\Omega}$ gerichtet, und eine Kraft $M\,a\,\dot\omega\,(-M\,\eta\,\dot\omega,\;M\,\xi\,\dot\omega)\perp$ zu ΩS und um Ω im Sinne von $\dot\omega$ drehend; außerdem ein Moment von der Größe

$$\sum m\,(x\,b_y - y\,b_x) = \dot\omega \sum m\,(x^2 + y^2) = J_\Omega\cdot\dot\omega = M\,k_\Omega^2\,\dot\omega.$$

Wenn daher die eingeprägten Kräfte mit $\overline{K}_i\,(X_i,\,Y_i)$ und die Teile des Gelenkdruckes in Ω nach den Achsen mit A und B bezeichnet werden, so lauten die Gln. (298)

$$\left.\begin{aligned}
\sum X_i + A + M\,\xi\,\omega^2 + M\,\eta\,\dot\omega &= 0,\\
\sum Y_i + B + M\,\eta\,\omega^2 - M\,\xi\,\dot\omega &= 0,\\
\mathfrak{M}_\Omega = \sum K_i\,p_i &= J_\Omega\,\dot\omega = M\,k_\Omega^2\,\dot\omega
\end{aligned}\right\} \quad \ldots\ldots (310)$$

Die letzte Gleichung liefert die Winkelbeschleunigung der Scheibe

$$\dot\omega = \ddot\varphi = \frac{\mathfrak{M}_\Omega}{J_\Omega} = \frac{\text{Drehmoment der Kräfte um } \Omega}{\text{Trägheitsmoment bez. } \Omega} \quad . \quad (311)$$

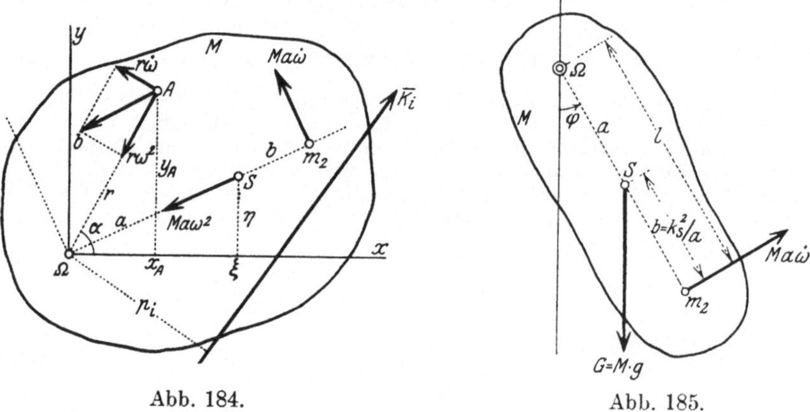

Abb. 184.   Abb. 185.

Vergleicht man diese Gleichung mit der dritten Gl. (298), so erkennt man, daß für die Bewegung um eine feste Achse dieselbe Gleichung gilt, wie für die Bewegung um eine sich stets parallel bleibende Schwerachse.

Die beiden anderen Gln. (310) dienen zur Bestimmung der Gelenkdrücke A und B, die hier natürlich Funktionen von φ bzw. von t werden.

Beispiel 106. Körperpendel. Abb. 185. Wenn die einzige eingeprägte Kraft das im Schwerpunkt angreifende Gewicht $G = Mg$ ist, so liefert die Gl. (311) die Winkelbeschleunigung für die Neigung φ der Linie $\overline{\Omega S}$ gegen die Lotrechte für kleine Werte von φ:

$$\dot\omega = \ddot\varphi = -\frac{Mg\,a}{M\,k_\Omega^2}\cdot\sin\varphi = -\frac{g\,a}{k_\Omega^2}\cdot\varphi$$

(angenähert) und dies ist die Gleichung einer einfachen harmonischen Schwingung mit der Periode

$$T = 2\,\pi\,\sqrt{\frac{k_\Omega^2}{g\,a}} \qquad \ldots \ldots \ldots \ldots \quad (312)$$

Der Vergleich mit Gl. (172) zeigt, daß dieses T gleich ist der Schwingungsdauer eines Punktpendels von der Länge $l = \dfrac{k_\Omega^2}{a} = \dfrac{a^2 + k^2}{a} = a + \dfrac{k^2}{a}$, das man das gleichwertige Punktpendel nennt.

Durch das Hinzutreten des Momentes der Beschleunigungskräfte $M k_\Omega^2\,\dot\omega$ wird die zu $\overline{\Omega S}$ normale Komponente $M a\,\dot\omega$ der Beschleunigungskräfte um ein Stück

$$\overline{\Omega m_2} = \frac{M k_\Omega^2\,\dot\omega}{M a\,\dot\omega} = \frac{k_\Omega^2}{a} = \frac{a^2 + k^2}{a} = a + \frac{k^2}{a} = l \quad \ldots \ldots \quad (313)$$

parallel verschoben. Ersetzt man daher das Pendel durch zwei Massen m_1 und m_2, von denen m_1 in Ω und m_2 auf $\overline{\Omega S}$ in einer Entfernung $b = \overline{S m_2} = \dfrac{k^2}{a} = l - a$ liegen möge (was nach Beispiel 103a möglich ist, da $a\,b = k^2$), dann muß sich m_2 als Punktpendel gerade so bewegen wie als Punkt des Körperpendels, und man erhält auf diese Weise die Länge des gleichwertigen Pendels von gleicher Länge wie zuvor.

 Beispiel 107. Experimentelle Bestimmung von Trägheitsmomenten. a) Durch Messung der Schwingungsdauer T ist nach Gl. (312) umgekehrt das TM bestimmt, sobald die Entfernung a der Schwingungsachse von S bekannt ist; es folgt

$$J_\Omega = M k_\Omega^2 = M g\,a \left(\frac{T}{2\,\pi}\right)^2 \qquad \ldots \ldots \ldots \ldots \quad (314)$$

Will man die unbequeme Ermittlung von a umgehen, so kann man so verfahren, daß man den Körper um zwei parallele Achsen A, B schwingen läßt, die mit S in derselben Ebene liegen und deren Abstand l bekannt ist. Seien die Abstände der Achsen von S: $AS = a$, $\overline{BS} = b$ und die beobachteten Schwingungsdauern T und T_1, so sind aus den drei Gleichungen, von denen die beiden ersten wie (314) gebildet sind:

$$M\,(a^2 + k^2) = M g\,a \left(\frac{T}{2\,\pi}\right)^2, \qquad M\,(b^2 + k^2) = M g\,b \left(\frac{T_1}{2\,\pi}\right)^2, \qquad a + b = l\,. \quad (315)$$

die drei Größen $k,\,a,\,b$ durch eine einfache Rechnung bestimmt.

b) Eine andere Methode, bei der die Kenntnis von a vermieden wird, besteht darin, daß man zuerst den Körper allein um eine Achse schwingen läßt (Schwingungsdauer T), ihn sodann mit einem zweiten starr verbindet, dessen Schwerpunktslage und Trägheitsmoment J_1 bestimmt sind, und beide so verbundenen Körper vereinigt um dieselbe Achse schwingen läßt (Schwingungsdauer T'); sei noch M_1 die Masse des Zusatzkörpers und a_1 sein Schwerpunktsabstand von der Achse, so hat man die Gleichungen

$$M k_\Omega^2 = M g\,a \left(\frac{T}{2\,\pi}\right)^2, \qquad M k_\Omega^2 + J_1 = (M a - M_1 a_1)\,g \left(\frac{T'}{2\,\pi}\right)^2, \quad \ldots \quad (316)$$

aus denen k_Ω^2 und a bestimmt sind.

Beispiel 108. Haupträgheitsachsen als freie Achsen. Bei der Drehung eines beliebig gestalteten Körpers um irgendeine Achse (z. B. die z-Achse in Abb. 186) sind als Trägheitskräfte für jedes Teilchen m einzuführen:

    a) die Fliehkraft $m\,r\,\omega^2$ ($/\!/\,r$, nach außen gerichtet),
    b) die Tangentialkraft $m\,r\,\dot\omega$ ($\perp\,r$, entgegen dem $\dot\omega$ gerichtet).

Werden die Koordinaten des Massenmittelpunktes S in bezug auf die in
Abb. 186 angegebenen Achsen mit (ξ, η, ζ) bezeichnet, so besteht die Summe
dieser Trägheitskräfte und ihrer Momente nach diesen Achsen aus folgenden
Teilen:

$$\Sigma\, m\, x\, \omega^2 + \Sigma\, m\, y\, \dot\omega = \omega^2\, M\, \xi + \dot\omega\, M\, \eta\,,$$
$$\Sigma\, m\, y\, \omega^2 - \Sigma\, m\, x\, \dot\omega = \omega^2\, M\, \eta - \dot\omega\, M\, \xi\,,$$
$$0$$
$$-\omega^2 \Sigma\, m\, yz + \dot\omega \Sigma\, m\, xz = -\omega^2\, D_{yz} + \dot\omega\, D_{xz}\,,$$
$$\omega^2 \Sigma\, m\, xz + \dot\omega \Sigma\, m\, yz = \omega^2\, D_{xz} + \dot\omega\, D_{yz}\,,$$
$$-\dot\omega \Sigma\, m\, (x^2 + y^2) = -\dot\omega\, J_z\,.$$

Wenn die Achse an zwei Stellen $A_1\,(0,\,0,\,c_1)$ und $A_2\,(0,\,0,\,c_2)$ gelagert ist, und
die Lagerdrücke durch $\bar D_1\,(X_1,\,Y_1,\,Z_1)$ und $\bar D_2\,(X_2,\,Y_2,\,Z_2)$, ferner die eingeprägten Kräfte und Momente nach den Achsen mit $(X,\,Y,\,Z,\,\mathfrak{M}_x,\,\mathfrak{M}_y,\,\mathfrak{M}_z)$
bezeichnet werden, so gibt das d'Alembertsche Prinzip zur Bestimmung von
$D_1,\,D_2$ und $\dot\omega$ die 6 Gleichungen:

$$X + X_1 + X_2 + \omega^2\, M\, \xi + \dot\omega\, M\, \eta = 0\,,$$
$$Y + Y_1 + Y_2 + \omega^2\, M\, \eta - \dot\omega\, M\, \xi = 0\,,$$
$$Z + Z_1 + Z_2 = 0\,,$$
$$\mathfrak{M}_x - c_1\, Y_1 - c_2\, Y_2 - \omega^2\, D_{yz} + \dot\omega\, D_{xz} = 0\,,$$
$$\mathfrak{M}_y + c_1\, X_1 + c_2\, X_2 + \omega^2\, D_{xz} + \dot\omega\, D_{yz} = 0\,,$$
$$\mathfrak{M}_z - \dot\omega\, J_z = 0\,. \qquad\qquad (317)$$

Die letzte Gleichung dient zur Bestimmung von $\dot\omega$ und führt auf eine Gleichung,
die der Gl. (311) in **93** vollkommen entspricht. Ihre Integration liefert: $\omega = \omega\,(t) = \dot\varphi$
und $\varphi = \varphi\,(t)$. Die anderen 5 Gleichun-
gen liefern die Größen $X_1,\,X_2,\,Y_1,\,Y_2$
dagegen nur $Z_1 + Z_2 = -Z$, wie im
Falle des Zweigelenks.

Für die kräftefreie Drehung ist

$$X = Y = Z = \mathfrak{M}_x = \mathfrak{M}_y = \mathfrak{M}_z = 0$$

zu setzen, woraus $\dot\omega = 0$, $\omega = \mathrm{konst.}$
folgt. Aus der Form der Gln. (317) folgt
sofort, daß die Auflagerkräfte D_1 und D_2
dann und nur dann verschwinden, wenn

1. $\xi = 0$, $\eta = 0$, d. h. S in der Drehachse liegt,

2. $D_{xz} = 0$, $D_{yz} = 0$, d. h. die Drehachse z eine H a u p t t r ä g h e i t s -
achse ist.

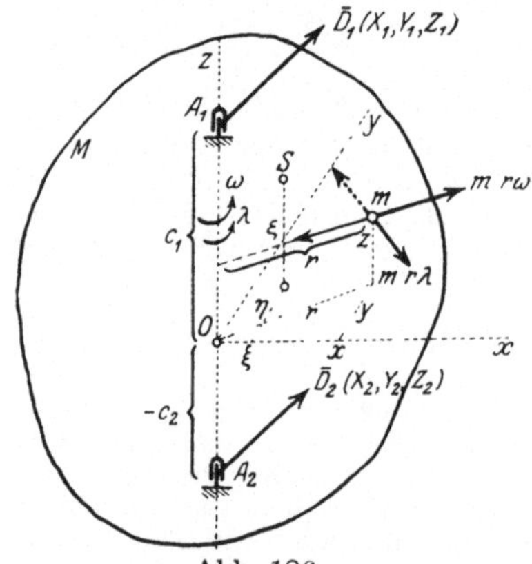

Abb. 186.

Eine k r ä f t e f r e i e gleichförmige D r e h u n g eines K ö r p e r s um
eine A c h s e (d. i. ohne Auflagerkräfte in den Lagern) ist a l s o n u r m ö g l i c h,
wenn die D r e h a c h s e e i n e H a u p t z e n t r a l a c h s e (85) ist. Die drei Hauptzentralachsen sind daher die einzigen „freien Achsen" des Körpers wie solche
Achsen genannt werden, für die der rotierende Körper keinerlei Auflagerkräfte
in den Lagern hervorbringt.

Wenn diese Bedingungen erfüllt sind, so spricht man von einem M a s s e n -
a u s g l e i c h des sich drehenden Körpers.

Über den Massenausgleich für verbundene Körper (Getriebe von mehrzylindrigen Kolbenmaschinen) vgl. die in **103, 104** gegebenen Bemerkungen.

**Beispiel 109. S c h w e r e r S t a b u m e i n e l o t r e c h t e A c h s e g l e i c h -
f ö r m i g r o t i e r e n d.** Für die gleichförmige Drehung eines Stabes mit ω um

eine lotrechte Achse geben die Trägheitskräfte nach Abb. 187 die folgenden Teile, wenn $\mu = \dfrac{\gamma}{g}$ die Masse des Stabes für 1 m Länge und $\mu l = M$ seine ganze Masse bezeichnet: als Summe in der x-Richtung, da $x = u \sin \alpha$:

$$\int_0^l \mu \, du \cdot x \, \omega^2 = \mu \, \omega^2 \sin \alpha \int_0^l u \, du = \mu \, \omega^2 \sin \alpha \, \frac{l^2}{2} = \frac{1}{2} \, M \, l \, \omega^2 \sin \alpha$$

und als Summe der Momente um O, da $z = u \cos \alpha$:

$$\int_0^l \mu \, du \cdot x z \, \omega^2 = \mu \, \omega^2 \sin \alpha \cos \alpha \int_0^l u^2 \, du = \mu \, \omega^2 \sin \alpha \cos \alpha \, \frac{l^3}{3} = \frac{1}{3} \, M \, l^2 \, \omega^2 \sin \alpha \cos \alpha.$$

Dieser Wert ist nichts anderes als $D_{xz} \, \omega^2$. Die Trägheitskräfte können daher durch eine Einzelkraft $\overline{K}$ in der x-Richtung dargestellt werden, die in einem Abstande p von O angreift, der durch den Quotienten des eben berechneten Moments und der Einzelkraft gegeben ist:

$$p = \tfrac{2}{3} \, l \cos \alpha .$$

Für einen **schweren** Stab liefert der Momentensatz um O die Gleichgewichtsstellung α des Stabes aus der Gleichung

$$M g \, \frac{l}{2} \sin \alpha = D_{xz} \, \omega^2 = \frac{1}{3} \, M \, l^2 \, \omega^2 \sin \alpha \cos \alpha ,$$

es folgt also (außer $\sin \alpha = 0$, $\alpha = 0$)

$$\cos \alpha = \frac{3}{2} \, \frac{g}{l \omega^2} \quad \cdots \cdots \quad (318)$$

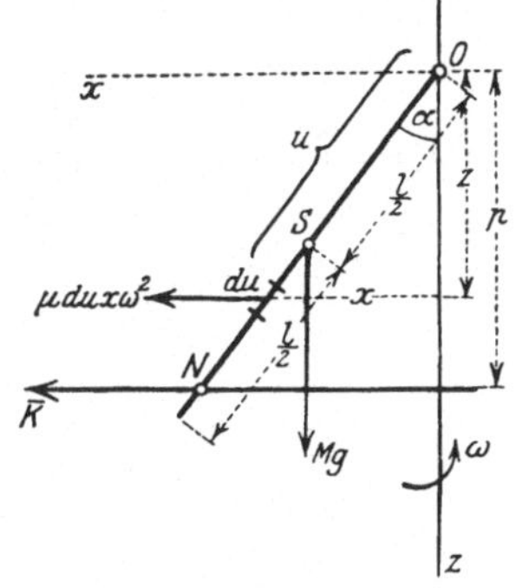

Abb. 187.

Wenn an einem Ende eines solchen Stabes eine Schwungmasse (etwa in Form einer Kugel) angebracht ist, so entsteht ein Teil eines **Fliehkraftreglers**, dessen Gleichgewichtstellung auf dieselbe Weise berechnet wird. Die durch eine Belastungsänderung hervorgerufene Änderung von ω bringt auch eine Änderung von α mit sich, und diese Verstellung wird durch ein passend angeordnetes Gestänge so auf ein Regulierorgan (Ventil, Schieber, Hahn, Drosselklappe) übertragen, daß diese Änderung wieder rückgängig gemacht oder ein neuer Beharrungszustand der Maschine erzielt wird.

Für **Körper, die zu einer Ebene symmetrisch** sind, und die um eine zu dieser Ebene senkrechte Achse A mit ω rotieren, ist die Summe der Fliehkraft $\overline{F}$ eine durch S gehende Einzelkraft $M \overline{r} \, \omega^2$, wobei $\overline{r} = \overline{AS}$. Denn es ist nach Gl. (66) [oder Gl. (72)]:

$$F = \sum m \, \overline{r} \, \omega^2 = \omega^2 \sum m \, \overline{r}, \quad \text{also} \quad \boxed{\overline{F} = \omega^2 \, M \overline{r}} . \quad (319)$$

F liegt in der Symmetrieebene, schneidet A und geht durch S hindurch.

Beispiel 110. Gleichgewicht eines Flachreglers. Ein Flachregler nach Abb. 188 kann als ein mittels zweier Gelenke A, D auf eine Scheibe aufgesetztes Kurbelviereck $A\,B\,C\,D$ angesehen werden, das mit dieser Scheibe in Drehung gesetzt wird und gewöhnlich mit einem zweiten, $D\,C_1\,B_1\,A_1$ nach der in der Abbildung ersichtlichen Weise gekoppelt ist. Die Verstellung des Kurbelvierecks bei veränderlichem ω wird wieder durch ein Gestänge auf ein Regulierorgan übertragen. Auf die drei Glieder des Kurbelvierecks wirken

die Fliehkräfte, deren Größe für jedes Glied nach Gl. (319) zu rechnen ist.
Die zu lösende Aufgabe besteht nun darin, die Größe der Federkraft $\overline{K}$ zu ermitteln, die für eine be-
stimmte Stellung und für
ein bestimmtes ω zur Herstellung des Gleichgewichtes des Kurbelvierecks notwendig ist, wobei die Richtung von $\overline{K}$ gegeben ist.

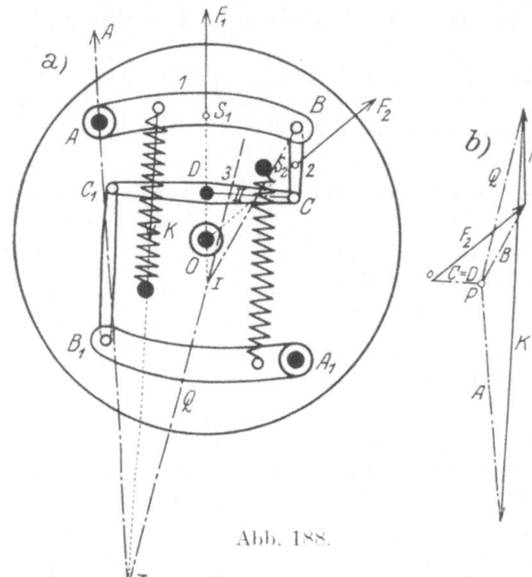

Die Ausführung der
Konstruktion zur Bestim-
mung von $\overline{K}$ sei zunächst
an Hand der schematischen
Figur Abb. 189a erklärt.
Die Belastung der drei
Glieder besteht aus den
Fliehkräften

$$\overline{F_1} = M_1\,\omega^2\,\overline{r_1},$$
$$\overline{F_2} = M_2\,\omega^2\,\overline{r_2},$$
$$\overline{F_3} = M_3\,\omega^2\,\overline{r_3},$$

Abb. 188.

wenn M_1, M_2, M_3 die
Massen der drei Glieder sind;
die Glieder 2 und 3 bilden
für sich ein „Dreigelenk",
deren Gelenkdrücke B, C,
D nach Beisp. 10 in **31** zu

ermitteln sind. Das Glied 1 ist dann im Gleichgewichte unter den Kräften F_1,
$\overline{A}$ und $\overline{B}$; die Summe $\overline{Q}$ von $\overline{F_1}$ und $\overline{B}$ ist in zwei Teile zu zerlegen, von denen
der eine in die gegebene Richtung von $\overline{K}$ fällt, der andere durch A hin-
durchgeht; der

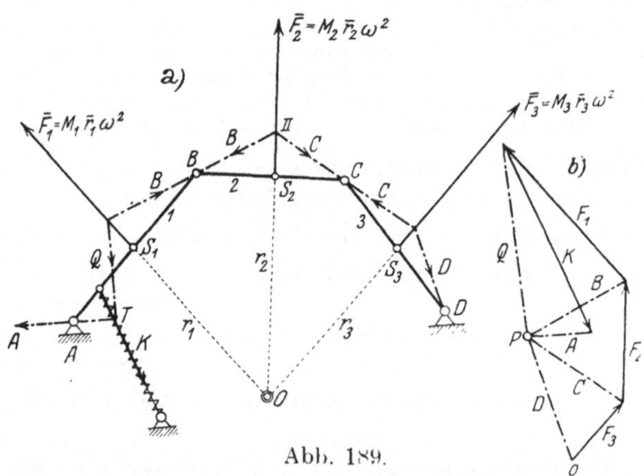

Abb. 189.

Schnitt T von $\overline{Q}$ und $\overline{K}$ gibt, mit A verbunden, die Richtung des Gelenkdruckes $\overline{A}$, während die Größen von $\overline{A}$ und $\overline{K}$ durch das Kräftedreieck in
Abb. 189b geliefert werden.

Der Flachregler Abb. 188 ist ein Sonderfall dieser Anordnung, bei dem
die Fliehkraft $\overline{F_1}$ auf 3 nicht berücksichtigt zu werden braucht, so daß 3 ein-

fach als „Pendelstütze" wirkt, die nur Druck in ihrer eigenen Richtung empfängt; den zugehörigen Kraftplan zeigt Abb. 188b.

Das d'Alembert sche Prinzip dient auch dazu, die **Festigkeits-
berechnung** bewegter Körper bei Vorhandensein von Beschleunigungen vorzunehmen, die sich in neuerer Zeit mit Rücksicht auf
die verwendeten großen Geschwindigkeiten und die erhöhten An-
forderungen an die Regulier- und Steuerfähigkeit der Maschinen
als unabweisbar herausgestellt und allmählich zum Ausbau einer
„dynamischen Festigkeitslehre" geführt hat. Der hierfür maßgebende
Gedanke ist der, daß zu den eingeprägten Kräften als Belastungen
die Trägheitskräfte hinzuzunehmen sind, um die gesamten einwirkenden „Lasten" zu erhalten. Für jeden beliebigen Teil des Körpers
bilden die auf diese Weise ergänzten Lasten zusammen mit den an
den Schnittstellen übertragenen „inneren" Kräften — den Spannungen — eine Gleichgewichtsgruppe. — Aus dieser Aussage ist
auch ersichtlich, daß gleichförmige Bewegung keinerlei Spannungen
im Innern des Körpers verursachen kann.

Beispiel 111. Beanspruchung eines gleichförmig rotierenden
Stabes. Die Trägheitskräfte sind nichts anderes als die Fliehkräfte. Für
einen Querschnitt im Abstande x vom Ende $(x = 0)$ hat die Normalkraft S, die
für die Herstellung des Gleichgewichts des abgeschnittenen Teiles nötig ist,
die Größe

$$S = \mu \int_0^x x\,\omega^2\,dx = \frac{\mu\,\omega^2\,x^2}{2},$$

der größte Wert von S tritt für $x = l$ auf und hat, wenn der Stab die Länge $2\,l$
hat, um eine Achse durch seinen Mittelpunkt senkrecht zu seiner Längsachse
rotiert, und wenn $2\,\mu\,l = M$ gesetzt wird, den Wert

$$S_{max} = \frac{\mu\,\omega^2\,l^2}{2} = \frac{1}{4}\,M\,l\,\omega^2,$$

d. i. der Wert der Fliehkraft der im Schwerpunkt jeder Stabhälfte vereinigten
halben Stabmasse. Für ungleichförmige Drehung sind für die Herstellung des
Gleichgewichtes auch im Querschnitt liegende, sog. Schubkräfte nötig, die
von der Winkelbeschleunigung in jedem Augenblicke abhängen.

94. Zwangläufige Bewegung des einzelnen Körpers. Die zwangläufige Bewegung einer einzelnen Scheibe verlangt zu ihrer Kennzeichnung nur die Angabe einer Koordinate; da beim Zwanglauf
die Führung in zwei Punkten erfolgt, treten an diesen zwei unbekannte Führungsdrücke auf und die drei Bewegungsgleichungen sind
daher zur Bestimmung der Bewegung und dieser Führungskräfte
ausreichend. Zu den zwangläufigen Bewegungen gehört auch die
reine Rollung, bei der die beiden geführten Punkte zusammenfallend
angenommen werden können; für die Rollung ist die im Berührungspunkte auftretende Kraft durch zwei Komponenten bestimmt, und
die in der Richtung der Berührungsebene liegende Rollreibung als
eine Haftreibung aufzufassen; für sie kann nur eine obere Grenze
$R\,| \leqq f_0\,D$ angegeben werden, wobei im folgenden angenommen
wird, daß diese obere Grenze nicht erreicht wird, immer also wirk-
liches Rollen und kein Gleiten erfolgt. Diese zwei Komponenten

sind durch die Bewegungsgleichungen zu bestimmen. Ebenso fallen die beiden geführten Punkte bei der Drehung um einen festen Punkt zusammen.

Beispiel 112. Längs Wand und Boden fallender Stab. Mit den Bezeichnungen der Abb. 190 lauten die Bewegungsgleichungen bei glatten Führungen:

$$M\ddot{\xi} = B, \qquad M\ddot{\eta} = A - Mg, \qquad Mk^2\ddot{\varphi} = Bb\sin\varphi - Aa\cos\varphi$$

und die geometrischen Beziehungen:

$$\xi = b\cos\varphi, \qquad \eta = a\sin\varphi.$$

Durch Elimination von A, B, ξ, η aus diesen fünf Gleichungen ergibt sich nach Multiplikation mit $\dot{\varphi}$ die Gleichung

$$\{(a^2\cos^2\varphi + b^2\sin^2\varphi)\,\dot{\varphi}\,\ddot{\varphi} + (b^2 - a^2)\sin\varphi\cos\varphi\,\dot{\varphi}^3 + k^2\,\dot{\varphi}\,\ddot{\varphi}\} = -ga\cos\varphi\,\dot{\varphi},$$

die unmittelbar integriert werden kann und die Energiegleichung $T + U = h$ liefert:

$$\tfrac{1}{2}[(a^2\cos^2\varphi + b^2\sin^2\varphi) + k^2]\,\dot{\varphi}^2 + ga\sin\varphi = h/M,$$

die natürlich auch unmittelbar hingeschrieben werden könnte. Aus ihr ergibt sich durch Auflösung $\dot{\varphi} = \dot{\varphi}(\varphi)$; durch Einsetzen in die Bewegungsgleichungen erhält man A und B in jeder Phase der Bewegung.

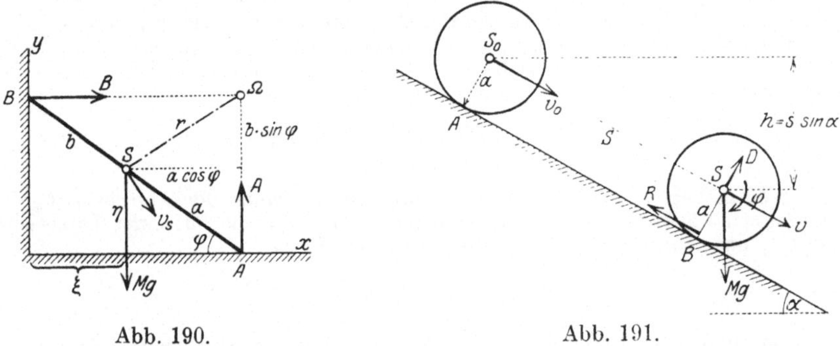

Abb. 190.   Abb. 191.

Beispiel 113. Rollende Bewegung eines Drehkörpers längs einer schiefen Ebene, Abb. 191. Auch in diesem Falle findet das Energieintegral (91) ohne weiteres Anwendung und liefert, wenn in der Anfangslage $v = v_0$ sein soll: $T - T_0 = A$, und, da $\dot{\varphi} = v/a$, $\dot{\varphi}_0 = v_0/a$:

$$\frac{1}{2}M(k^2 + a^2)\cdot\frac{v^2 - v_0^2}{a^2} = Mgh, \qquad (h = s\sin\alpha)$$

und wenn für Mk^2 die auf den Umfang a reduzierte Masse $\mathfrak{M} = Mk^2/a^2$ eingeführt wird

$$\frac{1}{2}(M + \mathfrak{M})(v^2 - v_0^2) = Mgh \qquad \text{oder} \qquad v^2 = v_0^2 + \frac{2gh}{1 + \mathfrak{M}/M}.$$

Insbesondere erhält man für den Kreiszylinder

$$Mk^2 = \tfrac{1}{2}Ma^2 = \mathfrak{M}a^2, \qquad \mathfrak{M} = \tfrac{1}{2}M \quad \text{und} \quad v^2 = v_0^2 + \tfrac{2}{3}2gh$$

und für die Kugel

$$Mk^2 = \tfrac{2}{5}Ma^2 = \mathfrak{M}a^2, \qquad \mathfrak{M} = \tfrac{2}{5}M \quad \text{und} \quad v^2 = v_0^2 + \tfrac{5}{7}2gh$$

$$\left.\rule{0pt}{30pt}\right\}\;\;.\;\;(320)$$

Für die Aufstellung der Bewegungsgln. (298) sind die Normalkraft D und die Reibung R im Berührungspunkte als Unbekannte einzuführen: die Bewegungsgln. lauten

$$M\ddot{\xi} = Mg\sin\alpha - R, \qquad M\ddot{\eta} = D - Mg, \qquad Mk^2\dot{\omega} = Ra.$$

Da $\eta = a$, folgt aus der zweiten Gl. $D = M\,g$, und aus den beiden anderen Gleichungen und $\dot\xi = v = a\,\omega$, $\ddot\xi = \dot v = a\,\dot\omega$ können R und $\dot\omega$ eliminiert werden; man erhält

$$M\dot v = M\,g \sin\alpha - M\,k^2\,\dot v/a^2.$$

und da $\dot v = v\,dv/ds = \tfrac{1}{2}\,dv^2/ds$:

$$\frac{1}{2}\,M\,\frac{k^2 + a^2}{a^2}\,dv^2 = M\,g \sin\alpha\,ds = M\,g\,dh\,,$$

eine Gleichung, die integriert die frühere Energiegleichung gibt. Die Bewegung von S erfolgt gerade so, als ob das Gewicht (und auch die übrigen eingeprägten Kräfte) im Verhältnis $M/(M + \mathfrak{M})$ verkleinert einwirken würden.

Der Schwerpunkt des auf der schiefen Ebene rollenden Zylinders bewegt sich daher gerade so wie ein gleitender Körper von der gleichen Masse, dessen Gewicht nur $\dfrac{M}{M + \mathfrak{M}}\,g = \dfrac{2}{3}\,G$ betragen würde, d. h. so, als ob das Schwerefeld die konstante Beschleunigung $\tfrac{2}{3}\,g$ hätte. Für die Kugel würde für diese Beschleunigung $\tfrac{5}{7}\,g$ zu setzen sein.

Aus den Bewegungsgleichungen kann sodann auch R ermittelt werden.

VI. Zwangläufige Bewegung verbundener Systeme. Schwungradberechnung.

95. Aufgabe dieses Kapitels. Die zwangläufige Bewegung einer Scheibe ist, wie schon mehrfach hervorgehoben wurde, dadurch gekennzeichnet, daß zur Angabe ihrer Lage in jedem Augenblicke die Angabe einer Koordinate (einer Strecke oder eines Winkels) genügt. Wenn an der Scheibe weitere Scheiben (oder Glieder) angelenkt sind, die ihrerseits zwangläufig geführt sind, so ist auch die Lage aller dieser Scheiben durch jene einzige Koordinate festgelegt. Eine solche zwangläufige Anordnung mehrerer verbundener Scheiben bezeichnet man als ein Getriebe (das wichtgste Beispiel ist das Schubkurbelgetriebe, Abb. 129, das aus Kurbel, Schubstange, Kreuzkopf und Kolbenstange mit Kolben besteht). In allen diesen Fällen muß es eine einzige Bewegungsgleichung geben, welche die Beschleunigung in der einzigen wesentlichen Koordinate, nennen wir sie etwa u, durch die einwirkenden Kräfte ausdrückt und es entsteht die Aufgabe, diese Gleichung aufzustellen. Dabei handelt es sich also zunächst nur um die Bewegung selbst und vorläufig nicht um die Ermittlung der Führungs- und Gelenkdrücke.

Die exakte Behandlung der auf diese Weise erhaltenen Gleichung ist insbesondere wegen des verwickelten Verlaufes der eingeprägten Kraft während der Bewegung ziemlich umständlich, und deshalb begnügt man sich für gewisse praktisch wichtige Fragen, die mit der Bewegung von Getrieben zusammenhängen, meist mit einfachen Näherungen; hierher gehört insbesondere die Aufgabe der Schwungradberechnung, für die im folgenden die hauptsächlichsten Schritte angegeben werden.

96. Die Bewegungsgleichung in der Lagrange schen Form. Wenn es sich um die Bewegung eines Körpers mit einem Freiheitsgrad, d. h. um die Beschleunigung der einen Zwanglauf-

koordinate, u, mittels der diese Bewegung beschrieben werden soll
(etwa φ in Beisp. 104, oder s in Beisp. 113), in ihrer Abhängigkeit
von den eingeprägten Kräften handelt, dann ist es doch ein Umweg, wenn man zuerst die drei Bewegungsgleichungen der Scheibe
mit Hilfe der Führungsdrücke aufstellt und dann mit gleichzeitiger
Benützung der geometrischen Bedingungen zwei dieser Koordinaten
und die Führungsdrücke wieder eliminiert; durch diesen Vorgang
erhält man jedoch tatsächlich eine Differentialgleichung zweiter Ordnung, welche die zur Darstellung des Zwanglaufes allein notwendige Koordinate u und sonst weder die übrigen (etwa vorüber-
gehend noch eingefundenen und wieder eliminierten) Koordinaten,
noch auch die Führungsdrücke enthält.

Für diese Zwanglaufkoordinate u kann etwa eine Strecke oder
ein Winkel genommen werden (wenn eine Kreisbewegung vorkommt,
wird am besten ihr Drehwinkel gewählt). Beim Zwanglauf sind dann
die Koordinaten ξ, η des Schwerpunktes S und der Drehwinkel φ
der Scheibe mittels geometrischer Gleichungen durch u ausdrückbar
(z. B. kann für u der Drehwinkel φ selbst gewählt werden). Die
Definitionsgl. (301) für T erscheint dann als homogene quadratische
Funktion von $\dot u$, und ihr Koeffizient wird u selbst enthalten (s. etwa
den Ausdruck für T im Beisp. 104). Die potentielle Energie U wird
eine Funktion von u allein, $\dot u$ kommt nicht darin vor.

Es entsteht nunmehr die Aufgabe, die Bewegungsgleichung für
diese Zwanglaufkoordinate unmittelbar aufzustellen, ohne auf die
gewöhnlichen Bewegungsgln. (298) zurückgreifen zu müssen. Da die
Energiegleichung $T + U = h$ bei konservativen Kräften unmittelbar
hingeschrieben werden kann, aber nur u (nicht $\dot u$) enthält, und die
Bewegung in ähnlicher Weise bestimmen muß wie die Bewegungsgleichung selbst, so kann sie bei Aufgaben der bezeichneten Art
nichts anderes sein, als ein Integral dieser gesuchten Bewegungsgleichung für u.

Wenn man daher die Energiegleichung $T + U = h$, total nach
der Zeit t differenziert, muß offenbar die gesuchte Bewegungsgleichung
herauskommen. Man erhält zunächst wieder:

$$\frac{dT}{dt} + \frac{dU}{dt} = 0$$

und ausgeführt, da T eine Funktion von u und $\dot u$ und U eine
Funktion von u allein ist:

$$\frac{\partial T}{\partial \dot u}\ddot u + \frac{\partial T}{\partial u}\dot u + \frac{\partial U}{\partial u}\dot u = 0 . \quad\quad\quad (321)$$

Diese Gleichung kann nun auf eine Form gebracht werden, die als
Lagrangesche Bewegungsgleichung bekannt ist und für die Entwicklung der analytischen Mechanik die denkbar größte Bedeutung
erlangt hat. Wir heben aus ihr $\dot u$ heraus und erhalten (da $\dot u = du/dt$,
$\ddot u/\dot u = d\dot u/du$):

$$\left(\frac{\partial T}{\partial \dot u}\frac{d\dot u}{du} + \frac{\partial T}{\partial u} + \frac{\partial U}{\partial u}\right)\frac{du}{dt} = 0 . \quad\quad\quad (322)$$

Wenn nun $\dot u \neq 0$ vorausgesetzt wird, muß der Klammerausdruck verschwinden; in diesem wenden wir auf das erste Glied die Regel der Differentiation eines Produkts an; d. h. wir schreiben

$$\frac{\partial T}{\partial \dot u}\frac{d\dot u}{du} = \frac{d}{du}\left(\dot u\frac{\partial T}{\partial \dot u}\right) - \dot u\,\frac{d}{du}\frac{\partial T}{\partial \dot u}.$$

Nun ist T eine homogene quadratische Funktion von $\dot u$, d. h. es enthält nur $\dot u^2$ und einen Koeffizienten, in dem nur u vorkommt; daher ist nach dem Eulerschen Lehrsatz über homogene Funktionen $\dot u\,\dfrac{\partial T}{\partial \dot u} = 2\,T = 2\,(h - U)$, und daher ist:

$$\frac{\partial T}{\partial \dot u}\frac{d\dot u}{du} = 2\frac{\partial U}{\partial u} - \frac{d}{dt}\left(\frac{\partial T}{\partial \dot u}\right),$$

so daß wir die Bewegungsgl. (322) auch schreiben können

$$\boxed{\frac{d}{dt}\left(\frac{\partial T}{\partial \dot u}\right) - \frac{\partial T}{\partial u} = -\frac{\partial U}{\partial u}} \qquad \ldots \ldots \ldots (323)$$

Hat man also ein zwangläufiges System, so genügt es, eine Koordinate u auszuwählen, die kinetische Energie T durch $\dot u$ und u. die potentielle Energie U durch u für eine allgemeine Lage der Scheibe auszudrücken und die in der Gl. (323) vorkommenden Differentiationsvorschriften auszuführen; dann erhält man die Bewegungsgleichung für u. Voraussetzung für die Anwendbarkeit dieser Gleichung ist das Vorhandensein konservativer Kräfte; gleitende Reibungen sind ausgeschlossen und gestatten nicht die unmittelbare Anwendung dieser Methode.

Ist nun z. B. u eine Länge x, dann bedeutet $-\partial U/\partial x$ die „auf x wirkende Kraft", ist u ein Winkel φ, dann ist $-\partial U/\partial \varphi$ das „auf φ wirkende Moment".

Die große Bedeutung dieser Form der Bewegungsgleichungen beruht darauf, daß sie keine Vektoren mehr enthält, sondern nur die skalaren Größen T und U. Sie gestattet unmittelbar die Anwendung auf Getriebe, da die Lagen aller ihrer Glieder von der Zwanglaufkoordinate u allein, daher die Geschwindigkeiten von $\dot u$ und u abhängen. Für irgendein Getriebe hat man daher nur die kinetische Energie T für alle Glieder, durch u und $\dot u$ ausgedrückt. zu addieren, ferner ebenso die potentiellen Energien U aller Kräfte. die auf die Getriebeglieder einwirken, durch u auszudrücken und zu addieren. Mittels der so erhaltenen Ausdrücke für T und U ist dann durch Gl. (323) die Bewegungsgleichung gegeben.

Weiters sei bemerkt, daß für beliebige Systeme mit mehreren (n) Freiheitsgraden, deren Lage also durch ebenso viele (n) Koordinaten $u, v, w, \ldots$ gekennzeichnet ist, sich ein ganz entsprechendes Ergebnis herausstellen wird: **Man drücke die kinetische Energie in diesen n Koordinaten und deren Ableitungen, die poten-**

tielle Energie in diesen Koordinaten allein aus, dann gilt
für jede dieser Koordinaten eine Gleichung von der Form
(323), die also dann zusammen die n Bewegungsgleichungen des Systems bilden.

Auf den allgemeinen Beweis für diesen Satz wollen wir hier nicht eingehen. Man kann sich seine Richtigkeit nach der eben für eine Koordinate
gegebenen Ableitung etwa klarmachen, wenn man die vollständige Differentiation nach der Zeit auf alle eingeführten voneinander unabhängigen Koordinaten u, v, w erstreckt; die dabei der Gl. (322) entsprechende Gleichung
enthält dann n solche Klammerausdrücke, die mit $du/dt, dv/dt, \ldots$ multipliziert
sind. Denkt man sich statt dieser Faktoren die virtuellen Verschiebungen
$\delta u, \delta v, \delta w, \ldots$ geschrieben und setzt man diese sämtlich voneinander unabhängig voraus, so müssen nach dem Prinzip der virtuellen Verschiebungen
die Klammerausdrücke verschwinden, die dann durch dieselbe Umformung wie
oben die Bewegungsgleichungen ergeben.

Die folgenden Beispiele betreffen die Anwendung der Lagrange-
schen Gleichung für die Aufstellung der Bewegungsgleichungen in
verschiedenen einfachen Fällen.

Beispiel 114. Punkt in der Ebene. a) Auf Cartesische Koordi-
naten x, y bezogen: Es ist $T = \dfrac{M}{2}(\dot{x}^2+\dot{y}^2)$, $U = U(x, y)$ daher die Bewegungsgleichungen in der wiederholt benützten Form:

$$M\ddot{x} = -\partial U/\partial x = X, \qquad M\ddot{y} = -\partial U/\partial y = Y.$$

b) Auf Polarkoordinaten bezogen: $T = \tfrac{1}{2} M(v_r^2 + v_q^2) = \tfrac{1}{2} M(\dot{r}^2 + r^2\dot{\varphi}^2)$; für
eine Zentralbewegung ist $U = U(r)$, also U von q unabhängig, daher lauten
die Bewegungsgln. (323):

$$\begin{cases} \dfrac{d}{dt}\dfrac{\partial T}{\partial \dot{r}} - \dfrac{\partial T}{\partial r} = M(\ddot{r} - r\dot{\varphi}^2) = M b_r = -\partial U/\partial r. \\[2ex] \dfrac{d}{dt}\dfrac{\partial T}{\partial \dot{\varphi}} - \dfrac{\partial T}{\partial \varphi} = M\dfrac{d}{dt}(r^2\dot{\varphi}) = 0. \end{cases}$$

Die weitere Behandlung dieser Gleichungen ist dieselbe wie in 59.

Beispiel 115. Freie Bewegung der Scheibe in der Ebene.
Gl. (301) gibt $T = \tfrac{1}{2} M(\dot{\xi}^2 + \dot{\eta}^2 + k^2\dot{\varphi}^2)$ und wenn $U = U(\xi, \eta, \varphi)$ die potentielle Energie ist, so stimmen die Bewegungsgln. (323) mit den Gln. (298) voll-
ständig überein:

$$M\ddot{\xi} = -\partial U/\partial \xi = X, \qquad M\ddot{\eta} = -\partial U/\partial \eta = Y, \qquad M k^2\ddot{\varphi} = -\partial U/\partial \varphi = \mathfrak{M}.$$

Beispiel 116. Bewegung des fallenden Stabes, nach Beisp. 112,
Abb. 190. Die kinetische Energie wird immer berechnet aus der kinetischen
Energie der Bewegung von S, vermehrt um die der Drehung um S.
Wählt man φ als Zwanglaufkoordinate, so ist $r^2 = a^2\cos^2\varphi + b^2\sin^2\varphi$, $v^2 = r^2\omega^2$
und $T = \dfrac{M}{2}[a^2\cos^2\varphi + b^2\sin^2\varphi + k^2]\dot{\varphi}^2$, ferner $U = Mgy = Mga\sin\varphi$, daraus
folgt durch Ausführung der in Gl. (323) enthaltenen Differentiationen unmittelbar
die auch in Beisp. 112 erhaltene Bewegungsgleichung für die Koordinate φ:

$$(a^2\cos^2\varphi + b^2\sin^2\varphi)\ddot{\varphi} + (b^2 - a^2)\sin\varphi\cos\varphi\,\dot{\varphi}^2 + k^2\dot{\varphi}\ddot{\varphi} = -ga\cos\varphi.$$

**97. Die Bewegungsgleichung für Maschinen mit Schubkurbel-
getriebe.** Wenn die Bewegung mehrerer, miteinander verbundener
Systeme, also etwa eines Getriebes, mit Rücksicht auf die Massen
der einzelnen Glieder und unter der Annahme irgendwelcher ein-

geprägter Kräfte zu bestimmen ist, so kann man zunächst immer jenes Verfahren anwenden, das auch beim einzelnen Körper das naheliegende war: jeder Körper wird durch Anbringung der auf ihn wirkenden Führungs- und Gelenkskräfte von den Nachbarkörpern, mit denen er durch Gelenke, Schieber u. dgl. verbunden ist, losgelöst, und für jeden Körper werden nach (298) seine drei Bewegungsgleichungen angeschrieben. Für jede Gelenkskraft sind bei ebenen Getrieben zwei unbekannte Teilkräfte, für jede Kraft an einer (reibungslosen) Führung ist eine unbekannte Kraft $\perp$ zur Führungsrichtung anzusetzen; diese Gelenks- und Führungskräfte sind nach dem Wechselwirkungsprinzip paarweise an jenen beiden Körpern anzubringen, zwischen denen die betreffende Verbindung besteht. Aus den so erhaltenen Bewegungsgleichungen werden nun die sämtlichen Führungs- und Gelenkskräfte eliminiert, und bei dieser Elimination auch die geometrischen Gleichungen berücksichtigt, durch die die Schwerpunktskoordinaten und Drehwinkel der einzelnen Getriebeglieder in ihrer Abhängigkeit von einer passend gewählten Zwanglaufkoordinate u ausgedrückt werden. Dann bleibt bei zwangläufigen Systemen gerade eine Gleichung übrig und die ist nichts anderes als die Bewegungsgleichung für die gewählte Zwanglaufkoordinate.

Bei diesem Verfahren werden also die Führungskräfte zuerst eingeführt und sodann wieder eliminiert; wie schon in **96** hervorgehoben, stellt dieses Verfahren einen Umweg dar und ist daher unzweckmäßig, sobald es sich nur darum handelt, die Bewegungsgleichung für sich allein aufzustellen. Diese Aufstellung der Bewegungsgleichung für die Zwanglaufkoordinate leistet gerade die Lagrangesche Methode. Die Anwendung dieser Methode geschieht nach den Bemerkungen in **96** auf die folgende Weise, die wir gleich im Hinblick auf das Bewegungsproblem der Dampfmaschinen aussprechen wollen.

Nach Wahl einer passenden „Zwanglaufkoordinate" — wofür am besten der Drehwinkel φ der Kurbel genommen wird — wird die kinetische Energie T aller Getriebeglieder durch φ und seine Zeitableitung $\dot{\varphi}$ ausgedrückt; daß dies immer möglich ist, liegt gerade im Wesen des Zwanglaufs. Ferner wird die potentielle Energie U durch die Koordinate φ allein ausgedrückt, was wieder dann ausführbar ist, wenn die einwirkenden Kräfte von φ allein abhängen. Dieser Fall trifft bei den Dampfmaschinen zu, da bei diesen die auf den Kolben wirkenden Dampfdrücke durch das „Indikatordiagramm" als Funktion des Kurbelwinkels φ oder der Stellung des mit der Kurbel zusammenhängenden Kolbens gegeben sind; also: $U = U(\varphi)$.

Sobald diese Ausdrücke T und U für irgendeine Lage des Getriebes bestimmt sind, ist die Bewegungsgleichung für die Zwanglaufkoordinate φ durch die Gl. (323) gegeben.

Für zwangläufige Systeme gibt jedoch die Energiegleichung $T + U = h$ unmittelbar ein erstes Integral dieser Bewegungsgleichung

und daher braucht nicht auf die Bewegungsgleichung selbst gegriffen
zu werden; zur weiteren Untersuchung der Bewegung reicht die
Energiegleichung vollkommen aus. Die Lösung der Bewegungsaufgabe verlangt also nur, die Ausdrücke von T und U für das Getriebe
aufzustellen. Wir wollen nun zeigen, in welcher Weise T von der
Zwanglaufkoordinate φ und deren Ableitung $\dot{\varphi}$, und U von φ allein
abhängt.

Die **Massen** des Schubkurbelgetriebes (nach Abb. 129) einer
Dampfmaschine bestehen aus folgenden Teilen (wobei wir uns auf
eine Einzylindermaschine beschränken):

1. **Aus den rotierenden Massen:** Kurbel und Schwungrad:
ihre kinetische Energie T_1 ist durch die Gl. (243) gegeben, in der
J das **TM** dieser Teile um diese Hauptwelle bedeutet. Dieses ist
bei reiner Drehung eine von φ unabhängige Größe, die wir jetzt für
Kurbel und Schwungrad zusammen etwa mit J_1 bezeichnen wollen:
es ist also

$$T_1 = \tfrac{1}{2} J_1 \dot{\varphi}^2.$$

Das **TM** des Schwungrades, das mit in J_1 enthalten ist, wollen wir
zunächst als bekannt annehmen; späterhin wird es gerade der Zweck
dieser Untersuchung sein, seine Größe aus gewissen vorgeschriebenen
Bedingungen zu bestimmen.

2. **Aus der** (schwingenden) **Schubstange**; ihre kinetische
Energie T_2 ist nach Gl. (301) durch die kinetische Energie der Bewegung des Schwerpunktes ξ_2, η_2, vermehrt um die kinetische Energie
der Bewegung um den Schwerpunkt mit der Winkelgeschwindigkeit ψ'
darzustellen. Da ξ_2, η_2 und ψ' zufolge des Zwanglaufs ganz bestimmte Funktionen von φ sind, so ist T_2 eine ganz bestimmte
Funktion von φ und $\dot{\varphi}$ und zwar enthält es $\dot{\varphi}$ nur als Faktor in
der Form $\dot{\varphi}^2$, so daß wir setzen können:

$$T_2 = \tfrac{1}{2} J_2(\varphi) \cdot \dot{\varphi}^2.$$

3. **Aus den hin- und hergehenden Massen** M_3 des Kreuzkopfes, der Kolbenstange und des Kolbens; ihre kinetische Energie T_3
ist ebenfalls aus den Bedingungen des Zwanglaufs durch einen
Ausdruck von derselben Form wie T_2 darstellbar:

$$T_3 = \tfrac{1}{2} J_3(\varphi) \cdot \dot{\varphi}^2.$$

Es ist somit die gesamte kinetische Energie des Schubkurbelgetriebes (da die kinetischen Energien als skalare Größen unmittelbar addiert werden können):

$$T = T_1 + T_2 + T_3 = \tfrac{1}{2}\left[J_1 + J_2(\varphi) + J_3(\varphi)\right]\dot{\varphi}^2, \quad . \quad . \quad (324)$$

und wenn wir jetzt $J_2 + J_3 = J$ setzen, so schreibt sich die Energiegleichung in der Form

$$\tfrac{1}{2}\left[J_1 + J(\varphi)\right]\dot{\varphi}^2 - U(\varphi) = h,$$

wobei h die Summe der Werte von $T + U$ an irgendeiner Stelle der Bahn (d. h. des Kurbelweges) bedeutet und J_1 eine Konstante ist; aus dieser Gleichung kann jetzt $\omega = \dot\varphi$ für jede Kurbelstellung φ gerechnet werden; dies ergibt:

$$\omega = \frac{d\varphi}{dt} = \sqrt{\frac{2\,(h - U(\varphi))}{J_1 + J(\varphi)}} \qquad \ldots \ldots \quad (325)$$

und daraus endlich

$$t = \int\limits_0^{\varphi} \sqrt{\frac{J_1 + J(\varphi)}{2h - 2U(\varphi)}}\, d\varphi = t(\varphi) \ldots \ldots \quad (326)$$

Für eine fertig vorgegebene Maschine wäre durch diese Gleichung $t = t(\varphi)$ und umgekehrt das Bewegungsgesetz $\varphi = \varphi(t)$ gegeben. Die Konstante h erhält man, indem man die Integration über eine ganze Kurbelumdrehung erstreckt, wobei dann links die hierfür notwendige Umlaufszeit T auftritt. In der so entstehenden Gleichung

$$T = \int\limits_0^{2\pi} \sqrt{\frac{J_1 + J_2(\varphi)}{2h - 2U(\varphi)}}\, d\varphi \ldots \ldots \quad (327)$$

ist h die einzige Unbekannte und kann daraus gerechnet werden.

98. Die Reduktion der Massen und Kräfte. Da die Bewegung durch T und U allein gegeben ist, so sind zwei mechanische Systeme jedenfalls dann als **gleichwertig**[1]) zu bezeichnen, wenn die Ausdrücke von T und U in beiden Systemen als Funktion von φ und $\dot\varphi$ übereinstimmen. In dem vorliegenden Fall können wir diese Übereinstimmung dadurch zum Ausdruck bringen, daß wir an den Kurbelzapfen A eine **veränderliche Masse** $\mathfrak{M}$ anbringen, die in jedem Augenblick dieselbe kinetische Energie gibt, wie die des ganzen Getriebes; dieser Punkt A mit der Masse $\mathfrak{M}$ soll dieselbe Bewegung machen wie zuvor. Wir müssen also setzen:

$$T = \tfrac{1}{2}\mathfrak{M} r^2 \dot\varphi^2 = \tfrac{1}{2}\left[J_1 + J(\varphi)\right]\dot\varphi^2$$

und erhalten

$$\boxed{\mathfrak{M} = \frac{1}{r^2}\left[J_1 + J(\varphi)\right]}; \ldots \ldots \ldots \quad (328)$$

es ergibt sich also, daß sich die an dem Kurbelzapfen anzubringende **Ersatzmasse** als eine mit φ veränderliche Größe herausstellt, oder daß die mit der Kurbel verbundenen Getriebeteile auf die Bewegung einen **veränderlichen** Einfluß ausüben.

Weiter müssen wir an diesem Punkt Kräfte von solcher Größe wirken lassen, daß die zugehörige Funktion U oder $-U = A$ für

---

die gegebenen und Ersatzkräfte gleich groß ausfällt. Die Ausführung dieser Überlegung bezeichnet man als **Reduktion der Massen und Kräfte an den Kurbelzapfen** A.

A. Reduktion der Massen. a) **Rotierende Teile:** Die Größe der in A anzubringenden Masse $\mathfrak{M}_1$, die um die Achse O_1 dasselbe **TM** ergibt wie die rotierenden Teile (Kurbel und Schwungrad), ergibt sich nach Gl. (268):

$$J_1 = \mathfrak{M}_1\, r^2, \qquad \mathfrak{M}_1 = J_1/r^2 = \text{konst.} \quad \ldots \ldots \quad (329)$$

b) **Schubstange:** In Beispiel 103b wurde gezeigt, daß sich jede ebene Scheibe M_2 hinsichtlich ihrer Masse, Schwerpunktslage und **TM** durch drei Massen m_1, m_2, m_3 ersetzen läßt, die mit dem Schwerpunkt S in einer geraden Linie liegen und durch die folgenden Größen gegeben sind:

$$m_1 = M_2 \cdot k^2/la, \quad m_2 = M_2\, k^2/lb, \quad m_3 = M_2\left(1 - k^2/ab\right).$$

Nehmen wir an, daß der Schwerpunkt S_2 der Schubstange auf der Verbindungslinie AB liegt und $\overline{AS_2} = a$, $\overline{S_2 B} = b$ sei, dann können wir diese drei Massen nach A, S_2 und B legen und die Reduktion der Masse der Schubstange besteht dann einfach in der Reduktion der Massen dieser drei Punkte.

Die Masse m_1 kann unmittelbar zu den reduzierten rotierenden Massen hinzugenommen werden.

Die Gleichheit der kinetischen Energien gibt ferner für die Reduktion von m_3 in S_2 nach A unmittelbar die folgende Gleichung:

$$\tfrac{1}{2}\, m_3 \cdot v_s{}^2 = \tfrac{1}{2}\, m_3{}' \, v_A^2,$$

aus der sich die nach A reduzierte Masse $m_3{}'$ berechnen läßt:

$$m_3{}' = m_3 \left(\frac{v_s}{v_A}\right)^2 = m_3\, \frac{R^2}{R_1{}^2} \quad \ldots \ldots \quad (329)$$

Ebenso gibt die Reduktion der Masse von m_2, mit der unmittelbar die Masse M_3 von Kolbenstange und Kolben vereinigt werden kann. die Gleichung

$$\tfrac{1}{2}\left(m_2 + M_3\right) v_B^2 = \tfrac{1}{2}\left(m_2{}' + M_3{}'\right) v_A^2$$

und daraus

$$m_2{}' + M_3{}' = \left(m_2 + M_3\right) \cdot \frac{v_B^2}{v_A^2} = \left(m_2 + M_3\right) \cdot \frac{R_2{}^2}{R_1{}^2} \quad \ldots \quad (330)$$

Die Ausführung der in den Gl. (329) und (330) gegebenen Operationen kann auch zeichnerisch durch Verwendung ähnlicher Dreiecke ausgeführt werden.

Man mache in Abb. 192: $\overline{A\mu} = m_2$, $\mu\mu' \parallel AB$, $\overline{A\mu''} = S\mu'$, $\mu''\nu \parallel AB$, dann ist $\overline{S\nu} = m_2{}'$; dieselbe Konstruktion ist auch mit denselben Beziehungen an den durch O_1 zu R und R_1 gezogenen Parallelen in die Abb. 192 eingetragen und kann auch an dieser

Stelle durchgeführt werden. In ähnlicher Weise erfolgt die Reduktion von m_3 und M_3 in B nach A.

Die in A anzubringende Ersatzmasse der Schubstange ist daher

$$\mathfrak{M}_2 = m_1 + m_2 \cdot \frac{R_2{}^2}{R_1{}^2} + m_3 \cdot \frac{R^2}{R_1{}^2} \quad \ldots \quad \ldots \quad (331)$$

und die von Kolbenstange und Kolben:

$$\mathfrak{M}_3 = M_3 \cdot \frac{R_2{}^2}{R_1{}^2} \quad \ldots \quad \ldots \quad \ldots \quad (332)$$

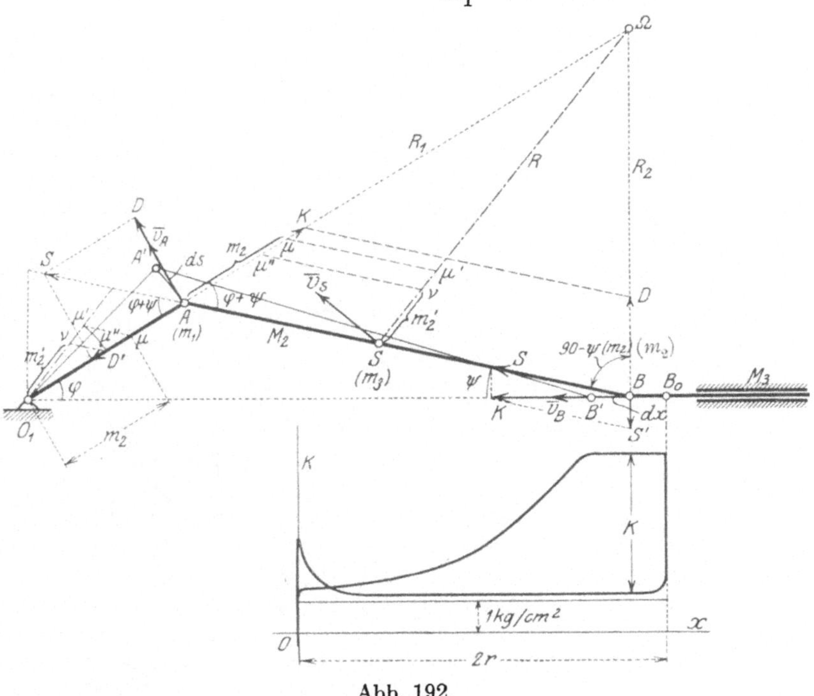

Abb. 192.

Da R, R_1, R_2 von φ abhängen, so sind mithin auch $\mathfrak{M}_1$, $\mathfrak{M}_2$, $\mathfrak{M}_3$ sowie auch ihre Summe, d. i. die nach A reduzierte Gesamtmasse:

$$\mathfrak{M} = \mathfrak{M}_1 + \mathfrak{M}_2 + \mathfrak{M}_3 \quad \ldots \quad \ldots \quad (333)$$

Funktionen von φ.

Beispiel 117. Die Reduktion der Masse der Schubstange durch Gleichsetzung der kinetischen Energien kann auch auf einmal dadurch erfolgen, daß die Momentanbewegung der Schubstange als Drehung um Ω mit der Winkelgeschwindigkeit v_A/R_1 in Betracht gezogen wird. Es ist dann das TM der Schubstange um Ω: $M_2(k^2 + R^2)$ und daher

$$\frac{1}{2}\,\mathfrak{M}_2\,v_A^2 = \frac{1}{2}\,M_2\,(k^2 + R^2)\,\frac{v_A^2}{R_1{}^2}, \quad \text{d. h.} \quad \mathfrak{M}_2 = M_2 \cdot \frac{k^2 + R^2}{R_1{}^2},$$

welcher Ausdruck auch aus M_2 durch Konstruktion erhalten werden kann.

Setzt man in Gl. (331) die Werte für m_1, m_2, m_3 ein, so folgt mit Benützung des Kosinussatzes für die Dreiecke $AS\Omega$ und $BS\Omega$:

$$\mathfrak{M}_2 = M_2\left[\frac{k^2}{al} - \frac{k^2}{bl}\frac{R_2^2}{R_1^2} + \left(1 - \frac{k^2}{ab}\right)\frac{R^2}{R_1^2}\right] = M_2\left[\frac{k^2}{R_1^2}\left(\frac{R_1^2}{al} + \frac{R_2^2}{bl} - \frac{R_2}{ab}\right) + \frac{R^2}{R_1^2}\right.$$

$$= M_2\left[\frac{k^2}{R_1^2}\left(\frac{R^2+a^2-2\,Ra\cos\alpha}{al} \quad \frac{R^2+b^2-2\,Rb\cos\alpha}{bl} - \frac{R^2}{ab}\right) - \frac{R^2}{R_1^2}\right] = M_2\,\frac{k^2 - R^2}{R_1^2}$$

wie zuvor.

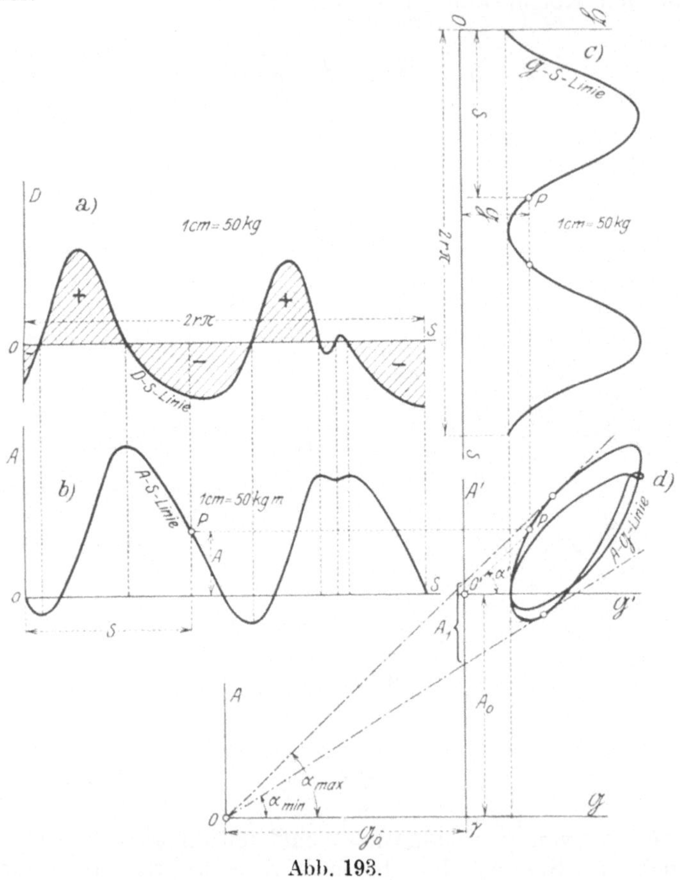

Abb. 193.

B. Reduktion der Kräfte. Bezeichnet man den zu dem Kolbenweg $A\overline{A'} = ds = r\,d\varphi$ gehörigen Weg des Kreuzkopfes $\overline{BB'} = dx$, den Wert der Kolbenkraft an dieser Stelle mit K und die gleichwertige Umfangskraft an der Kurbel A, die **Drehkraft** (Tangentialkraft oder **Tangentialdruck**) mit D, so gibt die Gleichheit der elementaren Arbeiten für die zusammengehörigen Wegelemente:

$$K\,dx = D\,r\,d\varphi$$

und daraus

$$D = K\,\frac{dx}{r\,d\varphi} = K\,\frac{v_B}{v_A} = K\,\frac{R_2}{R_1} \qquad\qquad (334)$$

Trägt man daher in Abb. 192 K auf R_1 ab, so schneidet die durch dessen Endpunkt zu AB gezogene Parallele auf R_2 die zugehörige Drehkraft D ab. Diese Drehkräfte werden für eine Anzahl von Kurbelstellungen unter Zugrundelegung eines **Indikatordiagramms** ermittelt, das die gleichzeitig geltende Verteilung der Dampfkräfte auf beiden Kolbenseiten angibt, und längs des auf eine Gerade abgewickelten Kurbelkreises aufgetragen; dadurch erhält man die **Drehkraft-Kurbelweg-Linie** (D-s-Linie in Abb. 193a). Ihre Integralkurve ist die **Arbeits-Weg-Linie** (A-s-Linie).

Für den **Beharrungszustand** muß der Kolbenkraft K ein Widerstand W von solcher Größe entgegenwirken, daß die Summe der Arbeiten der Kolbenkraft für eine ganze Kurbelumdrehung gleich wird der Arbeit des Widerstandes — nur dann ist die Änderung der kinetischen Energie für eine volle Umdrehung gleich Null, und nur dann ist die Geschwindigkeit des Reduktionspunktes (wie auch die Geschwindigkeit aller anderen Punkte) nach jeder Umdrehung auf ihren ursprünglichen Wert zurückgekehrt.

Wenn dieser Widerstand als gleichbleibend angesehen werden darf, so haben wir (ähnlich wie in Beispiel 48, Abb. 100) die D-s-Linie in ein Rechteck zu verwandeln; die Höhe dieses Rechteckes ist dann W. Nimmt man als neue s-Achse eine um W nach oben verschobene Linie x, so hat die Integralkurve der auf diese Linie bezogenen Fläche die Eigenschaft, mit $2r\pi$ periodisch zu sein, d. h. nach Ablauf dieses Weges immer ihren ursprünglichen Wert Null wieder anzunehmen; die gesamte Arbeit bei einer Kurbelumdrehung ist dann Null und die Geschwindigkeit des Reduktionspunktes hat ihren ursprünglichen Wert wieder angenommen. In Abb. 193a ist die OS-Achse schon so eingezeichnet, daß die mit $+$ bezeichneten Flächen den mit $-$ bezeichneten gleich sind, die ganze Arbeit, über den Weg $2r\pi$ erstreckt, also Null ist. Nach jeder Kolbenumdrehung $2r\pi$ nimmt übrigens im Beharrungszustand auch D selbst seinen ursprünglichen Wert wieder an.

Beispiel 118. Die Reduktion von K nach A kann auch durch Zerlegung erfolgen. Man zerlege in Abb. 192 zunächst K in $S \parallel l$ und in $S' \perp v_B$, ferner S in $D \parallel v_A$ und in $D' \perp v_A$; dann ist

$$S = \frac{K}{\cos\psi} \quad \text{und} \quad D = S\sin(\varphi + \psi) = K \cdot \frac{\sin(\varphi + \psi)}{\cos\psi} = K \cdot \frac{R_2}{R_1}$$

wie in Gl. (334).

99. Die Arbeits-Massen-Linie.

Längs des abgewickelten Kurbelweges wollen wir auch die reduzierte Masse $\mathfrak{M}$ als Funktion von $r\varphi = s$ eintragen; da die reduzierte Masse eine **periodische** Funktion der Kurbelstellung φ ist, so gibt diese **Massen-Kurbelweg-Linie** eine Kurve, die wegen des vorausgesetzten Zwanglaufs ebenfalls nach Ablauf des Kurbelweges $2r\pi$ ihren ursprünglichen Wert wieder annimmt.

Aus der A-s-Linie und der $\mathfrak{M}$-s-Linie kann man nun durch Ausschaltung von s eine neue Kurve gewinnen: die **Arbeits-Massen-**

Linie (A-$\mathfrak{M}$-Linie), die als eine „Zustandskurve" für das betreffende dynamische System aufzufassen ist; diese A-$\mathfrak{M}$-Linie ist für eine Maschine im Beharrungszustand eine geschlossene Kurve, da die beiden Linien A-s und $\mathfrak{M}$-s, aus denen sie hervorgeht, für Zwanglauf jede für sich periodisch sind. Es wird jedoch nicht diese A-$\mathfrak{M}$-Linie unmittelbar verwendet, sondern eine damit in engem Zusammenhang stehende, die wir auf folgende Weise gewinnen:

Die Energiegleichung $T - T_0 = A$ kann nach Ausführung der Massenreduktion in der Form geschrieben werden:

$$\tfrac{1}{2}\mathfrak{M}v^2 - \tfrac{1}{2}\mathfrak{M}_0 v_0{}^2 = A, \qquad \ldots \ldots \ldots \quad (335)$$

wobei der Wert der Arbeitsfunktion (willkürlich) an jener Stelle Null gesetzt ist, an der die Geschwindigkeit des Reduktionspunktes den Wert v_0 besitzt.

Führen wir statt $\mathfrak{M}$ als Rechengröße das „reduzierte Gewicht" $\mathfrak{G} = \mathfrak{M} g$ und entsprechend $\mathfrak{G}_0 = \mathfrak{M}_0 g$ ein, ferner statt v und v_0 die entsprechenden Geschwindigkeitshöhen, setzen also $\dfrac{v^2}{2g} = H,\ \dfrac{v_0{}^2}{2g} = H_0$, so schreibt sich die vorhergehende Gl. (335)

$$\mathfrak{G} \cdot H - \mathfrak{G}_0 \cdot H_0 = A \qquad \ldots \ldots \ldots \quad (336)$$

$\mathfrak{G}$ als Funktion von s aufgetragen, gibt dann die Gewichts-Kurbelweg-Linie ($\mathfrak{G}$-s-Linie) in Abb. 193 c.

In der Arbeits-Gewichts-Linie (A-$\mathfrak{G}$-Linie), die durch Elimination von s aus der A-s-Linie und $\mathfrak{G}$-s-Linie nach der in der Abb. 193 d ersichtlichen Art entstanden gedacht werden kann, ist sodann die Neigung α' der Verbindungslinie von O' nach einem Zustandspunkt P zufolge der Gleichung

$$H = \frac{A + \mathfrak{G}_0 H_0}{\mathfrak{G}} = \operatorname{tg}\alpha' + \frac{\mathfrak{G}_0 H_0}{\mathfrak{G}} \qquad \ldots \ldots \quad (337)$$

ein Maß für die Geschwindigkeitshöhe an dieser Stelle. Diese Gleichung ergibt sich durch Auflösung von Gl. (336). Tragen wir $O'\gamma = A_0$, $\gamma O = \mathfrak{G}_0$ auf, so entsprechen den äußersten, von O an die A-$\mathfrak{G}$-Linie gezogenen Tangenten die größten und kleinsten Werte der „Geschwindigkeitshöhe":

$$H_{\max} = \frac{v_{\max}^2}{2g} = \operatorname{tg}\alpha_{\max}, \qquad H_{\min} = \frac{v_{\min}^2}{2g} = \operatorname{tg}\alpha_{\min} \quad . \quad (338)$$

Wird also die ursprüngliche rotierende Masse um einen konstanten Betrag vermehrt, so äußert sich dies in der A-$\mathfrak{G}$-Linie in der Weise, daß sich der Anfangspunkt O' auf der $O'\mathfrak{G}'$-Achse nach links verschiebt. Andererseits bedeutet die Annahme einer bestimmten „Anfangsenergie" $A_0 = \tfrac{1}{2}\mathfrak{M}_0 v_0{}^2$ die Verschiebung der $O'\mathfrak{G}$-Achse um das Stück A_0 nach unten. Diese Eigenschaften machen die A-$\mathfrak{G}$-Linie für die Ausführung der dynamischen Schwungradberechnung besonders geeignet.

100. Dynamische Schwungradberechnung. In der Dynamik der Maschinen tritt als eines der wichtigsten das Problem auf, die Größe des auf der Maschinenwelle aufzukeilenden Schwungrades so zu bestimmen, daß die Schwankungen der Drehgeschwindigkeit der Welle eine gewisse Grenze nicht überschreiten.

Da das TM des sich auf der Achse drehenden Schwungrades konstanten Einfluß auf die Bewegung hat, so kann aus der Betrachtung der A-$\mathfrak{G}$-Linie unmittelbar ausgesagt werden, daß diese Schwankungen jedenfalls um so kleiner ausfallen werden, je größer das TM des Schwungrades wird, und je rascher die Maschine läuft. Durch beide Erhöhungen wird der Punkt O' von der A-$\mathfrak{G}$-Linie abgerückt und dadurch die Schwankung des Winkels α', der ein Maß für die Schwankung der Geschwindigkeit darstellt, verkleinert.

Beiden Erhöhungen ist aber aus herstellungs- und betriebstechnischen Gründen bald eine Grenze gesetzt und es erhebt sich die Frage nach dem Zusammenhang dieser Schwankungen mit dem TM des Schwungrades.

Die Lösung des Bewegungsproblems läßt sich nach dem in **97** gegebenen Vorgange zwar nicht in Formeln, sicher aber durch graphische Integration ausführen und gibt in Gl. (325) $\omega = \omega\,(\varphi)$ und in Gl. (326)) $\varphi = \varphi\,(t)$ also auch $\omega = \omega\,(t)$. Daraus ließen sich ohne weiteres auch die „mittlere Winkelgeschwindigkeit"

$$\omega_m = \frac{1}{T}\int\limits_{0}^{T} \omega\,(t)\,dt, \quad \dots \dots \dots \quad (339)$$

d. i. der zeitliche Mittelwert und damit auch die Schwankungen gegen diesen Mittelwert ableiten. Die in der Gleichung auftretende Konstante h wäre dann so zu bestimmen, daß das gerechnete ω_m der vorgeschriebenen Drehzahl der Maschine entspricht, wodurch die Konstante h vollständig bestimmt ist.

An Stelle dieses etwas umständlichen Vorganges hat sich in der Praxis ein Näherungsverfahren eingebürgert, das wesentlich einfacher ist und auf den folgenden Ausnahmen beruht:

1. Die „mittlere Geschwindigkeit" der Kurbel wird der halben Summe aus der größten und kleinsten gleich gesetzt:

$$v_m = \frac{v_{\max} + v_{\min}}{2} \quad \dots \dots \dots \dots \quad (340)$$

2. Die Abweichung der Schwankungen $v_{\max} - v_{\min}$ gegen v_m wird als **Ungleichförmigkeitsgrad** ε vorgegeben:

$$\frac{v_{\max} - v_{\min}}{v_m} = \varepsilon \quad \dots \dots \dots \dots \quad (341)$$

Je nach dem Zweck der betreffenden Maschine wird ε zwischen $^1/_{10}$ und $^1/_{300}$ gewählt. Dann folgt aus diesen Gleichungen

$$v_{\max} = v_m\left(1 + \frac{\varepsilon}{2}\right), \qquad v_{\min} = v_m\left(1 - \frac{\varepsilon}{2}\right)$$

und mit $H_m = \dfrac{v_m^2}{2g}$:

$$\left.\begin{aligned}
H_{\max} &= H_m\left(1 + \frac{\varepsilon}{2}\right)^2 \sim H_m(1 + \varepsilon) = \operatorname{tg}\alpha_{\max}, \\[2mm]
H_{\min} &= H_m\left(1 - \frac{\varepsilon}{2}\right)^2 \sim H_m(1 - \varepsilon) = \operatorname{tg}\alpha_{\min}
\end{aligned}\right\} \quad . \quad . \quad (342)$$

Zieht man daher, in Abb. 193 unter den Winkeln $\alpha_{\max}$ und $\alpha_{\min}$ die äußersten Tangenten an die A-$\mathfrak{G}$-Linie, so schneiden sich diese in einem neuen Koordinatenanfangspunkt O eines neuen Achsenkreuzes und geben in der Strecke $O\gamma = \mathfrak{G}_0$ parallel zur $\mathfrak{G}$-Achse den gesuchten Wert

$$\mathfrak{G}_0 = \mathfrak{M}_0\, g = \frac{J_1}{r^2}\cdot g \quad . \quad . \quad . \quad . \quad . \quad . \quad (343)$$

aus dem sich das kleinste notwendige TM J_1 des Schwungrades in der Form ergibt:

$$\boxed{\;J_1 = \frac{\mathfrak{G}_0\, r^2}{g}\;} \quad . \quad . \quad . \quad . \quad . \quad . \quad . \quad (344)$$

Da der Schnitt der unter $\alpha_{\max}$ und $\alpha_{\min}$ gezogenen Tangenten meist sehr flach ausfallen wird, empfiehlt sich für die wirkliche Ausführung folgender Vorgang: Wir fragen, welcher Wert A_1 der Arbeit den Schwankungen der kinetischen Energie des Schwungrades für sich allein zwischen den größten und kleinsten Werten der Geschwindigkeit entspricht und erhalten mit Benützung von (338) hierfür:

$$\left.\begin{aligned}
A_1 &= \mathfrak{G}_0\cdot H_{\max} - \mathfrak{G}_0\cdot H_{\min} = \mathfrak{G}_0\left(\operatorname{tg}\alpha_{\max} - \operatorname{tg}\alpha_{\min}\right) \\[2mm]
&= \frac{1}{2}\frac{J_1}{r^2}\left(v_{\max}^2 - v_{\min}^2\right) = \frac{J_1}{r^2}\, v_m^2\cdot\varepsilon = J_1\cdot\omega_m^2\,\varepsilon .
\end{aligned}\right\} \quad . \quad (345)$$

wenn ω_m die mittlere Winkelgeschwindigkeit ist, da nach (340) und (341)

$$v_{\max}^2 - v_{\min}^2 = 2\,v_m^2\,\varepsilon$$

ist.

Die unter $\alpha_{\max}$ und $\alpha_{\min}$ gezogenen Tangenten schneiden daher auf der Achse A' eine Strecke A_1 (im Arbeitsmaßstabe) aus (Abb. 193 d), aus der das gesuchte Schwungrad-TM durch die vorhergehende Gleichung in der Form bestimmt ist:

$$\boxed{\;J_1 = \frac{A_1}{\varepsilon\,\omega_m^2}\;} \quad . \quad . \quad . \quad . \quad . \quad . \quad . \quad (346)$$

Für die zeichnerische Ausführung dieser Methode ist für jede Größe ein passender Maßstab zu wählen und bei den einzelnen durchgeführten Konstruktionen zu berücksichtigen.

101. Angenäherte Schwungradberechnung. Für die praktische Schwungradberechnung wird das in **100** entwickelte dynamische Verfahren meist noch weiter vereinfacht.

a) Der einfachste Vorgang wäre der, den veränderlichen Einfluß der Masse von Schubstange, Kreuzkopf, Kolben und Kolbenstange überhaupt zu vernachlässigen und die Arbeitsgleichung für das sich ungleichförmig drehende Schwungrad in der einfachen Form anzusetzen

$$\tfrac{1}{2} J_1 \cdot \omega_{max}^2 - \tfrac{1}{2} J_1 \cdot \omega_{min}^2 = A_1, \quad \ldots \ldots \ldots \quad (347)$$

wobei ω_{max} und ω_{min} den größten und kleinsten Wert der Winkelgeschwindigkeit und A_1 den zwischen diesen geltenden Arbeitswert (den „größten auftretenden Arbeitsüberschuß") bezeichnen. Durch Festlegung von ε und ω_m ergibt sich J_1 nach Gl. (346) wie zuvor. (Siehe hierzu auch Beispiel 48.)

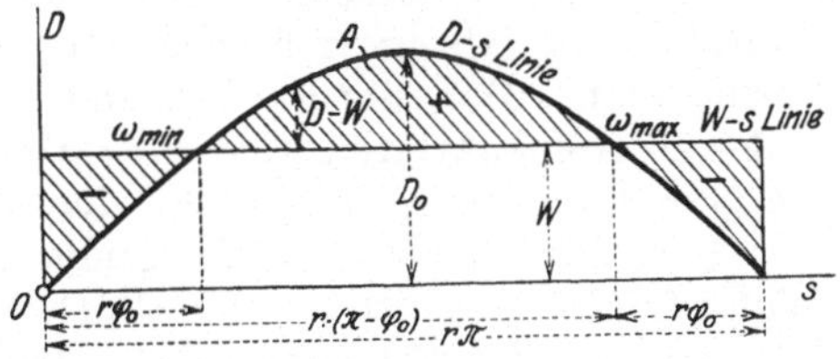

Beispiel 119. Wenn für die D-s-Linie längs jeder Halbumdrehung ein sinusförmiger Verlauf vorausgesetzt wird, und wenn D_0 den größten Wert von D bezeichnet, dann ist nach Abb. 194 zu setzen

$$D = D_0 \sin \varphi;$$

der durch die Gleichheit der Arbeiten längs einer Halbumdrehung bestimmte, konstant angenommene Widerstand W ist dann der Mittelwert dieser „Sinuslinie":

Abb. 194.

$$W r \pi = \int_0^\pi D r\, d\varphi = D_0\, r \int_0^\pi \sin \varphi\, d\varphi, \quad \text{und also} \quad W = \frac{2 D_0}{\pi}, \quad \text{oder} \quad D_0 = \frac{\pi}{2} W.$$

Die Stellen φ_0 und $\pi - \varphi_0$ der kleinsten und größten Winkelgeschwindigkeit, ω_{min} und ω_{max}, sind gegeben durch die Gleichsetzung von D und W:

$$D = W = \frac{\pi}{2} W \sin \varphi_0,$$

und daraus:

$$\sin \varphi_0 = \frac{2}{\pi} = 0{,}636, \quad \varphi_0 = 39^{\circ}\,30' = 0{,}690 \text{ (Bogenmaß)}$$

und der auftretende Arbeitsüberschuß ist

$$A_1 = \int_{\varphi_0}^{\pi-\varphi_0} (D - W)\, r\, d\varphi = W r \int_{\varphi_0}^{\pi-\varphi_0} \left(\frac{\pi}{2} \sin \varphi - 1\right) d\varphi = W r \left[- \frac{\pi}{2} \cos \varphi - \varphi \right]_{\varphi_0}^{\pi-\varphi_0}$$

$$= W r\, [\pi \cos \varphi_0 + 2 \varphi_0 - \pi] = 0{,}664\, W r = J_1 \cdot \varepsilon \cdot \omega_m^2.$$

Nach Gl. (235) ist das Drehmoment der Maschine

$$W r = 716{,}2\, \frac{N}{n}$$

und damit folgt durch Einsetzen in die vorgehende Gleichung, aus der J_1 gerechnet wird, da $\omega_m = \dfrac{\pi n}{30}$:

$$J_1 = \frac{1}{\varepsilon} \cdot \left(\frac{30}{\pi n}\right)^2 \cdot 0{,}664 \cdot 716{,}2 \cdot \frac{N}{n} = \frac{428}{\varepsilon} \frac{N}{n^3}, \quad \ldots \ldots \quad (348)$$

welche Gleichung als erster Anhaltspunkt für die Schwungradberechnung einer Einzylindermaschine dienen kann. Darin ist für N die Maschinenleistung in PS und für n die Drehzahl in 1 Min. zu setzen.

b) Das Verfahren von Radinger sucht die Massen des Schubkurbelgetriebes in der Art zu berücksichtigen, daß wohl der Einfluß der hin- und hergehenden Massen von Kreuzkopf, Kolbenstange und Kolben, nicht aber der der besonderen schwingenden Bewegung der Schubstange in Rechnung gezogen wird. Von der Masse der Schubstange wird $^2/_3$ als rotierend der Masse des Schwungrades, $^1/_3$ als hin- und hergehend den Massen von Kolbenstange und Kolben zugeschlagen. Die zur Beschleunigung und Verzögerung dieser Massen aufzuwendenden Beschleunigungskräfte werden durch das Produkt aus der Masse dieser Teile und den (wie in Beispiel 65 bestimmten) Beschleunigungen für annähernd gleichförmigen Kurbelumlauf ausgerechnet und im beschleunigten Teil der Bewegung von den Kolbenkräften K in Abzug gebracht, im verzögerten Teil diesen additiv hinzugefügt. Der übrige Vorgang ist wie vorher: mit den so veränderten Kolbenkräften wird die $D\text{-}s$-Linie, daraus durch Integration die $A\text{-}s$-Linie und aus dieser der größte auftretende Arbeitsüberschuß A_1 für gleichbleibenden (oder sonst irgendwie veränderlichen) Widerstand W ermittelt; die Gl. (346) gibt das erforderliche Trägheitsmoment des Schwungrades. Dieses Verfahren gilt, entsprechend erweitert, natürlich auch für Mehrzylindermaschinen und steht heute noch in weitem Maße in Verwendung.

VII. Die Sätze von der Erhaltung der Bewegung des Massenmittelpunktes und von der Erhaltung des „Schwunges".

102. Formulierung des d'Alembertschen Prinzips mit Hilfe des Prinzips der virtuellen Arbeiten. Nach der Aussage des d'Alembertschen Prinzips entsteht für irgendeinen bewegten Körper oder ein System von Körpern eine Gleichgewichtsgruppe, wenn zu den eingeprägten Kräften noch die Trägheitskräfte hinzugenommen werden. Dabei ist wichtig, von vornherein festzulegen, welche Körper zu dem System zu zählen sind; das System kann entweder ein Punkthaufen sein oder aus starren Körpern bestehen. An den Stellen, wo diese Körper mit anderen — nicht zu dem System gehörigen — verbunden oder längs diesen geführt sind, sind die Auflager- und Führungskräfte anzubringen und zu den eingeprägten hinzuzunehmen. Die eingeprägte Kraft für das Teilchen m_i sei durch $\overline{K}_i(X_i, Y_i, Z_i)$ gegeben. Ferner sei durch die Kraft $\mathfrak{J}_i(\mathfrak{X}_i, \mathfrak{Y}_i, \mathfrak{Z}_i)$ der Einfluß des übrigen Systems auf das Teilchen m_i, also die auf m_i wirkende „innere Kraft" gegeben. Die Bewegungsgleichungen für m_i lauten daher:

$$m_i\ddot{x}_i = X_i + \mathfrak{X}_i, \qquad m_i\ddot{y}_i = Y_i + \mathfrak{Y}_i, \qquad m_i\ddot{z}_i = Z_i + \mathfrak{Z}_i.$$

Multipliziert man diese Gleichungen mit δx_i, δy_i, δz_i, die die Komponenten irgendeines „virtuellen" Weges $\overline{\delta s_i}$ bezeichnen und addiert sie für alle Teilchen m_i, so verlangt das d'Alembertsche Prinzip, da die inneren Kräfte nur von der gegenseitigen Wirkung der Teilchen aufeinander herrühren, daß diese inneren Kräfte zusammen für sich im Gleichgewicht sind:

$$\sum (\mathfrak{X}_i\, \delta x_i + \mathfrak{Y}_i\, \delta y_i + \mathfrak{Z}_i\, \delta z_i) = 0$$

und es folgt daher

$$\boxed{\sum m_i(\ddot{x}_i\, \delta x_i + \ddot{y}_i\, \delta y_i + \ddot{z}_i\, \delta z_i) = \sum (X_i\, \delta x_i + Y_i\, \delta y_i + Z_i\, \delta z_i)}\ , \quad (349)$$

wobei die linke Summe über alle vorhandenen Massen, die rechte über alle vorhandenen Kräfte zu entstrecken ist.

Wenn das gegebene System aus einem starren Körper besteht und wenn man für die Verschiebungen δx_i, δy_i, δz_i die Ausdrücke (254) in 82 wählt, wie sie den Verschiebungen eines starren Körpers entsprechen, dann erhält man unmittelbar die Bewegungsgleichungen in der Form (293) wieder, und als besonderen Fall auch die Gleichungen (298) der starren Scheibe.

103. Der Satz von der Bewegung des Massenmittelpunkts. Wenn man die virtuellen Verschiebungen parallel zur x-Achse und zwar so vornimmt, daß das System als Ganzes um δx verschoben wird, also für alle Teilchen $\delta x_i = \delta x$, $\delta y_i = 0$, $\delta z_i = 0$ setzt, so folgt die Gleichung

$$\sum m_i \ddot{x}_i = \sum X_i,$$

wobei die rechte Summe aus den eingeprägten und den Führungskräften in der x-Richtung besteht. Nehmen wir nun auch die beiden anderen ähnlich gebauten Gleichungen für die y- und z-Achse hinzu und führen die Koordinaten (ξ, η, ζ) des Massenmittelpunktes S durch die Gln. (66) ein:

$$\sum m_i x_i = M\xi, \qquad \sum m_i y_i = M\eta, \qquad \sum m_i z_i = M\zeta,$$

so erhalten wir, wenn wir diese Gleichungen zweimal nach t differenzieren:

$$\boxed{M\ddot{\xi} = \sum X_i, \qquad M\ddot{\eta} = \sum Y_i, \qquad M\ddot{\zeta} = \sum Z_i}\ , \quad . \ . \ (350)$$

d. h. der Massenmittelpunkt S des Punkthaufens oder des gegebenen Massensystems bewegt sich gerade so, als ob alle Kräfte ohne Änderung ihrer Größen und Richtungen an der in S vereinigten Masse M des ganzen Systems angreifen würden.

Wenn insbesondere eingeprägte und Führungskräfte nicht vorhanden sind, dann folgt aus den Gln. (350) für $\sum X_i = \sum Y_i = \sum Z_i = 0$:

$$\ddot{\xi} = 0, \quad \ddot{\eta} = 0, \quad \ddot{\zeta} = 0$$

oder integriert

$$\dot{\xi} = a_1, \quad \dot{\eta} = a_2, \quad \dot{\zeta} = a_3 \ . \ . \ . \ . \ . \ . \ (351)$$

und nochmals integriert

$$\xi = a_1 t + b_1, \qquad \eta = a_2 t + b_2, \qquad \zeta = a_3 t + b_3 \quad . \ . \ (352)$$

wobei $a_1\, a_2\, a_3$, $b_1\, b_2\, b_3$ Integrationskonstanten sind. Bei fehlenden äußeren Kräften bewegt sich daher der Schwerpunkt gleichförmig in gerader Bahn, wie auch sonst die Bewegung der einzelnen Körper des Systems beschaffen sein mag.

Die Gl. (350) kann auch in der Form geschrieben werden

$$\mathfrak{B}_x = \sum m\,\dot{x} = M\,\dot{\xi} = M\,a_1, \qquad \mathfrak{B}_y = \sum m\,\dot{y} = M\,\dot{\eta} = M\,a_2, \left.\vphantom{\begin{matrix}a\\a\end{matrix}}\right\}$$
$$\mathfrak{B}_z = \sum m\,\dot{z} = M\,\dot{\zeta} = M\,a_3 \qquad\qquad (353)$$

und diese besagen, daß die **Summe der Bewegungsgrößen der zum System gehörigen Massen konstant und gleich der Bewegungsgröße der im Schwerpunkt vereinigten Gesamtmasse ist.** $\mathfrak{B}_x$ bezeichnet man als die „Bewegungsgröße des Systems in der x-Richtung". Die Bewegungsgln. (350) des Schwerpunktes S des ganzen Systems können daher in der Form geschrieben werden:

$$\frac{d\,\mathfrak{B}_x}{dt} = \sum X_i, \qquad \frac{d\,\mathfrak{B}_y}{dt} = \sum Y_i, \qquad \frac{d\,\mathfrak{B}_z}{dt} = \sum Z_i \ . \ . \ (354)$$

welche, wenn $\overline{\mathfrak{B}}\ (\mathfrak{B}_x,\ \mathfrak{B}_y,\ \mathfrak{B}_z)$ die „Bewegungsgröße des Systems" bezeichnet, in die Vektorgleichung zusammengefaßt werden können:

$$\boxed{\ \frac{d\,\overline{\mathfrak{B}}}{dt} = \sum \overline{K}_i\ } \ \ldots \ldots \ldots \ (355)$$

Beispiel 120. Anwendungen: Aus diesem Prinzip folgt, daß die Bewegung des Schwerpunktes S eines Systems durch innere Kräfte allein nicht beeinflußt werden kann; auch Kraftpaare sind auf seine Bewegung ohne Einfluß. Die Bewegung des Schwerpunktes eines beliebig gestalteten Körpers erfolgt überdies ganz unabhängig von allen Veränderungen der Gestalt und Struktur, die durch innere Kräfte allein an dem Körper hervorgerufen werden. So kann ein Turner nach dem Absprung vom Boden die Bahn seines Schwerpunktes nicht mehr beeinflussen. Der Schwerpunkt eines explodierenden Geschosses bewegt sich (wenn vom Luftwiderstand abgesehen wird) in einer Bahn, die durch die Explosion nicht geändert wird. Aus dem Satze folgt auch, daß der Schwerpunkt unseres Sonnensystems, auf das nur die Anziehungskräfte zwischen den einzelnen Himmelskörpern wirken, entweder ruht, oder sich gegen den Fixsternhimmel geradlinig und mit gleichbleibender Geschwindigkeit bewegt. Weiter folgt daraus, daß jede Vorwärtsbewegung auf einem absolut glatten Boden ausgeschlossen ist, auch die Erscheinung des Rückstoßes der Geschütze gehört hierher. Endlich liegt in diesem Satze der Grund für die Unmöglichkeit, ein Luftschiff ohne Eigenbewegung (Freiballon) durch Anbringung von Steuerflächen lenkbar zu machen. Eine wichtige Anwendung findet er schließlich auch in der Theorie des Stoßes (IX.).

Beispiel 121. Massenausgleich hinsichtlich der Bewegungsgrößen der bewegten Maschinenteile. In Beispiel 108 wurde gezeigt, daß ein einzelner, sich um eine Achse drehender Körper dann und nur dann keine Unterstützungskräfte in den Lagern verursacht, wenn 1. sein Schwerpunkt S in der Drehachse liegt, und 2. diese Drehachse eine Hauptträgheitsachse ist.

Aus der Gl. (355) gewinnen wir nunmehr die Bedingung dafür, daß irgendein System von miteinander verbundenen Körpern, die ihre gegenseitigen Lagen bei der Bewegung verändern, auf die Führungen und Auflager keine Kräfte ausübt. Diese Bedingung lautet: $\overline{\mathfrak{B}} = M \cdot \overline{v}_s = \Sigma\, m_i\, \overline{v}_i = \text{konst.}$, und im besonderen $\overline{\mathfrak{B}} = 0$, wenn zu irgendeiner Zeit t: $\overline{v}_s = 0$ war; d. h. die Bewegung der Massen muß so verlaufen, daß der **Gesamtschwerpunkt des Systems entweder in Ruhe bleiben, oder sich gleichförmig und geradlinig bewegen muß. (1. Bedingung für den Massenausgleich.)** Wenn auf diese Bedingung nicht Rücksicht genommen würde, so würden durch die hin- und hergehenden Massen der Kolbenmaschinen in den Fahrzeugen und Gebäuden, in denen solche Maschinen eingebaut sind (Lokomotiven, Kraftwagen, Flugzeuge, Fabrikgebäude) im Takte der Motorbewegung verlaufende Erschütterungen entstehen, die aus verschiedenen Gründen vermieden werden müssen. Jede Verlagerung der Massen würde nämlich wie eine eingeprägte periodische Kraft wirken, und eine erzwungene Schwingung des Maschinenfundamentes (bei Lokomotiven auch des angehängten Wagenzuges) von derselben Periode wie die Periode der Maschine hervorrufen. Der Rahmen einer an Ketten aufgehängten Lokomotive würde, wenn diese in Gang gesetzt wird, wegen der sich periodisch nach vorne und rückwärts bewegten Getriebeteile Bewegungen ausführen müssen, die in jedem Augenblicke den Bewegungen dieser Getriebeteile entgegengesetzt gerichtet und deren Geschwindigkeiten durch die Gleichungen $\Sigma\, m_i\, \dot{x}_i = 0$, usw. bestimmt wären. Um diese Erschütterungen vollständig auszuschalten, müßte jede nach einer Richtung bewegte Masse durch eine mit derselben Bewegungsgröße nach der entgegengesetzten Richtung bewegten Masse „ausgeglichen" werden. Ein solcher „exakter" Massenausgleich ist jedoch aus konstruktiven Gründen undurchführbar. Auch die Verwendung von Mehrzylindermaschinen mit gleichgroßen Zylindern und symmetrischer Anordnung der Kurbeln nach Abb. 195 a) für die Vierzylinder- mit einem Kurbelwinkel

von 180⁰ und b) für die Sechs-
zylindermotoren mit einem
Kurbelwinkel von 120⁰ bringt
keinen vollständigen Massenausgleich, weil die Geschwin-
digkeitsverteilung für Hin-
und Rückgang nicht symme-
trisch ist (s. Beispiel 65) und
daher die Bewegungsgrößen
der (hier als gleichgroß angenommenen) hin- und her-
gehenden Massen nicht in
jedem Augenblicke exakt die
Summe Null ergeben. Bei
Lokomotiven wird der Massenausgleich der Getriebemassen
durch Gegenmassen ange-
strebt, die im Innern der
Radkränze der Treibräder angebracht werden. Solche Gegenmassen können natürlich exakt
nur zur Ausgleichung von
rotierenden Massen dienen,
deren Schwerpunkte nicht in
den Radachsen liegen; auch
jene Teile der Schubstangen-

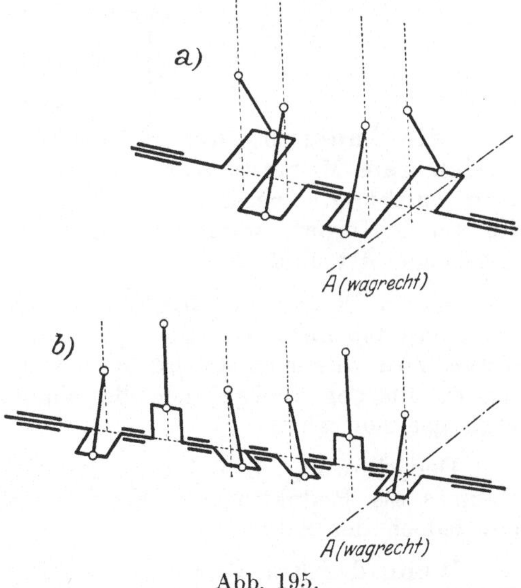

Abb. 195.

massen, die **konstanten** Einfluß auf die Bewegung haben (wie m_1 in 98 A, b), können auf diese Weise ausgeglichen werden; dagegen ist die Ausgleichung der hin- und hergehenden Massen von Kolben und Kolbenstange und der „schwingenden" Masse m_3 der Schubstange durch solche rotierende Massen nicht möglich und wird praktisch durch Anwendung mehrerer Zylinder mit verstellten Kurbeln **angenähert** erzielt.

104. Satz von der Erhaltung des „Schwunges". Wenn in Gl. (349) die virtuellen Verschiebungen in der Form (254) angesetzt werden, wie sie einer Drehung des ganzen in irgendeinem Augenblicke als starr betrachteten Punkthaufens um die Koordinatenachsen entsprechen, so erhält man durch Nullsetzen der Koeffizienten der Drehwinkel $\delta\psi$, $\delta\chi$, $\delta\varphi$ unmittelbar die drei „Momentengleichungen", deren erste lautet:

$$\mathfrak{M}_x = \sum(y_i Z_i - z_i Y_i) = \sum m_i(y_i \ddot{z}_i - z_i \ddot{y}_i) = \frac{d}{dt}\sum m_i(y_i \dot{z}_i - z_i \dot{y}_i).$$

Der Ausdruck $(y_i \dot{z}_i - z_i \dot{y}) = 2\,\eta_x$ ist das Moment der Geschwindigkeit von m_i um die x-Achse, oder die doppelte Flächengeschwindigkeit der Projektionsbewegung von m_i auf die y-z-Ebene; $m_i(y_i \dot{z}_i - z_i \dot{y}_i)$ nennt man den Schwung (öfters auch den Drall, Impulsmoment oder Moment der Bewegungsgröße) von m_i und $\sum m_i(y_i \dot{z}_i - z_i \dot{y}_i) = \mathfrak{D}_x$ den Schwung des Punkthaufens um die x-Achse. Der Schwung $\mathfrak{D}$ des Systems bezüglich O ist also ein Vektor mit den Komponenten $\mathfrak{D}_x$, $\mathfrak{D}_y$, $\mathfrak{D}_z$, mit deren Hilfe die Momentengleichungen in der einfacheren Form geschrieben werden können:

$$\mathfrak{M}_x = \frac{d\mathfrak{D}_x}{dt}, \quad \mathfrak{M}_y = \frac{d\mathfrak{D}_y}{dt}, \quad \mathfrak{M}_z = \frac{d\mathfrak{D}_z}{dt} \quad \ldots \ldots (356)$$

oder in der Vektorform:

$$\boxed{\overline{\mathfrak{M}} = \frac{d\overline{\mathfrak{D}}}{dt}}, \quad \ldots \ldots \ldots (357)$$

d. h. die Änderung des Schwungs $\overline{\mathfrak{D}}$ in der Zeiteinheit ist gleich dem Moment der eingeprägten Kräfte in bezug auf den Punkt O. Dieser Satz gilt sowohl für den Punkthaufen wie für starre Körper, wenn nur die inneren Kräfte von der oben angegebenen Art sind.

Wenn $\overline{\mathfrak{M}} = 0$, so folgt $\overline{\mathfrak{D}} =$ konst., d. h. der Schwung des Systems ist nach Größe und Richtung im Raume konstant. (Satz von der Erhaltung des Schwunges oder Flächensatz. wie er aus der angegebenen Beziehung zur Flächengeschwindigkeit auch genannt wird).

Der Schwung $\overline{\mathfrak{D}}$ hat im allgemeinen für jeden Punkt O des Raumes als Reduktionspunkt einen anderen Wert. Im besonderen gilt jedoch der Satz:

Wenn der Schwerpunkt des Systems ruht, so ist $\overline{\mathfrak{D}}$ unabhängig von der Wahl des Momentenpunktes.

Wenn z. B. $\mathfrak{D}_x$ für den Punkt O durch die Gleichung

$$\mathfrak{D}_x = \sum m_i(y_i z_i - z_i y_i) \ldots \ldots \ldots (358)$$

gegeben ist, so ist die x-Komponente $\mathfrak{D}_x{}'$ für den Punkt O' als

Momentenpunkt, wenn O' im ursprünglichen System die Koordinaten (a, b, c) hat:

$$\mathfrak{T}_x' = \sum m_i[(y_i - b)\dot{z}_i - (z_i - c)\dot{y}_i] = \mathfrak{D}_x - b \sum m_i \dot{z}_i + c \sum m_i \dot{y}_i;$$

wenn daher S im System $Oxyz$ ruht, so ist

$$\sum m_i \dot{x}_i = M\dot{\xi} = 0, \qquad \sum m_i \dot{y}_i = M\dot{\eta} = 0, \qquad \sum m_i \dot{z}_i = M\dot{\zeta} = 0$$

und daher $\qquad \mathfrak{D}_x' = \mathfrak{D}_x, \quad \mathfrak{D}_y' = \mathfrak{D}_y, \quad \mathfrak{D}_z' = \mathfrak{D}_z.$

Zur Berechnung des Schwunges eines starren Körpers, der sich mit ω_x um die x-Achse bewegt, ist in Gl. (358) zu setzen:

$$\dot{y}_i = - z_i \omega_x, \qquad \dot{z}_i = y_i \omega_x,$$

so daß sich ergibt:

$$\boxed{\mathfrak{D}_x = \omega_x \sum m_i(y_i^2 + z_i^2) = J_x \omega_x} \quad \ldots \ldots \text{(359)}$$

Beispiel 122. Anwendungen. Aus der großen Zahl der Anwendungen des Satzes von der Erhaltung des Schwunges seien hier nur die folgenden hervorgehoben: Der Schwung $\mathfrak{D}$ des Planetensystems, welches nur den zwischen den Planeten wirkenden Anziehungen ausgesetzt ist, ist nach Größe und Richtung im Raume konstant. Die durch den Schwerpunkt der Sonne $\perp$ zu $\mathfrak{D}$ gelegte (oder irgendeine andere hierzu parallele) unveränderliche Ebene besitzt also für den ganzen Verlauf der Bewegungen der Planeten gegen den Fixsternhimmel eine unveränderliche Lage; daher kann sie als Bezugsebene für die genauere Untersuchung der Bahnkurven der Planeten genommen werden, bei der die gegenseitigen „Wirkungen" der Planeten aufeinander — die „Störungen" — berücksichtigt werden. — Ein Turner vermag den „Schwung", den er sich beim Absprung vom Boden beibringt, nach dem Absprung in keiner Weise zu ändern, er kann jedoch durch Einziehen der Arme und Beine seine Winkelgeschwindigkeit erhöhen und deshalb die Umdrehungszeit um seine eigene Achse erniedrigen; eine volle Umdrehung in der Luft (salto mortalo) kann dadurch in der kurzen Zeit ausgeführt werden, die sein Schwerpunkt für das Herabfallen bis in die Nähe des Bodens braucht. — Zur Veranschaulichung des Satzes von der Erhaltung des Schwunges kann der Drehschemel dienen, der aus einer um eine lotrechte Achse leicht beweglichen Platte besteht. Wenn eine auf diesem Drehschemel stehende Person eine Stange oder den Arm in einer wagrechten Ebene um den Kopf herumschwingt, so bewegt sich der übrige Körper nach der entgegengesetzten Richtung mit einer solchen Winkelgeschwindigkeit, daß der Schwung der nach einer Richtung bewegten Stange und der Schwung des nach der andern Richtung bewegten Körpers derselbe ist; bei Aufhören der Bewegung des Armes kommt auch die Bewegung des Körpers sofort zur Ruhe.

Der Schwung der Luftschraube eines Flugzeuges und der damit gleichsinnig rotierenden Motorteile würde seinen Gegenwert in einem Schwunge gleicher Größe finden, der das ganze Flugzeug im entgegengesetzten Sinne um die Längsachse des Flugzeugs herumdrehen würde. Dies wird durch den großen Widerstand behindert, den die Flügel einer solchen Bewegung entgegensetzen, muß aber doch durch eine unsymmetrische Einstellung der Flügel unwirksam gemacht werden. Bei Flugzeugen, die mit gegenläufigen Luftschrauben von gleichem Schwunge ausgerüstet sind, fällt diese Wirkung weg.

Eine wichtige Anwendung findet endlich dieser Satz in der Theorie der Turbinen (s. Hydraulik).

Während nun eine Vorwärtsbewegung ohne Inanspruchnahme der Reibung der Unterlage angeschlossen ist, ist eine Drehung auf glatter Unterlage um jeden beliebigen Winkel möglich; man braucht hierzu nur kreisende Arm- oder Beinbewegungen von der oben beschriebenen Art auszuführen, so dreht sich der übrige Körper um einen nach dem Schwungsatz zugeordneten Winkel im entgegengesetzten Sinne. Ohne hier weiter auf die Sache einzugehen, sei nur erwähnt, daß der innere Grund für diesen wesentlichen Unterschied darin liegt, daß die Gleichung $\mathfrak{B}_x = \Sigma m_i \dot{x}_i = 0$ integrierbar ist, während die Gleichung $\mathfrak{D}_x = \Sigma m_x (y_i \dot{z}_i - z_i \dot{y}_i) = 0$ dies nicht ist, und daher wohl eine Bedingung für die infinitesimalen, nicht aber für die endlichen Lagenänderungen der einzelnen Teile des Systems darstellt.

Beispiel 123. Massenausgleich hinsichtlich der Momente der Bewegungsgrößen der bewegten Maschinenteile. Zur Ausschaltung von Kraftwirkungen auf das Fundament müssen die hin und her gehenden Massen der Maschinen, wie in Beispiel 121 gezeigt wurde, jedenfalls so angeordnet werden, daß die Summe der Bewegungsgrößen in Richtung der Zylinderachsen (und auch in jeder anderen Richtung) dauernd verschwindet, oder, was auf dasselbe hinaus kommt, daß der Schwerpunkt aller bewegten Massen dauernd in Ruhe bleibt.

Aus dem Satz von der Erhaltung des Schwunges folgt nun weiter, daß es für die Ausschaltung von Kraftwirkungen auf das Maschinenfundament außerdem auch notwendig ist, daß der gesamte Schwung oder die Summe der Momente der Bewegungsgrößen der bewegten Massen um jede Achse des Raumes verschwindet. (2. Bedingung für den Massenausgleich.) Für Kolbenmaschinen, deren Zylinderachsen alle in einer Ebene liegen, kommen dabei einzig und allein nur die Achsen in Frage, die zu dieser Ebene senkrecht stehen, wie A in Abb. 195a und b. Durch die um die Mittelebene symmetrische Anordnung der Zylinder, wie sie in diesen Abbildungen gezeigt ist, ist der Massenausgleich hinsichtlich der Momente der Bewegungsgrößen erreicht — freilich wegen der Unsymmetrie der Geschwindigkeiten für Hin- und Rückgang wieder nur angenähert.

Bei mehrzylindrigen Schiffsmaschinen mit verschieden großen Zylindern und daher mit Getrieben mit verschieden großen Massen (wie dies bei mehrstufiger Expansion aus wirtschaftlichen Gründen notwendig ist) kann der Massenausgleich dadurch erzielt werden, daß für die Winkel zwischen den einzelnen Kurbeln nicht von vornherein bestimmte Größen (180 oder 120° etwa) gewählt werden, sondern diese Winkel zunächst unbestimmt gelassen und erst aus den beiden „Bedingungen für den Massenausgleich" ermittelt werden (Schlickscher Massenausgleich). Wenn die Schubstangen sämtlich unendlich lang genommen, also in Beispiel 65: $\lambda = \dfrac{r}{l} \sim 0$ und $v \sim r\,\omega \cos\varphi$ gesetzt und mit diesen vereinfachten Werten der Geschwindigkeiten die beiden Bedingungen für den Massenausgleich, d. h. der Schwerpunkts- und Flächensatz, angesetzt werden, so spricht man von Massenausgleich 1. Ordnung; es ist jedoch auch ein Massenausgleich 2. Ordnung möglich, bei dem in den Ausdrücken für diese Geschwindigkeiten auch die Glieder mit λ beibehalten werden.

VIII. Bewegung eines Körpers um einen festen Punkt. Kreisel.

105. Die Eulerschen Bewegungsgleichungen. Nach den Ergebnissen der vorhergehenden Abschnitte wird die Bewegung eines beliebigen Systems von Körpern im Raume dadurch beschrieben, daß zunächst die Bewegung des Schwerpunktes S und sodann die Bewegung des Körpers um diesen Schwerpunkt angegeben wird. Die erstere wird durch den Schwerpunktsatz, die letztere durch den Flächensatz beherrscht. Für den einzelnen starren Körper, der im Raume ein Gebilde mit 6 Freiheitsgraden darstellt, erhält man aus beiden die nötige Anzahl (6) von Gleichungen, um seine Bewegung vollständig zu bestimmen. Als Beispiele für solche räumliche Bewegungen eines Körpers seien genannt: die Bewegung eines Flugzeuges und eines Geschosses gegen die Erde, oder die eines Planeten gegen den Fixsternhimmel.

Die in **104** gegebene Gl. (357) kann auch unmittelbar als die Bewegungsgleichung eines starren Körpers um einen festen Punkt O betrachtet werden. In jedem Zeitelemente dt tritt zu dem zur Zeit t vorhandenen Schwunge $\mathfrak{D}$ der zusätzliche Schwung $\overline{d\mathfrak{D}} = \overline{\mathfrak{M}}\,dt$ in Richtung von $\overline{\mathfrak{M}}$ hinzu, die Summe $\mathfrak{D} + \overline{d\mathfrak{D}}$ gibt den Schwung zur Zeit $t + dt$.

Legt man die im Raume festen Achsen xyz durch O hindurch, dann kommen in $\mathfrak{M}$ nur die Momente der eingeprägten Kräfte (Gewicht usw.) vor, während der Auflagedruck A des festen Punktes zu $\overline{\mathfrak{M}}$ keinen Beitrag gibt. Wenn man nun die Komponenten des Schwunges nach diesen Achsen xyz bildet, so stellt sich der Übelstand ein, daß die nach den Gln. $\mathfrak{D}_x = \sum m_i\,(y_i\,\dot z_i - z_i\,\dot y_i)$ usw. auszuführenden Summationen für jede Lage des Körpers andere Werte geben würden, deren Zusammenhang schwer zu überblicken wäre.

Die Betrachtung wird wesentlich vereinfacht, wenn an Stelle dieser festen Achsen **bewegte, und zwar körperfeste Achsen** $O\xi\eta\zeta$ verwendet werden, und die Komponenten von $\overline{\mathfrak{D}}$ in bezug auf diese letzteren gebildet werden. Wenn $\overline{\omega}\,(\omega_\xi, \omega_\eta, \omega_\zeta)$ die augenblickliche Winkelgeschwindigkeit und die Komponenten nach diesen Achsen sind, dann sind die Komponenten (v_ξ, v_η, v_ζ) der Geschwindigkeit $\overline{v}$ eines Teilchens m in A **relativ** zu diesen Achsen $O\xi\eta\zeta$ in der Form anzusetzen

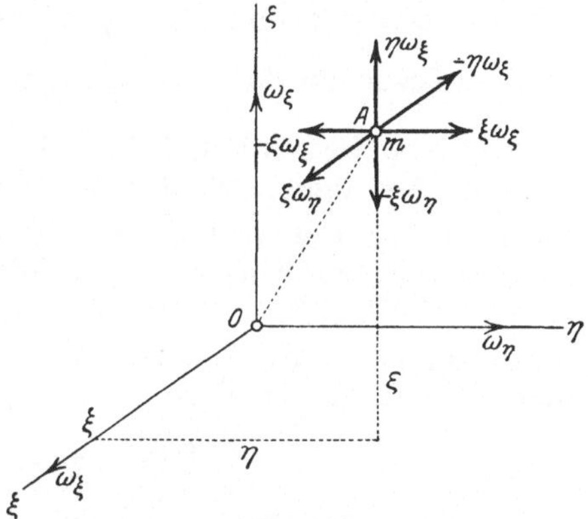

Abb. 196.

$$\boxed{v_\xi = \zeta\,\omega_\eta - \eta\,\omega_\zeta, \qquad v_\eta = \xi\,\omega_\zeta - \zeta\,\omega_\xi, \qquad v_\zeta = \eta\,\omega_\xi - \xi\,\omega_\eta} \qquad . \;\; (360)$$

wie die Betrachtung der Abb. 196 lehrt, in der die von $\omega_\xi, \omega_\eta, \omega_\zeta$ hervorgerufenen Teilgeschwindigkeiten eingetragen sind. In Vektorenform lauten die Gleichungen, wenn $\overline{r} = \overline{OA}$:

$$\boxed{\overline{v} = \overline{\omega}\,\overline{r}} \qquad . \qquad . \qquad . \qquad . \qquad . \qquad . \qquad (361)$$

Damit ergibt sich für $\mathfrak{D}_\xi$ nach Gl. (358)

$$\mathfrak{D}_\xi = \sum m\,(\eta\,v_\zeta - \zeta\,v_\eta) = \sum m\,[\eta\,(\eta\,\omega_\xi - \xi\,\omega_\eta) - \zeta\,(\xi\,\omega_\zeta - \zeta\,\omega_\xi)]$$
$$= J_\xi\,\omega_\xi - D_{\xi\eta}\,\omega_\eta - D_{\xi\zeta}\,\omega_\zeta \qquad . \qquad . \qquad . \qquad . \qquad . \qquad . \qquad (362)$$

wenn mit $J_\xi, \ldots, D_{\eta\zeta}, \ldots$ nach den Definitionsgleichungen (262) und (263) die TM und Deviationsmomente bezüglich der Achsen $\xi\eta\zeta$ bezeichnet werden. Die entsprechenden Ausdrücke für $\mathfrak{D}_\eta$ und $\mathfrak{D}_\zeta$ ergeben sich durch zyklische Vertauschung.

Aus der Form dieser Gleichungen erhellt unmittelbar, daß sich die Komponenten von $\overline{\mathfrak{D}}$ ganz besonders einfach darstellen lassen, wenn als körperfeste Achsen $O\xi\eta\zeta$ die **Hauptträgheitsachsen** des Körpers gewählt werden; für diese verschwinden nämlich die Deviationsmomente und die Komponenten von $\mathfrak{D}$ werden einfach

$$\boxed{\mathfrak{D}_\xi = J_\xi\,\omega_\xi, \quad \mathfrak{D}_\eta = J_\eta\,\omega_\eta, \quad \mathfrak{D}_\zeta = J_\zeta\,\omega_\zeta} \quad \ldots \ldots (363)$$

worin $J_\xi,\, J_\eta,\, J_\zeta$ konstant sind.

Da sich diese Zerlegung auf **körperfeste** und nicht auf **raumfeste** Achsen bezieht, so wäre es nun freilich fehlerhaft, wenn man die **Zeitableitungen dieser** Komponenten den Momenten der eingeprägten Kräfte um die entsprechenden Achsen, $\mathfrak{M}_\xi$, $\mathfrak{M}_\eta$, $\mathfrak{M}_\zeta$ unmittelbar gleich setzen würde. Man muß vielmehr stets die Komponenten des Schwunges nach raumfesten Achsen $Oxyz$ bilden und diese nach t differenzieren. Wegen der einfachen Form der Größen $\mathfrak{D}_\xi$, $\mathfrak{D}_\eta$, $\mathfrak{D}_\zeta$ empfiehlt es sich jedoch, diese Größen beizubehalten und die **absoluten** Änderungen des Schwunges durch sie auszudrücken.

Die Komponenten $\mathfrak{D}_\xi$, $\mathfrak{D}_\eta$, $\mathfrak{D}_\zeta$ von $\overline{\mathfrak{D}}$ sind die „relativen" Koordinaten in bezug auf die bewegten Achsen und die Ableitungen $\dfrac{d\mathfrak{D}_\xi}{dt}$ also die relativen Geschwindigkeiten des Vektors $\overline{O\mathfrak{D}}$ in bezug auf diese Achsen. Aus ihnen erhält man die absoluten, wenn man die Komponenten der Geschwindigkeit des mit dem Endpunkt von $\overline{\mathfrak{D}}$ zusammenfallenden Körperpunktes addiert $[\overline{v}_a = \overline{v}_{rel} - \overline{v}_s]$. Diese sind aber nach Gl. (360): $\mathfrak{D}_\zeta\,\omega_\eta - \mathfrak{D}_\eta\,\omega_\zeta$, $\mathfrak{D}_\xi\,\omega_\zeta - \mathfrak{D}_\zeta\,\omega_\xi$, $\mathfrak{D}_\eta\,\omega_\xi - \mathfrak{D}_\xi\,\omega_\eta$. Daher schreibt sich die „absolute Änderung" von $\mathfrak{D}$ mit der Zeit in Richtung $O\xi$ in der Form

$$\frac{d\mathfrak{D}_\xi}{dt} + \mathfrak{D}_\zeta\,\omega_\eta - \mathfrak{D}_\eta\,\omega_\zeta,$$

und somit erhalten wir die Bewegungsgleichungen

$$\boxed{\begin{aligned} J_\xi\,\dot\omega_\xi - (J_\eta - J_\zeta)\,\omega_\eta\,\omega_\zeta &= \mathfrak{M}_\xi \\ J_\eta\,\dot\omega_\eta - (J_\zeta - J_\xi)\,\omega_\zeta\,\omega_\xi &= \mathfrak{M}_\eta \\ J_\zeta\,\dot\omega_\zeta - (J_\xi - J_\eta)\,\omega_\xi\,\omega_\eta &= \mathfrak{M}_\xi \end{aligned}} \quad \ldots \ldots (364)$$

Die linken Seiten sind als die Komponenten von $\dot{\mathfrak{D}}$ nach festen Achsen (xyz) aufzufassen, die in jedem Augenblicke mit dem bewegten $O\xi\eta\zeta$ zusammenfallen. Die Gln. (364) sind die berühmten **Euler**schen „dynamischen Gleichungen" für die Bewegung eines Körpers um einen festen Punkt, die auch in die eine Vektorgleichung zusammengefaßt werden können.

$$\boxed{\dot{\mathfrak{D}} + \overline{\omega\,\mathfrak{D}} = \overline{\mathfrak{M}}} \quad \ldots \ldots \ldots (365)$$

106. Kräftefreie Bewegungen des Körpers erhält man, wenn der Schwerpunkt S mit dem Auflager zusammenfällt und sonstige eingeprägte Kräfte (außer dem Gewichte) nicht vorhanden sind. In den Gln. (364) ist für diese Bewegungen $\overline{\mathfrak{M}} = 0$ zu setzen.

a) **Drehungen um die Hauptträgheitsachsen** $O\,\xi\,\eta\,\zeta$. Die Gln. (364) werden für beliebige Werte der J_ξ, J_η, J_ζ durch die Werte befriedigt

$$\omega_\xi = 0, \quad \omega_\eta = 0, \quad \omega_\zeta = c = \text{konst.}, \quad \ldots \ldots \quad (366)$$

d. h. die dauernde Drehung um die Hauptträgheitsachse $O\zeta$ (und ebenso um die beiden anderen $O\xi$, $O\eta$) ist eine „mögliche" Bewegungsform — ein Ergebnis, das schon in **93**, Beispiel 108, auf andere Weise erhalten wurde.

b) Für $J_\xi = J_\eta = J_\zeta$ ergibt sich aus den Gln. (364):

$$\omega_\xi = \omega_\eta = \omega_\zeta = \text{konst.}, \quad \ldots \ldots \ldots \quad (367)$$

d. h. wenn das Trägheitsellipsoid des Körpers eine Kugel ist, so ist der Drehvektor $\overline{\omega}$ unveränderlich im Körper und daher auch im Raume; dies ist der Fall des sog. **Kugelkreisels**, der eine Dauerdrehung um jede beliebige Achse durch O ausführen kann.

c) Wenn $J_\xi = J_\eta \neq J_\zeta$, so erhält man die Bewegungsgleichungen des **symmetrischen kräftefreien Kreisels**. Unter **Kreisel** versteht man einen starren Rotationskörper, bei dem irgendein Punkt seiner Rotationsachse, die man auch als „Figurenachse" bezeichnet, festgehalten wird. Aus der dritten der Gln. (364) folgt für

$$J_\xi = J_\eta \neq J_\zeta; \quad \omega_\zeta = c = \text{konst.},$$

d. h. die Projektion von $\overline{\omega}$ auf die ζ-Achse ist konstant und die beiden ersten Gleichungen geben:

$$\left. \begin{array}{l} J_\xi\, \dot\omega_\xi - (J_\xi - J_\zeta)\,c\,\omega_\eta = 0 \\[4pt] J_\xi\, \dot\omega_\eta + (J_\xi - J_\zeta)\,c\,\omega_\xi = 0 \end{array} \right\} \quad (368)$$

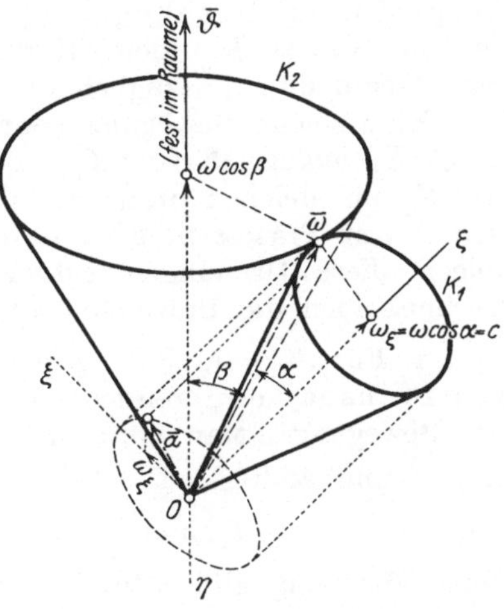

Abb. 197.

Die Multiplikation mit ω_ξ und ω_η und Addition liefert

$$\omega_\xi\, \dot\omega_\xi + \omega_\eta\, \dot\omega_\eta = 0, \quad \text{daher} \quad \omega_\xi^2 + \omega_\eta^2 = a^2 = \text{konst.}, \quad (369)$$

daher ist auch $\omega^2 = \omega_\xi^2 + \omega_\eta^2 + \omega_\zeta^2 = a^2 + c^2 = \text{konst.}$ und $\overline{\omega}$ liegt auf einem Drehkegel mit der Öffnung $\operatorname{tg}\alpha = a/c$ um die ζ-Achse, Abb. 197. Aus den Gln. (368) folgt durch Elimination von ω_ξ oder ω_η

(durch Differentiation der einen Gleichung), daß ω_ξ und ω_η derselben Differentialgleichung 2. Ordnung genügen

$$\ddot{\omega}_\xi + \left(\frac{J_\xi - J_\zeta}{J_\zeta}\right)^2 c^2\, \omega_\xi = 0 \quad\ldots\ldots\ldots \quad (370)$$

und diese besagt, daß die Projektionen von ω auf ξ und η einfache harmonische Schwingungen ausführen und daß $\overline{\omega}$ gleichmäßig um die ζ-Achse herumwandert.

Bildet man nun die Projektion von $\overline{\omega}$ auf den Schwungvektor $\overline{\mathfrak{D}}$ ($\mathfrak{D}_\xi = J_\xi\,\omega_\xi$, $\mathfrak{D}_\eta = J_\eta\,\omega_\eta$, $\mathfrak{D}_\zeta = J_\zeta\, c =$ konst.), so folgt für diese nach Gl. (10) in 13

$$\omega' = \omega \cos\beta = \omega_\xi \cdot \frac{\mathfrak{D}_\xi}{\mathfrak{D}} + \omega_\eta\, \frac{\mathfrak{D}_\eta}{\mathfrak{D}} + \omega_\zeta\, \frac{\mathfrak{D}_\zeta}{\mathfrak{D}}$$

$$= \frac{J_\xi\,\omega_\xi^2 + J_\eta\,\omega_\eta^2 + J_\zeta\,\omega_\zeta^2}{\mathfrak{D}} = \frac{2\,T}{\mathfrak{D}} = \text{konst.}, \quad\ldots \quad (371)$$

d. h. die Projektion ω' von $\overline{\omega}$ auf $\overline{\mathfrak{D}}$ ist ebenfalls konstant, und daher ist auch $\cos\alpha =$ konst. Überdies liegen die beiden Vektoren $\overline{\omega}\,(\omega_\xi, \omega_\eta, \omega_\zeta)$ und $\overline{\mathfrak{D}}\,(J_\xi\,\omega_\xi, J_\xi\,\omega_\eta, J_\zeta\, c)$ in einer Ebene. Daher bewegt sich der Vektor $\overline{\omega}$ einerseits auf einem im Körper festen Drehkegel um ζ, andererseits auf einem raumfesten Drehkegel um $\overline{\mathfrak{D}}$; die **Bewegung des Körpers ist also so darzustellen, daß ein körperfester Drehkegel K_1 (Polodiekegel) auf einem raumfesten Kegel K_2 (dem Herpolodiekegel) ohne Gleitung rollt** (vgl. hierzu 68). [Bezüglich der Bedeutung von T siehe d]).

Eine solche Bewegung nennt man eine (reguläre) Präzession. Liegt K_2 außerhalb von K_1, so erfolgt das Herumwandern von K_1 um K_2 im gleichen Sinne wie die Drehung des Kreisels um ζ und man nennt Präzession **gleichsinnig**; liegt K_2 innerhalb K_1, so erfolgen diese Drehungen entgegengesetzt zueinander und man bezeichnet auch die Präzession als **gegensinnig**.

d) Für $J_\xi \neq J_\eta \neq J_\eta$ gelangt man auf folgende Weise zu der von **Poinsot** herrührenden anschaulichen Darstellung des Verlaufes der Bewegung. Man multipliziert die Gln. (364) zunächst mit ω_ξ, ω_η, ω_ζ und addiert, so erhält man (da $\overline{\mathfrak{M}} = 0$):

$$J_\xi\,\omega_\xi\,\dot{\omega}_\xi + J_\eta\,\omega_\eta\,\dot{\omega}_\eta + J_\zeta\,\omega_\zeta\,\dot{\omega}_\zeta = 0\,.$$

Diese Gleichung gibt integriert die „Energiegleichung" (das Energieintegral) des bewegten Körpers:

$$T \equiv \tfrac{1}{2}\left(J_\xi\,\omega_\xi^2 + J_\eta\,\omega_\eta^2 + J_\zeta\,\omega_\zeta^2\right) = \text{konst.} \quad\ldots\ldots \quad (372)$$

Bei fehlenden Kräften ist die kinetische Energie des Körpers, die sich skalar aus den kinetischen Energien der Drehungen um die drei Achsen zusammensetzt, eine Konstante. Ebenso folgt durch Multiplikation derselben Gln. (364) mit $J_\xi\,\omega_\xi$, $J_\eta\,\omega_\eta$, $J_\zeta\,\omega_\zeta$ und Addition:

$$J_\xi^2\,\omega_\xi\,\dot{\omega}_\xi + J_\eta^2\,\omega_\eta\,\dot{\omega}_\eta + J_\zeta^2\,\omega_\zeta\,\dot{\omega}_\zeta = 0$$

eine Gleichung, die ebenfalls integrabel ist und die Gleichung liefert

$$\mathfrak{D}^2 = J_\xi{}^2\,\omega_\xi{}^2 + J_\eta{}^2\,\omega_\eta{}^2 + J_\zeta{}^2\,\omega_\zeta{}^2 = \text{konst.} \quad\ldots\ldots (373)$$

und diese Gleichung drückt die Konstanz des Schwungvektors $\overline{\mathfrak{D}}$ in bezug auf das körperfeste System $O\,\xi\,\eta\,\zeta$ aus.

Auch hier ist die Projektion ω' von ω auf $\overline{\mathfrak{D}}$ eine Konstante. Denn es ist wie zuvor

$$\omega' = \omega\cos\alpha = \omega_\xi\frac{\mathfrak{D}_\xi}{\mathfrak{D}} + \omega_\eta\frac{\mathfrak{D}_\eta}{\mathfrak{D}} + \omega_\zeta\frac{\mathfrak{D}_\zeta}{\mathfrak{D}} = \text{konst.} \quad\ldots\ldots (374)$$

ω selbst ist in diesem allgemeinen Falle jedoch **nicht** mehr konstant.

Die Ebene, die durch den Endpunkt von $\overline{\omega}\,(\omega_\xi,\,\omega_\eta,\,\omega_\zeta)$ senkrecht zu $\overline{\mathfrak{D}}\,(\mathfrak{D}_\xi,\,\mathfrak{D}_\eta,\,\mathfrak{D}_\zeta)$ gelegt werden kann, hat die Gleichung:

$$J_\xi\,\omega_\xi(X-\omega_\xi) + J_\eta\,\omega_\eta(Y-\omega_\eta) + J_\zeta\,\omega_\zeta(Z-\omega_\zeta) = 0, \quad (375)$$

worin X, Y, Z die laufenden Koordinaten bezeichnen. Diese Ebene berührt das durch den Endpunkt von ω gelegte Trägheitsellipsoid für den festen Punkt O als Mittelpunkt, denn die Gleichung dieses Trägheitsellipsoids lautet

$$J_\xi\,X^2 + J_\eta\,Y^2 + J_\zeta\,Z^2 = J_\xi\,\omega_\xi{}^2 + J_\eta\,\omega_\eta{}^2 + J_\zeta\,\omega_\zeta{}^2 = 2\,T \quad (376)$$

und die Richtungskosinusse der Normalen seiner Berührungsebene im Punkte $\omega_\xi,\,\omega_\eta,\,\omega_\zeta$ sind verhältnisgleich zu $J_\xi\,\omega_\xi,\,J_\eta\,\omega_\eta,\,J_\zeta\,\omega_\zeta$. Die Berührungsebene hat daher die Gl. (375).

Nun hat $\overline{\mathfrak{D}}$ eine feste Lage im Raume (Satz von der Erhaltung des Schwunges) und da $\omega' = \text{konst.}$, so hat auch die Ebene (375) eine feste Lage im Raume; sie ist in der Tat eine „unveränderliche Ebene" im Sinn von Beispiel 122 in **104**.

Diese Ebene berührt in jedem Augenblick das Ellipsoid (376) **und daher kann die Bewegung dargestellt werden durch das Abrollen ohne Gleitung des Ellipsoides (376) auf dieser „unveränderlichen" Ebene. Der Vektor von O bis zum Berührungspunkte gibt die Lage der augenblicklichen Winkelgeschwindigkeit und ist ihrer Größe proportional.**

107. Moment der Kreiselwirkung. (Deviationswiderstand.) Bei den technischen Anwendungen der Eigenschaften der um eine Achse rotierenden Körper handelt es sich in vielen Fällen um folgende Anfgabe: Ein Rotationskörper dreht sich mit sehr großer Winkelgeschwindigkeit um seine Achse (Figurenachse), die ihrerseits in bestimmter Weise bewegt, also „geführt" wird; welche Kraftwirkungen treten bei dieser Veränderung der Lage der Achse auf?

Als Beispiele für derartige Probleme denke man an die Bewegung des Motors mit Luftschraube in einem Flugzeuge und an die Erscheinungen, die bei einer Änderung der Flugzeugachse durch Steuerung auftreten. Ferner an die Wirkung der um parallele Achsen im gleichen Sinne rotierenden Radsätze eines Eisenbahnzuges bei

Gleiskrümmungen und Schienenüberhöhungen und an die Wirkung des rotierenden Teiles eine Dampfturbine in einer Dampfturbinen-

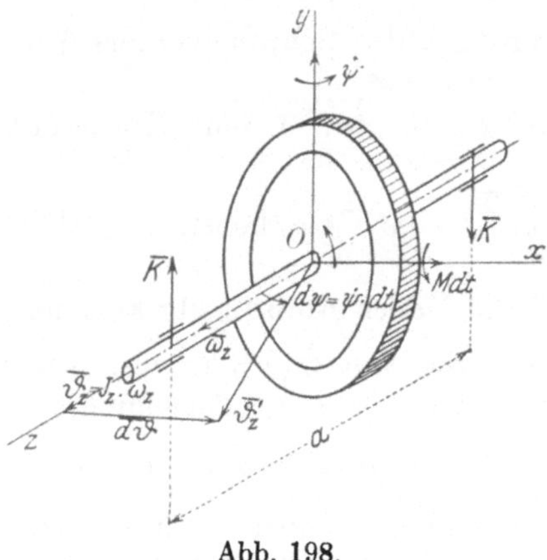

Abb. 198.

lokomotive oder in einem Schiffe. ferner eines Motors in einer Elektrolokomotive u. dgl.

Wir betrachten einen Drehkörper von beliebiger Form, z. B. den in Abb. 198 dargestellten Schwungring; die Winkelgeschwindigkeit um die etwa horizontal gestellte Figurenachse Oz sei ω_z, das TM J_z, also der Schwung $J_z\,\omega_z$. Diese Figurenachse denken wir uns in der horizontalen Ebene mit der Winkelgeschwindigkeit $\dot\psi$ um y. also in der Zeit dt durch den Winkel $d\psi = \dot\psi\,dt$ gedreht; wie groß ist das Moment, das diese Veränderung hervorbringt, und wie ist es gerichtet?

Zur Lösung dieser Frage dient die Bewegungsgleichung (357), die wir sogleich in dieser vektoriellen Form verwenden. Durch die Drehung der Figurenachse wird der Schwung $\overline{\mathfrak{D}}_z = J_z\,\overline{\omega}_z$ ohne Änderung seiner Größe um ein Stück von der Größe $d\mathfrak{D} = \mathfrak{D}_z\,d\psi = J_z\,\omega_z\,\dot\psi\,dt$ verändert und die Richtung dieses Stückes ist, wie die Abbildung zeigt, parallel zur x-Achse. Die Veränderung der mit der Figurenachse zusammenfallenden Schwungachse in der angenommenen Art wird daher durch ein in der x-Achse liegendes Moment $\mathfrak{M}_x\,dt$ bewirkt, dessen Größe demnach den Wert hat

$$\boxed{\mathfrak{M}_x = J_z\,\omega_z\,\dot\psi}\quad \ldots \ldots \ldots \ldots \quad (377)$$

Mit diesem Momente gleich, aber entgegengesetzt gerichtet, ist das Moment, mit dem der Kreisel der angegebenen Veränderung seines Impulses widersteht, dieses letztere Moment nennt man **das Moment der Kreiselwirkung.** Den Sinn dieses Momentes können wir dadurch kennzeichnen, daß sich bei einer Änderung seiner Impulsachse $J_z\,\omega_z$ der Kreisel aufzurichten, genauer gesagt, der Achse der Drehung $\dot\psi$ parallel zu stellen strebt, und zwar so, daß durch diese **Aufrichtung der Sinn der Eigendrehung des Kreisels $\overline{\omega}_z$ mit dem Sinn der Winkeldrehung $\dot\psi$ übereinstimmt; dies ist der Satz vom gleichsinnigen Parallelismus der Drehachsen (Poinsot).**

Beispiel 124. Das TM des Laufrades einer mit ihrer Achse senkrecht zur Fahrtrichtung in eine Lokomotive eingebauten Dampfturbine um die Drehachse sei $J_z = 140$ kgm sek², die Drehzahl um diese Achse sei $n = 955$, daher $\omega_z = \dfrac{\pi n}{30} = 100/\text{sek}$. Wie groß ist die beim Durchfahren einer Gleiskrümmung mit dem Halbmesser $\varrho = 200$ m bei einer Fahrtgeschwindigkeit von $v = 20$ m/sek auftretende Kreiselwirkung? Die Winkelgeschwindigkeit in der Krümmung ist

$$\dot\psi = \frac{v}{\varrho} = \frac{1}{10}\,\frac{\mathrm{m}}{\mathrm{sek}}$$

und daher das Kreiselmoment nach Gl. (377)

$$\mathfrak{M}_x = J_z\,\omega_z\,\dot\psi = 140\cdot 100\cdot\tfrac{1}{10} = 1400\ \mathrm{kg} = K\,a = K\cdot 1{,}4\ \mathrm{m}\,.$$

Stellt man nämlich dieses Moment durch ein Kräftepaar $K\,a$ dar, dessen Arm a der Schienenabstand, also (rund) $a = 1{,}4$ m ist, so folgt

$$K = 1000\ \mathbf{kg},$$

d. h. bei einer Linkskurve in Richtung der Fahrt und bei einer Drehung des Laufrades im Sinne der Drehung der Räder würde der gesamte Raddruck auf die linke Schiene um diesen Betrag vermindert und auf die rechte Schiene um den gleichen Betrag vermehrt.

Wenn der Schwung eines Kreisels um seine Figurenachse sehr groß ist, so wird die Lage des Schwungvektors $\overline{\mathfrak{D}}$ durch kleine störende Momente nur wenig geändert. Diese Eigenschaft hat dazu geführt, die Verwendung des Kreisels als „Stabilisator" vorzuschlagen, und in einer Reihe von Fällen ist es auch gelungen, die dadurch gestellten Probleme in konstruktiver Hinsicht vollständig zu lösen, wie z. B. beim Schiffskreisel, bei der Einschienenbahn, beim Geradlaufapparat der Torpedos. Ebenso gelang auch die Verwendung des Kreisels als Richtungsweiser für Schiffahrtszwecke (Schiffs- und Flugzeugkompaß). Ohne daß es hier möglich wäre. auf dieses überaus interessante Gebiet einzugehen, möge nur darauf hingewiesen werden, daß es verfehlt wäre, von einem Kreisel mit festgelagerter Achse eine „Stabilisierung", d. h. eine Kleinhaltung, Vernichtung auftretender Störungswirkungen zu erwarten. Die Achse des Kreisels muß vielmehr in einer solchen Aufhängung gelagert werden, die ihr alle Lagen im Raume anzunehmen gestattet, wie etwa in einer Cardanischen Aufhängung nach Abb. 199. Ebenso kann hier auch auf andere solche Kreiselerscheinungen, die in der Technik vorkommen, wie bei den rasch

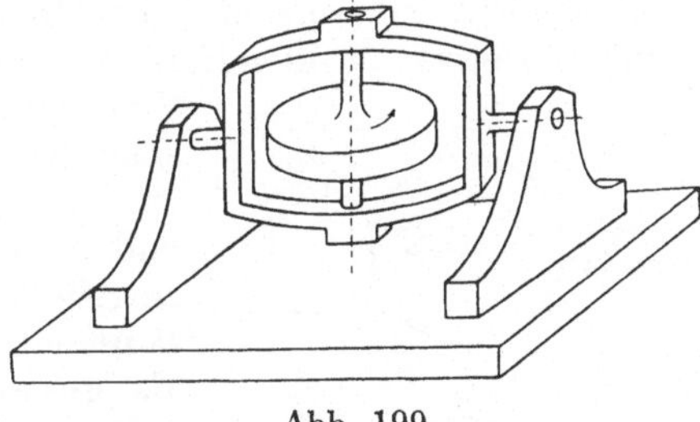

Abb. 199.

rotierenden Laufachsen der Dampfturbinen, bei Kollermühlen, beim Fahrrade u. dgl. nur hingewiesen werden.

IX. Stoß fester Körper.

108. Hilfsannahme zur Behandlung des Stoßvorganges. Als Stoß oder Impuls bezeichnen wir eine sehr kurzandauernde Kraft von großer Stärke. Schreibt man die dynamische Grundgleichung $M\,b = K$ für irgendeine Richtung in der Form

$$M\,dw = K\,dt \ \ldots\ldots\ldots\ldots\ (378)$$

und integriert sie über eine kleine Zeit τ, während welcher die Lage des Körpers sich nur sehr wenig ändert, so folgt:

$$MW - Mw = \int_0^\tau K\, dt = \mathfrak{J} \qquad \ldots \ldots \quad (379)$$

wenn w und W die Geschwindigkeiten vor und nach Ablauf dieses Stoßes sind.

Wir denken uns dabei K so groß, daß das „Zeitintegral der Kraft" einen endlichen Wert $\mathfrak{J}$ erhält, den wir als den „Betrag des Stoßes" bezeichnen. Durch die Einwirkung von $\mathfrak{J}$ wird die Bewegungsgröße in der kleinen Zeit τ von mw auf mW geändert, oder dem anfänglich ruhenden Körper ($w = 0$) die Bewegungsgröße $MW = \mathfrak{J}$ erteilt. Durch solche Impulse werden demnach „plötzliche" Geschwindigkeitsänderungen hervorgerufen, genauer gesagt, die Geschwindigkeitsänderungen durch Stoß erfolgen in einer so kurzen Zeit, daß die während dieser Zeit zurückgelegten Wege selbst als sehr klein und zwar praktisch als Null angesehen werden können. Durch einen Einfluß dieser Art wird daher auch die beim Stoß zweier Körper aufeinander auftretenden „plötzlichen" Geschwindigkeitsänderung der beiden Körper dargestellt werden können.

Bei der Behandlung des Stoßvorganges in der „starren Mechanik" betrachten wir nur die Geschwindigkeitsänderungen der Körper durch den Stoß. kümmern uns aber natürlich nicht um die Deformationen und sonstigen Veränderungen, die die Körper durch einen solchen Stoß erleiden.

Die Dimension von $\mathfrak{J}$ im technischen Maßsystem ist $[KT]$. seine Einheit 1 kgsek.

Denken wir uns die beiden Körper mit den Massen M_1, M_2 zunächst etwa als kugelförmig (Abb. 200) und in der Richtung der Verbindungslinie ihre Mittelpunkte gegeneinander bewegt, ihre Geschwindigkeiten vor dem Zusammentreffen seien w_1 und w_2. und es sei $w_1 > w_2$, so daß M_2 durch M_1 eingeholt wird. Im Augenblicke des Zusammentreffens, das man in diesem Fall als geraden zentralen Stoß bezeichnet. tritt zwischen den Körpern ein Impuls von unbekanntem Betrage $\mathfrak{J}$ auf, durch den die Geschwindigkeiten auf W_1 und W_2 verändert werden. Für die Bewegung der beiden Körper ist jedenfalls $\mathfrak{J}$ als „innere" Kraft aufzufassen, und nach dem Schwerpunktsatze 103 wird die Bewegungsgröße des aus beiden Körpern bestehenden Systems durch diese nicht geändert; daher ist

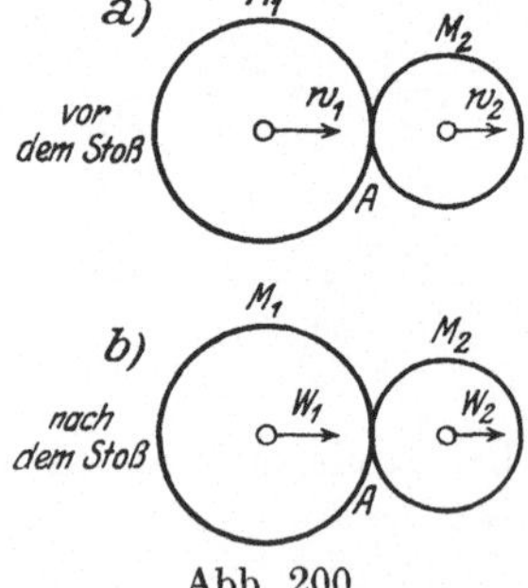

Abb. 200.

$$M_1 w_1 + M_2 w_2 = M_1 W_1 + M_2 W_2 \qquad \ldots \ldots \quad (380)$$

Diese einzige Gleichung ist jedoch zur Berechnung der beiden Geschwindigkeiten W_1 und W_2 nach dem Stoße unzureichend. Zu ihrer Bestimmung dient die folgende Hilfsannahme, die als ein Ergebnis von Versuchen anzusehen ist:

Das Verhältnis der relativen Geschwindigkeiten der beiden Körper unmittelbar vor und unmittelbar nach dem Stoße ist eine Konstante, die nur vom Material abhängt, aus dem die beiden Körper bestehen. Wir setzen:

$$\frac{w_1 - w_2}{W_1 - W_2} = -\frac{1}{\zeta}, \quad \text{also} \quad \boxed{\zeta = \frac{W_2 - W_1}{w_1 - w_2}} \quad \ldots \ (381)$$

und nennen ζ die Stoßziffer der beiden Körper. Aus dieser Gleichung erhalten wir sofort die beiden wichtigen Sonderfälle:

a) Wenn $W_1 = W_2$, so wird $\zeta = 0$ und wir erhalten den vollkommen unelastischen oder plastischen Stoß; er ist dadurch gekennzeichnet, daß eine vollständige Ausgleichung der Geschwindigkeiten eintritt, derart, daß sich nach dem Stoße beide Körper mit derselben Geschwindigkeit weiterbewegen.

b) Wenn $W_2 - W_1 = w_1 - w_2$, so wird $\zeta = 1$, d. h. die relative Geschwindigkeit der beiden Körper wird durch den Stoß nicht geändert; dies ist der Fall des vollkommen elastischen Stoßes, der von einem Austausch der Geschwindigkeiten begleitet ist.

Diese beiden sind die Grenzfälle der auftretenden Möglichkeiten. Für irgendwelche physikalisch vorgegebene Körper werden wir daher stets ζ zwischen 0 und 1 anzunehmen haben: $0 < \zeta < 1$.

Wenn wir daher ζ für irgendein Paar von Körpern als bekannt ansehen können, so reichen sodann die beiden Gln. (380) und (381) tatsächlich aus, die Geschwindigkeiten W_1 und W_2 nach dem Stoß durch die Geschwindigkeiten w_1 und w_2 vor dem Stoß (oder umgekehrt) auszudrücken. Es folgt durch Auflösung dieser beiden in W_1 und W_2 linearen Gleichungen:

$$\left.\begin{aligned} W_1 &= \frac{(M_1 - M_2 \zeta) w_1 + M_2 (1 + \zeta) w_2}{M_1 + M_2} = w_1 - \frac{(w_1 - w_2)(1 + \zeta)}{1 + M_1/M_2} \\ W_2 &= \frac{M_1 (1 + \zeta) w_1 + (M_2 - M_1 \zeta) w_2}{M_1 + M_2} = w_2 + \frac{(w_1 - w_2)(1 + \zeta)}{1 + M_2/M_1} \end{aligned}\right\} (382)$$

Da $w_1 > w_2$, so folgt $W_1 < w_1$, $W_2 > w_2$, d. h. die Geschwindigkeit des vor dem Stoße schneller bewegten Körpers wird stets durch den Stoß verkleinert, die des langsameren vergrößert.

Wichtig ist nun der Wert des beim Stoße auftretenden Verlustes an Wucht oder kinetischer Energie $\mathfrak{W}$, der durch die Differenz aus den kinetischen Energien vor und nach dem Stoß gegeben ist:

$$\boxed{\mathfrak{W} = \tfrac{1}{2} M_1 w_1^2 + \tfrac{1}{2} M_2 w_2^2 - \tfrac{1}{2} M_1 W_1^2 - \tfrac{1}{2} M_2 W_2^2} \quad . \ . \ (383)$$

Nach Verwendung der vorherigen Gleichungen folgt nun:

$$2\,\mathfrak{V} = M_1\,(w_1{}^2 - W_1{}^2) - M_2\,(W_2{}^2 - w_2{}^2)$$
$$= M_1\,(w_1 - W_1)(w_1 + W_1) - M_2\,(W_2 - w_2)(W_2 + w_2)$$
$$= \frac{M_1\,M_2}{M_1 + M_2}\,(w_1 - w_2)\,(1 + \zeta)\,[w_1 + W_1 - w_2 - W_2]:$$

da $W_2 - W_1 = \zeta\,(w_1 - w_2)$, so wird die eckige Klammer $(w_1 - w_2)(1 - \zeta)$ und daraus folgt

$$\boxed{\mathfrak{V} = \frac{1}{2}\,\frac{M_1\,M_2}{M_1 + M_2}\,(1 - \zeta^2)\,(w_1 - w_2)^2} \quad . \ . \ . \ . \ (384)$$

Um diesen Betrag ist die lebendige Kraft nach dem Stoß geringer als vor dem Stoß, er geht in die beim Stoß auftretende Wärme und in Schall über.

Für die beiden obengenannten Sonderfälle ergibt sich daher:

a) **Unelastischer Stoß** $(\zeta = 0)$:

$$W_1 - W_2 = \frac{M_1\,w_1 + M_2\,w_2}{M_1 + M_2}, \qquad \mathfrak{V} = \frac{1}{2}\,\frac{M_1\,M_2}{M_1 + M_2}\,(w_1 - w_2)^2. \ (385)$$

b) **Vollkommen elastischer Stoß** $(\zeta = 1)$:

$$W_1 = w_1 - \frac{M_2}{M_1 + M_2}\,(w_1 - w_2), \quad W_2 = w_2 + \frac{M_1}{M_1 + M_2}\,(w_1 - w_2). \ (386)$$
$$\mathfrak{V} = 0 .$$

Beispiel 125. Stoß auf einen ruhenden Körper. Wenn ein Körper von der Masse M_1 mit der Geschwindigkeit v_1 auf eine ruhende Masse M_2 auftrifft, so ist in den vorhergehenden Gleichungen $w_2 = 0$ zu setzen und man erhält nach den Gln. (382)

$$W_1 = w_1 - \frac{w_1\,(1 + \zeta)}{1 + M_1/M_2}, \quad W_2 = \frac{w_1\,(1 + \zeta)}{1 + M_2/M_1} .$$

und wenn überdies M_2 sehr groß ist gegen M_1 (also $M_2 = \infty$), so folgt:

$$W_1 = -\zeta w_1, \quad W_2 = 0 .$$

Läßt man daher M_1 durch eine Höhe H frei auf M_2 fallen, so ist (unter Vernachlässigung des Luftwiderstandes): $w_1 = \sqrt{2gH}$; wenn man ferner die Sprunghöhe h nach dem Stoß beobachtet, so können wir $W = \sqrt{2gh}$ setzen und erhalten nach der vorhergehenden Gleichung $W_1 = -\zeta w_1$ und daraus (ohne Rücksicht auf das Vorzeichen):

$$\zeta = \frac{W_1}{w_1} = \sqrt{\frac{h}{H}} < 1 ,$$

welche Gleichung zur Bestimmung von ζ dienen kann. Es ergibt sich für Glas $\zeta = {}^{15}/_{16}$, Stahl und Kork $\zeta = {}^{5}/_{9}$, Holz $\zeta = {}^{1}/_{2}$.

109. Stoß auf freie Körper. Dieselbe Umformung, die in 108 an der Bewegungsgleichung $M\,b = K$ vorgenommen wurde, kann auch an der Momentengleichung $M\,k^2\,\omega = \mathfrak{M}$ ausgeführt werden; wir multiplizieren mit dt und erhalten durch Integration über eine kleine Zeit

$$M k^2 \Omega - M k^2 \omega = \int_0^\tau \mathfrak{M}\, dt = \mathfrak{D}, \quad \ldots \ldots \text{(387)}$$

wenn ω und Ω die Winkelgeschwindigkeiten des Körpers vor und nach dem Stoß bedeuten und wieder $\mathfrak{M}$ so groß angenommen wird, daß der Wert des Integrals, $\mathfrak{D}$, endlich wird; man bezeichnet ihn als Drehstoß oder Drehimpuls. Wird ein Körper von einem Stoß vom Betrage $\mathfrak{J}$ seitlich des Schwerpunktes S getroffen, so kann $\mathfrak{J}$ nack S „reduziert" werden, und gibt demnach den geraden Stoß $\mathfrak{J}$ in S zusammen mit dem Drehstoße $\mathfrak{D} = \mathfrak{J} a$, wenn a den Abstand der Wirkungslinie des Stoßes $\mathfrak{J}$ von S bedeutet. Durch Einwirkung eines Drehstoßes $\mathfrak{D}$ wird eine „plötzliche" Änderung des Schwunges des Körpers von $M k^2 \omega$ auf den Betrag $M k^2 \Omega$ hervorgebracht.

Die Gleichungen für die Bewegungsänderung, die eine Scheibe durch einen Stoß $\mathfrak{J}$ im Abstande a von S erfährt, lauten daher

$$\boxed{M (V_x - v_x) = \mathfrak{J}_x, \quad M (V_y - v_y) = \mathfrak{J}_y, \quad M k^2 (\Omega - \omega) = \mathfrak{J} a}, \quad \text{(388)}$$

wobei die Gl. (379) für zwei Richtungen der Ebene und außerdem die Gl. (387) herangezogen wurden. In diesen Gleichungen sind wieder die Werte der Geschwindigkeiten des Schwerpunktes S: $V_x V_y$ und der Winkelgeschwindigkeit Ω nach dem Stoß, sowie der Betrag des Impulses $\mathfrak{J}$ als Unbekannte anzusehen.

Wenn es sich daher um den Zusammenstoß zweier, hier als ebene Scheiben zu betrachtende Körper 1 und 2 handelt, die sich in beliebiger Weise bewegen und die an irgendwelchen Punkten A ihrer Ränder aufeinandertreffen (Abb. 201), so erhält man für jeden Körper drei Bewegungsgleichungen von der Form (388), zusammen also sechs, in denen die Geschwindigkeiten von S und die Winkelgeschwindigkeiten der beiden Körper nach dem Stoße, also die Größen $V_{x_1} V_{y_1} \Omega_1, V_{x_2} V_{y_2} \Omega_2$ sechs Unbekannte ausmachen; die Zeiger 1 und 2 sollen andeuten, daß sie sich auf die beiden Körper 1 und 2 beziehen. Zu diesen tritt der Wert von $\mathfrak{J}$ als siebente Unbekannte hinzu. Dabei ist schon die Annahme gemacht, daß die Richtung des Stoßes $\mathfrak{J}$ senkrecht zur gemeinsamen Berührungsebene an der Stoßstelle wirkt, also durch eine einzige Unbekannte gekennzeichnet werden kann, was bei glatten Rändern jedenfalls zutreffen wird.

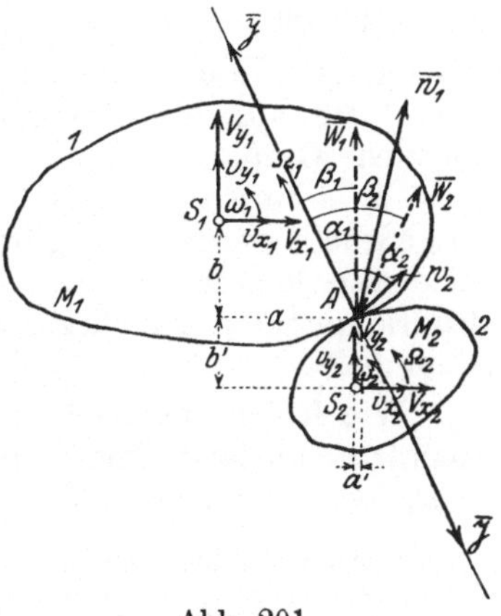

Abb. 201.

Bei rauhen Rändern müßte auch noch eine in der Richtung der Tangente liegende Komponente, ein Reibungsstoß $\mathfrak{R}$ eingeführt werden, der dem Einfluß der Reibung Rechnung trägt.

Zur vollständigen Lösung der vorliegenden Aufgabe brauchen wir daher eine siebente Gleichung und diese wird durch eine Festsetzung gewonnen, die eine bloße Verallgemeinerung der in 108 benützten Definition der Stoßziffer in Form der Gl. (381) ist, die zu den sechs Bewegungsgleichungen hinzutritt. Diese Festsetzung ist wieder als Ergebnis physikalischer Versuche zu betrachten. Wir drücken sie in der Form aus:

Das Verhältnis der relativen Geschwindigkeit der beiden an der Stoßstelle zusammentreffenden Körperpunkte **nach** dem Stoße zur relativen Geschwindigkeit derselben Punkte **vor** dem Stoße, alle in der Richtung der gemeinsamen Normalen der Körper an der Stoßstelle genommen, ist eine Konstante, die nur vom Material der beiden Körper abhängt, als Stoßziffer bezeichnet und als bekannt angesehen wird.

Nach den Bezeichnungen der Abb. 201, in die die Geschwindigkeiten der beiden zusammentreffenden Körperpunkte A vor dem Stoße durch $\bar{w}_1, \bar{w}_2$ und nach dem Stoße durch $\overline{W}_1, \overline{W}_2$ und die Winkel gegen die Normale mit α_1, α_2 und β_1, β_2 bezeichnet sind, haben wir daher zu setzen:

$$\zeta = \frac{W_2 \cos\beta_2 - W_1 \cos\beta_1}{w_1 \cos\alpha_1 - w_2 \cos\alpha_2} \qquad\qquad (389)$$

Die früher benutzte Gl. (381) ist offenbar nur ein Sonderfall dieser Gleichung für $\alpha_1 = \alpha_2 = \beta_1 = \beta_2 = 0$. In dieser Gleichung müssen die Geschwindigkeiten $\bar{w}$ und $\overline{W}$ vor und nach dem Stoße durch die auf die Bewegung von S und die Drehung um S bezogenen Größen v_x, v_y, ω und V_x, V_y, Ω mit Hilfe der Formeln $w_x = v_x - b\omega$, $w_y = v_y + a\omega$ und $W_x = V_x - b'\Omega$, $W_y = V_y + a'\Omega$ ausgedrückt werden; sie gibt dann die notwendige siebente Gleichung. In diesen letzten Angaben bedeuten a, b und a', b' die Koordinaten des Stoßpunktes A in bezug auf die beiden Koordinatensysteme durch S_1 und S_2.

Wie früher entspricht $\zeta = 0$ also $W_2 \cos\beta_2 = W_1 \cos\beta_1$ dem vollkommen unelastischen und $\zeta = 1$ oder $W_2 \cos\beta_2 - W_1 \cos\beta_1 = w_1 \cos\alpha_1 - w_2 \cos\alpha_2$ dem vollkommen elastischen Stoße.

Der Unterschied gegen die Definition von ζ in 108 ist also lediglich der, daß es sich hier um die relativen „Geschwindigkeiten in Richtung der gemeinsamen Stoßnormalen" handelt, während dort, dem Wesen der Sache nach, von den relativen Geschwindigkeiten schlechthin die Rede war.

Der beim Stoß der beiden Körper entstehende Energieverlust ist sodann

$$\mathfrak{B} = \tfrac{1}{2}M_1(v_1^2 - V_1^2) + \tfrac{1}{2}M_1 k_1^2(\omega_1^2 - \Omega_1^2) + \tfrac{1}{2}M_2(v_2^2 - V_2^2) + \tfrac{1}{2}M_2 k_2^2(\omega_2^2 - \Omega_2^2) \qquad (390)$$

Beispiel 126. **Kupplung zweier Scheiben.** Werden zwei Scheiben, deren TM $M_1 k_1^2$ und $M_2 k_2^2$ sind und die lose um ihre gemeinsame Achse mit den Winkelgeschwindigkeiten ω_1 und ω_2 rotieren, durch eine Kupplung plötzlich miteinander verbunden, so ist die Winkelgeschwindigkeit Ω der verbundenen Scheiben nach dem Satze von der Erhaltung des Schwunges durch die Gleichung bestimmt:

$$M_1 k_1^2 \omega_1 + M_2 k_2^2 \omega_2 = (M_1 k_1^2 + M_2 k_2^2)\,\Omega\,.$$

Der hierbei auftretende Drehstoß ist

$$\mathfrak{D} = M_1 k_1^2 (\Omega - \omega_1) = - M_2 k_2^2 (\Omega - \omega_2)\,.$$

Beispiel 127. **Anfangsbewegung einer Scheibe.** Eine ruhende Scheibe von der Masse M, Abb. 202, wird von einem Stoße $\overline{\mathfrak{J}}$ kg sek im Abstande a von S getroffen; um welchen Punkt und mit welcher Winkelgeschwindigkeit wird sie sich zu drehen beginnen?

Wir legen die y - Achse $\parallel$ zu $\mathfrak{J}$, dann geben die Gln. (388), in denen $v_x = v_y = \omega = 0$, $\mathfrak{J}_y = \mathfrak{J}$ zu setzen ist:

$$V_x = 0\,, \qquad V_y = \mathfrak{J}/M\,, \qquad \Omega = \mathfrak{J}\,a/M k^2\,.$$

Der Drehpol O, um den die Scheibe ihre Bewegung beginnt, liegt daher in einem Abstande e von S jenseits S, derart, daß nach 62:

$$e = \frac{V_y}{\Omega} = \frac{k^2}{a}\,, \qquad \text{oder} \quad \boxed{e\,a = k^2} \quad \ldots \ldots \ldots \ldots \quad (391)$$

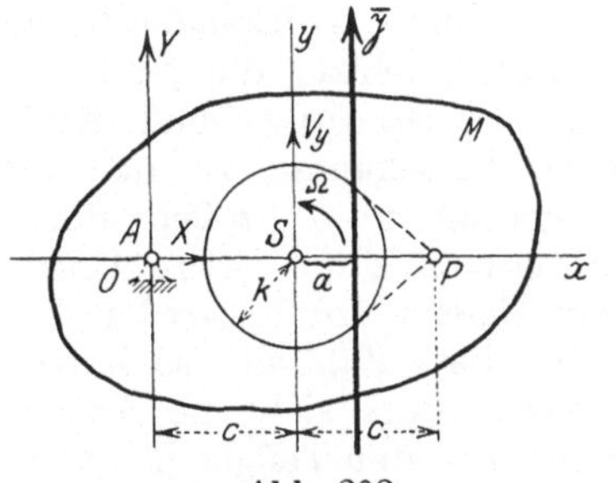

Abb. 202.

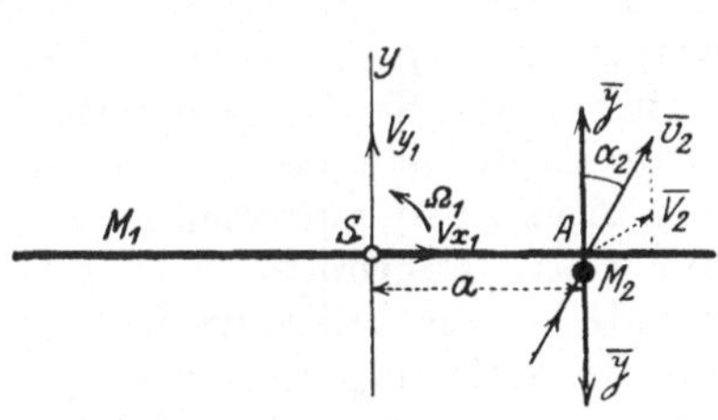

Abb. 203.

Legt man daher um S einen Kreis mit dem Halbmesser k, so ist unabhängig von der Größe von $\mathfrak{J}$ der Drehpol O der „Antipol" der Wirkungslinie $\mathfrak{J}$ in bezug auf den Kreis; d. h. wenn P der Pol von $\mathfrak{J}$ bezüglich des Kreises ist, so ist $\overline{PS} = \overline{SO} = e\,.$

Beispiel 128. Auf einen ruhenden freien Stab von der Masse M_1 trifft im Abstande a von S eine kleine (als Punktmasse zu behandelnde) Kugel von der Masse M_2 mit der Geschwindigkeit $\bar{v}_2$ auf (Abb. 203). Die Ränder der stoßenden Körper sind glatt, die Stoßziffer ist ζ. Wie groß sind die Geschwindigkeiten der Kugel und des Stabes nach dem Stoße und wie groß ist der Betrag des Stoßes $\mathfrak{J}$?

Die Bewegungsgleichungen lauten
für den Stab:

$$V_{x_1} = 0\,, \qquad M_1 V_{y_1} = \mathfrak{J}\,, \qquad M_1 k_1^2 \Omega_1 = \mathfrak{J}\,a\,.$$

für die Kugel:

$$M_2 (V_{x_2} - v_2 \sin \alpha_2) = 0\,, \qquad M_2 (V_{y_2} - v_2 \cos \alpha_2) = -\mathfrak{J}\,.$$

Hierzu tritt die Definitionsgleichung für die Stoßziffer:

$$\zeta = \frac{V_{y_2} - (V_{y_1} + a\,\Omega_1)}{-v_2 \cos \alpha_2}\,.$$

Dies sind zusammen sechs lineare Gleichungen zur Bestimmung der sechs Unbekannten V_{x_1}, V_{y_1}, Ω_1, V_{x_2}, V_{y_2}, $\mathfrak{J}$. (Da die Kugel punktförmig ist, haben wir für sie nur zwei Gleichungen anzusetzen). Durch Auflösung folgt, wenn zur Abkürzung $1 + \dfrac{M_2}{M_1}\dfrac{a^2 + k_1{}^2}{k_1{}^2} = N$ eingeführt wird:

$$\begin{cases} V_{x_1} = 0\,, & V_{y_1} = \dfrac{M_2}{M_1}\dfrac{1+\zeta}{N}\,v_2\cos\alpha_2\,, & \Omega_1 = \dfrac{M_2}{M_1}\dfrac{a}{k_1{}^2}\dfrac{1+\zeta}{N}\,v_2\cos\alpha_2\,, \\[2ex] V_{x_2} = v_2\sin\alpha_2\,, & V_{y_2} = \dfrac{N-1-\zeta}{N}\,v_2\cos\alpha_2\,, & \mathfrak{J} = M_2\dfrac{1+\zeta}{N}\,v_2\cos\alpha_2\,. \end{cases}$$

Aus diesen Gleichungen sieht man, daß V_{y_1} jedenfalls positiv ist, also in Richtung der Normalkomponente des Stoßes erfolgt, ebenso Ω_1 sicher positiv ist, d. h. der Stab beginnt seine Drehung im Gegensinne des Uhrzeigers. Dagegen kann V_{y_2} je nach dem Größenverhältnis von N und k sowohl positiv wie negativ ausfallen: ist $N > 1 + k$, dann ist $V_{y_2} > 0$, d. h. die Kugel wird in der Richtung der Normalen nur gebremst; wenn $N < 1 + k$, also $V_{y_2} < 0$ wird sie nach dem Stoß vom Stabe zurückspringen.

110. Stoß auf geführte Körper. Die Übertragung der Bewegungsgln. (388) von **109** auf gelenkig gelagerte oder geführte Körper bietet nach den allgemeinen Regeln, nach denen sowohl in der Statik wie in der Dynamik die Lagerungen und Führungen behandelt werden, keine Schwierigkeit. Durch die einwirkenden Stöße werden an den Auflagerpunkten Reaktionen geweckt, die jetzt natürlich nicht Kräfte, sondern Stöße, also Führungs- und Auflagerstöße sein müssen; diese treten als Unbekannte zu den an den Stoßstellen auftretenden — den eingeprägten — Stößen hinzu. Für glatte Führungen wird dieser Führungsstoß durch eine Unbekannte $\perp$ zur Führungsrichtung, für ein Gelenk durch zwei unbekannte Stoßkomponenten dargestellt. Um diese Zahl der so hinzutretenden unbekannten Führungsstöße vermindert sich die Anzahl der Freiheitsgrade und damit auch der unbekannten Teilgeschwindigkeiten nach dem Stoße; die Bewegungsgln. (388), für beide Körper angeschrieben, zusammen mit der Gl. (389) für ζ reichen somit bei „dynamisch-bestimmten" Stoßvorgängen stets aus, um die Geschwindigkeiten nach dem Stoß und die Führungsstöße zu berechnen.

Beispiel 129. Ballistisches Pendel. Die Geschwindigkeit eines Geschosses kann dadurch bestimmt werden, daß es in einen mit Sand oder Lehm gefüllten Kasten hineingeschossen wird, der an einer wagrechten Achse drehbar aufgehängt ist (Abb. 204). Durch die Füllmasse wird das Geschoß auf kurzem Wege abgebremst und der dabei auftretende unelastische Stoß auf den Kasten übertragen. Dadurch entsteht ein Ausschlag α des Kastens, der abgelesen werden kann und der ein Maß für die Geschwindigkeit ist.

Dem auftreffenden Geschoß mit der Masse M_1 entspricht ein Stoß $\mathfrak{J} = M_2 v_2$, der im Abstand l_2 auf das Pendel einwirkt. Nehmen wir daher die Momente um O, so fallen die Stoßdrücke in O weg und wir erhalten, wenn das Pendel das TM $M_1 k_1{}^2$ besitzt und durch den Stoß die Winkelgeschwindigkeit Ω_1 erhält (nach der dritten der Gln. (388)):

$$(M_1 k_1{}^2 + M_2 l_2{}^2)\,\Omega_1 = M_2 v_2 l_2\,, \quad \text{und daraus} \quad v_2 = \frac{M_1 k_1{}^2 + M_2 l_2{}^2}{M_2 l_2}\,\Omega_1 \quad (392)$$

Wenn die mitgeteilte kinetische Energie den Ausschlag α des Kastens hervorbringt, so gibt die Energiegleichung, wenn wir annehmen, daß das Geschoß ungefähr in der Verlängerung von $O\,S_1$ stecken bleibt:

$$\tfrac{1}{2}\,(M_1\,k_1{}^2 + M_2\,l_2{}^2)\,\Omega_1{}^2 = (M_1\,l_1 + M_2\,l_2)\,(1 - \cos\alpha)\,,$$

aus α kann daher Ω_1 und aus Ω_1 nach der vorhergehenden Gleichung die gesuchte Geschwindigkeit v_2 gefunden werden.

Beispiel 130. Stoßmittelpunkt. Ein um eine feste Achse A drehbarer, ursprünglich ruhender Körper soll so gestoßen werden, daß seine Achse keine Stoßkraft erfährt. Zunächst ist klar, daß der Stoß $\mathfrak{J}$ $\perp$ zur Verbindungslinie der Achse A mit S erfolgen muß, denn es ist für einen solchen Stoß $\mathfrak{J}$ nach Abb. 202, wenn mit $(X,\,Y)$ die Teile des Gelenkstoßes in A bezeichnet werden: $V_x = 0$, daher auch $X = 0$. Ferner geben die beiden anderen Bewegungsgleichungen (388) der Scheibe:

$$M\,V_y = \mathfrak{J} + Y, \qquad M\,k^2\,\Omega = \mathfrak{J}\,a - Y\,e\,.$$

Setzen wir daher auch $Y = 0$, so folgt $V_y = \mathfrak{J}/M$, $\Omega = \mathfrak{J}\,a/M\,k^2$, wie in Beispiel 127, d. h. der Körper muß in jenem Punkt $A \equiv O$ gelagert werden, um den er sich durch den Stoß $\mathfrak{J}$ zu drehen beginnen würde, wenn er frei wäre. Dieser Punkt, der durch die Gleichung $a\,e = k^2$ bestimmt ist, nennt man den Stoßmittelpunkt.

Jeder Arbeiter, der mit Schlagwerkzeugen zu tun hat, weiß, daß es eine Stelle des Hammerstieles gibt, wo dieser angefaßt werden muß, damit der Schlag nicht unangenehme Stoßempfindungen hervorruft.

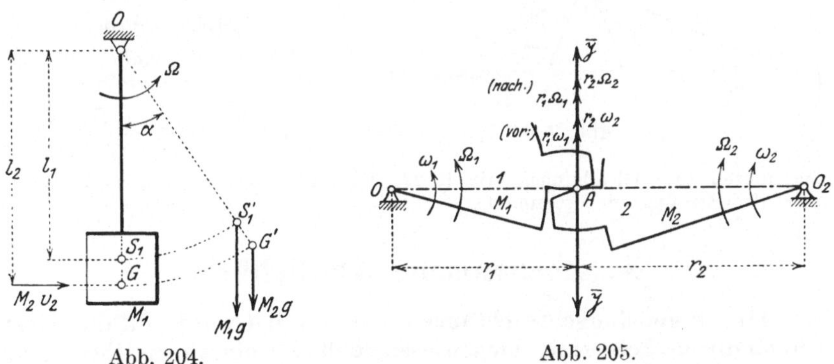

Abb. 204.

Abb. 205.

Beispiel 131. Stöße rotierender Körper aufeinander. Wenn zwei Körper 1 und 2, die sich um Achsen O_1 und O_2 drehen, an irgendwelchen Punkten A ihrer Ränder zum Stoß gelangen, dann geben die Momentengleichungen für diese Achsen und die Gleichung für die Stoßziffer ζ zusammen drei Gleichungen, aus denen die Winkelgeschwindigkeiten nach dem Stoße und der Betrag des Stoßes $\mathfrak{J}$ gerechnet werden können. In dieser Art können z. B. die bei Zahnrädern oder an Daumenwellen auftretenden Stöße berechnet werden.

Unter Verwendung der Bezeichnungen der Abb. 205 lauten diese Momentengleichungen:

$$M_1\,k_1{}^2\,(\Omega_1 - \omega_1) = \mathfrak{J}\,r_1\,,$$
$$M_2\,k_2{}^2\,(\Omega_2 - \omega_2) = -\,\mathfrak{J}\,r_2\,.$$

Nimmt man hierzu die Stoßgleichung für glatte Flächen:

$$\zeta = \frac{r_2\,\Omega_2 - r_1\,\Omega_1}{r_1\,\omega_1 - r_2\,\omega_2}\,,$$

so können aus diesen drei Gleichungen Ω_1, Ω_2 und $\mathfrak{J}$ gerechnet werden.

Für unelastischen Stoß ist $\zeta = 0$, also $r_1 \Omega_1 = r_2 \Omega_2$ und aus den Bewegungsgleichungen folgt durch Elimination von $\mathfrak{J}$ und Ω_2:

$$\frac{M_1 k_1{}^2}{r_1} (\Omega_1 - \omega_1) + \frac{M_2 k_2{}^2}{r_2} \left(\frac{r_1 \Omega_1}{r_2} - \omega_2 \right) = 0 .$$

Werden daher die an die Stoßstellen reduzierten Massen $\mathfrak{M}_1 = M_1 k_1{}^2/r_1{}^2$, $\mathfrak{M}_2 = M_2 k_2{}^2/r_2{}^2$ eingeführt, so erhält man die Winkelgeschwindigkeiten $\Omega_1 \, \Omega_2$ nach dem Stoß:

$$\boxed{r_1 \Omega_1 = \frac{\mathfrak{M}_1 \, r_1 \, \omega_1 + \mathfrak{M}_2 \, r_2 \, \omega_2}{\mathfrak{M}_1 + \mathfrak{M}_2} , \qquad r_2 \Omega_2 = r_1 \Omega_1} ; \quad \ldots \ldots (393)$$

die Geschwindigkeiten werden daher gerade so berechnet, als ob es sich um einen Stoß punktförmiger Körper mit den „reduzierten" Massen $\mathfrak{M}_1$, $\mathfrak{M}_2$ und den Geschwindigkeiten der Stoßstelle A handeln würde.

Beispiel 132. Stoß eines rotierenden Körpers 1 gegen einen gerade geführten Körper 2 (nach Abb. 206). Die Momentengleichung für den Körper 1 bezüglich O_1 lautet:

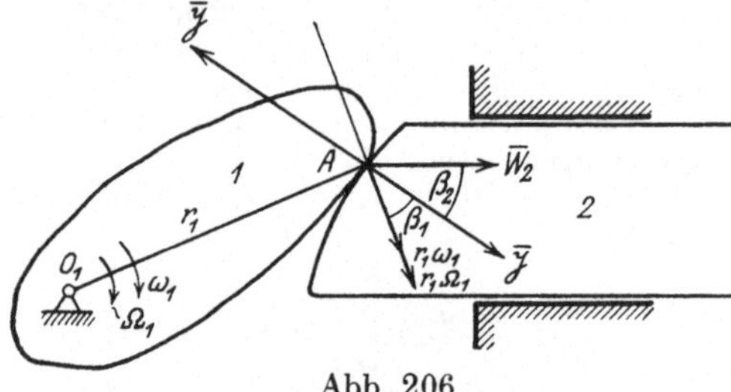

Abb. 206.

$$M_1 k_1{}^2 (\Omega_1 - \omega_1) = - \mathfrak{J} \, r_1 \cos\beta_1 ,$$

ferner die Gleichung des Stoßes in Richtung der Führung des Körpers 2

$$M_2 W_2 = \mathfrak{J} \cos\beta_2 .$$

Hierzu tritt endlich die Gleichung für die Stoßziffer

$$\zeta = \frac{W_2 \cos\beta_2 - r_1 \Omega_1 \cos\beta_1}{r_1 \, \omega_1 \cos\beta_1} .$$

Aus diesen drei Gleichungen, die in Ω_1, W_2 und $\mathfrak{J}$ linear sind, sind sodann diese drei Größen zu bestimmen.

X. Mechanische Ähnlichkeit.

111. Dimensionsbetrachtungen. Schon in 4 wurde auf die selbstverständliche Forderung hingewiesen, daß die einzelnen Glieder, die in den Ansatzgleichungen eines mechanischen Problems additiv nebeneinander zu stehen kommen, alle dieselbe Dimension haben müssen. Diese Bemerkung ist zunächst deshalb wichtig, weil sie die Möglichkeit einer ersten Kontrolle jeder Rechnung gegen grobe Versehen liefert. Ihre wesentliche Bedeutung liegt jedoch — darüber hinausgehend — darin, daß sie ermöglicht, die Form der Ergebnisse für viele der im vorhergehenden behandelten Einzelprobleme von vornherein und ohne alle Rechnung anzugeben. Es ist dazu nur notwendig, sich zu überlegen, welche mechanischen Größen auf das gerade vorliegende Problem Einfluß haben, und wie man diese — mit Rücksicht auf die Dimension jeder einzelnen — zusammenfassen muß, um die gesuchte Größe zu erhalten.

Wenn man z. B. von der Normalbeschleunigung bei der krummlinigen Bewegung eines Punktes nur weiß, daß sie von der Geschwindigkeit v und dem Krümmungshalbmesser ϱ abhängt, so muß sie die Form v^2/ϱ haben, weil nur diese Verbindung von v und ϱ

die Dimension einer Beschleunigung hat. Oder: sobald man erkannt hat, daß die Schwingungsdauer T eines Punktpendels von seiner Länge l und der Beschleunigung des Schwerefeldes g abhängt, in dem es sich befindet, so muß T die Form: konst. $\sqrt{l/g}$ haben [s. Gl. (172)], weil die beiden Größen l und g nur in dieser Zusammensetzung eine Zeit ergeben. Ferner: von der in den Beispielen 49 und 54 gefundenen Grenzgeschwindigkeit kann von vornherein gesagt werden, daß sie von der Beschleunigung g des Schwerefeldes und von der Form und Größe des Körpers abhängen muß. deren Einfluß durch die Konstante k dargestellt ist; nun ist die

Dimension von k: $[k] = \dfrac{[C]}{[v^2]} = \dfrac{1}{[L]}$. Aus g und k kommt eine Ge-

schwindigkeit nur durch $\sqrt{g/k}$ heraus und dies ist der Ausdruck für die gesuchte Grenzgeschwindigkeit. Oder: Da das TM des Schwungrades einer Maschine von N und n abhängt, so muß es durch die Form: konst. N/n^3 gegeben sein, wie Gl. (348) angibt. Die in den Formeln auftretenden Zahlenfaktoren [wie 2π in T nach Gl. (172)] werden natürlich von solchen Dimensionsbetrachtungen nicht geliefert.

Die große praktische Wichtigkeit derartiger Betrachtungen tritt insbesondere dann zutage, wenn es sich darum handelt, die Ergebnisse von im Kleinen ausgeführten oder sogenannten Modellversuchen für die Vorgänge im Großen zu verwerten. Um die dabei auftretenden Verhältnisse zu übersehen, denke man sich etwa eine Dampfmaschine nach denselben Konstruktionszeichnungen zweimal ausgeführt, einmal in jenen Abmessungen, in denen sie in allen Einzelteilen durchgerechnet wurde, und das andere Mal etwa in doppelter Vergrößerung aller Einzelabmessungen. Welchen Dampfdruck muß man für diese zweite Maschine anwenden und mit welcher Geschwindigkeit muß man sie laufen lassen, damit sie mit Rücksicht auf die auftretenden Kräfte und Beanspruchungen der einzelnen Teile überhaupt brauchbar sein kann?

Wenn man (wie in diesem Beispiel) die für irgendein Problem erhaltenen Ergebnisse auf andere, damit verwandte Probleme übertragen will, so muß man von der geometrischen Ähnlichkeit zu einer mechanischen Ähnlichkeit übergehen. Diese ergibt sich, wenn man den Ansatz (9) des betreffenden Problems aufschreibt und zusieht, in welcher Weise die einzelnen mechanischen Größen, die auf das Problem Einfluß haben, in die Gleichungen dieses Ansatzes eingehen. Denn wenn die einzelnen in den Ansatzgleichungen auftretenden Größen (Längen, Zeiten, Massen, Geschwindigkeiten, Beschleunigungen usw.) durch Multiplikation mit entsprechenden Zahlenfaktoren so verändert werden, daß die Gleichungen ihre ursprüngliche Form mit den gleichen Werten der Koeffizienten vollständig beibehalten, so wird sich auch die Beschaffenheit der Lösung nicht geändert haben. Wenn man sodann sämtliche Glieder der Ansatzgleichung durch die bei irgend einem Glied auftretenden Vergrößerungszahlen dividiert, ergeben sich bei den anderen Gliedern gewisse

Quotienten, deren Zahlenwerte die Beschaffenheit der Lösung bestimmen.

Diese charakteristischen Quotienten, die sich bei jedem mechanischen Problem angeben lassen, und die jeweils die Beschaffenheit einer ganzen Problemklasse bedingen, nennt man die Kennzahlen der betreffenden Problemklasse. Aus der Lösung des Problems für irgendwelche besondere Werte der einzelnen in das Problem eingehenden Größen sind die Zahlenwerte für diese Problemklasse bestimmt und wir können sagen:

Zwei mechanische Probleme sind ähnlich, wenn ihre Kennzahlen gleiche Zusammensetzung und gleiche Zahlenwerte besitzen.

Wesentlich ist also, daß die einzelnen in den Kennzahlen auftretenden Größen, nicht jede für sich, sondern nur in der zur Kennzahl zusammengesetzten Form konstante Werte haben müssen. — Jede einzelne Kraft geht in die Ansatzgleichung durch einen bestimmten Ausdruck ein, der von anderen Größen, wie Längen, Geschwindigkeiten, Dichten, Zähigkeit usw. abhängt. Durch die Art dieser Abhängigkeit ist die Zusammensetzung der Kennzahlen bestimmt, wie nunmehr an einigen einfachen Beispielen gezeigt werden soll.

112. Beispiele und Anwendungen. a) Betrachten wir die Bewegung zweier voneinander vollständig isolierter Punkte und fragen wir, in welcher Beziehung die die Bewegung kennzeichnenden Größen zueinander stehen müssen, damit die Punkte geometrisch ähnliche Bahnkurven beschreiben. Wenn etwa die beiden Punkte geradlinige Bahnen durchlaufen, so lauten ihre Bewegungsgleichungen $M_1 b_1 = K_1$, $M_2 b_2 = K_2$ und die Bedingung der Ähnlichkeit ist offenbar erfüllt, wenn in jedem Augenblick

$$\frac{M_1 b_1 / K_1}{M_2 b_2 / K_2} = 1 \, .$$

Wenn wir etwa die Beziehung einführen

$$\frac{M_1}{M_2} = \mu, \qquad \frac{b_1}{b_2} = \beta, \qquad \frac{K_1}{K_2} = \varkappa,$$

so lautet diese Gleichung:

$$3 = \frac{\mu \beta}{\varkappa} = 1 \quad \ldots \ldots \ldots \ldots (391)$$

Die Form von 3 kann aus der Bewegungsgleichung des Punktes unmittelbar angeschrieben werden, was im folgenden auch immer geschehen soll.

Führen wir noch die Definitionsgleichung für die Beschleunigung ein:

$$b_1 = \frac{d^2 x_1}{d t^2}, \qquad b_2 = \frac{d^2 x_2}{d t^2}$$

und setzen $\dfrac{x_1}{x_2} = \lambda$, $\dfrac{t_1}{t_2} = \tau$, so wird $\beta = \lambda/\tau^2$ und es schreibt sich die Gl. (391) so:

$$\beta = \frac{\mu\,\lambda}{\varkappa\,\tau^2} = 1 \qquad\qquad\qquad (392)$$

Alle Bewegungen, für die β den Wert 1 hat, sind zueinander ähnlich. Würde eine dieser 4 Zahlen μ, λ, $\varkappa$, τ geändert werden, während die anderen fest bleiben, so könnte β nicht konstant bleiben. Dagegen ist es sehr wohl möglich, daß bei festem $\beta = 1$ zwei von ihnen geändert werden und zwar so, daß ihr Produkt oder Quotient je nach der Art, wie sie in Gl. (392) vorkommen (also etwa $\mu\,\lambda$, $\mu/\varkappa$ oder λ/τ^2), konstant bleibt; dann bleibt die Ähnlichkeit im mechanischen Sinne auch weiterhin erhalten.

Wenn also verlangt wird, daß die beiden Körper geometrisch ähnliche Wege durchlaufen, also $\lambda = $ konst. ist, so heißt dies, daß in jedem Augenblicke $\tau^2 \cdot \dfrac{\varkappa}{\mu} = $ konst. ist; d. h. es verhalten sich die zum Durchlaufen entsprechender Wege notwendigen Zeiten wie die reziproken Quadratwurzeln aus den Beschleunigungen. Wenn also $\varkappa/\mu = $ konst., so ist auch $\tau = $ konst.; gleichförmig beschleunigte Bewegungen sind immer miteinander ähnlich.

b) Die Bewegungsgleichung eines Punktes, der von einem festen Zentrum O proportional der Entfernung angezogen wird, lautet:

$$M\,\frac{d^2 x}{dt^2} = -c\,x,$$

wobei c die Anziehungskonstante ist. Die Kennzahl lautet hier:

$$\beta = c \cdot \frac{\tau^2}{\mu} = 1,$$

ist also unabhängig von λ; für gleiche c und μ sind daher die zum Durchlaufen entsprechender Strecken notwendigen Zeiten gleich groß. Daher brauchen (bei gleichen Werten von c/μ) Punkte in verschiedenen Entfernungen von O stets dieselbe Zeit, um nach O zu gelangen. Die Anfangsgeschwindigkeiten sind entweder beide gleich Null oder sie sind im Verhältnis von λ zueinander stehend anzunehmen, da die Zeiten jeweils übereinstimmen.

Das gleiche Ergebnis, das auch durch Ausrechnung bestätigt wird, würde man erhalten, wenn man statt der Bewegungsgleichung die zugehörige Energiegleichung verwenden würde.

c) Für das Problem der Anziehung nach dem Newtonschen Gesetz lautet die Differentialgleichung:

$$M\,\frac{d^2 x}{dt^2} = -M\,\frac{c}{x^2}$$

und die Kennzahl lautet:

$$\beta = c\,\frac{\tau^2}{\lambda^3} = 1.$$

Bei gleicher Masse und gleichem c wird $\tau^2 = \text{konst.}\,\lambda^3$, d. h. entsprechende Längen, deren Verhältnis λ ist, werden in Zeiten durchlaufen, die sich wie $\lambda^{3/2}$ verhalten.

Dieselbe Form der Kennzahl ergibt sich auch für die Zentralbewegung unter der Annahme des Newtonschen Anziehungsgesetzes: für konstantes c ist in ähnlichen Bahnen $\tau^2/\lambda^3 = \text{konst.}$ und dies gibt unmittelbar das dritte Keplersche Gesetz. —

d) Modell der Dampfmaschine. Bezeichnet man durch $G \sim \lambda^3$ und $M \sim \lambda^3$ die Tatsache, daß die Gewichte und Massen wie die Rauminhalte, d. h. wie die Kuben der Längen variieren, so folgt auch:

$$G = M \cdot b \sim M\,\frac{L}{T^2} \sim \lambda^3 \cdot \frac{\lambda}{\tau^2} \sim \lambda^3$$

und daher ist

$$\tau \sim \sqrt{\lambda}$$

und

$$v \sim \frac{L}{T} \sim \frac{\lambda}{\sqrt{\lambda}} \sim \sqrt{\lambda},$$

d. h. die Geschwindigkeiten des Modells und der ausgeführten Maschine müssen den Quadratwurzeln aus den linearen Abmessungen proportional sein.

Auch alle Kräfte am Modell und an der Ausführung im großen müssen im Verhältnis λ^3 (nämlich wie die Gewichte) zueinander stehen. Insbesondere folgt für die Kolbenkraft

$$K = p \cdot F \sim p\,\lambda^2 \sim \lambda^3, \quad \text{d. h.} \quad p \sim \lambda:$$

d. h. die Dampfdrücke im Modell und in der Ausführung müssen daher ebenfalls im Verhältnis der linearen Abmessungen stehen. Auch alle Führungskräfte und Reibungen stehen dann von selbst im richtigen Verhältnis λ^3. Damit dies auch die inneren Kräfte. d. h. die Spannungen tun, müßte auch für diese das Gesetz

$$\text{Kraft} = \text{Spannung} \cdot \text{Fläche} \sim \sigma \cdot \lambda^2 \sim \lambda^3, \quad \text{d. h.} \quad \sigma \sim \lambda$$

gelten, d. h. die Spannungen auf die Flächeneinheit müßten sich wie die linearen Abmessungen verhalten, d. h. es müßten sich die Festigkeiten und (bei gleichen Sicherheiten) auch die zulässigen Spannungen wie die Abmessungen verhalten. Bei gleichen Baustoffen ist dies offenbar nicht der Fall und daher ist in dieser Hinsicht die ähnliche Vergrößerung eines Modells undurchführbar.

Ein besonderes und praktisch auch wichtiges Beispiel für den Nutzen solcher Dimensionsbetrachtungen kommt in der Hydraulik zur Sprache, wenn es sich um die für die sogenannte turbulente Flüssigkeitsbewegung geltenden Gesetze handelt. Dort liegt die Sache insofern besonders verwickelt, weil die Erscheinung an sich — rein physikalisch genommen — wenig geklärt ist; überdies ist die mathematische Lösung dieses Problems ganz unbekannt.

Trotzdem zeigt es sich, daß man mit Hilfe von Dimensionsbetrachtungen — auch ohne die Lösung zu kennen — doch gewisse Schlüsse über die Form der Gesetze ziehen kann, die für dieses Problem gelten. Der dabei erzielte Erfolg hat den Wert derartiger Betrachtungen als Hilfsmittel der Theorie unzweifelhaft hervortreten lassen. Auch die in der Maschinenlehre verwendeten „reduzierten Drehzahlen" sind nichts anderes als Kennzahlen, die die gemeinsamen mechanischen Eigenschaften der einzelnen Maschinenklassen zu erfassen gestatten.

Beispiel 133. Reduzierte Drehzahl einer Kolben-Dampfmaschine. Wenn ähnliche Dampfmaschinen mit gleichen Dampfdrücken p betrieben werden, so ändert sich die Leistung bei linearer Vergrößerung der Abmessungen im Verhältnis λ nach Gl. (234)

$$N \sim n\,\lambda^3.$$

Wird außerdem verlangt, daß die Strömungswiderstände in der Maschine gleich bleiben, so heißt dies, da diese im wesentlichen von den Geschwindigkeiten abhängen, daß auch die Geschwindigkeiten v gleichbleiben sollen; da $v = r\,\omega = \dfrac{r\,\pi\,n}{30}$, so folgt

$$n \sim \frac{1}{\lambda}$$

und aus dem vorigen Ansatze:

$$N \sim \lambda^2.$$

Daher bleibt $n \cdot \sqrt{N}$ unter den genannten Voraussetzungen ungeändert; dieser Ausdruck wird als Modelldrehzahl n_m bezeichnet:

$$n_m = n \cdot \sqrt{N}$$

und ist als die „Kennzahl" für die betreffende Maschinenklasse (mit Bezug auf die angegebenen Bedingungen) anzusehen. (Kutzbach.)

Literatur.

I. Sammel- und Nachschlagwerk über das Gesamtgebiet der Mechanik.

Enzyklopädie der mathemathischen Wissenschaften, Bd. IV, Mechanik. Leipzig: Teubner (fast vollständig erschienen), 1901 bis 1923.

II. Gesch chte der Mechanik.

Duhem, P.: Les origines de la Statique, 2 tomes. Paris: Hermann 1905/6.
Mach, E.: Die Mechanik in ihrer Entwicklung, 6. Aufl. Leipzig: Brockhaus 1922.

III. Lehrbücher.

A. Originalwerke in deutscher Sprache.

Autenrieth, Ed.: Technische Mechanik. Berlin: Julius Springer, 3. Aufl. 1923.
Boltzmann, L.: Vorlesungen über die Prinzipe der Mechanik, 2 Bde. Leipzig: Barth 1897, 1904.
Budde, E.: Allgemeine Mechanik der Punkte und starrer Systeme, 2 Bde. Berlin: Reimer 1890/91.
Föppl, A.: Vorlesungen über technische Mechanik, 6 Bde. Leipzig: Teubner zahlreiche Auflagen von 1898 bis 1923.
Grübler, M.: Lehrbuch der technischen Mechanik, 3 Bde. Berlin: Julius Springer 1918 bis 1923.
Hamel, G.: Elementare Mechanik. Leipzig: Teubner 2. Aufl. 1922.
Hertz, H.: Prinzipien der Mechanik. Leipzig: Barth 1894.
Jaumann, G.: Die Grundlagen der Bewegungslehre. Leipzig: Barth 1905.
Kirchhoff, G.: Vorlesungen über analytische Mechanik. Leipzig: Teubner 1897.
Kriemler, C. J.: Technische Mechanik. Stuttgart: Wittwer, 2. Aufl. 1920.
Lorenz, H.: Lehrbuch der technischen Physik, 4 Bde. München: Oldenbourg 1919.
Müller, C. H. und Prange, G.; Allgemeine Mechanik. Hannover, Hellwing, 1923.
Schell, W., Theorie der Bewegung und der Kräfte, 2 Bde. Leipzig: Teubner. 2. Aufl. 1879/80.

B. In deutscher Sprache erschienene Übersetzungen.

Love, A. E. H.: Theoretische Mechanik, deutsch von H. Polster. Berlin: Julius Springer 1920.
Routh. E. J.: Die Dynamik der Systeme starrer Körper, deutsch von A. Schepp, 2 Bde. Leipzig: Teubner 1898.
Thomson-Tait: Handbuch der theoretischen Physik, deutsch von H. Helmholtz. Braunschweig: Vieweg 1871.

C. Fremdsprachige Werke.

Appell, D.: Traité de Mécanique rationelle, 4 tomes. Paris: Gauthier-Villars. 1902 bis 1921.
— et Dautheville: Précis de Mécanique rationelle. Ebenda 1910.
Lamb, H.: Statics 1912, Dynamics 1914, Higher Mechanics 1920. Cambridge.
Whittaker, E. T.: Analytical Dynamics, 2nd Ed. Cambridge 1917.

IV. Aufgabensammlung.

Wittenbauer, F.: Aufgaben aus der technischen Mechanik, 3 Bde. Berlin: Julius Springer; mehrere Auflagen von 1907 an.

V. Lehrbücher über einzelne Sondergebiete.

A. Statik.

Mehrtens, Chr.: Statik und Festigkeitslehre, 3 Bde. Leipzig: Engelmann 1909 bis 1912.
Müller-Breslau, H.: Die graphische Statik der Baukonstruktionen, 2 Bde. in in 3 Teilen. Leipzig: A. Kröner, 4. und 5. Aufl., 1907 bis 1912.

Schlink, W.: Statik der Raumfachwerke. Leipzig: Teubner 1907.
Schur, F.: Vorlesungen über graphische Statik. Leipzig: Veit 1915.

B. Kinematik.

Burmester, L.: Lehrbuch der Kinematik, 1. Bd., Text und Tafeln. Leipzig: A. Felix 1888.
Heun, K.: Lehrbuch der Mechanik, 1. Bd., Sammlung Schubert. Leipzig 1906.
Koenigs, G.: Leçons de Cinématique. Paris: A. Hermann 1905.
Polster, H.: Kinematik, Sammlung Göschen. Leipzig 1908.

C. Dynamik.

Cranz, C.: Lehrbuch der Ballistik, 4 Bde. Leipzig: Teubner 1912 bis 1918.
Grammel, R.: Der Kreisel. Braunschweig: Vieweg 1920.
Heun, K.: Die kinetischen Probleme der wissenschaftlichen Technik. Leipzig: Teubner 1909.
Hort, W.: Technische Schwingungslehre. Berlin: Julius Springer, 2. Aufl. 1922.
Klein, F. und Sommerfeld, A.: Über die Theorie des Kreisels, 4 Bde. Leipzig: Teubner 1897 bis 1910.
Lorenz, H.: Die Dynamik der Kurbelgetriebe. Leipzig: Teubner 1901.
Radinger, J.: Über Dampfmaschinen mit hoher Kolbengeschwindigkeit. Wien: Gerold, 3. Aufl. 1892.
Schubert, H.: Theorie des Schlickschen Massenausgleiches bei mehrkurbeligen Dampfmaschinen. Leipzig: Göschen 1901.
Tolle, M.: Die Regelung der Kraftmaschinen. Berlin: Julius Springer, 3. Aufl., 1922.
Wittenbauer, F.: Graphische Dynamik. Berlin: Julius Springer 1923.

VI. Einige Abhandlungen über besondere Gegenstände.

A. Fachwerke.

Schur, F.: Über einfache Fachwerke. Math. Ann. 48, 1897, S. 142.

B. Reibung.

Discussion on Lubrication, Proc. Lond. Phys. Soc., 1920.
Hardy, W. B. and S. K.: On Static Friction and on the Lubricating Properties of Certain Chemical Substances. Phil. Mag. 38, 1919, S. 32.
Lasche, O.: Die Reibungsverhältnisse in Lagern mit hoher Umfangsgeschwindigkeit. ZVDI. 1902, S. 1881, 1932, 1961, und Forschungsarbeiten auf dem Gebiete des Ingenieurwesens, Heft 9, 1903.
Sommerfeld, A.: Zur Theorie der Schmiermittelreibung. Z. f. techn. Phys. 2, 1921, S. 58 und 89.
Stribeck, R.: Die wesentlichen Eigenschaften der Gleit- und Rollenlager. ZVDI. 1902, S. 1341, 1432, 1463, Forschungsarbeiten Heft 7, 1903.

C. Getriebe.

Pöschl, Th.: Über eine einfache Darstellung der Beschleunigung bei zwangläufigen Getrieben. Z. ang. Math. u. Mech. 3. Bd., 1923.

D. Schwungradberechnung.

v. Mises, R.: Die Ermittlung der Schwungmassen im Schubkurbelgetriebe. Z. Ö. Ing.- u. Arch.-Ver. 1906.
Wittenbauer, F.: Graphische Dynamik der Getriebe. Z. f. Math. u. Phys. 50, 1904, und Die graphische Ermittlung des Schwungradgewichtes. ZVDI. 49, 1905.

E. Mechanische Ähnlichkeit.

Hopf, L.: Über Modellregeln und Dimensionsbetrachtungen. Naturwissenschaften 8, 1920, S. 81.
Kutzbach, K.: Fortschritte und Probleme der mechanischen Energieumformung. ZVDI. 65, 1921, S. 1301/2.

Namenverzeichnis.

Sachverzeichnis.

Druckfehler-Verzeichnis.

Seite 17. Zeile 12 v. u. lies $\cos \vartheta = 0$ statt $\vartheta = 0$.

Seite 26. Zeile 16 v. o. lies **18** statt **19**.

Seite 26. In Abb. 15 sind die Strecken $a/2, a, a, \ldots$ im richtigen Verhältnis zu zeichnen.

Seite 28. Zeile 5 v. o. lies **19** statt **20**.

Seite 30. Zeile 7 v. o. lies **20** statt **21**.

Seite 38. In Gl. (48) sind a und b miteinander zu vertauschen.

Seite 40. In Abb. 28, 17) ist an dem schiefen Strich nach unten ein Pfeil anzusetzen.

Seite 41. In Gl. (49) ist a_i statt k_i zu schreiben und A mit B zu vertauschen.

Seite 50. Zeile 16 v. o. lies entnehmen statt nehmen.

Seite 55. In Abb. 45 links lies G statt Q.

Seite 65. Zeile 3 v. o. lies $\overline{K}\,(K \cos \varphi, \; - K \sin \varphi, \; 0)$.

Zeile 6 v. o. lies $Ka = Gl \sin \alpha \sin \varphi$.

Seite 87. In Abb. 82, rechts, gehört der obere Pfeil bis zur gestrichelten Linie gezogen.

Seite 109. Zeile 6 v. o. lies **54a** statt **55**.

Seite 117. Zeile 10 v. o. lies **56** statt 56.

Seite 146. In Abb. 132 ist die Beschl.-Linie nicht richtig eingezeichnet.

Seite 157. Zeile 9 v. o. lies $\overline{\omega_i \, a_i}$ statt $\omega_i \, a_i$.

Seite 167. In Abb. 147 liegt $b_{z\eta}$ nicht in der Verlängerung von $\xi \sin \beta \cdot \omega^2$.

Seite 185. In Abb. 160 gehören die Entfernungen der Rollen voneinder verschieden groß — entsprechend der verschiedenen abgewickelten Seillängen.

Seite 212. Zeile 8 v. u. lies $\overline{A}, \overline{B}$ und K; die Summe . . .

Seite 221. In Abb. 187 ist p zu groß eingezeichnet.

Seite 229. In Abb. 194 lies A_1 statt A.